高等职业教育通识类课程新形态教材

新一代信息技术

主　编　孙锋申　李玉霞

副主编　王乔振　鲍　斌　赵守彬

主　审　邹翠兰

中国水利水电出版社
www.waterpub.com.cn
·北京·

内 容 提 要

本书致力于新一代信息技术的通识教育，从实际学习需求出发、以实践应用为导向，把目前相关领域的热点问题，以科普性、技术性的形式进行展现，使用通俗易懂的语言介绍新一代信息技术的相关知识。主要内容包括新一代信息技术概论、物联网、云计算、大数据、人工智能、5G、虚拟现实和区块链等。意在让读者能够对新一代信息技术实现全面了解，对行业应用形成初步认识。

本书配有丰富的微课、课件等数字化资源，可以作为高职高专院校各专业通识课程的教材，也可以供社会人士学习和了解新一代信息技术。

图书在版编目（CIP）数据

新一代信息技术 / 孙锋申，李玉霞主编. -- 北京 ：中国水利水电出版社，2021.8
高等职业教育通识类课程新形态教材
ISBN 978-7-5170-9840-9

Ⅰ. ①新… Ⅱ. ①孙… ②李… Ⅲ. ①信息技术－高等职业教育－教材 Ⅳ. ①TP3

中国版本图书馆CIP数据核字(2021)第163599号

策划编辑：石永峰　责任编辑：石永峰　加工编辑：高　辉　封面设计：李　佳

书　名	高等职业教育通识类课程新形态教材 新一代信息技术 XINYIDAI XINXI JISHU
作　者	主　编　孙锋申　李玉霞 副主编　王乔振　鲍　斌　赵守彬 主　审　邹翠兰
出版发行	中国水利水电出版社 （北京市海淀区玉渊潭南路 1 号 D 座　100038） 网址：www.waterpub.com.cn E-mail：mchannel@263.net（万水） sales@waterpub.com.cn 电话：（010）68367658（营销中心）、82562819（万水）
经　售	全国各地新华书店和相关出版物销售网点
排　版	北京万水电子信息有限公司
印　刷	三河市铭浩彩色印装有限公司
规　格	184mm×260mm　16 开本　21.25 印张　478 千字
版　次	2021 年 8 月第 1 版　2021 年 8 月第 1 次印刷
印　数	0001—3000 册
定　价	56.00 元

凡购买我社图书，如有缺页、倒页、脱页的，本社营销中心负责调换

编审委员会

前　言

当前，新一轮科技革命和产业变革正在全面重塑经济社会各个领域。在物联网、云计算、大数据、人工智能等新一代信息技术的浪潮席卷而来时，我们看到新一代信息技术是全球研发投入最集中、创新最活跃、应用最广泛、辐射带动作用最大的领域，是全球技术创新竞争的新高地。新一代信息技术，涵盖多个研究领域，实践性强，传统的单科理论性教材已经不能满足通识教育的需要。当前，针对高职高专院校普及新一代信息技术通识教育的教材并不多，为此我们组织编写了具有职业教育特色的《新一代信息技术》教材。

本书属于高职高专类各专业的通识性教材，意在让读者能够对新一代信息技术有全面了解，对行业应用有初步认识。本书按照新一代信息技术必备的知识领域划分为8章，内容包括：新一代信息技术概论、物联网、云计算、大数据、人工智能、5G、虚拟现实、区块链。把目前在新一代信息技术领域的热点问题，尽可能少用数学、物理等知识，而以科普性、技术性的形式进行讲述，最大限度满足不同层次读者的需求。

本书从新一代信息技术的实际学习需求出发，以实践应用为导向，配套丰富的多媒体课件、微课、习题库，可供读者辅助学习。与本书配套的同名在线开放课程将在“智慧职教 MOOC 学院”（https://mooc.icve.com.cn/）上线，读者可以登录网站进行在线开放课程学习，授课教师可以调用本课程资源构建符合自己需求的特色 SPOC 课程。

本书由孙锋申、李玉霞任主编，王乔振、鲍斌、赵守彬任副主编，邹翠兰任主审，李晓华、宋文敏、刘霞参与编写。具体编写分工为：第1章由孙锋申编写，第2章由赵守彬编写，第3章由宋文敏编写，第4章由李晓华编写，第5章由鲍斌、孙锋申编写，第6章由李玉霞编写，第7章由王乔振编写，第8章由刘霞编写。感谢臻科信（山东）科技成果转化有限公司、山东淋垚智慧农业科技有限公司、山东小新文化产业有限公司等在本书编写中给予的专业技术支持。

本书得到了2021—2022年全国高等院校计算机基础教育研究会计算机基础教育教学研究课题中国水利水电出版社专项课题（编号：2021-AFCEC-051）的资助，在此表示感谢。

由于编者水平有限，书中错误或不妥之处在所难免，敬请广大读者批评指正。为了教学需要，本书部分图片源于网络，如有侵权，请图片所有者与我们联系，编者电子邮箱：sunfs315@126.com。

编　者

2021年4月

目　录

前言

第1章　新一代信息技术概论……1
1.1　信息技术简介……1
1.1.1　信息技术的定义……1
1.1.2　信息技术的发展简史……2
1.1.3　信息技术的分类……4
1.2　信息技术发展新亮点……4
1.2.1　物联网……4
1.2.2　云计算……5
1.2.3　大数据……6
1.2.4　人工智能……6
1.2.5　5G……7
1.2.6　虚拟现实……8
1.2.7　区块链……8
1.3　新一代信息技术……9
1.3.1　新一代信息技术的概念……9
1.3.2　新一代信息技术的特征……9
1.3.3　新一代信息技术的发展趋势……12
课后题……13

第2章　物联网……15
2.1　物联网概述……15
2.1.1　物联网的概念……15
2.1.2　物联网的体系结构……16
2.1.3　物联网系统案例……18
2.2　感知层技术……19
2.2.1　条形码技术……19
2.2.2　射频识别技术……21
2.2.3　近场通信技术……23
2.2.4　传感器的基本概念……24
2.2.5　传感器的分类……25
2.2.6　新型传感器……26
2.3　有线接入技术……28
2.3.1　串行通信……28
2.3.2　现场总线……30
2.3.3　总线通信协议……32
2.4　短距离无线接入技术……33
2.4.1　蓝牙技术……33
2.4.2　ZigBee 技术……37
2.5　广域无线接入技术……43
2.5.1　LoRa 技术……43
2.5.2　LoRaWAN……44
2.5.3　LoRaWAN 生态……45
2.5.4　LoRa 案例……45
2.6　物联网应用场景……46
2.6.1　智能家居……47
2.6.2　智慧农业……48
2.6.3　智慧交通……49
2.7　物联网云平台……50
2.7.1　物联网平台盘点……50
2.7.2　百科荣创物联网云平台……51
2.8　项目实训……52
课后题……58

第3章　云计算……61
3.1　初识云计算……61
3.1.1　什么是云计算……61
3.1.2　云计算的发展历史……62
3.1.3　云计算的特点……62
3.1.4　云计算架构……63
3.2　其他计算模型……64
3.2.1　并行计算……64
3.2.2　分布式计算……65
3.2.3　网格计算……66
3.3　云计算核心技术……67
3.3.1　虚拟化技术……67
3.3.2　分布式数据存储技术……71
3.3.3　编程模型……72
3.3.4　大规模数据管理……72
3.3.5　云计算平台管理……73
3.4　云计算服务类型……73
3.4.1　本地部署和云计算服务……73
3.4.2　基础设施即服务（IaaS）……74
3.4.3　平台即服务（PaaS）……76
3.4.4　软件即服务（SaaS）……78
3.4.5　服务模式的区别……79
3.5　云计算部署模式……80

3.5.1 公有云：关注性价比........................80
3.5.2 私有云：关注信息安全....................81
3.5.3 社区云：过渡性模式........................82
3.5.4 混合云：兼顾性价比与信息安全....82
3.6 国内外主流云服务商..............................83
3.6.1 国外主流云服务商............................83
3.6.2 国内主流云服务商............................85
3.7 边缘计算..87
3.7.1 认识边缘计算....................................87
3.7.2 边缘计算和云计算............................90
3.7.3 云边协同..90
3.8 云计算的应用场景..................................91
3.8.1 云存储..92
3.8.2 云安全..92
3.8.3 云视频..93
3.8.4 云物流..93
3.8.5 政务云..94
3.8.6 云医疗..95
3.8.7 教育云..95
3.8.8 云制造..96
3.9 项目实训..96
课后题..100

第 4 章 大数据..102
4.1 认识大数据..102
4.1.1 什么是大数据..................................102
4.1.2 大数据的特征..................................102
4.1.3 大数据的思维..................................104
4.2 大数据技术基础....................................105
4.2.1 大数据处理的基本流程..................105
4.2.2 大数据采集技术..............................106
4.2.3 大数据预处理技术..........................106
4.2.4 大数据存储......................................107
4.2.5 大数据处理与分析技术..................107
4.2.6 大数据可视化..................................108
4.3 大数据采集..108
4.3.1 大数据采集的意义..........................108
4.3.2 数据采集的方法..............................108
4.4 大数据预处理技术................................111
4.4.1 数据清洗..111
4.4.2 数据集成..115
4.4.3 数据转换..116
4.4.4 数据归约..116
4.5 大数据存储..117
4.5.1 大数据文件系统..............................117
4.5.2 NoSQL 数据库.................................118
4.5.3 数据仓库..122
4.6 大数据处理与分析................................123
4.6.1 Hadoop 大数据处理系统................123
4.6.2 MapReduce 大数据批处理系统......125
4.6.3 Spark 大数据实时处理系统............126
4.6.4 Storm..127
4.6.5 数据挖掘..128
4.7 大数据可视化..129
4.7.1 数据可视化概述..............................129
4.7.2 数据可视化工具介绍......................129
4.8 大数据典型应用....................................131
4.8.1 大数据在互联网领域的应用..........131
4.8.2 大数据在医学领域的应用..............133
4.8.3 大数据在城市管理中的应用..........135
4.8.4 大数据在其他领域的应用..............138
4.9 项目实训..138
课后题..145

第 5 章 人工智能..148
5.1 人工智能概述..148
5.1.1 人工智能的定义..............................148
5.1.2 人工智能的发展..............................148
5.1.3 人工智能主要学派..........................150
5.1.4 人工智能编程语言..........................152
5.1.5 人工智能开发框架..........................153
5.2 机器学习..154
5.2.1 什么是机器学习..............................155
5.2.2 机器学习的分类..............................156
5.2.3 机器学习的工作流程......................159
5.2.4 机器学习常见算法模型..................160
5.3 深度学习..163
5.3.1 什么是人工神经网络......................163
5.3.2 神经网络的输入..............................164
5.3.3 神经网络如何进行预测..................165
5.3.4 神经网络如何学会预测..................167
5.3.5 常见的神经网络模型......................167
5.4 图像识别..169
5.4.1 图像识别技术概述..........................169
5.4.2 什么是人脸识别..............................170
5.4.3 人脸识别技术原理..........................170
5.4.4 人脸识别技术应用..........................171
5.4.5 什么是 OCR 技术............................171

5.4.6 OCR 技术原理......171
5.5 语音识别......175
5.5.1 语音识别概述......175
5.5.2 语音识别算法......176
5.5.3 什么是声纹识别......180
5.5.4 声纹识别模型......181
5.5.5 声纹识别应用优势......182
5.6 自然语言处理......182
5.6.1 自然语言处理概述......182
5.6.2 自然语言理解......183
5.6.3 自然语言生成......184
5.6.4 走近知识图谱......184
5.6.5 知识图谱的体系架构......185
5.6.6 知识图谱应用......186
5.7 人工智能的典型应用领域......187
5.7.1 制造......187
5.7.2 家居......187
5.7.3 金融......187
5.7.4 零售......188
5.7.5 交通......188
5.7.6 安防......189
5.7.7 医疗......190
5.7.8 教育......190
5.7.9 物流......190
5.8 项目实训......191
课后题......192

第 6 章 5G......194
6.1 走进 5G 世界......194
6.1.1 无线电信号频谱......194
6.1.2 移动通信的发展简史......197
6.1.3 移动通信基础......200
6.1.4 蜂窝移动通信的概述......201
6.1.5 5G 的概述......204
6.1.6 展望 6G......205
6.2 5G 的标准与架构......206
6.2.1 5G 的通信标准......206
6.2.2 5G 频谱的部署......208
6.2.3 5G 的组网......211
6.2.4 5G 整体架构......213
6.3 5G 网络关键技术......216
6.3.1 提高效率的关键技术分析......216
6.3.2 降低时延的关键技术......220
6.3.3 网络切片技术......221
6.4 三大应用场景......223
6.4.1 eMBB 应用场景分析......223
6.4.2 mMTC 应用场景分析......225
6.4.3 URLLC 应用场景分析......226
6.5 5G 产业链......227
6.6 5G 典型应用......228
6.6.1 5G 直播......228
6.6.2 5G 智能电网......230
6.6.3 5G 智慧医疗......231
6.6.4 5G 安防......233
6.6.5 5G 智慧城市......234
6.7 项目实训......237
课后题......240

第 7 章 虚拟现实......242
7.1 虚拟现实概述......242
7.1.1 虚拟现实的概念......242
7.1.2 虚拟现实的特征......242
7.1.3 虚拟现实的发展......244
7.1.4 虚拟现实系统的分类......248
7.2 虚拟现实的核心技术......251
7.2.1 立体显示技术......251
7.2.2 环境建模技术......253
7.2.3 三维虚拟声音的实现技术......255
7.2.4 人机自然交互技术......256
7.2.5 实时碰撞检测技术......258
7.3 虚拟现实系统的解决方案......259
7.3.1 常用硬件设备......259
7.3.2 移动 VR......264
7.3.3 VR 一体机......265
7.3.4 基于主机的 VR......267
7.4 虚拟现实内容的设计与开发......268
7.4.1 内容设计......268
7.4.2 内容制作方式......271
7.4.3 开发引擎......275
7.5 增强现实......277
7.5.1 增强现实的认知......277
7.5.2 增强现实系统的关键技术......279
7.5.3 增强现实技术的开发工具......281
7.5.4 增强现实技术的应用......282
7.6 虚拟现实在各行业领域的应用......285
7.6.1 VR 游戏......285
7.6.2 VR 影视......286
7.6.3 VR 教育......288

7.6.4 VR 军事 289
7.6.5 VR 旅游 289
7.6.6 VR 医学 291
7.6.7 其他领域 292
7.7 项目实训 293
课后题 297

第 8 章 区块链 299
8.1 区块链概述 299
8.1.1 区块链的最早应用——比特币 299
8.1.2 区块链的特征 302
8.1.3 区块链的分类 304
8.1.4 区块链开发平台 305
8.2 区块链技术体系 307
8.2.1 区块链技术架构 307
8.2.2 区块链关键技术 308
8.2.3 区块链技术趋势 312
8.3 密码学和安全技术 313
8.3.1 对称加密和非对称加密 313
8.3.2 哈希算法 314
8.3.3 数字签名 315
8.4 P2P 网络 316
8.4.1 P2P 网络原理 316
8.4.2 P2P 架构与 C/S 架构的比较 316
8.5 共识机制 317
8.5.1 拜占庭将军问题 317
8.5.2 工作量证明（PoW） 319
8.5.3 权益证明（PoS） 319
8.6 智能合约 320
8.6.1 智能合约的定义 320
8.6.2 智能合约的原理 320
8.7 区块链技术典型应用 321
8.7.1 区块链在金融领域的应用 322
8.7.2 区块链在公证管理领域的应用 323
8.7.3 区块链在医疗卫生领域的应用 325
8.7.4 区块链在版权管理领域的应用 326
8.8 项目实训 327
课后题 328

参考文献 330

第 1 章　新一代信息技术概论

从人类信息交流和通信的演化进程可以深刻体会信息技术的不断发展给人们生活带来的变化。现代信息技术具有强大的社会功能，已经成为 21 世纪推动社会生产力发展和经济增长的重要因素。信息技术在改变社会的产业结构和生产的同时，也对人类的思想观念、思维方式和生活方式产生着重大而深远的影响。

信息技术简介

1.1　信息技术简介

信息技术（Information Technology，IT），是主要用于管理和处理信息所采用的各种技术的总称。它主要是应用计算机科学和通信技术来设计、开发、安装和实施信息系统及应用软件。它也常被称为信息和通信技术（Information and Communications Technology，ICT），主要包括传感技术、计算机与智能技术、通信技术和控制技术。

信息技术的研究包括科学、技术、工程、管理等学科，这些学科在信息的管理、传递和处理中的应用，相关的软件和设备及其相互作用。

信息技术的应用包括计算机硬件和软件，网络和通信技术，应用软件开发工具等。随着计算机和互联网的普及，人们普遍使用计算机来生产、处理、交换和传播各种形式的信息（如书籍、商业文件、报刊、电影、电视节目、语音、图形、影像等）。

1.1.1　信息技术的定义

关于信息技术的定义，因其使用的目的、范围、层次不同而有不同的表述：

（1）信息技术是指有关信息的收集、识别、提取、变换、存储、传递、处理、检索、分析和利用等的技术。

（2）信息技术包含通信、计算机与计算机语言、计算机游戏、电子技术、光纤技术等。

（3）信息技术是以微电子和光电技术为基础，以计算机和通信技术为支撑，以信息处理技术为主题的技术系统的总称，是一门综合性的技术。

（4）信息技术是指在计算机和通信技术支持下用以获取、加工、存储、变换、显示和传输文字、数值、图像以及声音信息，包括提供设备和信息服务两大方面的方法与设备的总称。

（5）信息技术是人类在生产斗争和科学实验中认识自然和改造自然过程中所积累起来的获取信息，传递信息，存储信息，处理信息以及使信息标准化的经验、知识、技能和体现这些经验、知识、技能的劳动资料有目的的结合过程。

（6）信息技术是管理、开发和利用信息资源的有关方法、手段与操作程序的总称。

（7）信息技术是指能够扩展人类信息器官功能的一类技术的总称。

（8）信息技术是指应用在信息加工与处理中的科学、技术与工程的训练方法和管理技巧；上述方法和技巧的应用；计算机及其与人、机的相互作用，与人相应的社会、经济和文化等诸种事物。

（9）信息技术包括信息传递过程中的各个方面，即信息的产生、收集、交换、存储、传输、显示、识别、提取、控制、加工和利用等。

广义而言，信息技术是指能充分利用与扩展人类信息器官功能的各种方法、工具与技能的总和。该定义强调的是从哲学上阐述信息技术与人的本质关系。

一般而言，信息技术是指对信息进行采集、传输、存储、加工、表达的各种技术之和。该定义强调的是人们对信息技术功能与过程的一般理解。

狭义而言，信息技术是指利用计算机、网络、广播电视等各种硬件设备及软件工具与科学方法，对文、图、声、像各种信息进行获取、加工、存储、传输与使用的技术之和。该定义强调的是信息技术的现代化与高科技含量。

1.1.2 信息技术的发展简史

人类进行通信的历史悠久。早在远古时期，人们就通过简单的语言、壁画等方式交换信息。千百年来，人们一直在用语言、图符、钟鼓、烟火、竹简、纸书等传递信息，古代人的烽火狼烟、飞鸽传信、驿马邮递就是这方面的例子。现在还有一些国家的个别原始部落，仍然保留着诸如击鼓鸣号这样古老的通信方式。在现代社会中，交警的指挥手语、航海中的旗语等不过是古老通信方式进一步发展的结果。这些信息的传递基本上都依靠人的视觉与听觉。下面我们来看看信息技术发展的历程：

（1）第一次信息技术革命是语言的使用，发生在距今约 35000 年～ 50000 年。

（2）第二次信息技术革命是文字的创造，大约在公元前 3500 年出现了文字。

文字的创造——这是信息第一次打破时间、空间的限制。

陶器上的符号：原始社会母系氏族繁荣时期（河姆渡和半坡原始居民）。

甲骨文：记载商朝的社会生产状况和阶级关系，文字可考的历史从商朝开始。

金文（也叫铜器铭文）：铸造在殷商与周朝青铜器上的铭文，又叫“钟鼎文”。

（3）第三次信息技术的革命是印刷的发明，约在公元 1040 年，我国开始使用活字印刷技术。

汉朝以前使用竹木简或帛做书的材料，直到东汉（公元 105 年）蔡伦改进造纸术，这种纸叫“蔡侯纸”。

从后唐到后周，封建政府雕版刊印了儒家经书，这是我国官府大规模印书的开始。成都、开封、临安、建阳成为印刷中心。

北宋平民毕昇发明活字印刷，比欧洲早 400 年。

（4）第四次信息技术革命是电报、电话、广播和电视的发明和普及应用。

19 世纪中叶以后，随着电报、电话的发明，电磁波的发现，人类通信领域产生了根本性的变革，实现了利用金属导线上的电脉冲来传递信息以及通过电磁波来进行无线通信。

1837 年美国人莫尔斯研制了世界上第一台有线电报机。电报机利用电磁感应原理（有电流通过，电磁体有磁性，无电流通过，电磁体无磁性），使电磁体上连着的笔发生转动，从而在纸带上画出点、线符号。这些符号的适当组合（称为莫尔斯电码），可以表示全部字母，于是文字就可以经电线传送出去了。1844 年 5 月 24 日，莫尔斯在国会大厦联邦最高法院议会厅作了“用导线传递消息”的公开表演，接通电报机，用一连串点、划构成的“莫尔斯”码发出了人类历史上第一份电报：上帝创造了何等的奇迹！实现了长途电报通信，该份电报从美国国会大厦传送到了 64 千米外的巴尔的摩城。

1864 年英国著名物理学家麦克斯韦发表了一篇论文《电与磁》，预言了电磁波的存在，说明了电磁波与光具有相同的性质，都是以光速传播的。

1875 年，苏格兰青年亚历山大 • 贝尔发明了世界上第一台电话机，1878 年在相距 300 千米的波士顿和纽约之间进行了首次长途电话实验并获得成功。

电磁波的发现产生了巨大影响，实现了信息的无线电传播，其他的无线电技术也如雨后春笋般开始涌现：1920 年美国无线电专家康拉德在匹兹堡建立了世界上第一家商业无线电广播电台，从此广播事业在世界各地蓬勃发展，收音机成为人们了解时事新闻的途径。1933 年，法国人克拉维尔建立了英法之间的第一条商用微波无线电线路，推动了无线电技术的进一步发展。

1876 年 3 月 10 日，美国人贝尔用自制的电话同他的助手通了话。

1888 年，德国青年物理学家海因里斯•赫兹（H.R.Hertz）用电波环进行了一系列实验，发现了电磁波的存在，他用实验证明了麦克斯韦的电磁理论。这个实验轰动了整个科学界，成为近代科学技术史上的一个重要里程碑，促使了无线电的诞生和电子技术的发展。

1895 年俄国人波波夫和意大利人马可尼分别成功地进行了无线电通信实验。

1894 年电影问世。1925 年英国首次播放电视。

静电复印机、磁性录音机、雷达、激光器都是信息技术史上的重要发明。

（5）第五次信息技术革命是始于 20 世纪 60 年代，其标志是电子计算机的普及应用及计算机与现代通信技术的有机结合。

随着电子技术的高速发展，军事、科研迫切需要解决的计算工具也大大得到改进，1946 年由美国宾夕法尼亚大学研制的第一台电子计算机诞生了。

1946—1958 年第一代电子计算机。

1959—1964 年第二代晶体管电子计算机。

1965—1970 年第三代集成电路计算机。

1971 年以后第四代大规模集成电路计算机。

现在，计算机已进入了在技术上、概念上和功能上都不同于前四代计算机的第五代发展阶段。总之，随着计算机技术的发展，计算机的体积是越来越小，容量越来越大，功能越来越强，使用和维护越来越方便。

为了解决资源共享问题，单一计算机很快发展成计算机网络，实现了计算机之间的数据通信、数据共享。通信介质从普通导线、同轴电缆发展到双绞线、光纤、光缆。电子计算机的输入输出设备也飞速发展起来，扫描仪、绘图仪、音频视频设备等，使计算机如虎添翼，可以处理更多的复杂问题。20 世纪 80 年代末多媒体技术的兴起，使计算机具备了综合处理文字、声音、图像、动画等各种形式信息的能力，日益成为信息处理最重要和必不可少的工具。人类也由工业社会转入信息社会，各国也在信息技术研究方面投入大量资金，构建“信息高速公路”。

1.1.3　信息技术的分类

（1）按表现形态的不同，信息技术可分为硬技术（物化技术）与软技术（非物化技术）。前者指各种信息设备及其功能，如显微镜、电话机、通信卫星、多媒体计算机。后者指有关信息获取与处理的各种知识、方法与技能，如语言文字技术、数据统计分析技术、规划决策技术、计算机软件技术等。

（2）按工作流程中基本环节的不同，信息技术可分为信息获取技术、信息传递技术、信息存储技术、信息加工技术和信息标准化技术。信息获取技术包括信息的搜索、感知、接收、过滤等，如显微镜、望远镜、气象卫星、温度计、钟表等。信息传递技术指跨越空间共享信息的技术，又可分为不同类型，如单向传递与双向传递技术，单通道传递、多通道传递与广播传递技术。信息存储技术指跨越时间保存信息的技术，如印刷术、照相术、录音术、录像术、缩微术、磁盘术、光盘术等。信息加工技术是对信息进行描述、分类、排序、转换、浓缩、扩充、创新等的技术，其发展已有两次突破：从人脑信息加工到使用机械设备（如算盘、标尺等）进行信息加工，再发展为使用电子计算机与网络进行信息加工。信息标准化技术指使信息的获取、传递、存储、加工各环节有机衔接，提高信息交换共享能力的技术，如信息管理标准、字符编码标准、语言文字的规范化等。

（3）日常用法中，有人按使用的信息设备不同，把信息技术分为电话技术、电报技术、广播技术、电视技术、复印技术、缩微技术、卫星技术、计算机技术、网络技术等；也有人从信息的传播模式分，将信息技术分为传者信息处理技术、信息通道技术、受者信息处理技术、信息抗干扰技术等。

（4）按技术的功能层次不同，可将信息技术体系分为基础层次的信息技术（如新材料技术、新能源技术），支撑层次的信息技术（如机械技术、电子技术、激光技术、生物技术、空间技术等），主体层次的信息技术（如感测技术、通信技术、计算机技术、控制技术），应用层次的信息技术（如文化教育、商业贸易、工农业生产、社会管理中用以提高效率和效益的各种自动化、智能化、信息化应用软件与设备）。

信息技术发展新亮点

1.2　信息技术发展新亮点

人类将全面进入信息时代，信息产业无疑将成为未来全球经济中最宏大、最具活力的产业。信息将成为知识经济社会中最重要的资源和竞争要素，信息技术也会成为各国研究和发展的重要对象。近十年，信息技术发展出现了新的亮点。

1.2.1　物联网

物联网（Internet of Things，IoT）是新一代信息技术的重要组成部分。顾名思义，物联网就是“物物相连的互联网”。这有两层涵义：第一，物联网的核心和基础仍然是互联网，是在互联网基础上的延伸和扩展的网络；第二，其用户端延伸和扩展到了任何物体与物体之间，进行信息交换和通信。因此，物联网的定义是：通过射频识别（RFID）、红外感应器、全球定位系统、激光扫描器等信息传感设备，按约定的协议，把任何物体与互联网相连接，进行信息交换和通信，以实现对物体的智能化识别、定位、跟踪、监控和管理的一种网络。

业内专家认为，物联网一方面可以提高经济效益，大大节约成本；另一方面可以为全球经济的复苏提供技术动力。目前，美国、欧盟等都在投入巨资深入研究探索物联网。我国也高度关注、重视物联网的研究，工业和信息化部会同有关部门在新一代信息技术方面开展研究，以便制订支持新一代信息技术发展的政策措施。

形式多样的物联网应用在各行各业大显神通，确保城市的有序运作。运用物联网技术，上海移动已为多个行业客户量身打造了集数据采集、传输、处理和业务管理于一体的整套无线综合应用解决方案。在上海世博会期间，“车务通”全面运用于上海公共交通系统，以最先进的技术保障世博园区周边大流量交通的顺畅。面向物流企业运输管理的“e 物流”，为用户提供实时准确的货况信息、车辆跟踪定位、运输路径选择、物流网络设计与优化等服务，大大提升物流企业综合竞争能力。

此外，在物联网普及以后，用于动物、植物和机器、物品的传感器与电子标签及配套的接口装置的数量将大大超过手机的数量。物联网的推广将会成为推进经济发展的又一个驱动器，为产业开拓了又一个潜力无穷的发展机会。按照目前对物联网的需求，在近年内就需要按亿计的传感器和电子标签，这将大大推进信息技术元件的生产，同时增加大量的就业机会。

1.2.2　云计算

云计算（Cloud Computing）是网格计算、分布式计算、并行计算、效用计算、网络存储、虚拟化、负载均衡等传统计算机技术和网络技术融合发展的产物。它旨在通过网络把多个成本相对较低的计算实体整合成一个具有强大计算能力的系统，并借助 SaaS、PaaS、IaaS 等先进的商业模式把这强大的计算能力分布到终端用户。

云计算是指将计算任务分布在由大规模的数据中心或大量的计算机集群构成的资源池上，使各种应用系统能够根据需要获取计算能力、存储空间和各种软件服务，并通过互联网将计算资源免费或按需租用方式提供给使用者。由于云计算的“云”中的资源在使用者看来是可以无限扩展的，并且可以随时获取，按需使用，随时扩展，按使用付费，这种特性经常被称为像水电一样使用 IT 基础设施。

通俗地讲，云计算的“云”就是存在于互联网上的服务器集群上的资源，它包括硬件资源（服务器、存储器、CPU 等）和软件资源（如应用软件、集成开发环境等），本地计算机只需要通过互联网发送一个需求信息，远端就会有成千上万的计算机提供需要的资源并将结果返回到本地计算机，这样本地计算机几乎不需要做什么，所有的处理都在云计算提供商所提供的计算机群来完成。

云计算之所以是一种划时代的技术，就是因为它将数量庞大的计算机放进资源池中，用软件容错来降低硬件成本，通过将云计算设施部署在寒冷和电力资源丰富的地区来节省电力成本，通过规模化的共享使用来提高资源利用率。国外代表性云计算平台达到了惊人的 10 ～ 40 倍的性能价格比提升。国内由于技术、规模和统一电价等问题，暂时难以达到同等的性能价格比，我们暂时将这个指标定为 5 倍。拥有 256 个节点的中国移动研究院的云计算平台已经达到了 5 ～ 7 倍的性能价格比提升，其性能价格比随着规模和利用率的提升还有提升空间。

1.2.3 大数据

对于大数据（Big Data），研究机构 Gartner 给出了这样的定义：大数据是需要新处理模式才能具有更强的决策力、洞察发现力和流程优化能力来适应海量、高增长率和多样化的信息资产。

麦肯锡全球研究所给出的定义是：一种规模大到在获取、存储、管理、分析方面大大超出了传统数据库软件工具能力范围的数据集合，具有海量的数据规模、快速的数据流转、多样的数据类型和价值密度低四大特征。

大数据技术的战略意义不在于掌握庞大的数据信息，而在于对这些含有意义的数据进行专业化处理。换而言之，如果把大数据比作一种产业，那么这种产业实现盈利的关键在于提高对数据的“加工能力”，通过“加工”实现数据的“增值”。

从技术上看，大数据与云计算的关系就像一枚硬币的正反面一样密不可分。大数据必然无法用单台的计算机进行处理，必须采用分布式架构。它的特色在于对海量数据进行分布式数据挖掘。但它必须依托云计算的分布式处理、分布式数据库和云存储、虚拟化技术。

随着云时代的来临，大数据也吸引了越来越多的关注。著云台的分析师团队认为，大数据通常用来形容一个公司创造的大量非结构化数据和半结构化数据，这些数据在下载到关系型数据库用于分析时会花费过多时间和金钱。大数据分析常和云计算联系到一起，因为实时的大型数据集分析需要像 MapReduce 一样的框架来向数十、数百甚至数千的计算机分配工作。

大数据需要特殊的技术，以有效地处理大量的容忍时间内的数据。适用于大数据的技术，包括大规模并行处理（MPP）数据库、数据挖掘、分布式文件系统、分布式数据库、云计算平台、互联网和可扩展的存储系统。

1.2.4 人工智能

人工智能（Artificial Intelligence，AI）是研究、开发用于模拟、延伸和扩展人的智能的理论、方法、技术及应用系统的一门新的技术科学。

人工智能是计算机科学的一个分支，它企图了解智能的实质，并生产出一种新的能以人类智能相似的方式作出反应的智能机器，该领域的研究包括机器人、语言识别、图像识别、自然语言处理和专家系统等。人工智能诞生以来，理论和技术日益成熟，应用领域也不断扩大。可以设想，未来人工智能带来的科技产品将会是人类智慧的“容器”。人工智能是对人的意识、思维的信息过程的模拟。人工智能不是人的智能，但能像人那样思考，也可能超过人的智能。

人工智能是一门极富挑战性的学科，从事这项工作的人必须懂得计算机知识、心理学和哲学。人工智能是包括十分广泛的学科，它由不同的领域组成，如机器学习、计算机视觉等。总而言之，人工智能研究的一个主要目标是使机器能够胜任一些通常需要人类智能才能完成的复杂工作。但不同的时代、不同的人对这种“复杂工作”的理解是不同的。

尼尔森教授对人工智能下了这样一个定义：人工智能是关于知识的学科——怎样表示知识以及怎样获得知识并使用知识的学科。而另一位美国麻省理工学院的温斯顿教授认为：人工智能就是研究如何使计算机去做过去只有人才能做的智能工作。这些说法反映了人工智能学科的基本思想和基本内容。即人工智能是研究人类智能活动的规律，构造具有一定智能的人工系统，研究如何让计算机去完成以往需要人的智力才能胜任的工作，也就是研究如何应用计算机的软硬件来模拟人类某些智能行为的基本理论、方法和技术。

人工智能是研究使用计算机来模拟人的某些思维过程和智能行为（如学习、推理、思考、规划等）的学科，主要包括计算机实现智能的原理，制造类似于人脑智能的计算机，使计算机能实现更高层次的应用。人工智能将涉及计算机科学、心理学、哲学和语言学等学科。可以说几乎是自然科学和社会科学的所有学科，其范围已远远超出了计算机科学的范畴，人工智能与思维科学的关系是实践和理论的关系，人工智能是处于思维科学的技术应用层次，是它的一个应用分支。从思维观点看，人工智能不局限于逻辑思维，要考虑形象思维、灵感思维才能促进其突破性的发展。数学常被认为是多种学科的基础学科，语言、思维领域需要数学，人工智能学科也必须借用数学工具才能更快地发展。

1.2.5　5G

近年来，第五代移动通信技术（5G）已经成为通信业和学术界探讨的热点。5G 的发展主要有两个驱动力。一方面以长期演进技术为代表的第四代移动通信技术（4G）已全面商用，对下一代技术的讨论提上日程；另一方面，移动数据的需求爆炸式增长，现有移动通信系统难以满足未来需求，急需研发新一代 5G 系统。

第五代移动通信技术（5th generation mobilenetworks 或 5th generation wireless systems、5th-Generation，简称 5G 或 5G 技术）是最新一代蜂窝移动通信技术，也是继 4G（LTE-A、WiMax）、3G（UMTS、LTE）和 2G（GSM）系统之后的延伸。5G 的性能目标是高数据传输速率，减少延迟，节省能源，降低成本，提高系统容量和大规模设备连接。2019 年 10 月 31 日，我国三大电信运营商（中国移动、中国联通、中国电信）公布 5G 商用套餐，并于 11 月 1 日正式上线。

5G 移动网络与早期的 2G、3G 和 4G 移动网络一样，5G 网络是数字蜂窝网络，在这种网络中，供应商覆盖的服务区域被划分为许多被称为蜂窝的小地理区域。表示声音和图像的模拟信号在手机中被数字化，由模数转换器转换并作为比特流传输。蜂窝中的所有 5G 无线设备通过无线电波与蜂窝中的本地天线阵和低功率自动收发器（发射机和接收机）进行通信。收发器从公共频率池分配频道，这些频道在地理上分离的蜂窝中可以重复使用。本地天线通过高带宽光纤或无线回程线路与电话网络和互联网连接。与现有的手机一样，当用户从一个蜂窝穿越到另一个蜂窝时，他们的移动设备将自动“切换”到新蜂窝中的天线。

5G 网络的主要优势在于，数据传输速率远远高于以前的蜂窝网络，最高可达 10Gb/s，比当前的有线互联网要快，比先前的 4G LTE 蜂窝网络快 100 倍。另一个优点是较低的网络延迟（更快的响应时间），低于 1 毫秒，而 4G 为 30 ～ 70 毫秒。由于数据传输更快，5G 网络将不仅仅为手机提供服务，而且还将为一般性的家庭和办公网络提供服务，与有线网络进行竞争。

1.2.6 虚拟现实

虚拟现实（Virtual Reality，VR）技术又称灵境技术，是 20 世纪发展起来的一项全新的实用技术。虚拟现实技术囊括计算机、电子信息、仿真技术，其基本实现方式是计算机模拟虚拟环境从而给人以环境沉浸感。随着社会生产力和科学技术的不断发展，各行各业对虚拟现实技术的需求日益旺盛。虚拟现实技术也取得了巨大进步，并逐步成为一个新的科学技术领域。

所谓虚拟现实，顾名思义，就是虚拟和现实相互结合。从理论上来讲，虚拟现实技术是一种可以创建和体验虚拟世界的计算机仿真系统，它利用计算机生成一种模拟环境，使用户沉浸到该环境中。虚拟现实技术利用现实生活中的数据，通过计算机技术产生的电子信号，将其与各种输出设备结合使其转化为能够让人们感受到的现象，这些现象可以是现实中真真切切的物体，也可以是我们肉眼所看不到的物质，通过三维模型表现出来。因为这些现象不是我们直接所能看到的，而是通过计算机技术模拟出来的现实中的世界，故称为虚拟现实。

虚拟现实技术受到了越来越多人的认可，用户可以在虚拟现实世界体验到最真实的感受，其模拟环境与现实世界难辨真假，让人有种身临其境的感觉；同时，虚拟现实具有一切人类所拥有的感知功能，比如听觉、视觉、触觉、味觉、嗅觉等；最后，它具有超强的仿真系统，真正实现了人机交互，使人在操作过程中，可以随意操作并且得到环境最真实的反馈。正是虚拟现实技术的存在性、多感知性、交互性等特征使其受到了许多人的喜爱。

1.2.7 区块链

区块链（Block Chain）起源于比特币，2008 年 11 月 1 日，一位自称中本聪（Satoshi Nakamoto）的人发表了《比特币：一种点对点的电子现金系统》一文，阐述了基于 P2P 网络技术、加密技术、时间戳技术、区块链技术等的电子现金系统的构架理念，这标志着比特币的诞生。两个月后由理论步入实践，2009 年 1 月 3 日第一个序号为 0 的创世区块诞生。2009 年 1 月 9 日出现序号为 1 的区块，并与序号为 0 的创世区块相连接形成了链，标志着区块链的诞生。近年来，世界对比特币的态度起起落落，但作为比特币底层技术之一的区块链技术日益受到重视。在比特币形成过程中，区块是一个一个的存储单元，记录了一定时间内各个区块节点全部的交流信息。各个区块之间通过随机散列（也称哈希算法）实现链接，后一个区块包含前一个区块的哈希值，随着信息交流的扩大，一个区块与一个区块相继接续，形成的结果就是区块链。

什么是区块链？从科技层面来看，区块链涉及数学、密码学、计算机科学等。从应用视角来看，区块链是一个分布式的共享账本和数据库，具有去中心化、不可篡改、全程留痕、可以追溯、集体维护、公开透明等特点。这些特点保证了区块链的“诚实”与“透明”，为区块链创造信任奠定基础。而区块链丰富的应用场景，基本上都基于区块链能够解决信息不对称问题，实现多个主体之间的协作信任与一致行动。

区块链是分布式数据存储、点对点传输、共识机制、加密算法等计算机技术的新型应用模式。区块链，是比特币的一个重要概念，它本质上是一个去中心化的数据库，同时作为比特币的底层技术，是一串使用密码学方法相关联产生的数据块，每一个数据块中包含了一批次比特币网络交易的信息，用于验证其信息的有效性（防伪）和生成下一个区块。

1.3　新一代信息技术

新一代信息技术

在新一代信息技术发展的带动下，信息产业将成为带动经济增长的引擎。各国都将加快研究新一代信息技术的步伐，人类将会进入“信息高速公路”的信息时代。人们的工作和生活也将因新一代信息技术的发展，而变得更加便捷、舒适、高效。

1.3.1　新一代信息技术的概念

新一轮科技革命和产业变革席卷全球，大数据、云计算、物联网、人工智能、区块链等新技术不断涌现，数字经济正深刻改变着人类生产和生活方式，成为经济增长新动能。

据《科技日报》消息，2019 年 10 月 17 日，中科院院士、南京大学校长吕建在 2019 中国计算机大会致辞中表示，未来的社会将是互联网、云计算、大数据、物联网和人工智能共舞的社会。

新一代信息技术是以云计算、物联网、大数据、人工智能为代表的新兴技术，既是信息技术的纵向升级，也是信息技术的横向渗透融合。新一代信息技术是当今世界创新最活跃、渗透性最强、影响力最广的领域，正在引发新一轮全球范围内的科技革命，以前所未有的速度转化为现实生产力，引领当今世界科技、经济、政治、文化日新月异，改变着人们的学习、生活和工作方式。

1.3.2　新一代信息技术的特征

人类社会、物理世界、信息空间构成了当今世界的三元。这三元世界之间的关联与交互，决定了社会信息化的特征和程度。感知人类社会和物理世界的基本方式是数字化，联结人类社会与物理世界（通过信息空间）的基本方式是网络化，信息空间作用于物理世界与人类社会的方式是智能化。中国科学院院士、西安交通大学教授徐宗本认为：数字化、网络化、智能化是新一轮科技革命的突出特征，也是新一代信息技术的聚焦点。数字化为社会信息化奠定基础，其发展趋势是社会的全面数据化；网络化为信息传播提供物理载体，其发展趋势是信息物理系统（Cyber-Physical Systems，CPS）的广泛采用；智能化体现信息应用的层次与水平，其发展趋势是新一代人工智能。

1. 数字化：从计算机化到数据化

数字化是指将信息载体（文字、图片、图像、信号等）以数字编码形式（通常是二进制）进行存储、传输、加工、处理和应用的技术途径。数字化本身指的是信息表示方式与处理方式，但本质上强调的是信息应用的计算机化和自动化。数据化（数据是以编码形式存在的信息载体，所有数据都是数字化的）除包括数字化外，更强调对数据的收集、聚合、分析与应用，强化数据的生产要素与生产力功能。数字化正从计算机化向数据化发展，这是当前社会信息化最重要的趋势之一。

数据化的核心内涵是对信息技术革命与经济社会活动交融生成的大数据的深刻认识与深层利用。大数据是社会经济、现实世界、管理决策等的片段记录，蕴含着碎片化信息。随着分析技术与计算技术的突破，解读这些碎片化信息成为可能，这使大数据成为一项新的高新技术、一类新的科研范式、一种新的决策方式。大数据深刻改变了人类的思维方式和生产生活方式，给管理创新、产业发展、科学发现等多个领域带来前所未有的机遇。

大数据的价值生成有其内在规律（服从大数据原理）。只有深刻认识并掌握这些规律，才能提高自觉运用、科学运用大数据的意识与能力（大数据思维）。大数据的价值主要通过大数据技术来实现。大数据技术是统计学方法、计算机技术、人工智能技术的延伸与发展，是正在发展中的技术，当前的热点方向包括：区块链技术、互操作技术、存算一体化存储与管理技术、大数据操作系统、大数据编程语言与执行环境、大数据基础与核心算法、大数据机器学习技术、大数据智能技术、可视化与人机交互分析技术、真伪判定与安全技术等。大数据技术的发展依赖一些重大基础问题的解决，这些重大基础问题包括：大数据的统计学基础与计算理论基础、大数据计算的软硬件基础与计算方法、大数据推断的真伪性判定等。

2. 网络化：从互联网到信息物理系统

作为信息化的公共基础设施，互联网已经成为人们获取信息、交换信息、消费信息的主要方式。但是，互联网关注的只是人与人之间的互联互通以及由此带来的服务与服务的互联。

物联网是互联网的自然延伸和拓展，它通过信息技术将各种物体与网络相连，帮助人们获取所需物体的相关信息。物联网通过使用射频识别、传感器、红外感应器、视频监控、全球定位系统、激光扫描器等信息采集设备，通过无线传感网络、无线通信网络把物体与互联网连接起来，实现物与物、人与物之间实时的信息交换和通信，以达到智能化识别、定位、跟踪、监控和管理的目的。互联网实现了人与人、服务与服务之间的互联，而物联网实现了人、物、服务之间的交叉互联。物联网的核心技术包括：传感器技术、无线传输技术、海量数据分析处理技术、上层业务解决方案、安全技术等。物联网的发展将经历相对漫长的时期，但可能会在特定领域的应用中率先取得突破，车联网、工业互联网、无人系统、智能家居等都是当前物联网大显身手的领域。

物联网主要解决人对物理世界的感知问题，而要解决对物理对象的操控问题则必须进一步发展信息物理系统。信息物理系统是一个综合计算、网络和物理环境的多维复杂系统，它通过 3C（Computer、Communication、Control）技术的有机融合与深度协作，实现对大型工程系统的实时感知、动态控制和信息服务。通过人机交互接口、信息物理系统实现计算进程与物理进程的交互，利用网络化空间以远程、可靠、实时、安全、协作的方式操控一个物理实体。从本质上说，信息物理系统是一个具有控制属性的网络。

不同于提供信息交互与应用的公用基础设施，信息物理系统发展的聚焦点在于研发深度融合感知、计算、通信和控制能力的网络化物理设备系统。从产业角度看，信息物理系统的涵盖范围小到智能家庭网络，大到工业控制系统乃至智能交通系统等国家级甚至世界级的应用。更为重要的是，这种涵盖并不仅仅是将现有的设备简单地连在一起，而是会催生出众多具有计算、通信、控制、协同和自治性能的设备，下一代工业将建立在信息物理系统之上。随着信息物理系统技术的发展和普及，使用计算机和网络实现功能扩展的物理设备将无处不在，并推动工业产品和技术的升级换代，极大地提高汽车、航空航天、国防、工业自动化、医疗设备、重大基础设施等主要工业领域的竞争力。信息物理系统不仅会催生出新的工业，甚至会重塑现有产业布局。

3. 智能化：从专家系统到元学习

智能化反映信息产品的质量属性。我们说一个信息产品是智能的，通常是指这个产品能完成有智慧的人才能完成的事情，或者已经达到人类才能达到的水平。智能一般包括感知能力、记忆与思维能力、学习与自适应能力、行为决策能力等。所以，智能化通常也可定义为：使对象具备灵敏准确的感知功能、正确的思维与判断功能、自适应的学习功能、行之有效的执行功能等。

智能化是信息技术发展的永恒追求，实现这一追求的主要途径是发展人工智能技术。人工智能技术诞生 60 多年来，虽历经三起两落，但还是取得了巨大成就。1959—1976 年是基于人工表示知识和符号处理的阶段，产生了在一些具有重要应用价值的专家系统；1976—2007 年是基于统计学习和知识自表示的阶段，产生了各种各样的神经网络系统；近几年开始的基于环境自适应、自博弈、自进化、自学习的研究，正在形成一个人工智能发展的新阶段——元学习或方法论学习阶段，这构成新一代人工智能。新一代人工智能主要包括大数据智能、群体智能、跨媒体智能、人机混合增强智能和类脑智能等。

深度学习是新一代人工智能技术的卓越代表。由于在人脸识别、机器翻译、棋类竞赛等众多领域超越人类的表现，深度学习在今天几乎已成为人工智能的代名词。然而，深度学习拓扑设计难、效果预期难、机理解释难是重大挑战，还没有一套坚实的数学理论来支撑解决这三大难题。解决这些难题是深度学习未来研究的主要关注点。此外，深度学习是典型的大数据智能，它的可应用性是以存在大量训练样本为基础的。小样本学习将是深度学习的发展趋势。

元学习有望成为人工智能发展的下一个突破口。学会学习、学会教学、学会优化、学会搜索、学会推理等新近发展的元学习方法以及 AlphaGo Zero 在围棋方面的出色表现，展现了这类新技术的诱人前景。然而，元学习研究还仅仅是开始，其发展还面临一系列挑战。

新一代人工智能的热潮已经来临，可以预见的发展趋势是以大数据为基础，以模型与算法创新为核心，以强大的计算能力为支撑。新一代人工智能技术的突破依赖其他各类信息技术的综合发展，也依赖脑科学与认知科学的实质性进步与发展。

1.3.3 新一代信息技术的发展趋势

习近平在 2018 年两院院士大会上的重要讲话指出：世界正在进入以信息产业为主导的经济发展时期，我们要把握数字化、网络化、智能化融合发展的契机，以信息化、智能化为杠杆培育新动能。这一重要论述是对当今世界信息技术的主导作用、发展态势的准确把握，是对利用信息技术推动国家创新发展的重要部署。

近 10 年来，以物联网、云计算、大数据、人工智能、5G 等为特征的新一代信息技术架构蓬勃发展。中国工程院院士李国杰认为，新一代信息技术，“新”在网络互联的移动化和泛在化，信息处理的集中化和大数据化，信息服务的智能化和个性化。新一代信息技术发展的热点不是信息领域各个分支技术的纵向升级，而是信息技术横向渗透融合到制造、金融等其他行业，信息技术研究的主要方向将从产品技术转向服务技术。以信息化和工业化深度融合为主要目标的“互联网 +”是新一代信息技术的集中体现。

1. 网络互联的移动化和泛在化

近几年互联网的一个重要变化是手机上网用户超过个人计算机用户，以微信为代表的社交网络服务已成为我国互联网的第一大应用。移动互联网的普及得益于无线通信技术的飞速发展，4G 无线通信的带宽已达到 100Mb/s。我国提出的 TD-LTE 制式被认定为 4G 无线通信的国际标准之一，已率先在国内部署，这是我国从通信大国走向通信强国的重要机遇。正在推广的 5G 无线通信不只是追求提高通信带宽，而是要构建计算机与通信技术融合的超宽带、低延时、高密度、高可靠、高可信的移动计算与通信的基础设施。当前，基于 IPv4 协议的互联网在可扩展性、服务质量和安全性等方面已遇到难以突破的瓶颈，近来各大企业和研究者们正在积极发展用软件定义的互联网和以内容为中心的互联网，这可能是未来互联网发展的重要方向。过去几十年信息网络发展实现了计算机与计算机、人与人、人与计算机的交互联系，未来信息网络发展的一个趋势是实现物与物、物与人、物与计算机的交互联系，将互联网拓展到物端，通过泛在网络形成人、机、物三元融合的世界，进入万物互联时代。

2. 信息处理的集中化和大数据化

20世纪末流行个人计算机，由分散的功能单一的服务器提供各种服务，但这种分散的服务效率不高，难以应付动态变化的信息服务需求。近几年兴起的云计算将服务器集中在云计算中心，统一调配计算和存储资源，通过虚拟化技术将一台服务器变成多台服务器，能高效率地满足众多用户个性化的并发请求。长期以来计算机企业追求的主要目标是"算得快"，每隔11年左右超级计算机的计算速度提高1000倍。但为了满足日益增长的云计算和网络服务的需求，未来计算机研制的主要目标是"算得多"，即在用户可容忍的时间内尽量满足更多的用户请求。这与传统的计算机在体系结构、编程模式等方面有很大区别，需要突破计算机系统输入输出和存储能力不足的瓶颈，未来10年内具有变革性的新型存储芯片和片上光通信将成为主流技术。同时，社交网络的普及应用使广大消费者也成为数据的生产者，传感器和存储技术的发展大大降低了数据采集和存储的成本，使得可供分析的数据爆发式增长，数据已成为像土地和矿产一样重要的战略资源。人们把传统的软件和数据库技术难以处理的海量、多模态、快速变化的数据集称为大数据，如何有效挖掘大数据的价值已成为新一代信息技术发展的重要方向。大数据的应用涉及各行各业，例如互联网金融、舆情与情报分析、机器翻译、图像与语音识别、智能辅助医疗、商品和广告的智能推荐等。大数据技术大约在5至10年后会成为普遍采用的主流技术。

3. 信息服务的智能化和个性化

过去几十年信息化的主要成就是数字化和网络化，今后信息化的主要努力方向是智能化。"智能"是一个动态发展的概念，它始终处于不断向前发展的计算机技术的前沿。所谓"智能化"本质上是计算机化，即不是固定僵硬的系统，而是能自动执行程序、可编程可演化的系统，甚至具有自学习和自适应功能。无人自动驾驶汽车是智能化、个性化的标志性产品，它融合集成了实时感知、导航、自动驾驶、联网通信等技术，比有人驾驶更安全、更节能。美国已有几个城市给无人驾驶汽车颁发了上路许可证，估计10年内计算机化的智能汽车将开始流行。德国提出的工业4.0，其特征也是智能化，设备和被加工的零件都有感知功能，能实时监测，实时对工艺、设备和产品进行调整，保证加工质量。建设智慧城市实际上是城市的计算机化，将为发展新一代信息技术提供巨大的市场。

总之，随着信息化在全球的迅速发展，世界对信息的需求快速增长，信息产品和信息服务对于各个国家、地区、企业、单位、家庭、个人都不可缺少。新一代信息技术在全球的广泛使用，不仅深刻地影响着经济结构与经济效率，而且作为先进生产力的代表，新一代信息技术已成为支撑当今经济活动和社会生活的基石。

课后题

1. 选择题

（1）信息技术主要包括传感技术、（　　）、通信技术和控制技术。

A．计算机与智能技术　　B．电子技术

C．科学技术　　D．社会科学

（2）第（　　）次信息技术革命是始于20世纪60年代，其标志是电子计算机的普及应用及计算机与现代通信技术的有机结合。

A．二　　B．三　　C．四　　D．五

（3）新一代信息技术是以云计算、物联网、大数据、（　　）为代表的新兴技术，既是信息技术的纵向升级，也是信息技术的横向渗透融合。

A．数字媒体　　B．计算机技术　　C．人工智能　　D．网络技术

（4）数字化、网络化、（　　）是新一轮科技革命的突出特征，也是新一代信息技术的聚焦点。

A．智能化　　B．媒体化　　C．简约化　　D．复杂化

2. 问答题

（1）什么是信息技术？人类经历过哪几次信息技术革命？

（2）信息技术如何进行分类？

（3）新一代信息技术包括哪些？

（4）新一代信息技术的特征有哪些？

（5）简述新一代信息技术的发展趋势。

第 2 章　物联网

2.1　物联网概述

2.1.1　物联网的概念

1. 物联网定义及其发展

关于物联网的定义，我们可以参考国际电信联盟（International Telecommunication Union，ITU）对物联网的定义：物联网是信息社会下的一个全球基础设施，它基于现有和未来可互操作的信息和通信技术，通过物理的和虚拟的物物相联来提供更好的服务。

相对于这个定义，物联网的英文名称其实更通俗易懂，Internet of Things，简称 IoT。这一提法是国际电信联盟在 2005 年发布的《ITU 互联网报告 2005：物联网》中提出的。顾名思义，物联网就是面向万事万物的互联网，对于这个名词可以这样理解：

（1）互联网是物联网的基础与核心，物联网是互联网的一次延伸与扩展。

（2）物联网的末端是各种机器、设备、物体。物联网是这些物与物之间进行信息交流的网络，不再仅仅实现人与人之间的通信。

以下几个产品可以看作是物联网的早期萌芽。

美国卡内基梅隆大学计算机系有一台可乐自动售卖机，1982 年夏天，三个程序员在这台可乐自动售卖机上安装了微动开关，以此来判断机器内的可乐瓶数，并通过装入时间估算可乐的温度，这些数据被上传至计算机系的服务器上，大家可以通过自己的电脑查询当前可乐售卖机内可乐的数量与温度。为了纪念这台机器，卡内基梅隆大学还专门创建了一个网页（https://www.cs.cmu.edu/ ～ coke/）来介绍它的传奇历史。

1990 年，美国计算机网络工程师约翰·罗姆奇发明了一台可以通过互联网打开和关闭的烤面包机，并带着这台面包机去参加同年的 Interop 大会。烤面包机通过 TCP/IP 网络连接到一台计算机上，然后通过网络利用 SNMP 协议打开面包机的工作电源。

2. 物联网与无线传感器网络

传感器网络可以看作是物联网的前身。将传感器接入到网络中，利用传感器采集各种数据，通过网络将这些数据进行传输，这就构成了传感器网络。

如果利用无线通信方式接入到网络中，就是无线传感器网络。无线传感器网络（Wireless Sensor Network，WSN），是由部署在某区域内的大量微型传感器节点组成，通过无线通信的方式形成一个多跳的自组织的网络系统。

20世纪70年代越战时期，美军在战场上就使用了无线传感器网络技术。后来闻名世界的“胡志明小道”是胡志明部队向南方游击队源源不断输送物资的秘密通道，该道路树林密布，美军动用大量空中力量对该道路进行轰炸，但效果不大。后来美军在“胡志明小道”沿线投放了两万多个“热带树”传感器。这些传感器由振动传感器和声响传感器组成，它们由飞机投放，落地后插入泥土中，只露出伪装成树枝的无线电天线，因而被称为“热带树”。只要越方车队经过，传感器探测出目标产生的振动和声响信息，自动发送给在此区域巡逻的侦察机，然后中继传输至美军位于泰国的基地指挥中心，通过计算机分析，判断车队的行进路径，进而实施空袭，总共炸毁或炸坏4.6万辆卡车。

传感器网络并不等于物联网。物联网的范畴要比传感器网络更大。传感器网络主要探测自然界的环境参数，如温度、湿度、光照度等。物联网不仅能处理这些数据，还强调物体自身的标识，例如条形码、定位信息等。可见传感器网络只是物联网的一部分，用于采集物体数据，并将数据通过各种接入技术送往互联网处理。

2.1.2 物联网的体系结构

物联网的体系结构

国内外对物联网体系结构的描述有很多种，在这里我们借用一下ITU-T建议中提出的泛在传感器网络结构（Ubiquitous Sensor Network，USN）。USN体系结构共有五层构成，自下而上分别是传感器网络层、接入网络层、骨干网络层、网络中间件层和应用层，如图2-1所示。在此基础上，我们将物联网的分层结构简化为三层：感知层、网络层与应用层。

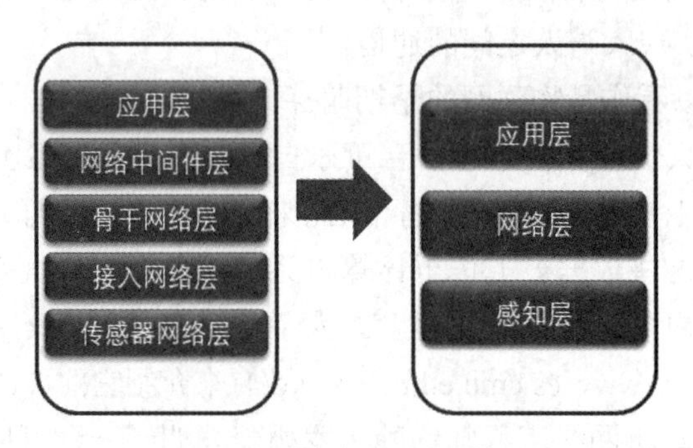

图2-1 物联网体系结构

1. 感知层

感知层是物联网的末端，负责获取物理世界的数据与信息，相当于物联网的感觉器官。所谓万物互联，实际上是将事物的数据与信息接入网络供人使用，这些数据与信息的获取离不开感知层。

感知层的感知设备包括各种传感器、二维码标签及其识读器、射频标签及其阅读器、多媒体信息采集设备（如摄像头和麦克风）、实时定位设备。二维码、射频标签用来存储物联网设备自身的属性等信息，传感器用来感知、采集外部物理世界的各种数据，包括各类物理量、位置数据、动作行为等，然后通过网络层传递给合适的目标对象。

2. 网络层

习惯上将USN体系结构中的接入网络层和骨干网络层统一称为网络层，作为物联网的主干来完成远距离、大范围的信息传输，把感知层获取的数据信息快速、可靠、安全地传输到目的地址。网络层面对的是各种通信网络，最大的问题是如何让众多的异构网络实现无缝的互联互通。

（1）接入网。物联网中的各种智能设备需要借助各种接入设备及通信网实现与互联网的连接。接入网是网关/汇聚节点发送接入请求，为物联网与互联网间的通信提供中介。接入网按照覆盖范围的不同可以分为体域网、个域网、局域网及广域网。接入技术种类繁多，例如蓝牙、ZigBee、WiFi、GSM等无线传输技术，也可以是串口、485总线等有线通信方式。

（2）互联网。在可预见的时间内，互联网仍然是网络的核心和发展主力，其发展趋势是下一代网络（NGN）。互联网向下连接着不同种类的物理网络，向上支撑起不同种类的应用；为用户提供了越来越丰富的体验，也成为目前物联网当之无愧的核心。互联网最初是针对人而设计的，当物联网大规模发展之后，互联网能否完全满足物联网数据通信的要求还有待验证。即便如此，在物联网发展的初期，从技术和经济角度考虑，借助已有的互联网进行通信也是必然的选择。

3. 应用层

应用层的主要功能是根据底层采集的数据，形成与业务需求相适应、实时更新的动态数据，以服务的方式提供给用户，为各类业务提供信息资源支撑，从而最终实现物联网在各个行业领域的应用。

（1）网络中间件层。在高性能计算机技术的支持下，对网络内的海量信息进行实时高速处理，对数据进行智能化挖掘、管理、控制与存储，通过计算分析，将各种信息资源整合成一个智能网络，为上层服务管理和大规模行业应用提供一个高效可靠的技术平台。

这一层的设备包括超级计算机、服务器集群及海量网络存储设备等，这些设备通常放在数据中心里。数据中心也称为计算中心、互联网数据中心、服务器农场等。图2-2为江苏国家超级计算无锡中心的神威·太湖之光超级计算机。

（2）应用层。应用层利用经过分析处理后的数据，构建面向各行业实际应用的管理平台，为用户提供种类丰富、功能强大的特定服务。

应用层是物联网与行业专业技术的深度融合。为了更好地提供准确的信息服务，结合不同行业的专业知识和业务模型，借助互联网技术、软件开发技术和系统集成技术为各行业应用提供解决方案，将物联网的优势与行业的生产经营、信息化管理结合起来，以完成更加精细和准确的智能化信息管理。

图 2-2　神威 • 太湖之光超级计算机

2.1.3　物联网系统案例

物联网广泛应用于经济、生活和国防等领域。在家庭生活、工业制造、交通、能源等方面随处可见物联网的应用。

【案例 1】安吉星车联网系统。

车联网是物联网的一个分支，随着汽车行业的发展，车联网也进入了一个百花齐放的时代。上汽通用旗下品牌汽车都配备了安吉星系统，该系统是一个典型的物联网系统。感知层包括油箱液位传感器、胎压传感器、温度传感器、GPS 定位系统等，采集车内温度、油箱油量、轮胎胎压、车辆位置信息等数据；接入网一般采用 CAN 总线等现场总线技术，将车内数据上传至安吉星模块，该模块通过 GSM 网络将车内数据上传至安吉星数据中心，数据中心对数据进行分析加工，向用户提供各种服务。用户通过手机 APP 或车载 ECU 系统实现车辆定位、远程控制等。如图 2-3 为安吉星系统 APP 的手机端截图。

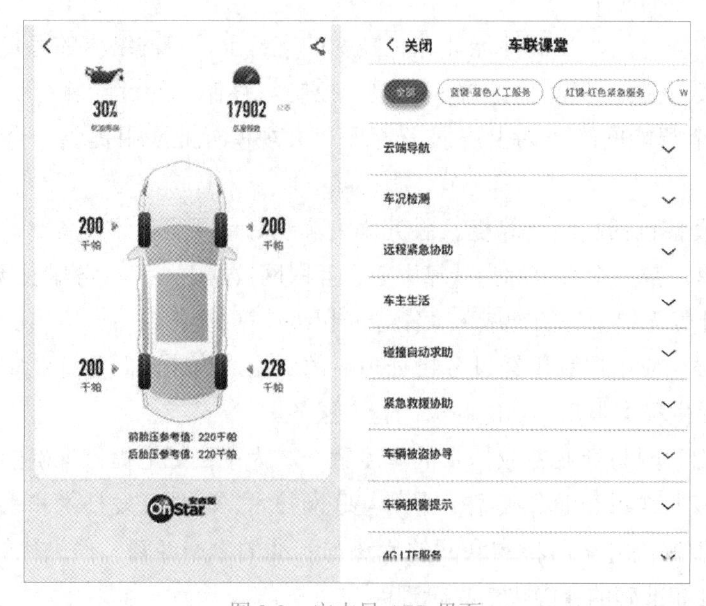

图 2-3　安吉星 APP 界面

2.2 感知层技术

物联网的宗旨是万物互联，即实现人与人、人与物、物与物互联。保证网络中的每一个设备都有一个独一无二的ID，这是实现互联的第一步。自动识别技术可以获取设备的ID以及其他信息，并将这些数据送入信息处理系统。自动识别技术是物联网的关键技术，主要包括条形码技术、射频识别技术、近场通信技术、生物识别技术等。随着物联网行业的发展，以上识别技术逐渐走进我们的生活，极大地方便了我们的生活。

2.2.1 条形码技术

条形码技术

条形码的种类有很多，按条形码的长度，可分为定长和非定长条形码；按照排列方式，可分为连续型和非连续型条形码；按照校验方式，可分为自校验和非自校验条形码；按照应用场合，又可分为金属条形码、荧光条形码、纸质条形码等；按照维数，可分为一维条形码和二维条形码。我们生活中常将一维条形码叫作条形码，二维条形码叫作二维码。

1. 条形码

条形码是将宽度不等的一组黑条和空白，按照一定的编码规则排列，用以表达一组信息的图形标识符。常见的条形码是由反射率相差很大的黑条（简称条）和白条（简称空）排成的平行线图案。条形码可以标出物品的生产国、制造厂家、商品名称、生产日期、类别、日期等许多信息，因而在商品流通、邮政管理、银行系统等许多领域都得到广泛的应用。条形码的结构组成如图 2-4 所示。一个完整的条形码的组成次序：左侧空白区、起始符、数据符、中间分割符、校验码、终止符、右侧空白区。同时，下侧附有供人识别的字符。

图 2-4 条形码的结构组成

条形码具有可靠准确、数据输入速度快、经济便宜、灵活实用、自由度大、设备简单等优越性，已被广泛应用于商业、邮政、图书管理、仓储、工业生产过程控制、交通等领域。

条形码只是在一个方向（一般是水平方向）上表达信息，而在垂直方向上则不表达任何信息，其固定的高度通常是为了便于阅读器的对准。条形码的应用可以加快信息录入的速度，提高准确率；不足之处在于数据容量较小，大概 30 个字符左右，而且只能包含字母和数字，条形码尺寸相对较大，条形码遭到损坏后便不能阅读等。

2. 二维码

二维码是对条形码的改进，条形码只在水平方向上表达信息，二维码则是在水平和垂直两个方向组成的二维空间内存储信息。

二维码是用某种特定的黑白相间的几何图形按一定规律在平面上分布，以此来记录数据符号信息的图形，通过图像输入设备或光电扫描设备自动识读，以实现信息自动处理。

二维码具有以下优点：

（1）符号面积小。二维码在横向与纵向都可以表示信息，因此在对同样信息量的数据进行编码时，图形面积只占一维条形码的 1/10 左右。如图 2-5 所示，条形码在面积上比二维码要大许多。二维码还可以调整图形的大小，以适应打印的要求。

图 2-5　条形码与二维码的大小比较

（2）数据编码容量高。条形码只能存储最多 20 位数，而二维码能够处理数十甚至数百倍的信息。二维码还可以对不同类型的数据进行编码，比如文件、音频、视频等。可以扫一扫图 2-6 中的二维码，看看都是什么内容？

图 2-6　不同内容的二维码

（3）抗污损和抗损伤。二维码具有很强的纠错能力，即使二维码符号部分毁坏（不超过30%），数据也是可以恢复。如图2-7所示，污损或损坏的二维码仍能正常使用。

图2-7 污损或损坏的二维码仍能正常使用

（4）任何方向可读。二维码可以360度高速读取，因为二维码可通过位置检测模式定位于坐落在三个角落的符号位置检测模式保证平稳的高速读取，回避产生负面影响的背景干扰。

（5）信息安全。在信息时代，人们更加注重信息安全，加密后的二维码具有保护个人隐私的优点，比单纯的二维码更加安全。当前的火车票就使用了加密二维码，使用手机扫描二维码时，只能读取票号、车次等信息，购票人的身份信息无法读取。

3. 条形码扫描设备

普通的条形码主要通过激光条形码扫描器（包括手持激光扫描器与固定激光扫描器）进行扫描，是一种远距离条码阅读设备，其性能优越，应用广泛。图2-8为激光条码扫描器实物。除此之外，还有光笔阅读器、CCD阅读器。二维码主要利用摄像头配合软件进行扫描与识别。

图2-8 激光条码扫描器实物

RFID技术与NFC技术

2.2.2 射频识别技术

射频识别（Radio Frequency Identification，RFID）是一种非接触式的自动识别技术，利用射频信号通过电磁场实现无接触传输信息并通过所传输的信息进行识别的技术。RFID可以自动识别目标对象并获取相关数据，可同时识别多个标签，可识别运动物体，操作快捷方便，而且识别工作无需人工干预，并可在各种恶劣条件下工作。

RFID技术在生活中的应用随处可见，例如第二代身份证、校园卡、公交卡都使用了

RFID 技术。

1. RFID 系统的结构

在实际应用中，根据应用场合和目的的不同，RFID 系统的实现形式有所不同，但总体来说，一个 RFID 系统都是由电子标签、读写器、应用软件组成。

（1）电子标签。电子标签又称作应答器、射频标签，一般由耦合元件及芯片组成，粘贴或固定在被识别对象上。每个芯片含有唯一识别码，保存有特定格式的电子数据，如 EPC 物品编码信息。标签中有内置天线，以便与读写器通信。

（2）读写器。读写器用来接收与处理电子标签数据，它能够读取电子标签内的数据，也可以将数据写到电子标签中。

根据功能的不同，读写器又有以下名称：只能读取电子标签内信息的设备称作阅读器；只能向电子标签内写入信息的设备称作写入器；既能读取电子标签内信息又能写入信息的设备称作读写器。图 2-9 为常见的阅读器。

图 2-9 阅读器实物

（3）应用软件。应用软件主要完成数据信息的存储、管理，以及对电子标签进行读写操作。RFID 系统的应用软件可以是一个大小不一的数据库或者供应链系统，也可以是面向特定行业、高度专业化的库存管理系统。例如每个校园内都有校园卡系统，具备充值、查询、结算、图书借阅、门禁等功能。

2. RFID 系统的分类

（1）根据电子标签的工作频率不同分类。阅读器与电子标签通信时所使用的信号频率称为 RFID 系统的工作频率，电子标签的工作频率是其最重要的特点。RFID 的频率主要划分为四个频段：低频（30kHz ～ 300kHz）、高频（3kHz ～ 30MHz）、超高频（300MHz ～ 3GHz）和微波（2.45GHz 以上）。

生活中常见的门禁钥匙、汽车防盗钥匙一般工作在低频段，校园卡、二代身份证一般属于高频段，车辆远程控制上锁等功能属于超高频，高速公路的不停车收费系统（ETC）的频率是 5.8GHz，属于微波频段。

（2）根据电子标签的供电形式分类。根据电子标签的供电形式分类，可分为无源系统和有源系统两大类。

无源标签内部不带电池，要靠读写器提供能量才能正常工作，常用于需要频繁读写标签信息的地方，如物流仓储、电子防盗系统等。无源标签的优点是成本很低，其信息别人无法进行修改或删除，可防止伪造。缺点是数据传输的距离短。

有源标签内部装有电池，工作可靠性高，信号传送距离远。有源标签的主要缺点是标签的使用寿命受到电池寿命的限制，随着标签内电池电力的消耗，数据传输的距离会越来越短。有源标签成本较高，常用于实时跟踪系统、目标资产管理等场合。

3. RFID 的优点

与传统的条形码识别技术相比，RFID 具有以下优势：

（1）扫描效率高。条形码识别设备一次只能扫描一个条形码，而 RFID 读写器可同时读取多个 RFID 标签。

（2）体积小，造型多样。RFID 在读取上并不受尺寸大小与形状的限制，RFID 标签不断向小型化发展，以应用于不同产品需求。条形码为了能准确读取，面积不能太小。

（3）抗污染能力和耐久性。传统条形码的载体是纸张，因此容易受到污染，而 RFID 信息存储于芯片中，以电磁波形式进行读取，所以不易受污染、不易损坏。

（4）重复使用。条形码印刷后无法修改，而 RFID 标签可以新增、修改、删除卷标内存储的数据，方便信息更新。

（5）无障碍读取。RFID 能够穿透纸张、木材和塑料等非金属或非透明的材质，进行无线通信。条形码扫描器必须在近距离且没有遮挡的情况下才可以辨读条形码。

（6）数据存储量大。条形码的容量是 50 字符，二维码最大可存储 2000 字符，RFID 最大的容量则有数兆个字符。未来物品所需携带的信息量会越来越大，对 RFID 标签容量的要求也越来越高。

（7）安全性高。RFID 承载的是电子式信息，其数据内容可由密码保护，使其内容不易被伪造及变更。

2.2.3 近场通信技术

近场通信（Near Field Communication，NFC）由 RFID 及网络技术整合演变而来，向下兼容 RFID。电磁辐射源产生的交变电磁场可分为远场与近场两部分，近场又叫感应场，其能量在辐射源周围很小范围内周期性来回流动，不向外发射。远场又叫辐射场，其能量可以脱离辐射源，以电磁波形式向外发射。因此近场通信是一种短距离的无线通信技术，可以实现设备间的非接触式点对点通信。

NFC 的通信频带为 13.56MHz，最大通信距离为 10cm 左右，数据传输速率为 106kb/s、212kb/s、424kb/s。NFC 由 RFID 演变而来，与 RFID 相比，NFC 具有以下特点：

（1）NFC 将读卡器、电子标签和点对点通信功能整合进一块芯片，而 RFID 的读卡器和电子标签是分离的。RFID 注重信息的读取及判定，NFC 则强调的是信息交互。NFC 可以看作是 RFID 的升级版，例如，乘坐公交车时，内置 NFC 芯片的手机可以作为 RFID 标签进行费用支付；当与其他 NFC 手机进行数据通信时，它又可以当作 RFID 读写器。图 2-10 为手机 NFC 功能刷卡结算。

图 2-10　手机 NFC 功能刷卡结算

（2）NFC 传输范围比 RFID 小。RFID 的传输范围可以达到几米到几十米，而 NFC 传输距离在 10cm 左右。相对于 RFID，NFC 具有距离近、带宽高及能耗低等特点，同时 NFC 的近距离传输也为 NFC 提供了较高的安全性。

（3）应用方向不同。目前来看，NFC 主要针对电子设备间的相互通信，而 RFID 更善于长距离识别。RFID 广泛应用在生产、物流、资产管理上，而 NFC 则在门禁、公交及手机支付等领域得到了广泛应用。

除了以上介绍的条形码、RFID、NFC 等识别技术外，语音识别、光学字符识别和生物识别等技术也在物联网产品的自动识别中的到了广泛应用。

2.2.4　传感器的基本概念

传感器

传感器是一种物理装置，能够探测和感受外界的物理或化学等信号，并将感知到的各种信号按一定规律转换成电信号。例如，温度传感器就是把物体的温度转换成电流，用电流的大小来反映温度的高低，通过测量具体的电流值来指示物体的温度值。

传感器的主要作用就是将非电的被测量按照一定的规律转换成电信号，以便我们使用。其结构如图 2-11 所示，主要由敏感元件、转换元件、变换电路组成。

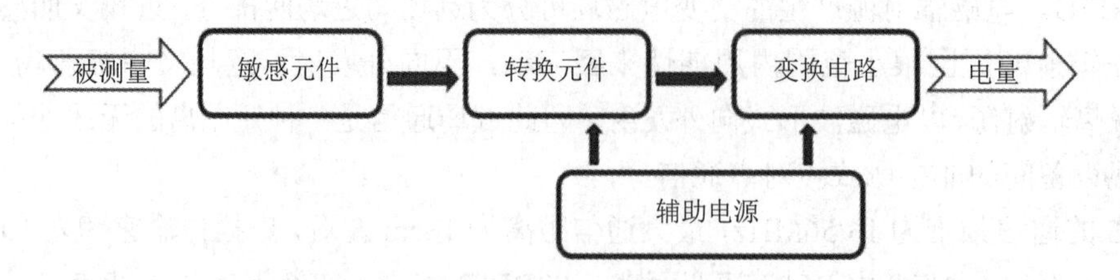

图 2-11　传感器的结构

敏感元件是指能够直接感受被测量，并直接对被测量产生响应输出的部分。该响应可能是微弱的电流电压，也可能是电阻电容电感的变化，还不能被我们直接使用。转换元件、变换电路在辅助电源的帮助下，把原始的响应进行处理，输出一个能被我们直接使用的，并且与被测量成比例的电量。

2.2.5 传感器的分类

1. 根据所测量的物理量进行分类

根据所测量的物理量进行分类：传感器所测量的物理量种类繁多，可以是温度、湿度、压力、气体浓度等基本物理量，这类传感器包括温度传感器、湿度传感器、气体浓度传感器、速度传感器、加速度传感器、角度传感器、位置传感器、位移传感器等；也可以在此基础上判断是否有物体接近、识别人们的动作甚至行为，包括接近传感器、姿态传感器、动作传感器等。可以说只要我们想测量的物理量，都可以找到对应的传感器。在此只简单举例介绍几种日常生活中常见的传感器。

我们生活中常用的额温枪、耳温枪等测温仪器就是利用各种温度传感器将人体体温转换成电信号，并进行显示。图 2-12（a）为额温枪实物。机场车站等公共场所的感应水龙头、感应门多是利用热释电红外传感器来感知人体辐射的红外线，以判断有人靠近。图 2-12（b）为感应水龙头实物。

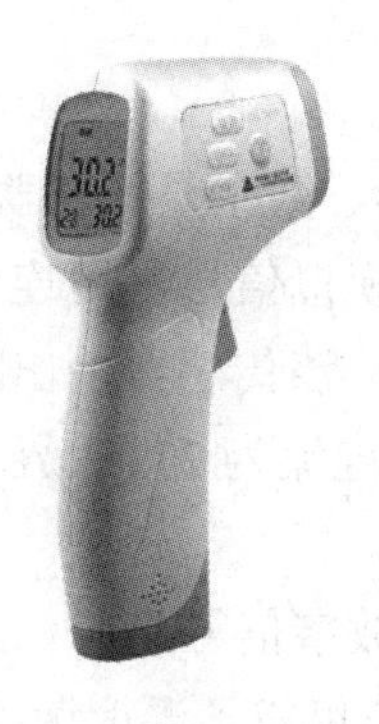

（a）额温枪

（b）感应水龙头

图 2-12 传感器在生活中应用

查酒驾时，警察所用的酒精测试仪就是利用气体浓度传感器来检测驾驶员呼出气体中酒精的浓度，从而判断是否酒驾，如图 2-13 所示。

图 2-13 酒精测试仪检测酒精含量

任天堂推出的《健身环大冒险》游戏就是利用游戏硬件健身环中的力学传感器、六轴加速度传感器、陀螺仪惯性传感器等来识别玩家的动作，如图 2-14 所示。

图 2-14 《健身环大冒险》中的健身环

2. 根据传感器输出信号的性质不同分类

根据传感器输出信号的性质不同分为模拟量传感器、数字量传感器、开关量传感器。

（1）模拟量传感器。模拟量传感器的输出信号是模拟信号，用连续变化的电压、电流等表示被测物理量的大小。例如温度传感器 AD590，该传感器输出的电流信号与绝对温度成正比，是一个连续的模拟信号。在 0℃时，输出电流为 273.2μA，温度每增加 1℃，输出电流增加 1μA。

（2）数字量传感器。数字量传感器的输出信号是数字信号，用二进制数表示被测物理量的大小。例如温度传感器 DS18B20，该传感器内部集成了温度敏感单元、微处理器、可擦除 RAM，被测的温度信号以二进制数的形式存储于 RAM 中，用户可以通过相关指令直接读取温度信息。

（3）开关量传感器。开关量传感器的输出信号只有两种状态，例如开关的闭合与断开，液位高于还是低于某个规定值。例如热释电红外入侵传感器，当有人靠近时输出高电平，无人靠近时输出低电平。

2.2.6 新型传感器

随着科技的发展，传感器也在向着微型化、数字化、智能化、系统化、网络化和多功能化的方向发展。

1. 多功能传感器

多功能传感器（multifunctional transducer）一般是指用一个传感器能同时感受两种或两种以上的被测量，并转换成可以接收和处理的信号的装置。

为了更高效而准确地监测客观事物或环境，需要同时测量大量的物理量。多功能传感器应运而生，它由若干种敏感元件组成，体积小巧但兼具多种功能，可以借助于敏感元件中不同的物理结构或化学物质，用一个传感器系统来同时实现多种传感器的功能。例如，DHT11温湿度传感器，将测温度和测湿度的敏感元件组合在一起，就可以同时测量温度和湿度。图2-15为DHT11温湿度传感器实物。

图2-15 DHT11温湿度传感器

2. 微机电系统

微机电系统（Micro-Electro-Mechanical System，MEMS）是微电子技术与传感器技术结合的重要成果，它是以微电子、微机械及材料科学为基础，研究、设计并制造具有特定功能的微型装置。一个完整的MEMS包括微传感器、微执行器、信号处理单元、通信接口和电源等部件，集成在一个芯片中。

MEMS已经在医疗、汽车电子、运动追踪系统、手机等场景中得到了应用。某些手机镜头采用了“微云台”来实现光学防抖。微云台中的MEMS马达，可以像一张纸一样贴在图像传感器背面，带动图像传感器在三个旋转轴移动。当陀螺仪感知到拍照过程中的瞬间抖动后，依靠精密算法，计算出马达应做的移动幅度并进行快速补偿，以免图像因抖动而模糊。图2-16为vivo微云台结构图。

图2-16 vivo微云台的结构

3. 智能传感器

智能传感器（intelligent sensor）是具有信息处理功能的传感器。智能传感器内部集成了微处理器、信号处理、通信电路，具有采集、处理、交换信息的能力。与一般传感器相比，智能传感器具有以下优点：通过软件技术可实现高精度的信息采集，而且成本低；具有一定的编程自动化能力；功能多样化。

目前智能传感器广泛应用于智能穿戴终端以及智能仪表等场合。图 2-17（a）是某款智能手环，其核心传感器模块可以对心率、血压等生理参数进行检测，并在显示屏上显示，还可以利用蓝牙通信功能与手机进行通信。图 2-17（b）为小米某款智能温度传感器，可以对温度进行测量，并在屏幕显示，还可以通过 ZigBee、蓝牙等通信手段与其他设备进行通信。

（a）智能手环

（b）智能温度传感器

图 2-17　智能传感器案例

2.3　有线接入技术

通信技术在物联网中起着桥梁的作用，万物互联离不开各种通信技术的支持。互联网是整个物联网的基础，接入网来完成从设备到互联网之间“最后一公里”的连接。物联网中接入技术种类繁多，根据传输媒介的不同，可分为有线接入技术和无线接入技术。

有线接入是指利用金属导线或光纤等线路媒质将设备接入到物联网中，例如生活中常见的网线、电话线、楼房中安装的门禁信号线等。常见的有线接入技术有 RS-232、RS-485 总线、CAN 总线、USB 总线、以太网等。与无线接入技术比较，有线接入的优点是可靠性高，稳定性高；缺点是连接受限于传输线路媒介，通信距离的长短对成本影响相对很大。

2.3.1　串行通信

1. 串行通信的定义

串行通信是指使用一条数据线，将数据一位一位地依次传输，每一位数据占据一个固定的时间长度。串行通信只需要少数几条线就可以在节点间交换信息，特别适用于计算机与计算机、计算机与外部设备之间的远距离通信。与串行通信相对的是并行通信，并行通信将数据字节的各位用多条数据线同时进行传送，传输速度快，效率高，例如用 8 根数据线传送 1B，1 个时间节拍即可完成，而串行通信需要 8 个时间节拍。但是，并行通信需要多根数据线，成本高。生活中常见的 USB 就是一种串行通信方式，而高清影音中常用的 HDMI 技术就是一种并行通信方式。

2. RS-232

RS-232 串行通信口与 RS-485 总线

串行接口通信是串行通信最常见的方式之一，技术简单，价格便宜，使用方便，是物联网应用的较好选择。在数据通信中，美国电子工业协会（Electronic Industries Alliance，EIA）制定并发布的 RS-232 以及 Intel 的 USB 都是典型的串口通信方式。

RS-232 标准规定了 25 引脚和 23 引脚的连接器，但是很多设备厂商并没有全部采纳，出于节省资金和空间的考虑，不少接口都采用较小的连接器。其中 9 芯的 DB-9 连接器使用最广泛，这些接口的外观都是 D 形（俗称 D 形头），如图 2-18 所示，对接的两个接口又分为针式的公插头（公头）和孔式的母插座（母头）两种。

图 2-18 RS-232 接口实物

RS-232 被定义为一种在低速率串行通信中增加通信距离的标准。一般认为它是为点对点通信设计的，多用于本地设备之间的通信。RS-232 采取不平衡传输方式，即单端通信方式，它仅使用一条信号线进行传输，当信号线为信号电流提供正向通道时，接地线负责提供回流通道。单端接口的优点是简洁、实施成本低，但也有如下 3 个主要的缺陷：

（1）RS-232 接口的信号电平值较高，一般是 3V ～ 15V，容易损坏接口电路的芯片，而单片机电路常用的 TTL 电平值为 5V，两者是不兼容的，因此 RS-232 与单片机电路相连时需要转换电路。图 2-19 为 RS-232 转 TTL 电平的转接口实物。

图 2-19 RS-232 转 TTL 电平转接口实物

（2）RS-232 接口使用的信号线与其他设备形成共地模式的通信，这种共地模式传输容易产生干扰，抗干扰性能也比较弱。

（3）RS-232 传输距离、传输速率都有限。最大传输距离为几十米，只能进行点对点通信，不能够实现多机联网通信。

3. RS-485 总线

针对 RS-232 串口标准的局限性，人们又提出了 RS-422、RS-485 接口标准。其中，RS-485 具备以下特点：

（1）采用差分信号，两条线间电压差在 2V ～ 6V 间表示逻辑 0，在 -2V ～ -6V 间表示逻辑 1。接口的信号电平比 RS-232 降低了，不易损坏电路的芯片，且该电平与 TTL 电平兼容，可方便与 TTL 电路连接。

（2）通信速度快。数据最高传输速率为 10Mb/s 以上；内部采用了平衡驱动器和差分接收器的组合，抗干扰能力大大增加。

（3）传输距离远。最大传输距离可达到 1200m 左右，但传输速率和传输距离是成反比的，只有在 100kb/s 以下的传输速率，才能达到最大的通信距离，如果需要传输更远距离则需要使用中继。

（4）可以在总线上进行连网实现多机通信。485 总线上允许挂多个收发器，现有的 RS-485 芯片可以驱动 32、64、128、256 等不同数量的设备。

4. 串行通信的主要参数

串口通信最重要的参数是波特率、数据位、停止位和奇偶校验。对于两个进行串口通信的设备，这些参数必须匹配才能进行通信。

（1）波特率。波特率是衡量通信速度的参数。它表示每秒钟传送的码元符号的个数。例如，波特率为 5600 表示每秒钟发送 5600 个码元符号。

（2）数据位。数据位是衡量通信中实际数据位的参数。当计算机发送一个信息包，实际的数据不会是 8 位的，标准的值是 5、7 和 8 位。采用标准的 ASCII 码时数据位为 7 位；采用扩展的 ASCII 码时数据位为 8 位。

（3）停止位。用于表示单个数据包的最后一位，典型的值为 1、1.5 和 2 位，它一定是逻辑 1 电平，标志着传输一个字符的结束。由于数据是在传输线上按时序传输的，并且每一个设备都有自己的时钟，在通信过程中，两台设备的时钟会出现不同步的情况，因此停止位还可以用来校正时钟同步。

（4）奇偶校验。奇偶校验是串口通信中一种简单的检错方式。如果是奇校验，需要保证传输的数据总共有奇数个逻辑高位；如果是偶校验，需要保证传输的数据总共有偶数个逻辑高位。例如，如果数据是 011，那么对于偶校验，校验位应该为 0，添加在数据 011 后以保证逻辑高位的位数是偶数个，如果在传输过程中某一位出错，接收方收到的数据就会出现奇数个逻辑高位，就可以检测出本次错误。校验位并不是必需的，也可以设置是无校验。

现场总线与总线通信协议

2.3.2 现场总线

1. 现场总线的定义

在总线通信出现之前，设备间通信都是通过输入输出口（Input Output，IO）进行点对点通信，每一个设备都需要一条线与控制主机进行连接，该通信方式成本高、稳定性差。总线通信中，多个设备可以共用一条总线(bus)与控制主机进行通信，控制主机在与其中一个设备通信时，其他设备与总线断开，总线通信大大降低了通信成本。

现场总线（field bus），也称现场网络，是 20 世纪 90 年代初逐步发展并推广起来的一种网络，作为工厂环境下数字通信网络的重要技术，可以用于过程自动化、制造自动化、楼宇自动化等诸多领域中，使现场智能设备（如智能化仪器 / 仪表、控制器、执行设备等）之间或者现场智能设备和控制主机之间实现互连，进而进行双向、串行、多点的数字化通信。

2. 现场总线的种类

由于传输的信号特性不同，厂家的设计思路不同，经过多年的发展，现场总线的种类非常多，并且不同总线技术各自拥有大量的客户，给总线标准的统一造成了困难。目前，世界上存在着 40 余种现场总线，主流的现场总线包括基金会现场总线、CAN、Lonworks、DeviceNet、PROFIBUS、HART、CC-Link 等。在此以 CAN 总线为例进行简单介绍。

3. CAN 总线

CAN 总线也叫控制器局域网（Control Area Network，CAN）总线，最早由德国博世（BOSCH）公司推出，用于汽车内部测量与执行部件之间的数据通信。因为该技术可靠性高、实时性好、检错能力强和性价比高，受到了越来越多的重视，被广泛地应用于工业自动化生产。随着 CAN 总线的推广，多家公司开发了符合 CAN 协议的通信芯片，降低了 CAN 总线系统的开发难度，丰富了产品的生态，例如德州仪器公司 Stellaris 系列的 ARM 控制器。

（1）CAN 总线系统组成。基本的 CAN 总线系统如图 2-20 所示，由以下三个主要功能部件组成。

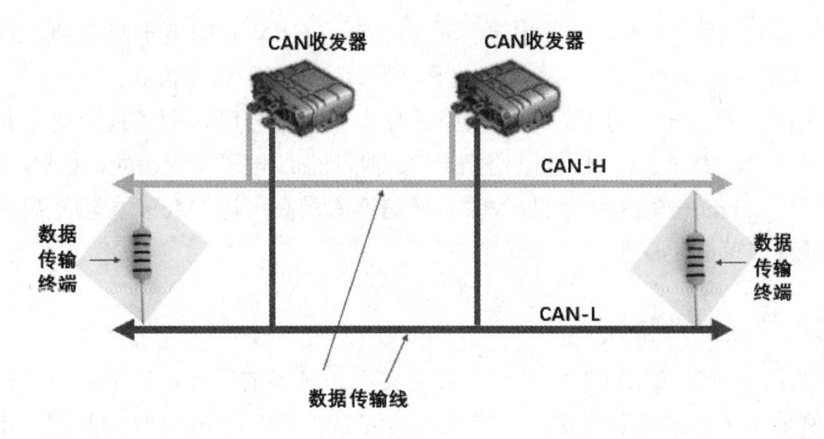

图 2-20 CAN 总线系统构成示意图

1）CAN 收发器：安装在控制器内部，同时兼具接收和发送功能，将控制器传来的数据转换为电信号，送入数据传输线，或者从数据传输线接收电信号转换成数据，上传至控制器。

2）数据传输线：双向的数据总线负责数据信号的传输。数据总线有两条，一条是黄色的 CAN_H，一条是绿色的 CAN_L。

3）数据传输终端：也叫终端电阻，防止电信号在总线终端被反射，影响通信性能。

（2）CAN 总线的逻辑电平。CAN 总线各节点跨接在 CAN_H 和 CAN_L 两条数据传输线上，通过这两条线实现信号的串行差分传输，在传输过程中通过显性电平与隐形电平表示逻辑 0 与逻辑 1。

隐形电平：总线电平 = CAN_H-CAN_L < 或 =0，此时表示逻辑 1。

显性电平：总线电平 = CAN_H-CAN_L >0，此时表示逻辑 0。

图 2-21 为 CAN 总线中传输数据 0 与 1 时，总线中电平的变化。

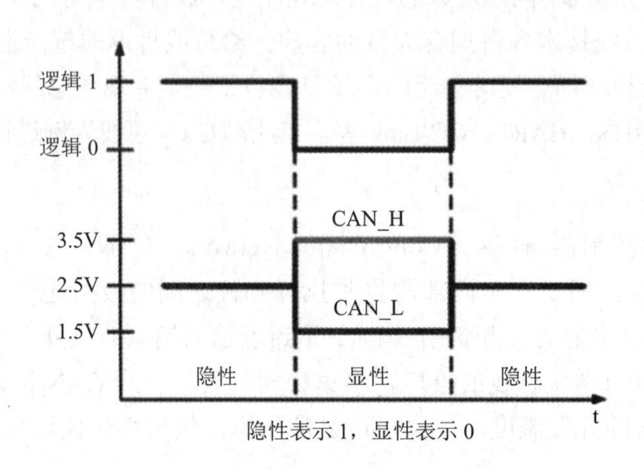

图 2-21　CAN 总线传输数据时电平变换示意图

当没有数据发送时，两条线的电平一样都为 2.5V，称为静电平，此时总线电平 = CAN_H-CAN_L=0V，为隐性电平，逻辑信号表现为逻辑 1。

当有信号发送时，CAN_H 的电平升高到 3.5V，CAN_L 的电平降低到 1.5V，此时总线电平 = CAN_H-CAN_L=2V，为显性电平，逻辑信号表现为逻辑 0。

因为采用了差分输入的方式，所以当外界有干扰信号时，两条线上的干扰信号是相同的，使得 CAN_H 与 CAN_L 电压变化一致，所以总线电平不受影响。CAN 总线的通信距离最远可达 15km（传输速度为 5kb/s 时），通信速率最高可达 1Mb/s（传输距离为 40m 时），网络节点数最多可达 110 个。

2.3.3　总线通信协议

CAN 总线的典型应用案例就是汽车。随着汽车技术的发展，车上的电子控制单元越来越多，例如电子燃油喷射装置、防抱死制动装置（ABS）、安全气囊装置、电控门窗装置和主动悬架等。在这种情况下，如果仍采用常规的布线方式，将导致车上线缆数目急剧增加。另外电控系统的增加虽然提高了汽车的安全性、经济性和舒适性，但随之增加的复杂电路也降低了车辆的可靠性，增加了维修的难度。CAN 总线可以简化车身线路布局，提高车身电控系统的稳定性，使汽车在控制方面更加智能、精确。

每辆汽车上都有两套CAN总线系统，一条用于动力系统的高速CAN，另一条用于车身系统的低速CAN。动力系统CAN主要连接对象是发动机控制器、变速箱、ABS控制器、安全气囊控制器等，它们的基本特征相同，都是控制与汽车行驶直接相关的系统。车身系统CAN主要连接和控制的汽车内外部照明、灯光信号、空调、组合仪表及其他辅助电器等。

目前，动力系统CAN和车身系统CAN这两条独立的总线之间设计有“网关”，以实现在两者之间的资源共享，并将各个数据总线的信息反馈到仪表板上。驾车者只要看仪表板，就可以知道各个电控装置是否正常工作了。

2.4 短距离无线接入技术

相对于有线接入技术而言，无线接入技术不需要布设电缆，施工方便，成本低廉，所以在物联网接入方面得到了广泛的应用。物联网无线接入技术，从传输距离区分，可以分为两类。一类是短距离局域网无线接入技术，代表技术有蓝牙、WiFi、ZigBee、UWB等，典型的应用场景如智能家居、智慧温室大棚等；另一类是远距离广域网接入技术，包括LTE、NB-IoT、LoRa等，典型的应用场景如智能抄表。

2.4.1 蓝牙技术

蓝牙技术

蓝牙（Bluetooth）是一种面向无线数据、语音传输的开放的全球通信规范，基于低成本的近距离无线连接，为固定和移动设备建立无线通信环境。蓝牙是无线个域网的主流技术之一，在家用电子设备、汽车电子设备、医疗电子设备中得到了广泛的应用。

1. 蓝牙发展历史

（1）早期蓝牙。1989年，爱立信、诺基亚、东芝、IBM和Intel共同创立“特别兴趣小组”（Special Interest Group，SIG），该小组就是当前蓝牙技术联盟（Bluetooth SIG）的前身。

从最早的蓝牙0.7标准到2016年蓝牙5.0标准发布，蓝牙技术先后经历了十几个版本的变迁。其中在蓝牙4.0标准前的各个版本关注的重点在数据的传输速度上，从4.0版本后蓝牙技术联盟增加了低功耗版本的蓝牙技术，以适应物联网的发展需求。

（2）蓝牙4.0。蓝牙技术联盟2010年宣布，正式采纳蓝牙4.0核心规范。蓝牙4.0包括三个子规范，即传统蓝牙技术、高速蓝牙技术和蓝牙低功耗技术（Bluetooth Low Energy，BLE）。它继承了蓝牙技术在无线连接上的固有优势，同时增加了高速蓝牙技术和低功耗蓝牙技术，其中BLE是蓝牙4.0的核心规范。传统蓝牙技术与高速蓝牙技术又统称为经典蓝牙（Bluetooth，BT），与BLE相对应。

BT主要应用于传统的音视频等数据的传输，例如蓝牙耳机、蓝牙投屏设备，BLE对协议的物理层、数据链路层进行了改进，使得运行功耗得到了很好的控制，使用该技术的蓝牙设备可以通过一粒纽扣电池维持工作数年之久，所以BLE不仅在手机等智能终端产品领域得到了广泛应用，也广泛应用在可穿戴设备（如智能手环、眼镜等）、家用医疗设备（血压计等）、汽车电子等场景。

（3）蓝牙 5.0。2016 年 6 月 16 日，蓝牙技术联盟在华盛顿正式发布了第五代蓝牙规范，简称蓝牙 5.0。相对于以前的版本，蓝牙 5.0 在稳定性与兼容性方面都有了提高，通信速度实现了翻倍，传输距离提高到了 300m，增加了 MESH 组网功能，在室内 WiFi 的配合下，可以实现精度小于 1m 的室内定位。以上改进，使得蓝牙技术在未来的智能建筑、智慧医疗等领域应用前景广阔，例如商场内的精准导购、楼宇自动化控制等。

2. 蓝牙协议的结构

蓝牙通信协议是蓝牙技术的核心内容，总体来说，蓝牙协议分为核心规范与应用协议。其中核心规范是必选的内容，应用协议可以根据具体情况选择合适的内容。

（1）核心规范。蓝牙核心规范规定了蓝牙设备必须实现的通用功能和协议层次。它由软件和硬件模块组成，两个模块之间的信息和数据通过主机控制接口（HCI）进行信息交互。图 2-22 为蓝牙核心规范的结构示意图。

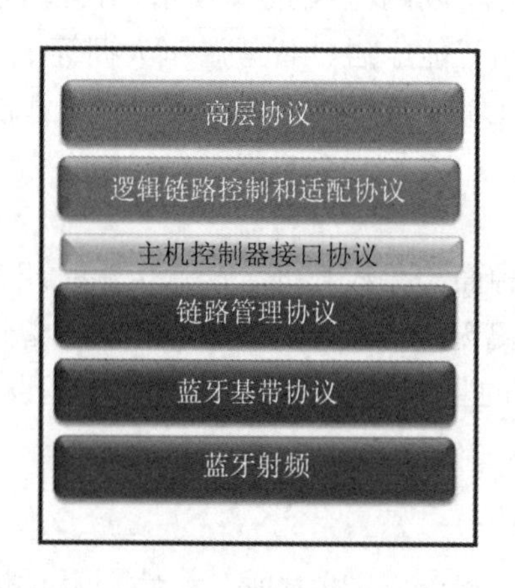

图 2-22　蓝牙核心规范结构示意图

核心规范主要包括以下内容。

蓝牙基带协议：规定了如何为蓝牙设备之间建立物理射频连接。定义了两种不同的物理链路，分别支持对实时性要求高的语音通信以及实时性要求不高的数据通信。

链路管理协议（LMP）：主要负责蓝牙设备之间连接的建立和拆除、身份验证和加密等。

主机控制器接口协议（HCI）：是蓝牙协议中软件模块和硬件模块的接口，也是两者分界线。上下层模块之间的消息和数据的传递必须通过 HCI 才能进行。HCI 层以上的协议实体运行在主机上，而 HCI 层以下的功能由蓝牙设备完成。

逻辑链路控制和适配协议（L2CAP）：该部分功能与链路管理协议的工作是并行的、相互独立的，因此基带数据业务可以跨过 LMP，通过 L2CAP 直接把数据发送到高层。

（2）蓝牙应用协议。蓝牙应用协议从应用场景的角度为蓝牙技术的使用制定了不同的协议。这也是和大众日常生活联系最多的一部分。图 2-23 为蓝牙协议的结构，在蓝牙核心规范的基础上，面向不同的应用场景，提供了不同的应用协议。开发人员在进行蓝牙产品开发时，可以根据实际应用场景，选择合适的应用协议，而不需要实现全部的协议。在此对其中几个应用进行简单说明。

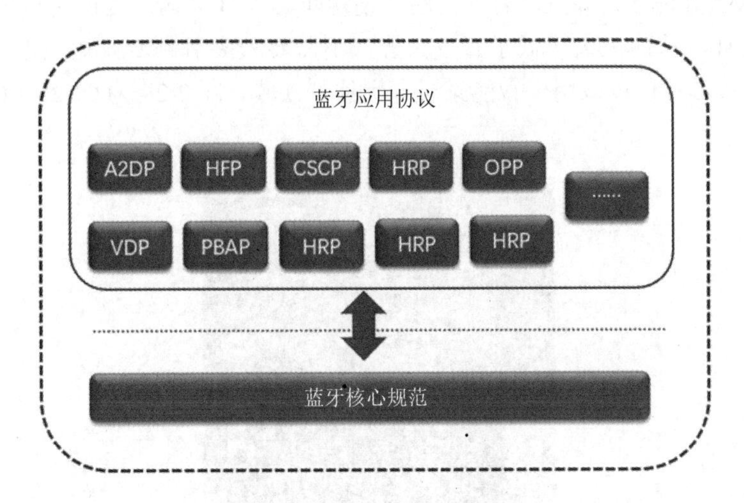

图 2-23　蓝牙协议的结构示意图

A2DP：高质量音频分发规范（Advances Audio Distribution Profile，A2DP），定义了如何将立体质量的音频通过流媒体的方式从媒体源传输到接收器上，A2DP 使用 ACL 链路传输高质量音频内容，A2DP 必须支持低复杂度及低带宽编解码音频格式。在设计蓝牙音频产品时，我们可以选择 A2DP 协议。

HFP：免提协议（Hands-Free Profile，HFP）定义了蓝牙音频网关设备如何通过蓝牙免提设备拨打和接听电话。当前汽车的影音系统都支持蓝牙电话功能，就需要这部分协议功能。

RFCOMM：串行电缆仿真协议（RFCOMM），是一个仿真有线链路的无线数据仿真协议，符合 ETSI 标准的 TS 07.10 串口仿真协议。它在基带协议上仿真 RS-232 串口通信的控制和数据信号，为使用 RS-232 进行通信的上层协议提供服务。

CSCP：自行车速度和步调规范（Cycling Speed and Cadence Profile，CSCP），跟踪检测人们在骑自行车锻炼时的速度和节奏。

HRP：心率协议（Heart Rate Profile，HRP），应用于医疗健康相关的应用场景中，它使得蓝牙设备能与心率传感器交互通信。

3. 蓝牙设备

（1）单模与双模。单模与双模的概念，是从蓝牙 4.0 版本后，引入 BLE 才出现的。如果蓝牙设备既支持经典蓝牙协议也支持低功耗蓝牙协议，那这个设备就是双模的，如果某个蓝牙设备只支持一种协议，那么这个设备就是单模的，多数情况下单模蓝牙模块仅支持 BLE。

（2）蓝牙芯片。随着蓝牙应用场景的不断扩大，蓝牙芯片的需求量也不断增大，国内外许多厂家纷纷推出了支持蓝牙通信的芯片。例如TI的CC2540系列、2640系列，联发科的MT7622，珠海炬力ATS2835等。

CC2640R2F是TI推出支持蓝牙4.2、蓝牙5.0的片上系统（SOP），内含一个32位ARM Cortex-M3处理器，并且具有丰富的外设功能集。TI公司还提供完整BLE协议栈供开发者参考设计，从而大大降低了开发门槛，不需要太多射频专业知识也能轻易进行蓝牙产品开发。该芯片可以应用于智能家居、玩具等领域。图2-24为CC2640R2F实物。

图2-24　蓝牙模块中的CC2640R2F芯片

珠海炬力ATS2835：Actions ATS2835是一款高集成度蓝牙音频的单芯片解决方案，采用CPU+DSP双核结构，内置大容量存储空间以满足不同的蓝牙应用，支持蓝牙5.0规范，支持双模式运行。ATS2835面向便捷式蓝牙音箱、蓝牙耳机等产品，具有高性能、低功耗、低成本等特点。图2-25为国产小鸟蓝牙音箱的电路板，搭载炬芯ATS2835芯片，实现蓝牙通信功能，能够做到高品质音乐播放的同时仍保持低功耗。

图2-25　智能蓝牙音箱电路板

4. 蓝牙应用案例

北京桂花网科技有限公司开发的世界上第一台远距离蓝牙路由器，重新定义了蓝牙，拓展了蓝牙的应用范围，在2016年1月的拉斯维加斯世界消费电子CES展会上一举夺得Best of CES创新大奖。该公司的蓝牙物联网产品和解决方案已经广泛应用在智慧校园、工业物联网、智慧医疗养老、运动健康、蓝牙定位、智慧工地、智慧停车、冷链物流等诸多领域。

该公司研发的基于蓝牙技术的生命体征监测系统，如图2-26所示。该方案采用具有蓝牙通信功能的体温贴、血氧仪、心电贴、血糖仪等设备对病人进行连续监测，将病人体温、心率、血糖、血氧等数据通过蓝牙传输至蓝牙路由器，然后通过网络上传至医院服务器，护士就可以在护士站的计算机上对病人的数据进行查询。护士只需要与病人进行一次接触，就完成了数据的连续采集，避免了多次接触带来的交叉感染等隐患。

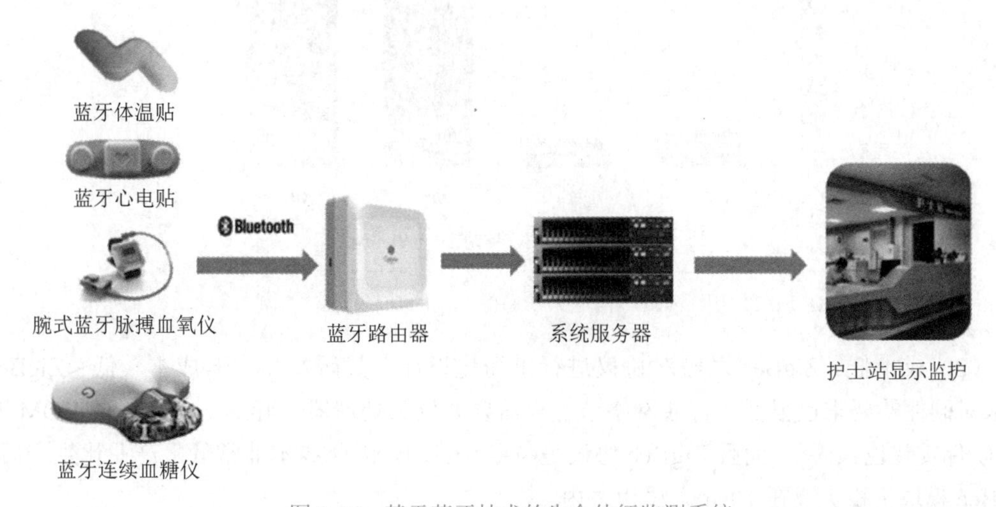

图2-26 基于蓝牙技术的生命体征监测系统

2.4.2 ZigBee技术

ZigBee技术

在物联网的很多应用场景中，数据传输量很小，对传输速度要求并不高；但是需要大量的节点接入，以便进行大面积的覆盖，又因为环境的限制，无法大量使用电力线路供电，需要进行电池供电，所以对功耗要求十分苛刻，例如大规模的农业种植，野外环境监测等场景。这时候就需要一种低功耗、低成本、低速率的无线接入方式。

ZigBee技术就是一种短距离、低功耗的无线通信技术，其中文名称叫紫蜂协议。该名称来源于蜜蜂的八字舞，因为蜜蜂（bee）是靠飞翔和“嗡嗡”（zig）地抖动翅膀的“舞蹈”来与同伴传递花粉所在方位信息，也就是说蜜蜂依靠这样的方式构成了群体中的通信网络。该技术的突出特点是应用简单，电池寿命长，有自组织网络的能力，可靠性高及成本低。主要应用领域包括工业控制、消费电子产品、汽车自动化、农业自动化等。

1. ZigBee技术的特点

作为一种无线通信技术，ZigBee自身的技术优势主要表现在以下5个方面：

（1）功耗低。ZigBee 网络节点设备工作周期较短、收发数据信息功耗低，而且使用了休眠模式，当不需接收数据时，节点处于休眠状态，当需要接收数据时，由协调器唤醒节点，因此 ZigBee 技术特别省电。据估算，ZigBee 设备仅靠两节 5 号电池就可以维持长达 6 个月甚至到两年左右的使用时间，避免了频繁更换电池或充电，从而减轻了网络维护负担。图 2-27 为常见无线通信方式的功耗比较。

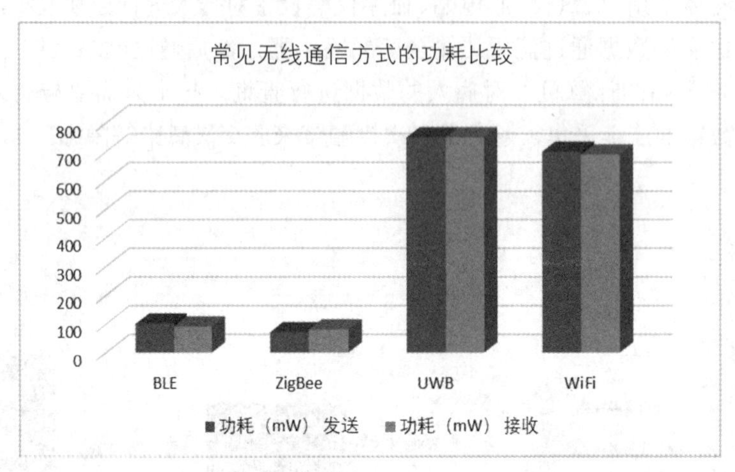

图 2-27　常见无线通信方式的功耗比较

（2）成本低。ZigBee 联盟对协议进行了简化设计，其研发和生产成本较低；ZigBee 技术对硬件的要求也很低，普通网络节点只需要 8 位微处理器，4KB ～ 32KB 的 ROM 即可；软件实现也很简单；而且 ZigBee 协议是免专利费的，因此成本非常低。产业化生产后，ZigBee 模块价格大概在 10 元人民币之内。

（3）可靠性高。因为采用了碰撞避免机制，避免了不同设备发送数据时的竞争和冲突，并且 MAC 层采用完全确认的数据传输机制，每个发送的数据包必须等待接收方的确认信息，如果传输过程出现问题可以进行重发，所以从根本上保证了数据传输的可靠性。

（4）容量大。一个 ZigBee 网络最多可以容纳 254 个从设备和 1 个主设备，一个区域内最多可以同时存在 100 个 ZigBee 网络，而且组网灵活。

（5）时延小。ZigBee 的各项时延指标都非常小，典型的搜索设备时延是 30ms，从休眠状态激活的时延是 15ms，活动设备信道接入的时延为 15ms。因此 Zigbee 技术适用于对时延要求苛刻的无线控制领域。

2. ZigBee 协议

ZigBee 协议分为两部分，物理层与 MAC 层直接采用了 IEEE 802.15.4 的技术规范；ZigBee 联盟在 IEEE802.15.4 的基础上定义了网络层（NWK）、应用程序支持层（APS）、应用层（APL）的技术规范。图 2-28 是 ZigBee 协议的体系结构。

（1）IEEE802.15.4 标准概述。美国电气与电子工程师协会（Institute of Electrical and Electronics Engineers，IEEE），是一个国际性的电子技术与信息科学工程师的协会，也是目前全球最大的非营利性专业技术学会。

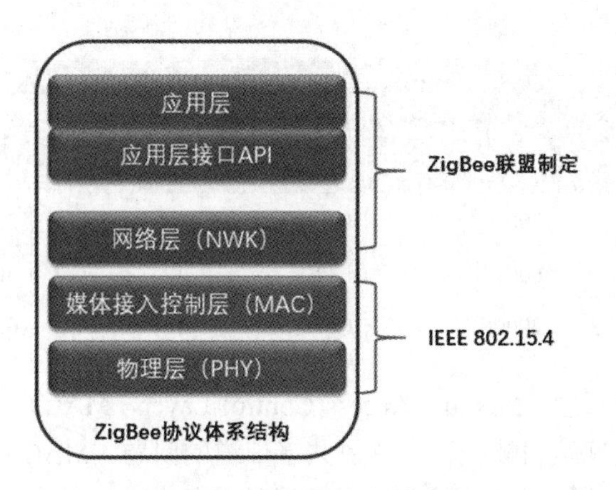

图 2-28 ZigBee 协议体系结构

在 IEEE802.15 工作组内有四个任务组，分别制定适合不同应用场合的通信标准。这些标准在数据传输速率、功耗和支持的服务方面存在差异，具体内容如下：

1）任务组 TG1：制定 IEEE 802.15.1 标准，就是前面所述的蓝牙标准。

2）任务组 TG2：制定 IEEE 802.15.2 标准，研究 IEEE 802.15.1 与 IEEE 802.11 局域网标准（无线局域网）的共存问题。

3）任务组 TG3：制定 IEEE 802.15.3 标准，研究高传输速率的 WPAN 标准，主要考虑 WPAN 在多媒体方面的应用，追求更高的传输速率与服务品质。

4）任务组 TG4：制定 IEEE 802.15.4 标准，针对低速无线个人区域网络（Low-Rate Wireless Personal Area Network，LR-WPAN）制定标准。该标准把低能量消耗、低速率、低成本作为重点目标，旨在为个人或家庭范围内不同设备之间的低速互连提供统一标准。

（2）物理层（Physical Layer，PHY）。IEEE 802.15.4 网络协议基于开放系统互连模型（OSI），每一层实现一部分通信功能，并向其上层提供服务。在 OSI 参考模型中，物理层处于最底层，是保障信号传输的功能层，因此物理层涉及与信号传输有关的各个方面，包括信号发生、发送与接收电路、数据信号的传输编码、同步与异步传输等。物理层的主要功能是在一条物理传输媒体上，实现数据链路实体之间透明地传输各种数据的比特流。它为链路层提供的服务包括：物理连接的建立、维持与释放，物理服务数据单元的传输，物理层管理和数据编码。

IEEE 802.15.4 工作组在工业科学医疗（Industrial Scientific Medical，ISM）频段，定义了两种物理层的选择，分别是 868/915MHz 和 2.4GHz。2.4GHz 物理层的数据传输速率为 250kb/s，868/915MHz 物理层的数据传输速率分别是 20kb/s、40kb/s。两种物理层都采用直接序列扩频（DSSS）技术，降低了数字集成电路的成本，并且都使用相同的包结构，以便短作业周期、低功耗地运作。2.4GHz 频段在全世界通用，868MHz 和 915MHz 频段分别只在欧洲和北美使用。在这三个频段上发送数据使用的速率、信号处理过程及调制方式等方面存在一些差异，物理层的具体配置见表 2-1。

物理层定义了物理无线信道和 MAC 子层之间的接口，提供物理层数据服务和物理层管理服务。

表 2-1　ZigBee 信道分配和调制方式

物理层	频段 /MHz	扩频参数		数据参数		
		码片速率 k chips/s	调制方式	比特率 kb/s	波特率 kBaud	符号特征
868/915 MHz	868 ～ 868.6	300	BPSK	20	20	二进制
	902 ～ 928	600	BPSK	40	40	二进制
2.4GHz	2400 ～ 2483.3	20000	Q-QPSK	250	62.5	十六进制

（3）媒体接入控制层（Medium Access Control Layer，MAC）。MAC 层使用物理层提供的服务实现设备之间数据帧传输，解决共享信道的问题。MAC 层主要完成产生网络信标、信标同步、使用 CSMA 机制访问物理信道等任务。

（4）网络层（Network Layer，NWK）。网络层主要实现启动网络，确定网络拓扑结构，节点的加入、离开，路由查找和传送数据等功能。在网络层定义了三种设备：协调器（Co-Ordinator）、路由器（Router）与终端设备（End Device），以上三种设备可根据功能完整性分为全功能设备（Full-Function Device，FFD）和精简功能设备（Reduced-Function Device，RFD）。其中，FFD 可作为协调器、路由器或终端设备，而 RFD 只能作为终端设备。一个 FFD 可与多个 RFD 或多个其他的 FFD 通信，而一个 RFD 只能与一个 FFD 通信，FFD 之间是无法直接通信的。

ZigBee 网络支持星型网、簇型网、网状网三种拓扑结构，如图 2-29 所示。

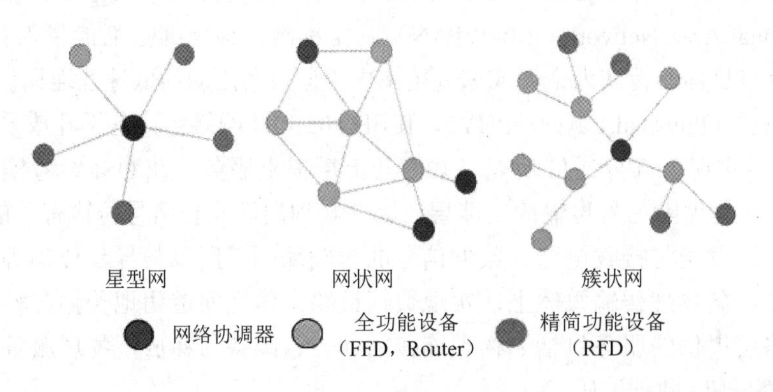

图 2-29　ZigBee 网络的拓扑结构

协调器负责 ZigBee 网络的建立与启动，一旦网络建成后，协调器就如同一个路由器，在网络中提供数据交换，建立安全机制，建立网络中绑定等路由功能。路由器的功能主要包括作为普通设备加入网络，实现多跳路由，辅助其他的子节点完成通信。终端设备一般负责采集数据或者控制联动设备，只需要同路由器或协调器进行必要的数据交换，因此可以根据自己的功能需要休眠或唤醒，一般采用电池供电。

（5）应用层（Application Layer）。ZigBee 应用层包括 APS 子层、ZDO（包括 ZDO 管理层）以及用户自定义的应用对象。APS 子层的任务包括维护绑定表和绑定设备间消息传输。所谓的绑定指的是根据两个设备所提供的服务和它们的需求而将两个设备关联起来。ZDO 的任务包括界定设备在网络中的作用，发现网络中的设备并检查它们能够提供哪些应用服务，产生或回应绑定请求，并在网络设备间建立安全的通信。

3. ZigBee 设备

随着 ZigBee 技术在物联网行业内的推广，芯片厂商推出了大量的支持 ZigBee 技术的芯片。最具代表性的是 CC2530 系列产品，CC2530 是 TI 公司开发的一款专门用于无线传感器网络中进行数据传输的集成芯片，可以用于 2.4GHz IEEE802.15.4、ZigBee 和 RF4CE 应用的一个真正的片上解决方案。它能够以非常低的功耗和较低的成本来建立强大的无线传感器网络，目前在军民领域都有着广泛的应用。TI 公司提供完整的技术手册、开发文档、工具软件，使得普通开发者开发无线传感网络应用成为可能。

TI 公司还推出了 ZigBee 开发板套装 CC2530 Development Kit，并提供了几种典型的应用案例，开发者可以在厂家提供的案例基础上进行简单修改便可实现 ZigBee 通信，但该开发板在国内推广不甚理想，图 2-30 所示为 TI 原厂开发板套装。国内厂家在 TI 原厂开发板的基础上，设计了大量供 ZigBee 学习用的开发板，如图 2-31 所示为某国产 ZigBee 学习开发板，相对于原厂开发板，国产开发板放弃了四向按键、液晶屏等设备，换成了其他更实用的设备。开发人员只需要选用少量合适的传感器、执行机构等外部设备，对 z-stack 协议栈中代码进行少量修改，就可以设计一个完整的 ZigBee 通信系统。

图 2-30　CC2530 Development Kit 套装

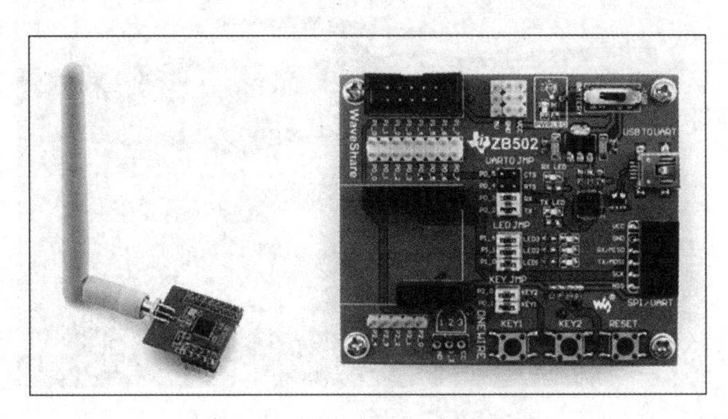

图 2-31　某国产 ZigBee 开发板

4. ZigBee 应用案例

（1）绿米智能家居系统。小米公司旗下的绿米 Aqara 品牌基于 ZigBee 技术，推出了一系列智能家居的产品，包括 Aqara 品牌的网关、人体传感器、门窗传感器、温湿度传感器、光照传感器、无线开关、智能墙壁开关、水浸传感器、智能插座等产品，还联合欧普照明，共同发布了 6 款智能新品，其中包括智能吸顶灯以及无线场景开关系列产品。用户可以通过手机端的 APP 对家内的温湿度等环境参数了如指掌，也可以对家内电器进行远程控制。图 2-32 为 Aqara 基于 ZigBee 方案的智能家居产品，ZigBee 网关作为协调器，向下与传感器、智能插座、墙壁开关等设备进行通信，向上通过 WLAN 接入互联网，与手机端 APP 进行交互。

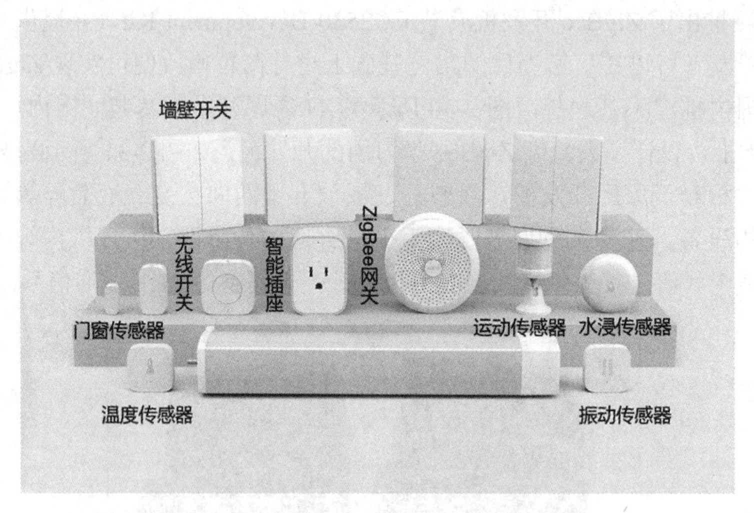

图 2-32　Aqara 智能家居产品

（2）毅力号火星探测器。2021 年 2 月 19 日，美国宇航局的毅力号火星探测器成功降落在火星表面，探测器上还搭载了机智号小型直升机，如图 2-33 所示。机智号将在火星稀薄的空气中进行试飞，直升机与毅力号之间通过 ZigBee 技术进行通信。

图 2-33　机智号小型直升机

2.5 广域无线接入技术

在智能抄表、路灯控制等场景中，终端设备与网关设备之间的距离可能达到10km左右，此时ZigBee与蓝牙等短距离的无线接入技术已经无法满足要求，我们迫切需要大范围内的无线城域网及广域网技术。低功耗广域网（Low-Power Wide-Area Network，LPWAN），能以极小的功耗提供最长距离的覆盖范围，而且数据传输速率仅仅略有下降。LPWAN可分为两类：一类是工作于未授权频谱的LoRa、SigFox等技术；另一类是工作于授权频谱下的蜂窝通信技术，比如EC-GSM、LTE、Cat-m、NB-IoT等。

在常见的无线通信中，低功耗意味着较短的传输距离，长的传输距离必然需要高功耗，功耗与传输距离是鱼与熊掌不可兼得的，LoRa的出现改变了这个状况，实现了在低功耗的条件下进行远距离传输。

2.5.1 LoRa技术

LoRa与LoRaWAN

LoRa是美国Semtech公司所拥有的一项专利技术，是英文长距离（longrange）的缩写，它是一种线性扩频调制解调技术，具有前向纠错功能。

1. 扩频通信的优势

扩频通信最大优点是抗噪声干扰能力强、具有良好的隐蔽性。其理论依据是香农的信道容量公式

$$C = B\log_2\left(1+\frac{S}{N}\right) \tag{2-1}$$

C为信道容量，是系统无差错传输时最高的信息速率；B为信道带宽，是信号的最高频率与最低频率之间的频率差；S为信号功率，N是噪声功率，S/N也叫信噪比。

从该式可以看出，为了提高信息的传输速率C，可以从两种途径实现，即加大信道带宽或提高信噪比。同样在远距离通信或者降低功耗时，信噪比会下降，此时可以通过增加信道带宽来保证信道容量，维持正常通信。扩频通信就是通过在带宽方面投入更多资源，来弥补信噪比方面的不足。

2. LoRa的主要参数

开发人员可以选择不同扩频因子、调制带宽、纠错编码率这三个关键设计参数，可以根据实际需要的传输距离、传输速度对这三个参数进行合理的设置。

3. LoRa工作频段

LoRa使用的是免授权ISM频段，包括433MHz、868MHz、915MHz。在中国市场，由中兴主导的中国LoRa应用联盟推荐使用470MHz ～ 518MHz。由于LoRa工作在免授权频段，无需申请即可进行网络的建设，网络架构简单，运营成本低。

2.5.2 LoRaWAN

1. LoRaWAN 协议

LoRa 调制解调技术只是一种物理层的规范，而 LoRaWAN 是为 LoRa 远距离通信网络设计的一套通信协议和系统架构。LoRa 联盟于 2015 年上半年由思科、IBM 和 Semtech 等多家厂商共同发起创立，截至目前已有 400 多个成员单位，包括法国布依格电信、法国电信、金雅拓、捷德、中兴通讯、HomeRider 等知名企业，行业横跨电信运营、云平台、网络安全、基站设备、终端芯片、行业应用等领域。国内的中兴通讯、阿里云、腾讯云等都是联盟成员。

目前 LoRaWAN 采用的协议主要有三种：LoRaWAN 协议、CLAA 协议、LoRa 私有协议。

（1）LoRaWAN 协议：由 LoRa 联盟制定推广的一种低功耗广域网协议，针对低成本、电池供电的传感器进行了优化，包括不同类别的节点，优化了网络延迟和电池寿命。LoRa 联盟标准化了 LoRaWAN，以确保不同国家的 LoRa 网络是可以兼容的。

（2）CLAA 协议：由 CLAA 制定的，面向中国市场的 LoRaWAN 协议。中国 LoRa 应用联盟（China Lora Application Alliance，CLAA）是在 LoRa 联盟支持下，由中兴通讯发起，各行业物联网应用创新主体广泛参与、合作共建的技术联盟，旨在共同建立中国 LoRa 应用合作生态圈，推动 LoRa 产业链在中国的应用和发展，建设多业务共享、低成本、广覆盖、可运营的 LoRa 物联网。中兴通讯作为 LoRa 联盟董事会成员，与 LoRa 联盟成员一起共同推动 LoRa 技术在全球低功耗广域网络（LPWAN）建设和产业链的发展。

（3）LoRa 私有协议：在许多应用中，LoRa 节点数并不多，使用 LoRaWAN 网关部署网络成本太高。可以用一个小型的网关设备，连接几百个节点，组建一个小的星型网络，此时可以使用私有的 LoRa 通信协议，灵活组建一个简单的 LoRa 私有网络。

2. LoRaWAN 协议简介

在 LoRa 联盟的官方白皮书中提供了 LoRaWAN 的网络结构，如图 2-34 所示，该结构包含终端节点（End Nodes）、网关（Gateway）、网络服务器（Network Server）、应用服务器（Application Server）。网关与终端节点间采用了星型的拓扑结构，通过 LoRa 技术进行通信，由于 LoRa 的传输距离远，两者之间可以单跳连接。官方列出了终端节点的六种应用，分别是宠物跟踪、烟雾报警、水表计量、自动售卖机、天然气监控、垃圾桶管理。一个终端节点可以与多个网关相连。网关向上与服务器通过 TCP/IP 方式进行连接。

协议中定义了三种终端设备：A 类、B 类、C 类，这三类设备基本覆盖了物联网所有的应用场景。

A 类（终端双向通信）：A 类的终端设备按需向服务器发送数据，每次发送数据后会打开两个持续时间很短的时间接收窗口来接收下行数据，以此实现双向通信。传输时间间隔等于终端设备基础的时间间隔加上一个随机时间。这类设备的功耗是最低的，只有在发送数据后的一小段时间内接收处理服务器发送来的数据。服务器在其他所有时间上的下行数据必须等待节点下一次发送数据才可以下发。这类设备主要用于垃圾桶监测、烟雾报警器、气体监测等场景。

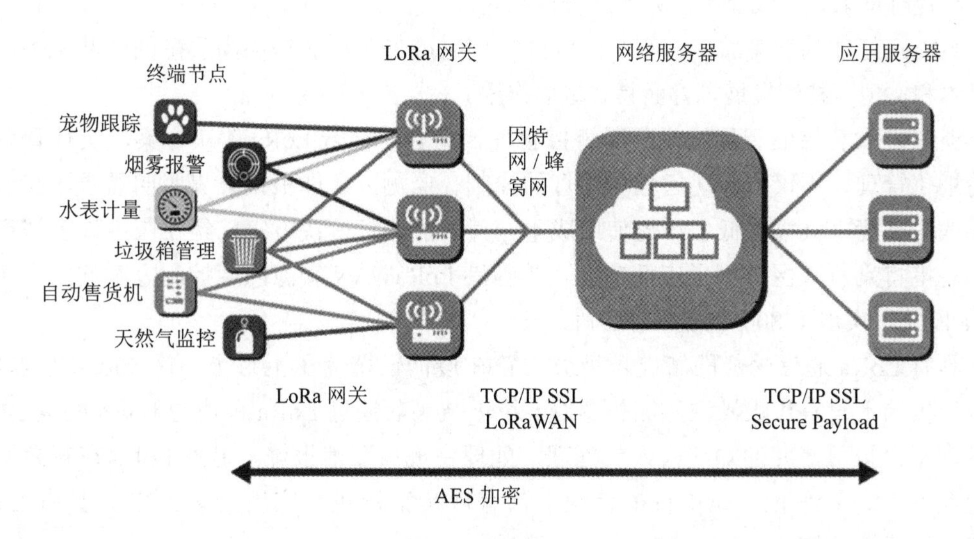

图 2-34 LoRa 联盟描述的 LoRaWAN 结构

B 类（具有接收时隙的终端双向通信）：这类设备在 A 类设备的随机接收窗口的基础上，还可以在指定时间打开接收窗口。为了保证终端设备能够在特定的时间打开接收窗口，它会从网关接收信标来完成时间同步。这样服务器也就可以获知终端设备的所有接收窗口的时刻。这类设备主要应用于阀控水电气表。

C 类（持续接收终端）：此类设备的接收窗口只在发送数据时关闭，其他时刻一直处于打开状态。C 类终端功耗比 A 类和 B 类都大，但它和服务器之间的交互延迟也最低。

2.5.3 LoRaWAN 生态

LoRa 生态与 LoRa 案例

在芯片方面，Semtech 公司是 LoRa 专利的持有者，Semtech 的扩频芯片 SX1276/7/8 覆盖了几乎整个 Sub-1GHz 的 4 个频段：433/470/868/915MHz。SX1278 与 SX1276 性能几乎没有差别，SX1278 主要针对于 433MHz 与 470MHz 频段的地区，包括中国、东南亚、南美与东欧地区。SX1276 则主要覆盖欧洲与北美等使用的 868MHz 和 915MHz 频段。

为适应市场的发展和需求，Semtech 以 IP 授权的方式授予更多的公司来制造 LoRa 技术的芯片。Semtech 公司开放 LoRa IP 授权给了国内的翱捷科技有限公司（ASR）。翱捷科技有限公司发布了低功耗 LoRa 单芯片 ASR6501。ASR6501 采用了 Semtech 低功耗 LoRa Transceiver SX1262 和 Cypress 公司基于 Arm Cortex-M0+ 内核的低功耗微处理器，该微处理器 Flash 容量为 128KB，SRAM 容量为 16KB，支持 LoRaWAN、LinkWAN 等多种协议标准。

2.5.4 LoRa 案例

LoRa 早期应用主要集中在水电气表的抄表应用中。例如杭州竞达的智慧水务解决方案，采用具有 LoRa 通信模块的水表、阀门、LoRa 中继器、LoRa 网关等设备，实现用户水量的定时读取、在线监控，并能远程控制阀门。

智能路灯作为智慧城市、智慧园区的重要组成部分，在提供高质量的公共服务、降低成本和实现可持续发展等方面具有重要作用。

浙江方大智控的智慧城市照明智控管理云平台，结合 LoRa 解决方案，实行智慧照明精细化管理，不仅能实现远程单盏灯的控制、监测，还能根据外界照明需求，在深夜自动改变亮度，大大降低了灯光使用成本。其智能路灯解决方案已经在国内许多城市及中国香港特别行政区得到了广泛部署。其香港 LoRaWAN 智慧照明控制方案使用了 8 个 LoRa 网关，实现了 800 个路灯的控制。

具有 LoRa 通信功能的智能垃圾分类箱在厦门已覆盖了上百个小区 500 多个点位，分类垃圾箱上设有垃圾满溢监测传感器，垃圾装满后通过 LoRa 模块与 LoRa 网关通信，在管理平台报警，并通知巡检人员处理，处理完成后取消报警。另外 LoRa 在智慧城市的道路井盖、停车位、充电桩的管理上都有现实案例正在应用。图 2-35 为具有 LoRa 通信功能的垃圾箱。

图 2-35　具有 LoRa 通信功能的垃圾箱

2.6　物联网应用场景

物联网的应用范围非常广泛，遍及各行各业。当前的应用热点主要集中在智能家居、智慧农业、智慧交通、智慧能源、智慧医疗、智慧工厂等，在此我们选取几个应用场景为例进行讲解。

2.6.1 智能家居

1. 智能家居的三个阶段

智能家居

所谓智能家居就是通过物联网技术将家中的各种设备（如音视频设备、照明系统、安防系统、数字影院系统、影音服务器、影柜系统、网络家电等）连接到一起，提供家电控制、照明控制、电话远程控制、室内外遥控、防盗报警、环境监测、暖通控制、红外转发以及可编程定时控制等多种功能和手段。与普通家居相比，智能家居不仅具有传统的居住功能，兼备建筑、网络通信、信息家电、设备自动化，提供全方位的信息交互功能，甚至为各种能源费用节约资金。

智能家居行业发展主要分为三个阶段：单品连接、物物联动、平台集成。

单品连接：这个阶段是将各个产品通过不同的接入技术，如 WiFi、蓝牙、ZigBee 等将设备连接到物联网中，从而通过网络对每个单品单独控制。

物物联动：在这个阶段中，企业整合自己旗下所有的单品，将自家的所有产品进行联网、系统集成，使得各产品间能联动控制。比如当智能门锁正常打开后灯自动亮起之类。但不同的企业单品还不能联动。

平台集成：这是智能家居发展的最终阶段，根据统一的标准，使不同企业的不同单品能相互兼容。当前国外比较知名的智能家居平台有苹果的 HomeKit 平台和三星的 SmartThings 平台，国内有华为的 HiLink 平台、海尔智家、小米 AIoT 平台。

2. 华为 HiLink 平台

华为 HiLink 平台，是面向华为 HiLink 智能硬件生态合作伙伴的开放平台。依托华为消费者业务的海量用户，平台将 HiLink 在 AIoT 领域积累的连接、AI、芯片设计、用户体验设计以及质量管理能力，全面开放给生态伙伴，实现跨品牌智能设备的互联互通，为消费者提供一致性、高品质的“1+8+N”全场景智慧生活体验。

所谓 1 是指华为手机，8 是指华为的 PC、穿戴设备、平板电脑、智慧屏、AI 音箱、耳机、VR、车机设备，N 是指华为之外的其他产品，“+”在这里不是简单的加减，而是互联互通。华为自有的 1+8 中，可以实现一碰传文件、一碰传音、一碰连网、多屏协同等创新体验，通过 HiLink，华为 1+8 设备同海量的 N 设备之间智慧互联，设备一键操控、语音交互、场景联动等极致体验被实现。

对消费者，支持 HiLink 的终端之间，可以实现自动发现、一键连接，无需烦琐的配置和密码输入。在 HiLink 智能终端网络中，配置修改可以在终端间自动同步，实现智能配置学习，不用手动修改。支持 HiLink 开放协议的终端，可以通过智能网关、智能家居云，使用 APP 对设备进行远程控制。

对行业，华为通过提供开放的 SDK，并建设开发者社区为开发者提供全方位的指导，帮助开发者从开发环境搭建到集成、测试、提供一站式的开发服务。华为通过 HiLink 智能家居开放互联平台，将和所有智能硬件厂家一起，形成开放、互通、共建的智能家居生态。图 2-36 是华为 HiLink 智能家居平台结构示意图。

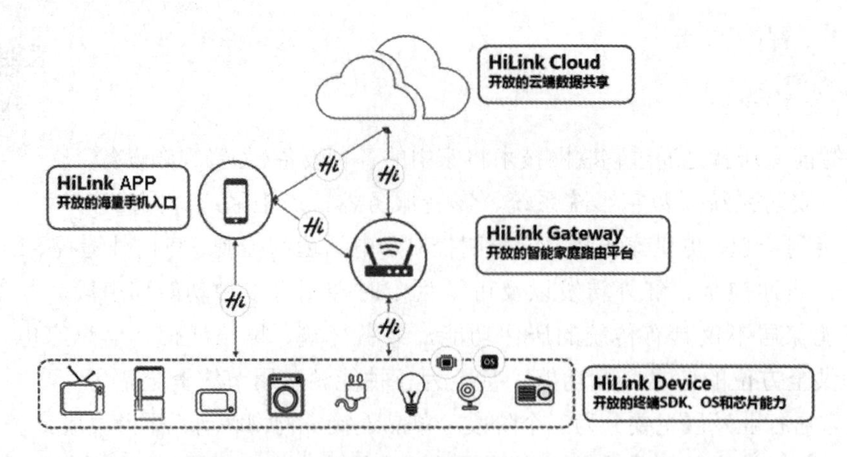

图 2-36　华为 HiLink 智能家居平台结构示意图

2.6.2　智慧农业

智慧农业是利用物联网、人工智能、大数据等现代信息技术与农业进行深度融合，实现农业生产全过程的信息感知、精准管理和智能控制的一种全新的农业生产方式，可实现农业可视化诊断、远程控制以及灾害预警等功能。

物联网可以在作物生长状态监控、温室环境监控、病虫害防治、水肥一体化灌溉、动物管理等方面发挥其优势，在此仅对以下几个方面进行简要介绍。

1. 病虫害防治

病虫害防治不力可能会造成大规模减产甚至绝产，传统的检查虫害方法效率低下。利用图像传感器可以连续监测作物健康状况，并清楚地显示害虫的存在，甚至可以捕捉到肉眼看不见的害虫图像。高精度毫米级卫星遥感影像及无人机近地遥感影像，也能有效识别作物长势、成熟度、病虫害、产量等。

农业物联网还可以收集农场一般害虫行为模式的数据，从而使农民知道预防方法是否得当。例如特定天气模式使害虫更加普遍，则物联网传感器可以提供预测分析，以做好准备，还可以对农药的用量及效果进行指导。

2. 智能灌溉

通过各种传感器检测土壤的温湿度、pH 值、电导率等数据，及时准确地检测土壤墒情，根据植物体营养数据及不同土壤层水肥数据，依托水肥一体化数据模型，提供精准的水肥智能化管理服务。某农场数据显示，使用物联网技术后，同面积同作物一个生长周期内可以节约 30% 的用水量，并能够改善土地管理决策，防止土壤干旱或过度用水。

3. 监控牲畜

物联网技术使散养牲畜的管理变得更加方便。给牛羊等牲畜佩戴具有定位功能的智能项圈、智能耳标、智能尾标等设备，既能对牲畜的健康状况进行监测，还具有电子围栏等功能，牲畜一旦偏离定位位置，系统会自动报警。

2.6.3 智慧交通

智能交通

智慧交通是利用物联网技术将驾驶员、道路设施、管理部门联系在一起，运用了信息技术、数据通信传输技术、电子传感技术、卫星导航与定位技术、电子控制技术、计算机处理技术及交通工程技术等，完成对交通信息的采集、传输、处理和发布，从而建立起实时、准确、高效的交通运输控制和管理系统。

1. 智慧交通的体系结构

智慧交通具有物联网典型的分层结构。感知层主要通过传感器、RFID、二维码、定位和地理信息系统等技术实现车辆、道路和出行者等多方面交通信息的感知，如交通流量、车辆标识和车辆位置等。传输层主要实现交通信息的高可靠性、高安全性传输，可以使用互联网和移动通信网等公共通信网络，也可以使用专门的车联网技术。应用层包含种类繁多的应用，既包括局部区域的独立应用，如交通信号的控制服务和车辆智能控制服务等，也包括大范围的应用，如交通诱导服务、出行信息服务和不停车收费等。

阿里云的交通管理解决方案通过对全杭州数万个交通摄像头画面进行分析，通过对多元数据的融合分析和深度挖掘，实现对城市交通态势的评价分析，提供通行效率、运行速度、排队长度等指标，提供包括区域、道路、路口的智能监控报警，为深度分析研判提供数据支撑。图 2-37 为阿里云交通管理方案对某红绿灯路口的交通数据分析。

图 2-37 阿里云对某路口交通数据分析

2. 车联网

车联网就是通过车辆网络动态地收集、分发和处理数据，利用无线通信技术实现车与车、车与人以及车与其他基础设施之间的信息交换，实现对车、人、路和物等状况的实时监控、科学调度和有效管理，进而改善道路运输状况，提高交通管理效率的综合性智能决策信息系统。车联网可以看作是一种特殊的无线传感器网络，主要标准有专用短距离通信（Dedicated Short Range Communication，DSRC）、IEEE 802.11p 和 IEEE 1609。ETC 系统中的车载单元与路边设备就是通过 DSRC 进行通信。

全球互联汽车、汽车电子企业 Danlaw 的 DSRC 路边设备已经获得了 OmniAir 联盟认证，该设备可识别潜在威胁，并使用 DSRC 将关键安全消息传输到配备有车载单元的车辆。车辆驾驶员将收到有关各种车辆到基础设施事件的音频或视觉警报，例如违反红灯警告或弯道速度警告。同时该设备将与交通管理系统进行联网通信，以协调交通流量并缓解拥堵。图 2-38 为 DSRC 路边设备与车载单元通信示意图。

图 2-38　DSRC 路边设备与车载单元通信

车联网目前还处在不断演进的阶段，各种应用完全独立，例如车载娱乐、GPS 导航、车辆远程控制，不能体现出车联网的特性，通信技术也面临着较多的问题。移动互联网和物联网的广泛应用，特别是大数据、云计算和无线通信技术的快速发展，将给车联网通信技术的发展带来新的动力。试想某路段的交通状况通过车联网及时推送，对后方车辆进行提前诱导，就能很好地改善交通状况。危险地段的路边辅助设备通过车联网提前对路过车辆进行告警提示，事故车辆通过车辆网对后方车辆进行预警，可以避免很多交通事故的发生。

物联网还广泛应用于智能电网、智慧医疗、工业物联网等领域，在此不再一一赘述。

2.7　物联网云平台

物联网云平台是云计算三种服务模型中 PaaS 层的一部分，起源于物联网中间件，其目的是在硬件层和应用层之间起到中介作用，管理二者之间的所有交互。物联网云平台基于智能传感器、无线传输、数据处理等技术，将所有的设备都连至云端，来完成从设备端在线采集数据、远程控制管理设备以及空中软件更新等任务，并与设备使用的第三方应用程序相融合，为用户提供数据分析、预警信息发布、决策支持、一体化控制等服务。用户及管理人员可以通过手机、平板电脑、计算机等信息终端，实时掌握传感设备数据，及时获取报警、预警信息，并可以手动 / 自动地调整控制设备，最终使以上管理变得轻松简单。

2.7.1　物联网平台盘点

目前物联网云平台的需求不断增大，相关厂商都在发展推广自己的物联网云平台。

国外的物联网云平台主要有亚马逊 AWS IoT、微软 Azure IoT、IBM Watson IoT 等。在国内，不论是阿里、百度、腾讯、京东等互联网巨头，还是华为、小米、海尔、格力等硬件厂商，甚至中国移动、中国联通、中国电信等三大运营商都各自推出了自己的物联网云平台。国内的物联网平台根据厂商性质不同，分为以下几类：

（1）运营商云平台。国内三大运营商的物联网平台以连接管理平台为主，主要用于管理物联网卡、流量计费等功能。中国联通与思科 Jasper 合作；中国电信与爱立信 DCP 合作；中国移动与华为合作，还推出了自己的 OneNet 平台。

（2）互联网公司云平台。百度、阿里、腾讯、京东等互联网巨头也纷纷布局物联网云平台。其平台都是基于自身优势发展而来，有不同的发展方向。阿里基于自身传统云计算优势，阿里云 Link 作为其 IoT 开放平台已推出生活平台、城市平台以及商业共享三大平台，并与硬件模组厂商积极合作，快速构建生态。腾讯利用其社交属性切入物联网，腾讯有 QQ 物联和微信智能硬件两大物联网平台，巨大的用户数量和社交属性是腾讯物联网平台核心优势。百度优势是其在人工智能、语音识别、深度学习等技术上的长期积累，目前已推出百度天工物联网平台，未来在其 IoT 平台上产生的海量数据，可利用百度深度学习以及人工智能的能力来做处理，开发强大的上层应用，有望在机器学习、大数据处理层面超越腾讯和阿里。

（3）硬件厂商物联网云平台。在智能家居联网智能化推进的过程中，白色家电巨头和华为、小米等企业响应自身发展需求，纷纷推出物联网云平台，主要是为自己品牌旗下的智能家居设备进行管理，进军布局智能家居市场。白色家电巨头搭建的物联网云平台可以看作是为己所用的私有化部署。例如华为物联网云平台、海尔的海尔 U+、美的云等。

（4）第三方物联网云平台。对于广大的中小企业来说，搭建自己的云平台及后期的运行维护成本太高，它们可以将自己的产品托管至某个物联网云平台进行管理，第三方物联网云平台就承担了这个任务。国内的涂鸦智能、机智云、AbleCloud 等平台在最近几年不断发展壮大。

涂鸦智能是一个全球云开发平台、AI+IoT 开发者平台，连接消费者、制造品牌商、OEM 厂商和连锁零售商的智能化需求，为开发者提供一站式物联网的 PaaS 级解决方案。涂鸦跟模组厂商深度合作，拥有成熟的供应链体系，定制了涂鸦专属的通信模块，提供设备接入。软硬件一体化打包交付，大大缩短了厂商的智能产品开发周期。

2.7.2　百科荣创物联网云平台

百科荣创成立于 2003 年，是国内领先的新一代信息技术产业高素质工程技术与技术技能人才培养解决方案提供商，百科荣创物联网云平台是面向教学及个人的设备管理云服务平台。该平台秉持深化教育型物联网云平台的理念，提升易学、易懂、高效、实用的教学级物联网云平台特性，为物联网类智能硬件教学设备提供更加简单、可靠的连接管理方式。平台提供了便捷的设备管理，丰富的云端 API，新一代的规则引擎，直观且轻量化的数据大屏，可共享的微信小程序等，充分体现出平台的特点。

1. 平台架构

百科荣创物联网云平台的基础架构如图 2-39 所示。

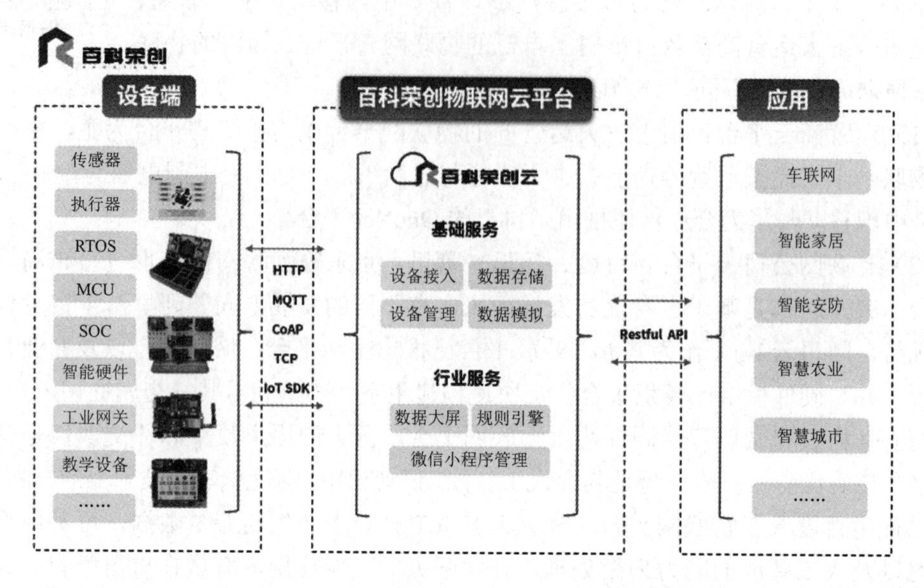

图 2-39　百科荣创物联网云平台架构示意图

（1）设备端：主要包含各种单一部件，如传感器、执行器、RFID、摄像头、LED 等物联网设备硬件。

（2）云平台：提供设备接入的各种服务，包含数据管理、规则处理、可视化管理、第三方设备接入等。

（3）应用：通过与云端的 API 对接可实现车联网、智能家居、智能安防等各行业中的应用。

2. 百科荣创物联网云平台功能

百科荣创物联网云平台为海量物联网设备提供安全可靠的连接、通信，能够让智能设备与云端之间建立安全的双向连接，帮助开发者快速实现物联网项目；对设备提供完整的生命周期管理，利用规则引擎对数据进行合理处理，并能提供数据模拟，最终对海量数据进行可视化处理。

2.8 项目实训

基于百科荣创物联网云平台的物联网项目开发流程主要包括以下步骤。

1. 注册账号

云平台地址为 https://www.r8c.com/index/iot.html，申请账号并注册成功后，在云平台首页单击“设备管理”，如图 2-40 所示，进入设备管理界面。

图 2-40 设备管理界面

2. 创建项目

使用云平台时，需要先创建设备，每个设备都代表一个完整的物接入服务。

设备创建流程：

（1）进入设备管理界面，如图 2-41 所示，单击“增加设备 +”按钮，进入自定义设备界面。

图 2-41 设备管理界面

（2）图 2-42 为自定义设备界面，可自定义设备名称。

图 2-42 自定义设备界面

（3）选择设备类型（任意选择，但要做好区分）。

（4）选择协议类型（可选择 TCP、HTTP、UDP、MQTT 和 CoAP 协议，本次选择 MQTT 协议）。

（5）选择报文类型（可选择 JSON 和二进制，本次选择 JSON）。

（6）选择设备图片（设备图片会在设备界面预览，设置有辨识度的图片即可，可不设置）。

（7）确认提交即可。成功创建设备后，可在设备管理页面查看相关的设备内容。本次添加的设备如图 2-43 所示。

图 2-43　本次添加的设备

3. 创建模块

云平台中的模块是真实设备上所具备功能的拆分，例如，温湿度计中包含温度和湿度监测两个功能块，当温湿度计进行数据上传的时候，也会包含这两个基本数据，即温度计、湿度计的数据。在云平台中，为了将温湿度计上传的数据进行区分，需要根据温湿度计所上传的数据建立对应模块，让其数据“有家可归”。创建模块步骤如下：

（1）模块添加。单击如图 2-43 所示设备“温湿度传感器”的“设备编辑”。进入设备编辑界面，如图 2-44 所示。单击页面中的“增加新模块”，进行模块添加。

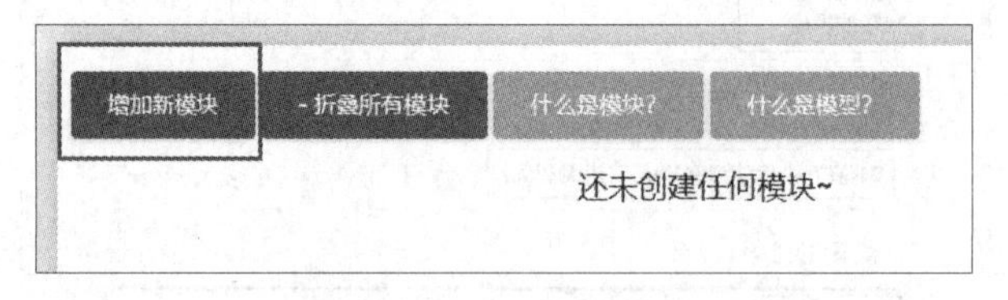

图 2-44　设备编辑界面

（2）模块信息填充：进入信息填写界面，如图 2-45 所示。

“模块名称”可自定义，要注意名称的可区分性，属于必填项。

“模块标识”可自定义，要注意标识的可区分性，属于必填项。

“是否展示图表”选项用于设置当前模块是否显示数据可视化页面（数据大屏），无需后期进行数据绑定，这里选择展示图表。

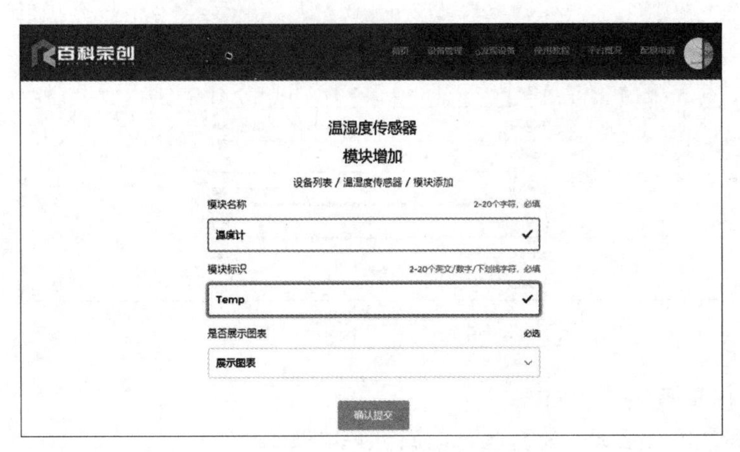

图 2-45 模块信息填写界面

（3）模块添加完成，设备管理页面会显示已添加的模块信息，如图 2-46 所示。

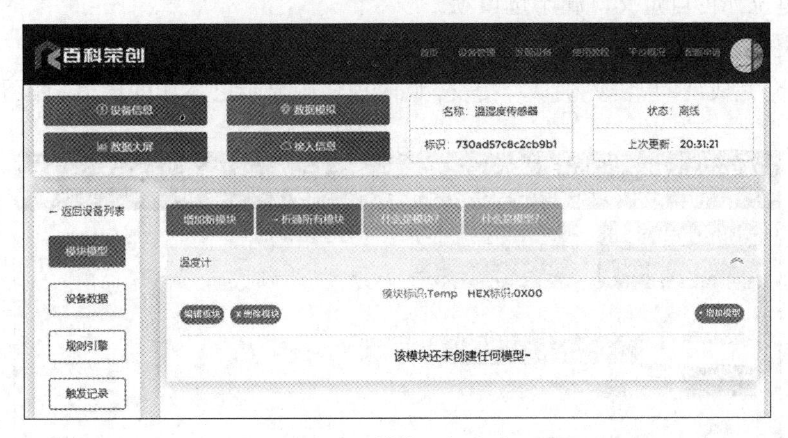

图 2-46 模块添加完成

4. 创建模型

模型是真实设备上传有用数据的映射。设备上传数据后，需要经过模块进行划分，例如，温湿度计上传了温度计和湿度计的数据，经过模块划分，有用的温度和湿度数据已经被解析到了平台中，这些有用的数据就是我们最终要得到的数据，如“temp:26”，其中 temp 为温度计的模型标识，26 为温度计上传的监测数据，即为有用数据。云平台会根据模型标识来提取有用数据，最终将这些数据收入数据库，实现短期存储，并可通过数据大屏，直观地查看已上传的“温湿度计”数据。

（1）单击模块页面右侧的“增加模型”按钮，进行模型的添加。进入模型属性界面，如图 2-47 所示。

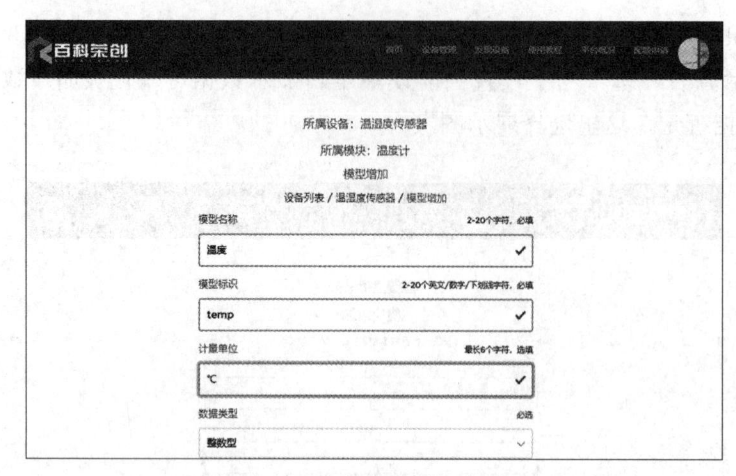

图 2-47　自定义模型信息界面

（2）填充模型属性。

“模型名称”可自定义，要有区分，属于必填项。

“模型标识”可自定义，要与真实设备上传数据中的标识一致，否则数据会上传失败，属于必填项。

“计量单位”可自定义，属于选填项。

“数据类型”可选，属于必选项，默认为整数型。

（3）填充完成后，单击“确认”提交，此时模块中显示已添加的模型，如图 2-48 所示。

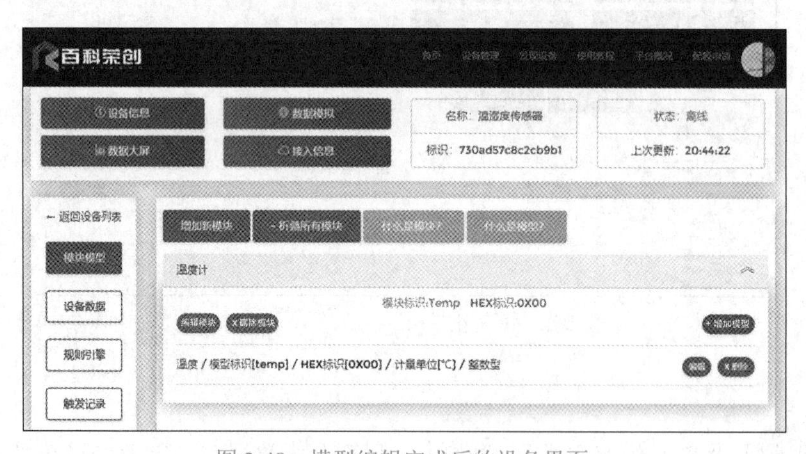

图 2-48　模型编辑完成后的设备界面

5. 数据模拟

在百科荣创物联网云平台中，数据模拟是指通过百科荣创物联网云平台，模拟真实设备发送数据和接收数据的过程，云平台能够将模拟数据发送到云端，此数据云平台可接收。通过修改生成数据的参数，可以直接进行模拟发送。以此可检测真实设备所发数据的合法性，如果数据不合法，云平台将会向发送数据的设备发送错误反馈。通过数据模拟，能够有效降低开发难度，减少调试的时间。数据模拟步骤如下：

（1）如图 2-49 所示，单击设备编辑页面中的“数据模拟”，即可进入当前设备的数据模拟页面。

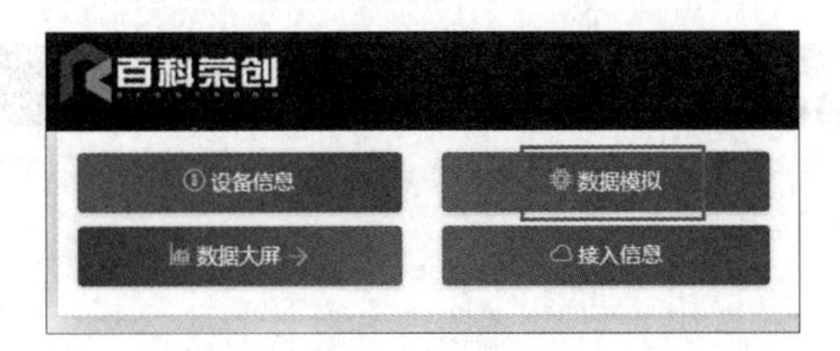

图 2-49　数据模拟界面

（2）生成并发送模拟数据：下滑到数据发送下方的按钮处，单击“示例 JSON”，生成示例 JSON 数据后，修改模块标识为 Temp，修改模型标识为 temp，如图 2-50 所示。

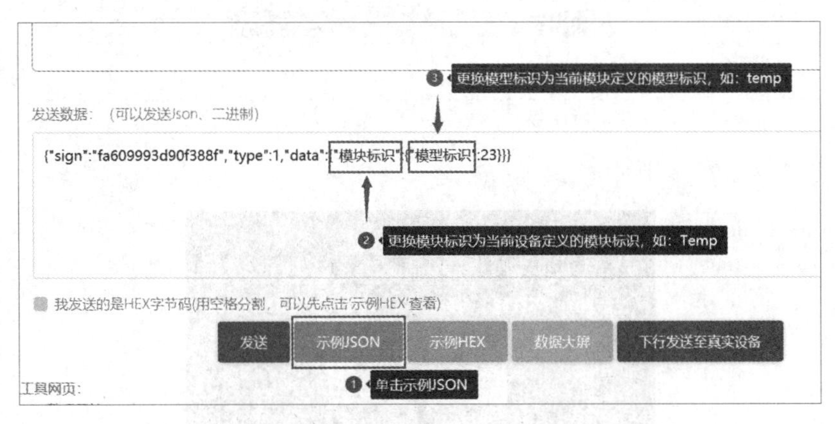

图 2-50　进行数据模拟

修改数据之后，单击“发送”按钮，回到数据接收处，查看数据发送和服务器反馈情况，如图 2-51 所示。

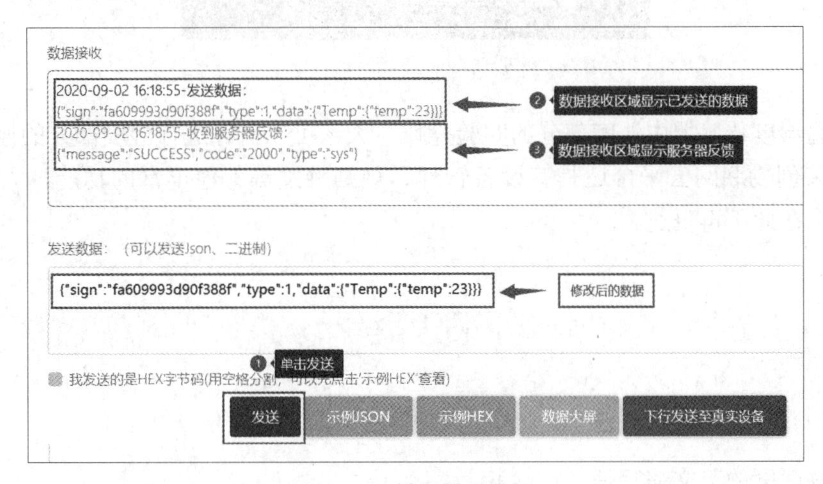

图 2-51　模拟发送数据

注：返回数据中的 code，为状态码，当返回的状态码为 2000 时，表示数据发送成功。

（3）单击“数据大屏”按钮，如图 2-52 所示，查看数据是否已经被云平台接收。数据模拟效果如图 2-53 所示。

图 2-52　查看数据大屏

图 2-53　数据模拟的结果

这是温湿度传感器中温度部分的实验操作，大家可以自行进行湿度部分的操作。

百科荣创物联网云平台还具有设备管理、规则触发等其他丰富的功能，大家可以去自己探索，在此不再赘述。

课后题

1. 选择题

（1）物联网的英文缩写是（　　）。

A. IoT　　B. WSN　　C. ITU　　D. WLAN

（2）关于物联网的说法正确的是（　　）。

A．物联网与互联网是互不相干的两个事物

B．物联网的末端仍然是人

C．物联网的英文名称 Internet of Things

D．传感器网络就是物联网

（3）物联网的分层结构中不包括（　　）。

A．感知层　　B．接入层

C．应用层　　D．媒体接入控制层

（4）用某种特定的黑白相间的几何图形按一定规律在平面（二维方向）上分布，以此来记录数据符号信息的图形叫作（　　）。

A．一维条形码　B．二维条形码　C．金属条形码　D．荧光条形码

（5）下列关于二维码的说法错误的是（　　）。

A．抗污损和抗损伤　　B．相对于一维码，面积小，容量大

C．无法加密　　D．任何方向可以读取

（6）下列不是 RFID 组成部分的是（　　）。

A．电子标签　B．读写器　C．应用系统　D．扫描枪

（7）高速公路出入口处的 ETC 系统是一种射频识别系统，其工作频率是（　　）。

A．高频　B．低频　C．超高频　D．微波频段

（8）按照传感器输出量的性质不同，传感器可以分为三类，不包括（　　）。

A．模拟量传感器　　B．数字量传感器

C．温度传感器　　D．开关量传感器

（9）温度传感器 DS18B20 的输出是（　　）形式。

A．模拟量　B．数字量　C．湿度　D．开关量

（10）物联网设备接入网络的方式繁多，下列方式中不属于有线接入的是（　　）。

A．RS-232 串口　　B．485 总线

C．CAN 总线　　D．蓝牙

（11）关于 CAN 总线的说法，错误的是（　　）。

A．CAN 总线中信号以差分形式传输，所以抗干扰能力差

B．黄色的线是 CAN_H，绿色的线是 CAN_L

C．需要在总线两端加终端电阻，否则影响通信性能

D．CAN 总线通信距离比 RS232 远

（12）提到蓝牙技术，经常会碰到 BLE 这个简写，它表示的是（　　）。

A．蓝牙低功耗　B．传统蓝牙　C．高速蓝牙　D．蓝牙 5.0

（13）在蓝牙应用协议中，有一项叫作高质量音频分发规范（A2DP），下列会用到这个协议的产品是（　　）。

A．心率检测产品　　B．自行车骑行产品

C．蓝牙耳机　　D．健康手环

（14）下列选项不是 ZigBee 技术的特点的是（　　）。

A．功耗低　　B．成本低　　C．时延短　　D．可靠性差

（15）下列接入技术中，属于广域接入技术的是（　　）。

A．蓝牙　　B．ZigBee　　C．LoRa　　D．WiFi

（16）LoRa 技术专利属于（　　）公司。

A．Semtech　　B．三星　　C．华为　　D．苹果

2. 问答题

（1）传感器的分层结构都包括哪几层？简单介绍每一层的作用。

（2）二维码相对于一维码的优点有哪些？

（3）想一想学习生活中用到的手机、平板电脑、计算机等设备中包含哪些传感器？其作用是什么？

（4）比较一下串行通信与并行通信，说一说两者的不同及各自的优缺点。

（5）NASA 的毅力号火星探测器上携带的机智号小型直升机，可以通过 ZigBee 技术与火星车进行通信，根据 ZigBee 的特点与火星探测的实际情况，分析 NASA 为什么选择 ZigBee 作为两者的通信方式。

（6）结合自己的生活，试举一个物联网在智能家居、智慧农业、智慧交通等领域的应用案例，并进行简要介绍。

第 3 章　云计算

“司机已接单，请在 5 分钟内到达上车点。”简单的一句话，是现在人们最习以为常的生活场景之一。网约车的兴起无疑是对我们的出行提供了便利，乘客发起乘车需求后，订单发给附近哪些司机，多个司机抢单时如何快速筛选出最适合的一位……要解决这些问题，依靠的就是背后强大的云计算平台。

尽管云计算越来越多地被提及，但是对于不懂技术的人来说，云计算还是那个可望而不可即的“高科技”。其实云计算已经在我们的生活中发挥着作用，常用的 APP、搜索引擎的服务都“跑”在云上，各种各样的云计算应用充满着我们的生活。那么具体来说什么是云计算呢？

3.1　初识云计算

3.1.1　什么是云计算

什么是云计算

21 世纪以来，云计算逐渐兴起，随着网络技术的不断发展，人们对云计算的认识也在不断地提高和变化。

云计算（Cloud Computing）在维基百科的定义是：一种基于互联网的计算方式，通过这种方式，共享的软硬件资源和信息可以按需求提供给计算机终端和其他设备。

其中有几个关键词：第一是互联网，云用户不需要关心云主机到底在什么位置，部署在哪个数据中心，哪个机柜，只需要通过网络便可以获取需要的资源；第二是共享，云计算给用户提供的资源，不管是软件资源还是硬件资源，都是可以进行共享的，运营商会有若干个大型的数据中心，在数据中心有大量的计算设备，用户获取的资源都是数据中心提供的；第三是按需求，云计算是一种按使用量付费的模式，用户可以根据实际需要灵活地增加或者减少资源的购买量和使用量，如图 3-1 所示。

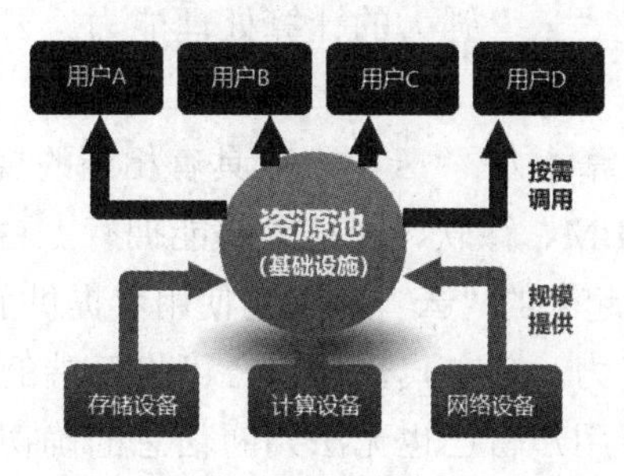

图 3-1　云计算

3.1.2 云计算的发展历史

云计算的历史可以追溯到 1956 年，克里斯·托弗发表了一篇关于虚拟化的论文，正式提出虚拟化。虚拟化是云计算基础架构的核心，是云计算发展的基础。而后随着网络技术的发展，逐渐孕育了云计算的萌芽。

2004 年，Web 2.0 会议举行，计算机网络发展进入了一个新的阶段。在这一阶段，让更多的用户方便快捷地使用网络服务成为互联网发展亟待解决的问题，与此同时，一些大型公司也开始致力于开发大型计算能力的技术，为用户提供更加强大的计算处理服务。

2006 年 8 月，Google 首席执行官埃里克·施密特在搜索引擎大会首次提出“云计算”的概念。这是云计算发展史上第一次正式地提出这一概念，有着巨大的历史意义。

2007 年，“云计算”开始成为了计算机领域最令人关注的话题之一，同样也是大型企业、互联网建设着力研究的重要方向。云计算的提出，互联网技术和 IT 服务出现了新的模式，引发了一场变革。

2008 年，微软发布其公共云计算平台（Windows Azure Platform），由此拉开了微软的云计算大幕。同样，云计算在国内也掀起一场风波，许多大型网络公司纷纷加入云计算的阵列。

2009 年 1 月，阿里软件在江苏南京建立首个“电子商务云计算中心”。同年 11 月，中国移动云计算平台“大云”计划启动。到现阶段，云计算已经发展到较为成熟的阶段。

回望云计算的发展历程，其驱动力主要来自以下 3 个方面。

（1）需求驱动。随着经济、社会信息化的大发展，尤其是移动互联网和物联网应用的兴起，海量信息处理的需求激增；同时，现代应用需要满足普适化、智能化等一系列要求。因此，从客观上需要云计算技术来满足上述需求。

（2）技术驱动。宽带通信与互联网技术、分布式计算、分布式数据库的快速发展，推动了虚拟化和分布式处理技术的发展，为云计算发展奠定了技术基础。

（3）经济与环保驱动。由于云计算具有低成本、高效能、绿色环保等特点，因而受到各国政府的重视。

3.1.3 云计算的特点

云计算的特点

云计算的一个核心理念就是通过不断提高“云”的处理能力，进而减少用户终端的处理负担，最终使用户终端简化成一个单纯的输入/输出设备，并能按需享受“云”强大的计算处理能力。云计算的特征主要表现在以下几个方面。

（1）大规模提高设备计算能力。“云”一般具有相当的规模，一些知名的云供应商如 Google 云计算、Amazon、IBM、微软、阿里等都能拥有上百万级的服务器规模。而依靠这些分布式的服务器所构建起来的“云”能够为使用者提供前所未有的计算能力。

（2）高可靠性和容灾能力。分布式数据中心可将云端的用户信息备份到地理上相互隔离的数据库主机中，甚至用户自己也无法判断信息的确切备份地点。该特点不仅提供了数据恢复的依据，也使得网络病毒和网络黑客的攻击失去目的性而变成徒劳，大大提高了系统的安全性和容灾能力。

（3）资源虚拟化和透明化。虚拟化层将云平台上方的应用软件和下方的基础设备隔离开来。技术设备的维护者无法看到设备中运行的具体应用。同时对软件层的用户而言基础设备层是透明的，用户只能看到虚拟化层中虚拟出来的各类设备。这种架构减少了设备依赖性，也为动态的资源配置提供可能。

（4）高可伸缩性和高扩展性。云计算将传统的计算、网络和存储资源通过虚拟化、容错和并行处理技术，转化成可以弹性伸缩、可扩展的服务，从而满足应用和用户规模增长的需要。

目前主流的云计算平台均根据SPI架构在各层集成功能各异的软硬件设备和中间件软件。大量中间件软件和设备提供针对该平台的通用接口，允许用户添加本层的扩展设备。部分云与云之间提供对应接口，允许用户在不同云之间进行数据迁移。

（5）资源利用率高。云计算把大量计算资源集中到一个公共资源池中，通过资源虚拟化的方式为用户提供可伸缩的资源，支持各种不同类型的应用同时在系统中运行，并利用各种应用对资源的需求可能随时间而变化的特点，以对不同应用采取“削峰填谷”的方式，提高整体的资源利用率，从而对外提供低成本的云计算服务。

（6）按需付费，降低使用成本。用户可以根据自己的需要来购买服务，甚至可以按使用量来进行精确计费。这能大大节省IT成本，而资源的整体利用率也将得到明显的改善。

3.1.4　云计算架构

由美国国家标准与技术研究院（National Institute of Standards and Technology，NIST）提出的被全球广泛引用的云计算架构包含了三个基本层次：基础设施层（Infrastructure Layer）、平台层（Platform Layer）和应用层（Application Layer）。该架构层次中每层的功能都通过服务的形式提供出来，这就是云服务类型分类方式的来源，如图3-2所示。

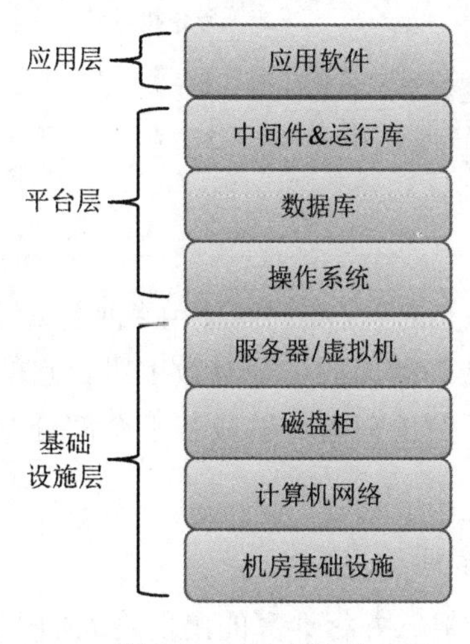

图3-2　云计算架构

基础设施层将经过虚拟化的计算资源、存储资源和网络资源以基础设施即服务的方式通过网络提供给用户使用和管理。基础设施层所要解决的是IT资源的虚拟化和自动化管理问题。

平台层位于基础设施层与应用层之间，它利用基础设施层的能力，面向上层应用提供通用的服务和能力。平台层面向云环境中的应用提供应用开发、测试和运行过程中所需的基础服务，包括Web和应用服务器、消息服务器以及管理支撑服务如应用部署、应用性能管理、使用计量和计费等。平台层需要解决的是如何基于基础设施层的资源管理能力提供一个高可用的、可伸缩的且易于管理的云中间件平台。

应用层是在云上应用软件的集合，构建在基础设施层提供的资源和平台层提供的环境之上，由网络这种渠道交付给用户。云应用种类繁多，既可以是面向个人用户的应用，如电子邮件、文本处理、个人信息存储等，也可以是面向企业的应用，如财务管理、客户关系管理、商业智能等。

其他计算模型

3.2 其他计算模型

云计算是并行计算、分布式计算和网格计算发展的产物，或者说是这些概念的商业实现。云计算不仅仅是一个计算模型，还包含了运营服务等概念。

3.2.1 并行计算

1. 并行计算的概念

并行计算是相对于串行计算来说的。要理解并行计算，首先需要了解串行计算。串行计算是不将任务进行拆分，一个任务占用一块处理资源，如图3-3所示。

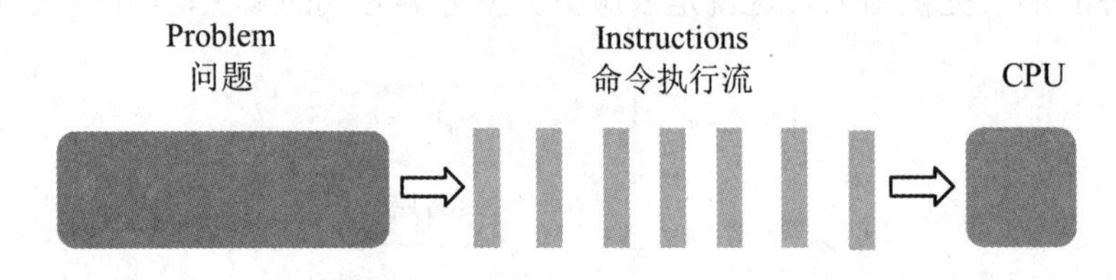

图3-3　串行计算

并行计算（Parallel Computing）是指同时使用多种计算资源解决计算问题的过程，是提高计算机系统计算速度和处理能力的一种有效手段。它的基本思想是用多个处理器来协同求解同一问题，即将被求解的问题分解成若干个部分，各部分均由一个独立的处理机来并行计算，如图3-4所示。

2. 云计算和并行计算的区别

（1）云计算萌芽于并行计算。并行计算的出现是人们不满足于CPU摩尔定率的增长速度，希望把任务分解成离散的多个部分，随时并及时执行多个离散部分，从而获得更快的计算速度。这种方法后来被证明是相当成功的。但由于并行计算可以达到的并行度有限，所以人们开始把提高计算速度的思想从一台计算机的并行转移到多台计算机协同并行上来，逐渐产生了云计算的概念。

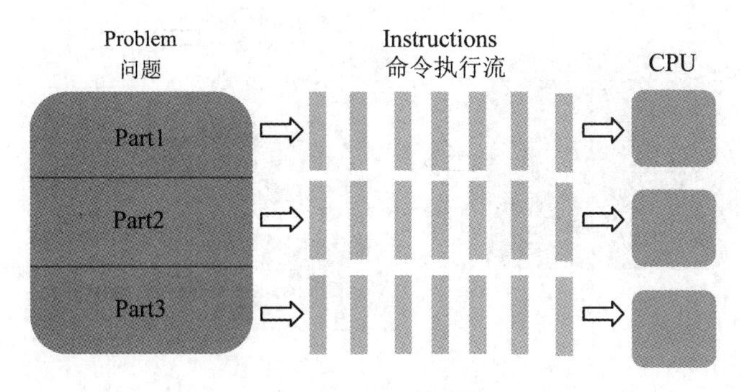

图 3-4 并行计算

（2）用户群体不同。并行计算的提出主要是为了满足科学和技术领域的专业需要，其应用领域也基本限于科学领域。传统并行计算机的使用是一个相当专业的工作，需要使用者有较高的专业素质，多数是命令行的操作。而云计算面向的不仅仅是科学技术领域和专业用户，它将计算资源包装成易使用的服务，用户可以很容易地使用云计算。

（3）并行计算追求的高性能。在并行计算的时代，人们极力追求的是高速的计算，采用昂贵的服务器，因此，并行计算时代的高性能机群是一个“快速消费品”。

（4）云计算对于单节点的计算能力要求低。云计算时代我们并不去追求使用昂贵的服务器，云中心的计算力和存储力可随着需要逐步增加，云计算的基础架构支持这一动态增加的方式，高性能计算将在云计算时代成为“耐用消费品”。

3.2.2 分布式计算

1. 分布式计算的概念

分布式计算（Distributed Computing）是指多台联网的计算机，有各自的主机和处理器，通过网络分配共享计算任务和计算信息；把一个需要非常巨大的计算能力才能解决的问题分成许多小的部分，然后把这些部分分配给许多计算机进行处理，最后把这些计算结果综合起来得到最终的结果，如图 3-5 所示。

相比并行计算，云计算与分布式计算的理念更加接近。可以说，云计算是在分布式计算的基础上扩充和发展起来的。但是对于用户而言，分布式计算是由多个用户合作完成的，云计算是没有用户参与，而是交给网络另一端的服务器完成的。

2. 分布式计算和并行计算的区别

（1）并行计算与分布式计算都是运用并行来获得更高性能，化大任务为小任务。简单说来，如果处理单元共享内存，就称为并行计算，反之就是分布式计算。

（2）分布式的任务包互相之间有独立性，上一个任务包的结果未返回或者是结果处理错误，对下一个任务包的处理几乎没有什么影响。

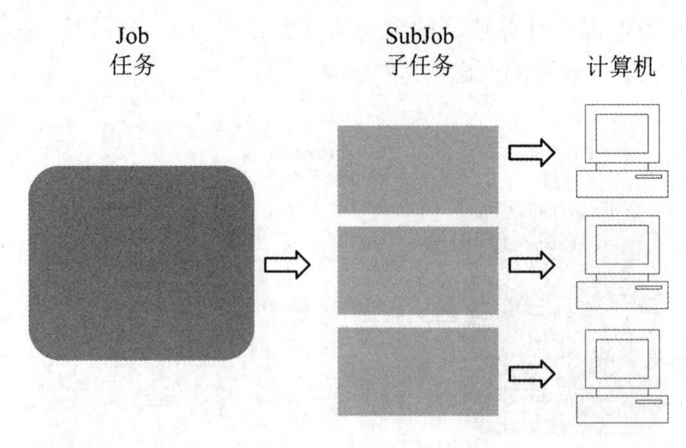

图 3-5　分布式计算

（3）分布式的实时性要求不高，而且允许存在计算错误。相比并行计算，分布式计算的资源利用率更高，计算效率也更高。

3.2.3　网格计算

1．网格计算的概念

网格计算（Grid Computing）是指利用互联网把地理上广泛分布的各种资源（例如，计算资源、存储资源、带宽资源、软件资源、数据资源、信息资源、知识资源等），连成一个逻辑整体，就像一台超级计算机一样，为用户提供一体化信息和应用服务（如计算、存储、访问等）。

网格计算可以看作是一种特殊的分布式计算。网格计算与分布式计算的区别在于分布式计算中处理子任务的各个计算节点只是在无偿地贡献自己的算力，无法使用其他计算节点的算力为自己所用。而网格计算的各个计算节点可以在贡献自己算力的同时，通过平台来调用其他计算节点的算力，并且其他计算节点也根本不知道在调用它，如图 3-6 所示。

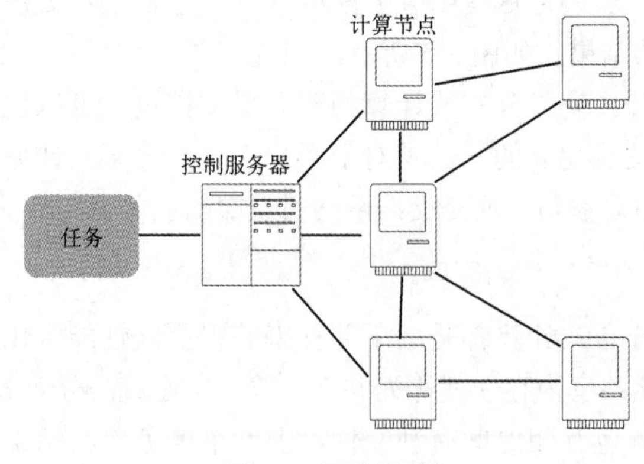

图 3-6　网格计算

2. 云计算和网格计算的区别

网格计算和云计算都是利用网络资源进行计算的方式。它们的主要区别如下：

（1）侧重点不同。云计算侧重于互联网资源的整合；网格计算侧重于不同组织间计算能力的连接。

（2）商业化性质不同。网格计算是拥有计算能力的节点自发形成联盟，共同解决涉及大规模计算的问题，是基础 IT 资源联合共享模式的运用。而云计算依靠 IT 资源供给的灵活性，革新了 IT 产业的商业模式，是基础 IT 资源外包商业模式的典型运用。

3.3 云计算核心技术

云计算是一种以数据和处理能力为中心的密集型计算模式，它融合了多项信息与通信技术（Information and Communications Technology，ICT），是传统技术“平滑演进”的产物。其中，以虚拟化技术、分布式数据存储技术、编程模型、大规模数据管理技术、信息安全、云计算平台管理技术最为关键。

虚拟化技术

3.3.1 虚拟化技术

虚拟化是云计算最重要的核心技术之一，它为云计算服务提供基础架构层面的支撑，是 ICT 服务快速走向云计算的最主要驱动力。可以说，没有虚拟化技术也就没有云计算服务的落地与成功。在云计算环境下，资源不再是分散的硬件，而是让 CPU、内存、磁盘、I/O 等硬件编程可以动态管理的“资源池”，物理服务器经过整合之后形成一个或多个逻辑上的虚拟资源池，共享计算、存储和网络资源，可以使一台服务器变成几台甚至上百台相互隔离的虚拟服务器，不再受限于物理上的界限，从而提高了资源的利用率，简化了系统管理。

1. 什么是虚拟化

虚拟化是指通过虚拟化技术将一台计算机虚拟为多台逻辑计算机（对计算机物理资源的抽象，实现资源的模拟、隔离和共享）。在一台计算机上同时运行多个逻辑计算机，每个逻辑计算机可运行不同的操作系统，并且应用程序都可以在相互独立的空间内运行而互不影响，从而显著提高计算机的工作效率，如图 3-7 所示。

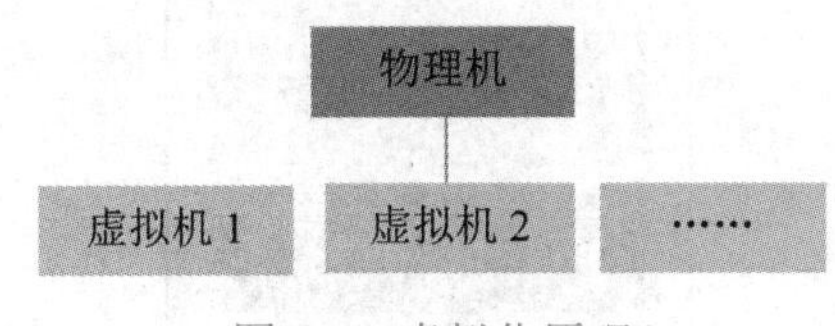

图 3-7 虚拟化原理

2. 虚拟化中的重要概念

虚拟机（Virtual Machine，VM）：虚拟计算机系统称为虚拟机，它是一种严密隔离且内含操作系统和应用的软件容器。

宿主机（Host Machine）：指物理机资源。

客户机（Guest Machine）：指虚拟机资源。

不论是物理机还是虚拟机，都必须由硬件设备提供服务。

Guest OS 和 Host OS：如果将一个物理机虚拟成多个虚拟机，则称物理机为 Host Machine，运行在其上的操作系统为 Host OS；多个虚拟机称为 Guest Machine，运行在其上的操作系统为 Guest OS。当然某些虚拟机可以脱离 Host OS 直接运行在硬件之上（如 VMware 的 ESX 产品）。

Hypervisor：通过虚拟化层的模拟，虚拟机在上层软件看来就是一个真实的机器，这个虚拟化层一般称为虚拟机监控机（Virtual Machine Monitor，VMM）。

虚拟化中的重要概念如图 3-8 所示。

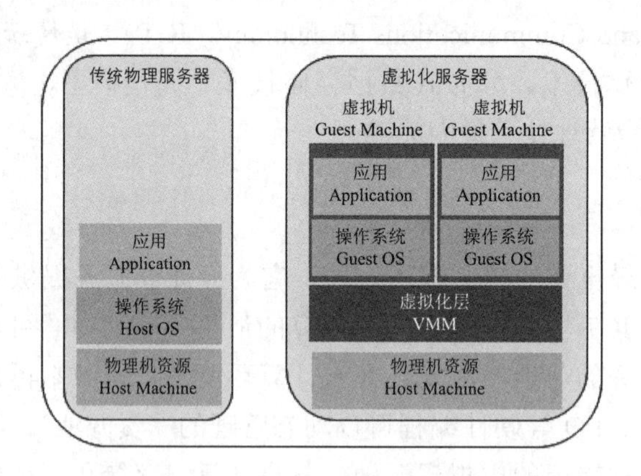

图 3-8 虚拟化中的重要概念

3. 虚拟化架构

根据在整个系统中的位置不同，虚拟化架构分为以下几种。

（1）寄居虚拟化架构。寄居虚拟化架构是指在宿主操作系统之上安装和运行虚拟化程序，依赖于宿主操作系统对设备的支持和物理资源的管理，如图 3-9 所示。

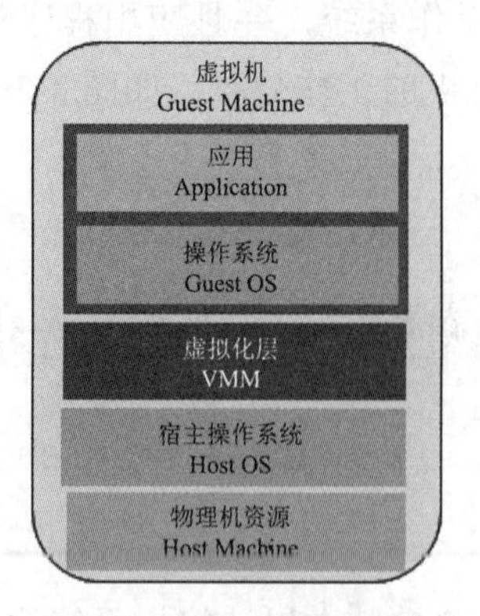

图 3-9 寄居虚拟化架构

（2）裸金属虚拟化架构。裸金属虚拟化架构指直接在硬件上面安装虚拟化软件，再在其上安装操作系统和应用程序，依赖虚拟层内核和服务器控制台进行管理，如图 3-10 所示。

（3）操作系统虚拟化架构。操作系统虚拟化架构在操作系统层面增加虚拟服务器功能。操作系统虚拟化架构把单个的操作系统划分为多个容器，使用容器管理器来便于管理。宿主操作系统负责在多个虚拟服务器（即容器）之间分配硬件资源，并且让这些服务器彼此独立，如图 3-11 所示。

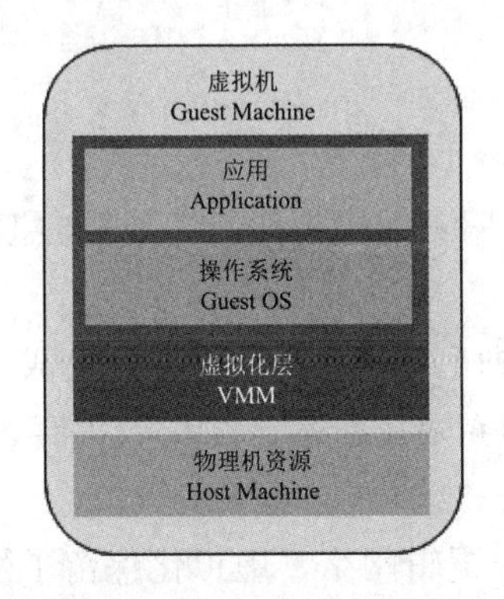

图 3-10　裸金属虚拟化架构

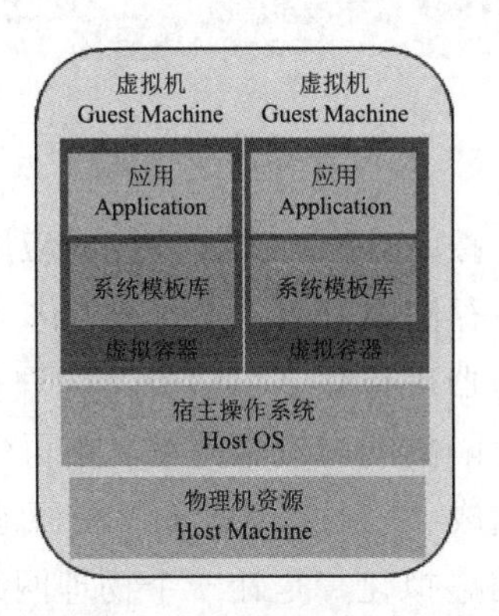

图 3-11　操作系统虚拟化架构

（4）混合虚拟化架构。混合虚拟化架构将一个内核级驱动器插入到宿主操作系统内核。这个驱动器作为虚拟硬件管理器来协调虚拟机和宿主操作系统之间的硬件访问，如图 3-12 所示。

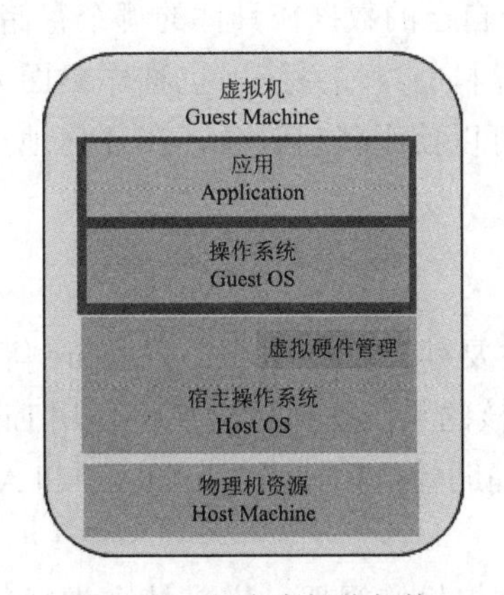

图 3-12　混合虚拟化架构

4. 虚拟化分类

（1）按照虚拟化的程度分类，可分为完全虚拟化和半虚拟化。

完全虚拟化：是通过客户机和宿主机直接的一个虚拟化逻辑层 Hypervisor 来完全模拟底层硬件细节，如图 3-13 所示。典型的完全虚拟化软件有 VMware vSphere、KVM。

半虚拟化：也叫准虚拟化，它使用 Hypervisor 分享存取底层的硬件，但是需要客户机操作系统做一些修改，使客户机操作系统意识到自己是处于虚拟化环境，如图 3-14 所示。半虚拟化典型的半虚拟化软件有 Xen。

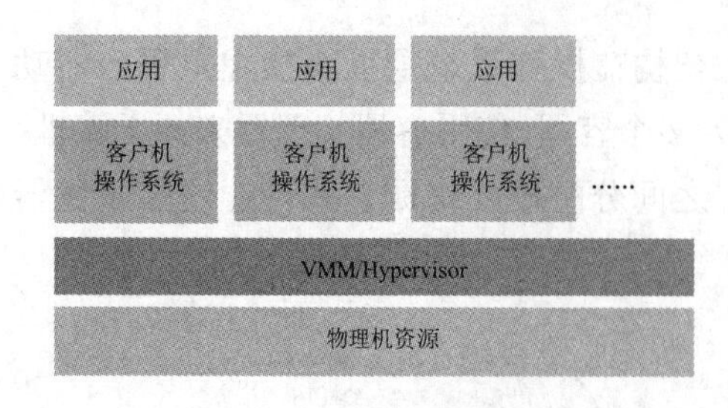

图 3-13　完全虚拟化

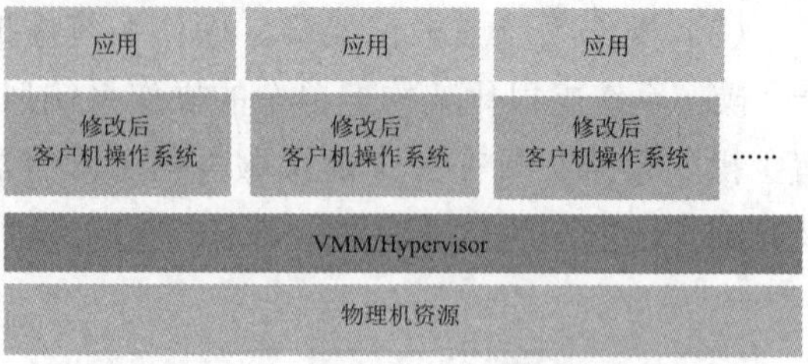

图 3-14　半虚拟化

（2）按照虚拟化在云计算的应用领域，可分为服务器虚拟化（即计算虚拟化）、网络虚拟化、存储虚拟化、桌面虚拟化。

服务器虚拟化：将服务器物理资源抽象成逻辑资源，让一台服务器变成几台甚至上百台相互隔离的虚拟服务器，不再受限于物理上的界限，而是让 CPU、内存、磁盘、I/O 等硬件变成可以动态管理的“资源池”。

网络虚拟化：是让一个物理网络能够支持多个逻辑网络，虚拟化保留了网络设计中原有的层次结构、数据通道和所能提供的服务，使得最终用户的体验和独享物理网络一样，同时网络虚拟化技术还可以高效地利用网络资源如空间、能源、设备容量等。

存储虚拟化：是将资源的逻辑映像与物理存储分开，为系统和管理员提供一幅简化、无缝的资源虚拟视图。对于用户来说，虚拟化的存储资源就像是一个巨大的“存储池”，看不到具体的磁盘，也不关心自己的数据在具体的哪个存储设备中。

桌面虚拟化：是指将计算机的终端系统（也称作桌面）进行虚拟化，以达到桌面使用的安全性和灵活性。用户可以使用任何设备，在任何地点、任何时间通过网络访问属于我们个人的桌面系统。

5. 主流虚拟化产品

目前常用的虚拟机产品主要有 KVM、Xen、VMware 等。

KVM 是集成到 Linux 内核的系统虚拟化模块，使用 Linux 自身调度器进行管理，工作在 X86 架构且需支持硬件辅助虚拟化技术（Intel VT 和 AMD-V）。使用全虚拟化技术，采用混合虚拟化架构。

Xen 是一个开放源代码虚拟机监视器，它支持全虚拟化和半虚拟化，属于裸金属架构。Xen 最重要的优势在于半虚拟化，此外未经修改的操作系统也可以直接在 Xen 上运行，能让虚拟机有效运行而不需要仿真，因此虚拟机能感知到 Hypervisor，而不需要模拟虚拟硬件，从而能实现高性能。

WMware 是全球最大的虚拟化厂商，该公司产品线长，主要包括桌面版的 VMware Workstation 和企业版的 VMware ESX Server。WMware vSphere 是 VMware 公司推出一套服务器虚拟化解决方案，相当于 VMware ESX Server 3.0 的后续版本。在云计算中，

VMware 的主打产品是 vSphere，它使用全虚拟化技术，采用裸金属虚拟化架构。

KVM、Xen、VMware 的对比见表 3-1。

表 3-1 KVM、Xen、VMware 的对比

	是否开源	性能	支持的虚拟化技术	采用的虚拟机架构	优点	缺点
KVM	是	高	全虚拟化	混合虚拟化架构	1. KVM 是内核本身的一部分，可以利用内核的优化和改进 2. 高性能、稳定，无需修改客户机系统 3. 开源、免费	
Xen	是	高	全虚拟化、半虚拟化	裸金属架构	1. 性能较好 2. 开源、免费	操作复杂，维护成本较高
VMware	否	一般	全虚拟化	裸金属架构	相对比较成熟的商业软件，市场占有率较大	需要付费

3.3.2 分布式数据存储技术

云计算的另一大优势就是能够快速、高效地处理海量数据。在数据爆炸的今天，这一点至关重要。为了保证数据的高可靠性，云计算通常会采用分布式存储技术，将数据存储在不同的物理设备中。

分布式存储与传统的网络存储并不完全一样，传统的网络存储系统采用集中的存储服务器存放所有数据，存储服务器成为系统性能的瓶颈，不能满足大规模存储应用的需要。分布式网络存储系统采用可扩展的系统结构，利用多台存储服务器分担存储负荷，利用位置服务器定位存储信息，它不但提高了系统的可靠性、可用性和存取效率，还易于扩展，如图 3-15 所示。

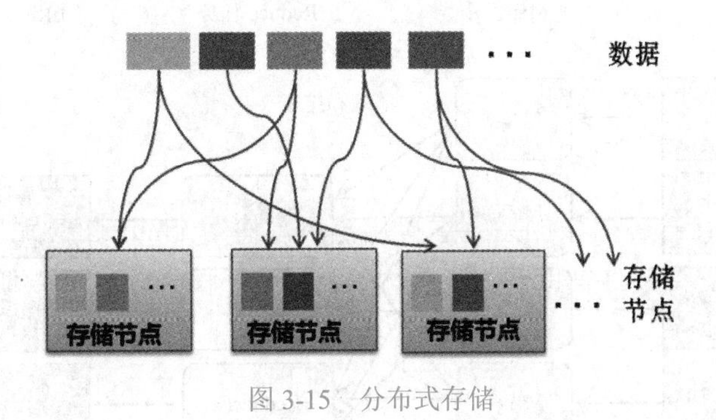

图 3-15 分布式存储

在当前的云计算领域，GFS（Google File System）和 HDFS（Hadoop Distributed File System）是比较流行的两种云计算分布式存储系统。

GFS 是由 Google 设计并实现的一个可扩展的分布式文件系统，它适用于大型分布式计算密集型应用程序。能满足大量用户的需求，并行地为大量用户提供服务，使得云计算的数据存储技术具有了高吞吐率和高传输率的特点。

HDFS 是 Apache 旗下一个用 Java 语言实现的开源软件框架，是一个开发和运行处理大规模数据的软件平台。允许使用简单的编程模型在大量计算机集群上对大型数据集进行分布式处理。

3.3.3 编程模型

云计算以互联网服务和应用为中心，其背后是大规模集群和海量数据，需要新的编程模型来支撑。分布式并行编程模式创立的初衷是更高效地利用软、硬件资源，让用户更快速、更简单地使用应用或服务。在分布式并行编程模式中，后台复杂的任务处理和资源调度对于用户来说是透明的，这样用户体验能够大大提升。

MapReduce 是当前云计算主流并行编程模式之一，它是一种可用于数据处理的以数据为中心（数据本地化）的分布式编程模型。采用的是一种分而治之的思想，分为 Map 和 Reduce 两个阶段。

Map：将一个工作分解为若干个任务

Recude：完成分解的任务，并且汇总结果。

例如，图书馆以书架进行图书清点。这里的“以书架为单位”，就是 Map 的过程，分配任务。而每个书架安排人来清点并且汇总最后的清点结果就是 Reduce 的过程。

MapReduce 模式将任务自动分成多个子任务，通过 Map 和 Reduce 两步实现任务在大规模计算节点中的调度与分配。首先，Map 会先对由很多独立元素组成的逻辑列表中的每一个元素进行指定的操作，且原始列表不会被更改，会创建多个新的列表来保存 Map 的处理结果。也就意味着，Map 操作是高度并行的。当 Map 工作完成之后，系统会接着对新生成的多个列表进行清理和排序，之后，将这些新创建的列表进行 Reduce 操作，也就是对一个列表中的元素根据 Key 值进行适当的合并。图 3-16 为 MapReduce 的运行机制。

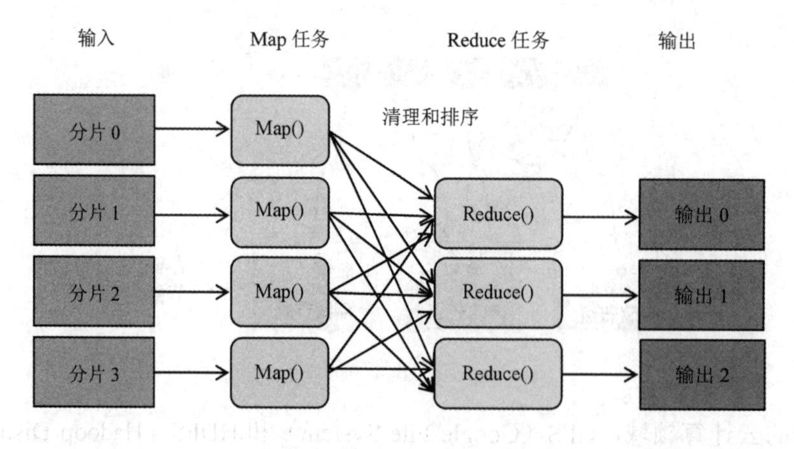

图 3-16　MapReduce 运行机制

3.3.4 大规模数据管理

处理海量数据是云计算的一大优势。那么如何处理则涉及很多层面，因此，高效的数据处理技术也是云计算不可或缺的核心技术之一。对于云计算来说，数据管理面临巨大的挑战。云计算不仅要保证数据的存储和访问，还要能够对海量数据进行特定的检索和分析。由于云计算需要对海量的分布式数据进行处理、分析，因此，数据管理技术必须能够高效地管理大量的数据。

Google 的 BT（BigTable）数据管理技术和 Hadoop 团队开发的开源数据管理模块 HBase 是业界比较典型的大规模数据管理技术。

BigTable 是一个用来管理结构化数据的分布式存储系统，具有很好的伸缩性，能够在几千台应用服务器上处理 PB 数量级数据。Google 有许多项目都把数据存储在 BigTable 中，包括 Web Indexing、Google Earth 和 Google Finance。

HBase 是一个高可靠性、高性能、面向列、可伸缩的分布式存储系统，利用 HBASE 技术可在廉价 PC Server 上搭建起大规模结构化存储集群。其目标是存储并处理大型的数据，更具体来说是仅需使用普通的硬件配置，就能够处理由成千上万的行和列所组成的大型数据。

3.3.5 云计算平台管理

云计算资源规模庞大，服务器数量众多且分布在不同的地点，同时运行着数百种应用，如何有效地管理这些服务器，保证整个系统提供不间断的服务是巨大的挑战。

云计算平台管理是在云计算之上的一层管理服务。用户在部署云平台后，还需要管理平台。云计算系统的平台管理技术，需要具有高效调配大量服务器资源，使其更好协同工作的能力。其中，方便地部署和开通新业务，快速发现并且恢复系统故障，通过自动化、智能化手段实现大规模系统可靠的运营是云计算平台管理技术的关键。

云计算的服务类型

3.4 云计算服务类型

越来越多的软件，开始采用云服务。云计算是一种新的技术，也是一种新的服务模式。

3.4.1 本地部署和云计算服务

1. 本地部署

如果一家实力雄厚的公司直接拥有基础设施、平台、应用软件等一切资源，根本不需要别人提供服务，那么所处的模式叫本地部署（On-Premises），如图 3-17 所示。

2. 云计算服务

越来越多的企业开始采用云服务。假如某一天用户决定找一家云服务供应商来提供服务，那么这个云服务供应商能提供哪些服务呢？

对应云架构三个层次，云服务供应商所能提供的云服务也就是云计算服务的三种模式，如图 3-18 所示。

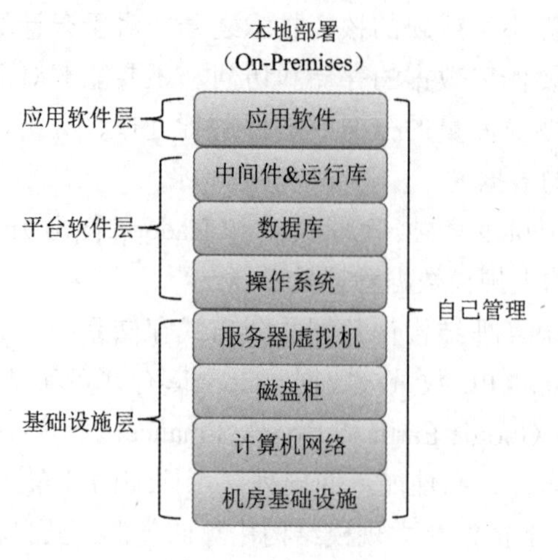

图 3-17　本地部署

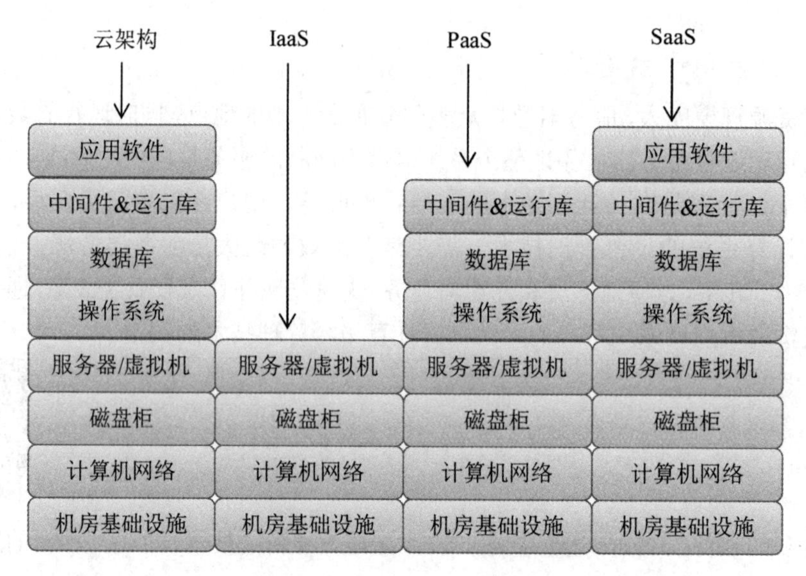

图 3-18　云计算服务的三种模式

（1）基础设施即服务（Infrastructure as a Service，IaaS）；

（2）平台即服务（Platform as a Service，PaaS）；

（3）软件即服务（Software as a Service，SaaS）。

3.4.2　基础设施即服务（IaaS）

1. IaaS 概念

IaaS 是 Infrastructure as a Service 的首字母缩写，意为基础设施即服务。指把 IT 基础设施作为一种服务通过网络对外提供，并根据用户对资源的实际使用量或占用量进行计费的一种服务模式。通过 IaaS 这种模式，用户可以从供应商那里获得他所需要的计算或存储等资源来装载相关应用，并只需为其租用的那部分资源付费，而那些琐碎的管理工作交给 IaaS 供应商来负责，如图 3-19 所示。

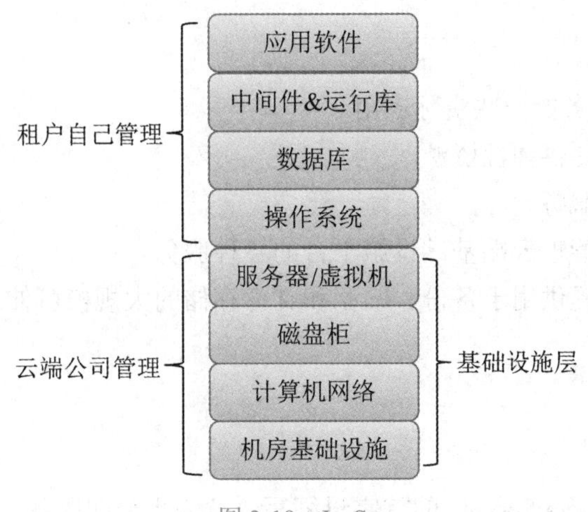

图 3-19 IaaS

IaaS 是最简单的云计算交付模式，云服务提供商负责管理机房基础设施、计算机网络、磁盘柜、服务器和虚拟机，租户自己安装和管理操作系统、数据库、中间件、应用软件和数据信息，所以 IaaS 云服务的消费者一般是掌握一定技术的系统管理员。

2. IaaS 特点

（1）租赁。若使用 IaaS 服务，用户不用自己构建一个数据中心，而是通过租用的方式，利用 Internet 从 IaaS 服务提供商获得计算机基础设施服务，包括服务器、存储和网络等服务。

（2）自助服务。自助服务是 IaaS 的一个关键特性，能让用户通过一个自助服务门户获得资源，如服务器和网络，而无需依赖 IT 为他们提供这些资源。该门户类似于一台银行自动取款机（ATM）模型，通过一个自助服务界面可以轻松处理多个重复性任务。

（3）动态缩放。资源能按照工作负载或任务需求自动伸展或收缩，可以很好地承担较大的工作负载。

（4）计量。计量确保用户能按照需要的资源和使用收费。这种计量按照对 IaaS 服务的评估收费，从实例的启动开始，到实例的终止结束。除了每个实例的基本费用，IaaS 提供商还可以对存储、数据传输以及可选的服务（如增强安全性、技术支持或先进监视等）收费。

3. IaaS 平台

IaaS 面向的是企业用户，最具代表性的 IaaS 作品有 Amazon EC2、OpenStack 等。Amazon EC2 是一个让使用者可以租用云端计算机运行所需应用的系统。Amazon EC2 借由提供 Web 服务的方式提供可调整的云计算能力，使用者将可以在这个虚拟机器上运行任何自己想要的软件或应用程序。旨在使开发者的网络规模计算变得更为容易。

OpenStack 是一个开源的基础架构即服务（IaaS）云计算平台，OpenStack 支持几乎所有类型的云环境，项目目标是提供实施简单、可大规模扩展、丰富、标准统一的云计算管理平台。

4. IaaS 应用

下面是 IaaS 云服务的一些实际应用。

（1）计算服务：提供弹性资源。

（2）备份和恢复服务。

（3）服务管理：管理云端基础设施平台的各种服务。

（4）存储服务：提供用于备份、归档和文件存储的大规模可伸缩存储。

3.4.3 平台即服务（PaaS）

1. PaaS 概念

PaaS 是 Platform as a Service 的首字母缩写，意为平台即服务，即把 IT 系统的平台软件层作为服务出租出去。PaaS 是一种分布式平台服务，企业提供了开发环境、开发平台和硬件资源等给用户使用，用户在其平台基础上定制或开发自己的应用程序并通过“云网”传递给其他有意向使用的用户，如图 3-20 所示。

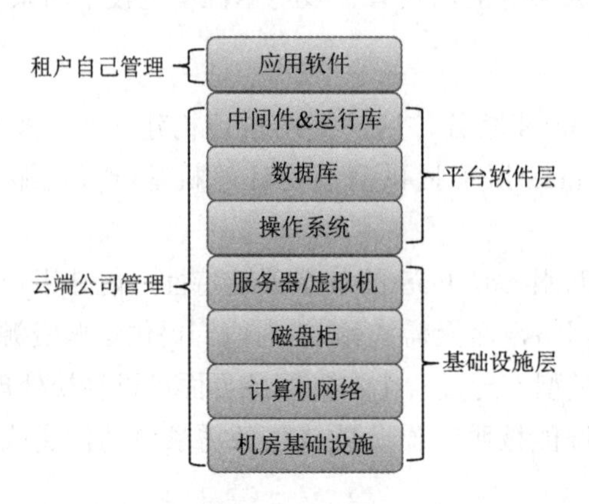

图 3-20　PaaS

相比于 IaaS 云服务提供商，PaaS 云服务提供商需要准备机房，布好网络，购买设备，安装操作系统、数据库和中间件，即把基础设施层和平台软件层都搭建好，然后在平台软件层上划分“小块”（习惯称之为容器）并对外出租。PaaS 云服务提供商也可以从其他 IaaS 云服务提供商那里租赁计算资源，然后自己部署平台软件层。相反，租户要做的事情相比 IaaS 要少很多，通过 PaaS 这种模式，不论是在部署还是在运行的时候，租户都无需为服务器、操作系统、网络和存储等资源的运维操心，只要开发和调试软件或者安装、配置和使用应用软件即可。PaaS 云服务面向的主要用户是开发人员。

PaaS 的优势就是解决应用软件依赖的运行环境（如中间件、数据库、运行库等），其所依赖的软件全部由云服务提供商安装，所以当租户安装应用软件时，就不会再出现连续报错的情况。比如用户要安装和使用 OpenERP 软件，这个应用软件要用到 PostgreSQL 数据库和 Python 语言，那么只需要租赁一个 PaaS 型容器并在里面安装 OpenERP 即可，但这个容器必须支持 PostgreSQL 数据库和 Python 语言，让租户无需再去安装和配置它们。

2. PaaS 的特点

（1）开发环境友好。通过提供软件开发工具包（Software Development Kit，SDK）和集成开发环境（Integrated Development Environment，IDE）等工具来让用户不仅能在本地方便地进行应用的开发和测试，而且能进行远程部署。

（2）运行稳定。PaaS 服务能够保证支撑 SaaS 或其他软件服务提供商各种应用系统长时间、稳定地运行。

（3）高可用性和高扩展性。PaaS 服务提供了应用的高可用性和高可扩展性。

3. PaaS 平台

PaaS 的提供商在平台软件和基础服务的实现上具有多样性，各自针对用户对平台的一类或几类特定需求和使用方式。与 SaaS 产品百花齐放相比，PaaS 产品主要以少而精为主，PaaS 平台国外比较著名的有 Force.com、Google App Engine 等，国内比较著名的有百度应用引擎、新浪云应用等。

（1）Force.com 是第一个 PaaS 平台，它主要通过提供完善的开发环境和强健的基础设施来帮助企业和第三方供应商交付健壮的、可靠的和可伸缩的在线应用。

（2）Google App Engine（GAE）可以让开发人员在 Google 的基础架构上运行网络应用程序。在 GAE 之上易构建和维护应用程序，并且应用程序可根据访问量和数据存储需要的增长轻松进行扩展。使用 GAE，开发人员将不再需要维护服务器，只需上传应用程序，它便可立即为用户提供服务。

（3）百度应用引擎（Baidu App Engine，BAE）是国内商业运营时间最久、用户群体最为庞大的 PaaS 平台之一，提供弹性、便捷、一站式的应用部署服务，支持 PHP/Java/Node.js/Python 等各种应用。开发者只需上传应用代码，BAE 自动完成运行环境配置、应用部署、均衡负载、资源监控、日志收集等各项工作，大大简化部署运维工作。

（4）新浪云应用（Sina App Engine，SAE）是我国最早的公有云服务商、最大的 PaaS 服务厂商，也是国家工信部首批认证通过的“可信云”，提供网站、存储、数据库、缓存、队列、安全等服务。

4. PaaS 应用

下面是一些 PaaS 云服务的实际应用：

（1）数据库：提供关系型数据库或者非关系型数据库服务。

（2）开发和测试平台。

（3）软件集成平台。

（4）应用软件部署：提供应用软件部署的依赖环境。

3.4.4 软件即服务（SaaS）

1. SaaS 概念

SaaS 是 Software as a Service 的首字母缩写，意为软件即服务。SaaS 就是软件服务提供商为了满足用户的需求提供的软件的计算能力。通过 SaaS 这种模式，用户只要接上网络，通过浏览器就能直接使用在云上运行的应用。SaaS 云服务提供商负责维护和管理云中的软件以及支撑软件运行的硬件设施，同时免费为用户提供服务或者以按需使用的方式向用户收费。所以，用户无需进行安装、升级和防病毒等，并且免去了初期的软硬件支出。这进一步降低了租户的技术门槛，应用软件也不必自己安装了，而是直接使用软件，如图 3-21 所示。

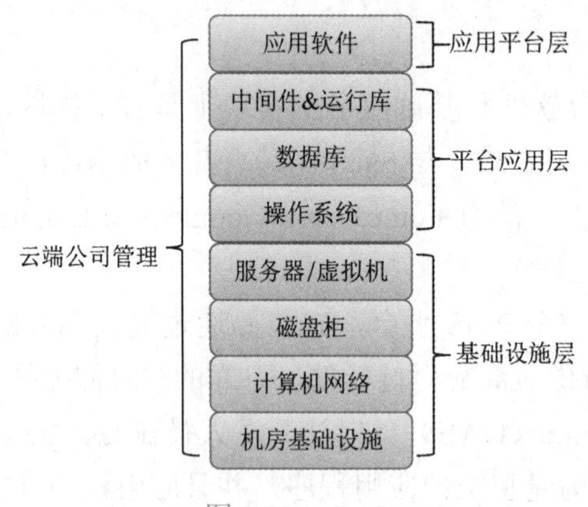

图 3-21　SaaS

SaaS 是出现最早的云计算服务，也是云服务中最为人熟知的一类。其软件的开发、管理、部署都交给第三方，不需要关心技术问题，可以拿来即用。是普通消费者可以感知到的云计算，消费者并不购买任何实体的产品，而是购买具有与实体产品同等功能的服务。

SaaS 云服务提供商有三种选择：

（1）租用别人的 IaaS 云服务，自己再搭建和管理平台软件层和应用软件层。

（2）租用别人的 PaaS 云服务，自己再部署和管理应用软件层。

（3）自己搭建和管理基础设施层、平台软件层和应用软件层。

2. SaaS 特征

SaaS 服务模式是未来管理软件的发展趋势，相比较传统服务方式，SaaS 具有很多独特的特征。

（1）多租户特性。SaaS 通常基于一套标准软件系统为成百上千的不同租户提供服务。

（2）互联网特性。SaaS 服务通过互联网为用户提供服务。

（3）按需付费。SaaS 软件运营商通常是按照客户所租用的软件模块来进行收费的，因此用户可以根据需求按需订购软件应用服务，而且 SaaS 的供应商会负责系统的部署、升级和维护。

（4）成本低。SaaS 平台上的应用程序基于订阅收费，无需购买软件证书意味着初始成本比较低。而由 SaaS 提供商负责管理 IT 基础架构，则意味着在硬件、软件和相关管理员方面，企业无需付出额外的维护成本。

（5）开放性。SaaS 系统中的应用程序可以无限期地扩展，以满足客户的需求。大多数 SaaS 供应商也提供定制功能，用以满足用户的特定需求。此外，许多供应商还提供应用程序接口，可以轻松整合现有的企业资源规划系统或其他企业的生产力系统。

3. SaaS 应用

SaaS 早已走入人们的生活，如搜索引擎、电子邮箱等。人们不需要在自己的计算机中安装搜索系统或邮箱系统，通过浏览器即可使用搜索引擎，使用电子邮箱。而随着 SaaS 逐步发展，不少需要在计算机上安装的软件也逐渐走上云端。例如，微软公司的 Microsoft Office Online 可以通过 SaaS 实现云端办公。并且对于企业用户来说，SaaS 服务模式是节约购买、构建和维护基础设施和应用程序费用的最好途径之一。比如人力资源管理系统（ERP）、客服 / 客户管理系统（CRM）、销售系统、供应链采购系统、营销系统等。

3.4.5　服务模式的区别

云计算服务模式的区别

云计算的三种服务模式 SaaS、PaaS 和 IaaS 之间既有联系也有区别，见表 3-2，可以从以下两个角度进行分析。

（1）用户体验角度：SaaS、PaaS 和 IaaS 之间是相互独立的，因为它们面对不同类型的用户。

（2）技术角度：虽然 SaaS 基于 PaaS 产生，而 PaaS 又基于 IaaS 产生，但它们并不是简单的继承关系，首先 SaaS 可以基于 PaaS 或直接部署于 IaaS 之上，其次 PaaS 可以构建于 IaaS 之上，也可以直接构建在物理资源之上。

表 3-2　SaaS、PaaS 和 IaaS 的对比

服务模式	服务类型	用户类型	对用户的要求
SaaS	软件	普通用户	不需要掌握特定知识
PaaS	平台	开发者	需要一定的编程知识
IaaS	基础设施	系统管理员	需要较好的系统管理知识

下面我们用通俗易懂的方式来比较三种服务模式。IBM 的软件架构师 Albert Barron 曾经使用披萨作为比喻，解释这个问题。今天我们用吃烧烤来形象地讲解 IaaS、PaaS 和 SaaS。

（1）自己做（On-Premises）。想在办公室或公司的网站上运行一些企业应用，传统的方式是去准备服务器、存储设备，在上面部署操作系统，再在其上部署应用。这就好像吃烧烤时，自备烤炉、木炭，酱料，串好食材，动手烧烤，我们把这就叫作本地部署（On-Premises）。

（2）带材料去野营地做（IaaS）。在这个方案中，只需要串好烤串，烧烤炉、木炭等基础设施都可以去野营地租用，然后用这些基础设施自己烤。这就像 IaaS 一样，直接使用提供的设施。

（3）去自主烧烤店，材料商家准备（PaaS）。在自助烧烤店里，商家准备好烤炉和烤串，自己要做的就是动手烤。这就好比 PaaS 服务一样，利用商家的平台。

（4）直接去餐馆吃（SaaS）。在这个方案下，只需要坐在餐馆里照着菜单点。这就像 SaaS 服务一样，直接使用云服务商提供的全套服务。

云计算部署模式

3.5 云计算部署模式

随着云计算技术的逐渐普及，越来越多的企业开始选择部署云计算方案。云计算的部署即部署数以万计的计算机，并通过计算机网络对外提供云计算服务。针对不同需求的企业拥有不同部署方案，云计算有 4 种部署模式，分别是公有云、私有云、社区云和混合云，每一种都具备独特的功能。

3.5.1 公有云：关注性价比

公有云通常指云计算服务提供商为用户提供的能够使用的云计算平台。公有云建立在一个或多个数据中心上，并由云计算服务提供商操作和管理。公有云的服务通过公共的基础设施提供给多个用户。公有云的核心属性是共享资源服务，理论上任何人都可以通过授权接入该平台。

在公有云中，云服务商负责从应用程序、软件运行环境到物理基础设施等 IT 资源的安全、管理、部署和维护；在公有云中，用户共享相同的硬件、存储和网络设备，并且可以使用 Web 浏览器访问服务和管理账户，如图 3-22 所示。

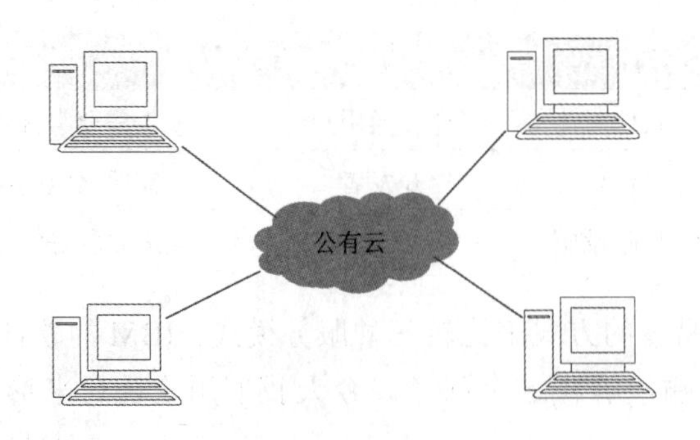

图 3-22 公有云

根据市场参与者类型分类，公有云可以分为四类：

（1）传统电信基础设施运营商，如中国移动的移动云、中国联通的联通云和中国电信的天翼云等。

（2）互联网巨头打造的公有云平台，如腾讯云、百度云、盛大云等。

（3）传统计算机软硬件厂商开发的云平台，如微软的 Windows Azure Platform 等。

（4）部分 IDC 运营商创建的云平台，如亚马逊的 AWS、世纪互联、阿里云等。

公有云优势如下：

（1）成本更低，无需购买硬件或软件，仅对使用的服务付费。

（2）无需维护，维护由服务提供商提供。

（3）近乎无限制的缩放性，提供按需资源，可满足业务需求。

（4）高可靠性，具备众多服务器，确保免受故障影响。

目前，制约公有云发展最大的问题是它的安全性。由于用户的数据不存储在自己的数据中心，数据的安全性存在一定风险。

3.5.2 私有云：关注信息安全

私有云是建立在私有网络上的云计算的产品。私有云是为用户单独使用而构建的，因而可以提供对数据、安全性和服务质量的最有效控制。私有云可部署在企业数据中心的防火墙内，也可以部署在一个安全的主机托管场所。用户拥有基础设施，并可以控制在此基础设施上部署应用程序的方式。它的核心属性是专有资源。与私有云相关的网络、计算及存储等基础设施都是用户独有的，并不与其他用户共享，如图 3-23 所示。

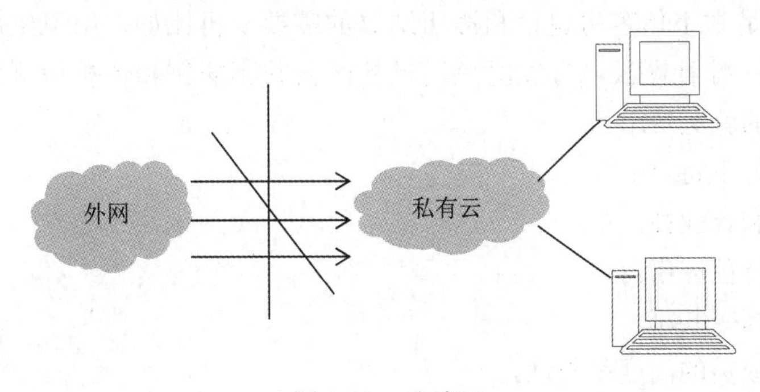

图 3-23　私有云

私有云的使用对象通常为政府机构、金融机构以及其他具备业务关键性运营且希望对环境拥有更大控制权的中型、大型组织。目前比较有名的私有云服务商有：VMware、深信服等。

私有云优势如下：

（1）灵活性更高，组织可自定义云环境以满足特定业务需求。

（2）安全性更高，资源不与其他组织共享，从而可实现更高控制性和安全性级别。

（3）缩放性更高，私有云仍然具有公有云的缩放性和效率。

但是，相比公有云，私有云的缺点在于：私有云的企业用户需要对其私有云的管理全权负责。所以，私有云的投资较大，尤其是一次性的建设投资较大。而且，云计算的规模经济效益也受到了限制，整个基础设施的利用率要远低于公有云。

3.5.3 社区云：过渡性模式

社区云是指在一定的地域范围内，由云计算服务提供商统一提供计算资源、网络资源、软件和服务所形成的云计算形式。社区云基于社区内的网络互连优势和技术易于整合等特点，通过对区域内各种计算能力进行统一服务形式的整合，结合社区内的用户需求共性，实现面向区域用户需求的云计算服务模式，如图 3-24 所示。

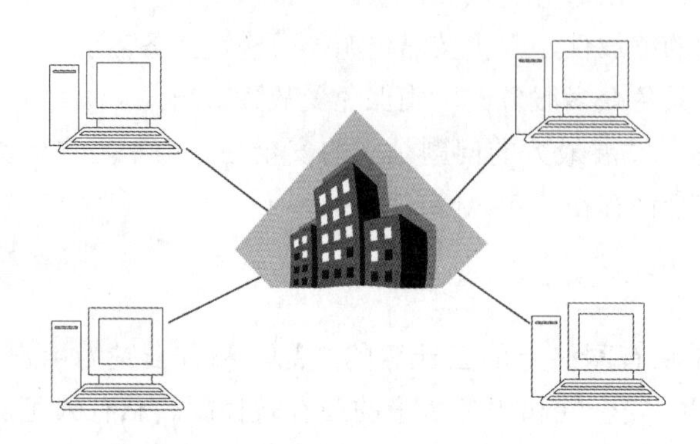

图 3-24 社区云

社区云面向一个行业（行业云）或一个地理区域范围内（园区云）提供服务。社区云的成员都可以登入云中获取信息和使用应用程序。比如，深圳地区的酒店联盟组建酒店社区云，以满足数字化客房建设和酒店结算的需要；再比如，由卫生部牵头，联合各家医院组建区域医疗社区云，各家医院通过社区云共享病例和各种检测化验数据，这能极大地降低患者的就医费用。

社区云具有如下特点：

（1）区域型和行业性。

（2）有限的特色应用。

（3）资源的高效共享。

（4）社区内成员的高度参与性。

3.5.4 混合云：兼顾性价比与信息安全

混合云是两个或多个云的组合，它们保持不同的实体但绑定在一起，提供多个部署模型的优势。比较常见的例子是将公有云和私有云进行混合和匹配，企业可以将非关键的应用部署到公有云上来降低成本，而将安全性要求很高、非常关键的核心应用部署到完全私密的私有云上，如图 3-25 所示。

混合云通过整合云计算的部署模式，提供的服务在逐步改进，障碍逐渐被克服，云计算的能力也在逐渐增强。混合云的主要优势在于以下几点。

1. 更完美

私有云的安全性比公有云高，而公有云的计算资源又是私有云无法企及的。在这种矛盾的关系下，混合云完美地解决了这个问题，它既可以利用私有云的安全，将内部重要数据保存在本地数据中心；同时也可以使用公有云的计算资源，更高效快捷地完成工作，相比私有云或是公有云，混合云更完美。

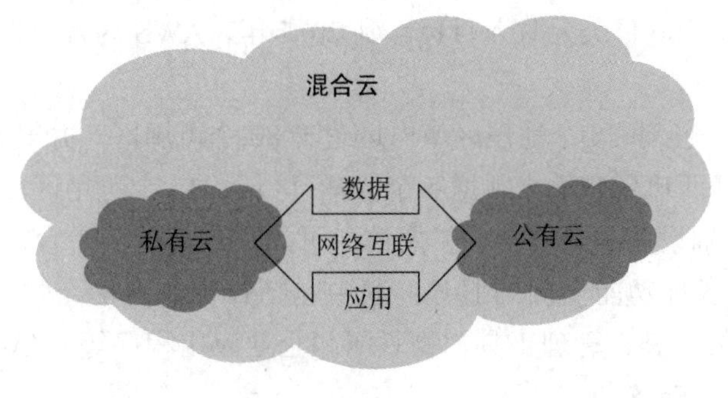

图 3-25　混合云

2. 可扩展

混合云突破了私有云的硬件限制，利用公有云的可扩展性，可以随时获取更高的计算能力。企业通过把非机密功能移动到公有云区域，可以降低对内部私有云的压力和需求。

3. 成本低

混合云可以有效地降低成本。它既可以使用公有云又可以使用私有云，企业可以将应用程序和数据放在最适合的平台上，获得最佳的利益组合。

公有云、私有云、社区云、混合云各占据一定的云计算市场，各有优势和劣势。不同企业的不同需求需要不同的解决方案。公有云、私有云、社区云、混合云可能会长期共存，优势互补，共同服务于企业用户。

3.6　国内外主流云服务商

云服务商，就是为广大的中小企业、小微企业、初创企业搭建信息化系统，使用 IT 资源和服务，以及部署关键业务等，提供所需要的“互联网基础设施服务”的云计算平台服务商。

目前，云计算革命正处于初级阶段。全球各大 IT 巨头都注巨资围绕云计算展开激烈角逐。各大 IT 企业提供的云计算服务主要根据自身的特点和优势实现的。下面介绍几个主流云服务商。

3.6.1　国外主流云服务商

国外主流云服务商

1. Amazon Web Services（AWS）

2002 年初亚马逊已经规划云计算并推出了 AWS，当时它是一项免费服务，允许公司在自己的网站上加入 Amazon.com 的功能。2006 年正式推出云计算产品 EC2（虚拟主机）和 S3（存储），使企业能够使用 Amazon 的基础设施构建自己的应用程序，对于今天 AWS 客户来说，这两种产品仍然非常受欢迎。2013 年，AWS 中标美国中央情报局（CIA）的私有云 6 亿美元超级订单后，奠定了 AWS 在云计算产业中的领导地位。2016 年底收入为 122 亿美元，实现 100 亿美元收入目标。到 2017 年，AWS 为客户提供了接近 100 项云服务。

目前，AWS 已在全球 25 个地理区域内运营着 80 个可用区，并宣布计划在澳大利亚、印度、印度尼西亚、西班牙和瑞士新增 5 个 AWS 区域、15 个可用区。

AWS 全球云基础设施是最安全、扩展性和可靠性最高的云平台，现在可提供来自全球数据中心的 200 多种功能全面的服务，其中包括计算、存储、数据库、分析、联网、移动产品、开发人员工具、管理工具、物联网和企业应用程序等。AWS 所提供的云服务也从 IaaS 到了 PaaS、SaaS。

AWS 在全球拥有数百万活跃客户和数万个合作伙伴，拥有最大且最具活力的生态系统。几乎所有行业和规模的客户（包括初创公司、企业和公共部门组织）都在 AWS 上运行所有可能的使用案例。AWS 中国客户成功案例如图 3-26 所示。

图 3-26　AWS 中国客户成功案例

太古可口可乐是一家高度利用 IT 技术进行业务运作的公司，通过利用 AWS，太古可口可乐实施了整体向云迁移的战略，完全关闭了线下的生产及灾备三个数据中心，将包括关键业务应用在内的所有数据中心业务系统全部迁移并运行在 AWS。使用 AWS 上云，让太古可口可乐 IT 架构具备强大的扩展性、灵活性和伸缩性，为太古可口可乐实施数字化转型战略打下坚实的基础。

2. 微软 Azure

2008 年微软 Windows Azure 成立，是微软创建的云计算服务，用户可通过微软全球的数据中心进行计算、存储、数据库分析、应用程序管理、机器学习等。2014 年，Windows Azure 改名为 Microsoft Azure，成为一个更加开放的云平台，支持多种编程语言。2017 年，微软 Azure 在公有云 IaaS 市场占比为 10%，位居全球第二位，仅次于 AWS。

微软 Azure 云服务全球有 58 个已开通区域，领先于其他云提供商，超 140 个国家 / 地区可用。Azure 因其在 SaaS 层面的领先优势，与 AWS 同为世界云计算的龙头。

微软 Azure 在全球提供了 70 多项符合规定的产品和服务，目前在我国通过世纪互联推出了 49 个云产品。产品涵盖计算、存储、数据库、分析、联网、管理工具、物联网、AI+ 机器学习等 18 个大类。微软公司的商业云产品主要包括 IaaS、PaaS、SaaS 三个领域。

微软 Azure 解决方案已经为政府、金融服务、零售业、制造业、卫生保健与生命科学、游戏等行业提供相关产品、服务和第三方应用程序，满足各种需求，帮助企业应对商业挑战。微软 Azure 中国客户成功案例如图 3-27 所示。

图 3-27　微软 Azure 中国客户成功案例

比亚迪是全球领先的储能解决方案供应商，随着公司储能业务的快速增长，为了实现售后服务的本地化，进一步提高全球市场竞争力，比亚迪选用微软 Azure 解决方案，搭建不同产品线的业务逻辑，满足不同国家和地区数据的存储监管要求。通过灵活便捷的资源使用，实现弹性扩展降本增效，更好地抢占全球市场先机。

国内主流云服务商

3.6.2　国内主流云服务商

1. 阿里云

2009 年 9 月阿里云计算成立。2011 年 7 月阿里云官网上线，大规模对外提供云计算服务。2016 年阿里云在欧洲、中东、日本和澳大利亚相继开通服务，实现全球互联网市场覆盖。2018 年阿里云在云栖大会上宣布成立全球交付中心。2019 年，阿里云全年营收为 355.25 亿元。经过 10 余年的发展，目前已经成为中国第一、全球第三的公有云服务提供商。

目前阿里云在全球23个地理区域内运营着69个可用区，为各个地区的企业、机构、政府提供服务。

阿里云包含从底层数据中心到上层产品解决方案的整套架构体系。提供免费试用、云服务器、云数据库、云安全、云企业应用等云计算服务，大数据、人工智能服务，以及精准定制基于场景的行业解决方案。在天猫“双十一”全球狂欢节、12306春运购票等极富挑战的应用场景中，阿里云保持着良好的运行纪录。

阿里云全球企业客户数量已超300万，阿里云客户案例如图3-28所示。

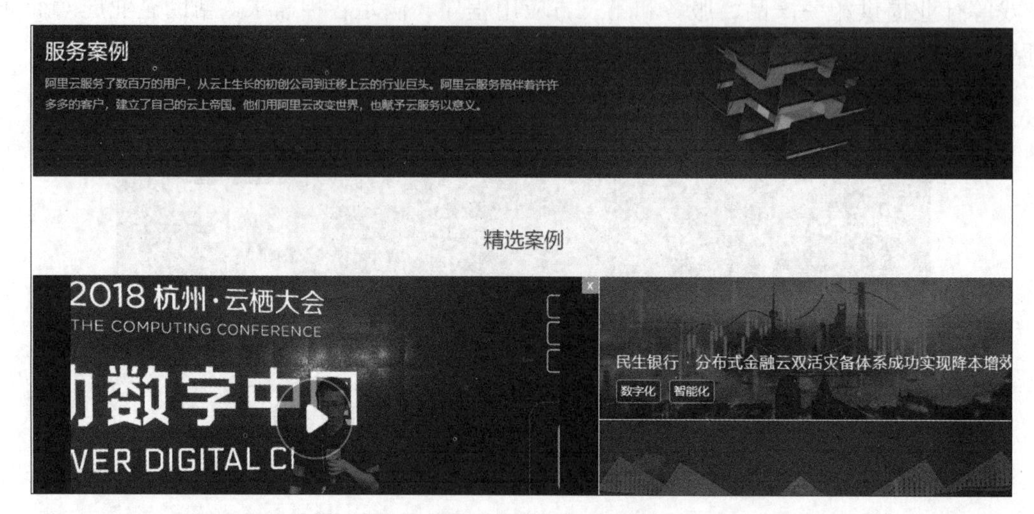

图3-28 阿里云客户案例

民生银行基于阿里中间件、方舟、阿里云为技术核心打造分布式核心金融平台，成为国内第一家成功上线分布式核心账户系统的银行。民生银行通过与阿里云合作，共同推动了分布式架构、大数据及人工智能等技术与解决方案在金融行业的应用，助力民生科技为民生银行集团、金融联盟成员、互联网用户提供数字化、智能化的金融服务。

2. 腾讯云

2010年2月，腾讯开放平台接入首批应用，腾讯云正式对外提供云服务。2013年9月，腾讯云正式全面向社会开放，所有用户都有机会使用腾讯的云服务。2014年6月，腾讯云计算有限公司成立，香港数据中心投入使用，开始进军国际市场。2015年1月，腾讯云服务市场上线。2019年，腾讯云全年收入超170亿元。

目前腾讯云已在全球开放27个地理区域，运营60个可用区，在可用区之外，腾讯云在全球50多个国家和地区，部署了超过1300个CDN加速节点，实力强劲。在国内几家云厂商里，腾讯云现在是唯一一家通过合规认证、有俄罗斯通信部牌照的服务商。

腾讯云为开发者及企业提供云服务、云数据、云运营等整体一站式服务方案。具体包括云服务器、云存储、云数据库和弹性Web引擎等基础云服务；腾讯云分析（MTA）、腾讯云推送（信鸽）等腾讯整体大数据处理服务；以及QQ互联、QQ空间、微云、微社区等云端链接社交体系。

腾讯云为数百万的企业和开发者提供安全稳定的云计算服务，腾讯云的客户案例如图 3-29 所示。

图 3-29　腾讯云客户案例

优答是新东方与腾讯的合资公司——北京微学明日网络科技有限公司推出的个人移动智能学习应用。腾讯云为新东方提供一站式云解决方案，依托于腾讯云安全可靠的云服务器等产品，新东方可以放心地为客户提供各种稳定的教育产品。

3.7　边缘计算

全球最具权威 IT 研究与顾问咨询公司高德纳公司（Gartner）曾将边缘计算列为 2019 年十大战略技术之一。边缘计算将成为继云计算、人工智能之后又一科技浪潮，引领 IT 计算行业发生又一次重大变革。

认识边缘计算

3.7.1　认识边缘计算

1. 什么是边缘计算

边缘计算在靠近物或数据源头一侧，采用网络、计算、存储、应用核心能力一体化开放平台，就近提供最近端服务，将数据处理、应用程序运行以及一些功能服务实现由中心服务器下放到网络边缘节点上，在更接近数据源头的地方提供智能分析处理服务。例如，带有视觉处理功能的摄像头、通过蓝牙向手机发送数据的可穿戴医疗设备等都利用到了边缘计算。边缘节点在靠近设备端或数据来源端的物理位置，并不具体限制距离，可以是不同行业的工作现场、基站附近或者是在传输网部署。

为了更形象地理解边缘计算，我们先看一下天生的“边缘计算”能力者——章鱼。章鱼拥有巨量的神经元，但有 60% 分布在章鱼的八条腿（腕足）上，脑部却仅有 40%，如图 3-30 所示。

图 3-30 “边缘计算”能力者——章鱼

也就是说，章鱼拥有类似于分布式计算的一个大脑和多个小脑。大脑类似云中心节点，小脑即章鱼的爪子就类似边缘节点。

边缘计算也属于一种分布式计算，将数据资料的处理、应用程序的运行甚至一些功能服务的实现，由网络中心下放到网络边缘的节点上，就近处理数据，而不需要将大量数据上传到远端的核心管理平台。通过缩短数据来源与数据处理部分的距离，边缘计算可以更加高效、低时延地处理数据；将前端采集到的数据存储在更近的边缘侧，虽然对基础设施部署范围有一定的要求，但是可以更好地保证安全性与可信赖性，从而让客户可以更自主地部署计算、存储和控制功能，减轻对远程云端的依赖。

2. 为什么需要边缘计算

如今，物联网在各个领域蓬勃发展，万物互联的时代渐行渐近。但是随着业务的发展，物联网设备的迅速增加，逐渐发现基于云计算的方式无法满足很多场景的实际需求。传统的云计算模型是将所有数据通过网络上传至云计算中心，利用云计算中心的超强计算能力来集中解决应用的计算需求问题。然而，云计算的集中处理模式在万物互联的背景下的不足之处如下：

（1）海量数据对网络带宽造成巨大压力。云中心具有强大的处理性能，能够处理海量的数据。但是，随着物联网的发展，现在几乎所有的电子设备都可以连接到互联网，这些电子设备会产生海量的数据，将这些海量的数据传送到云中心成了一个难题，这对于网络带宽是个巨大的挑战。

（2）联网设备对于低时延、协同工作需求增加。云计算模型的系统性能瓶颈在于网络带宽的有限性，传送海量数据需要一定的时间，云中心处理数据也需要一定的时间，这就会加大请求响应时间，用户体验极差。而在新兴的物联网应用场景中，比如实时语音翻译、无人驾驶汽车，对响应时间都有极高的要求。

（3）数据安全与隐私。随着智能家居的普及，许多家庭在屋内安装网络摄像头，直接将摄像头收集的视频数据上传至云计算中心会增加泄露用户隐私数据的风险。

如果能像章鱼一样，采用边缘计算的方式，海量数据则能够就近处理，大量的设备也能实现高效协同地工作，诸多问题迎刃而解。于是，边缘计算这个新的计算模型和技术体系应需而生。

3. 边缘计算体系架构

边缘计算通过在终端设备和云之间引入边缘设备，将云服务扩展到网络边缘。边缘计算架构包括终端层、边缘层和云层。图 3-31 展示了边缘计算的体系架构。

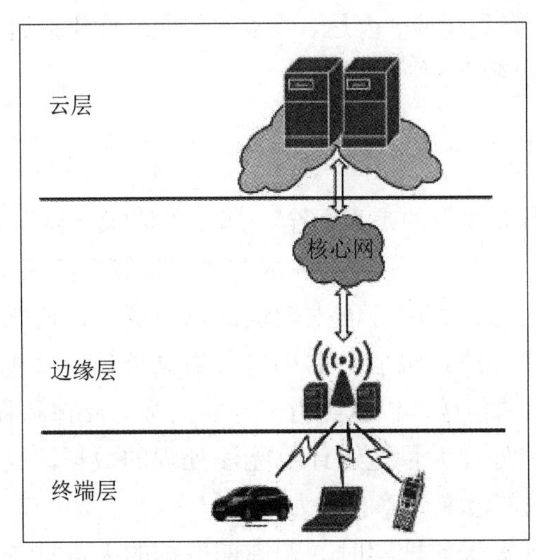

图 3-31 边缘计算体系结构

（1）云层：云层由多个高性能服务器和存储设备组成。它具有强大的计算和存储功能，可以执行复杂的计算任务。云模块通过控制策略可以有效地管理和调度边缘节点和云计算中心，为用户提供更好的服务。

（2）边缘层：边缘层位于网络的边缘，由大量的边缘节点组成，通常包括路由器、网关、交换机、接入点、基站、特定边缘服务器等。这些边缘节点广泛分布在终端设备和云层之间，例如咖啡馆、购物中心、公交总站、街道、公园等。它们能够对终端设备上传的数据进行计算和存储。由于这些边缘节点距离用户距离较近，则可以为运行对延迟比较敏感的应用，从而满足用户的实时性要求。边缘节点也可以对收集的数据进行预处理，再把预处理的数据上传至云端，从而减少核心网络的传输流量。

（3）终端层：终端层是最接近终端用户的层。它由各种物联网设备组成，例如传感器、智能手机、智能车辆、智能卡、读卡器等。为了延长终端设备提供服务的时间，则应该避免在终端设备上运行复杂的计算任务。因此，我们只将终端设备负责收集原始数据，并上传至上层进行计算和存储。

4. 边缘计算的特点

边缘计算是连接物理世界与数字世界的桥梁，具备下述基本特点。

（1）低时延：通过缩短数据的传送距离，将大量复杂的数据在边缘端进行初筛、分析、计算，从而在边缘端及时决策，可以避免因海量数据涌向云端，带来线路阻塞或响应缓慢等问题。

（2）高效率：归功于数据分析的多数任务在数据源附近完成，可以更快地分析及反馈、更好地降本增效。

（3）安全性：由于数据采集和计算均基于本地，边缘计算有效解决用户隐私泄露和数据安全问题，并且通过各种边缘节点来寻找最佳路径，从而快速执行软件的安全更新。

（4）智能化：边缘计算可以让用户在无论何时、何地都可以自由地部署、存储、计算和控制，因为涉及大量自我适应、表达、修复等机制，就要求边缘节点的设备更加智能，需要在不依赖云端决策的情况下作出响应。

3.7.2 边缘计算和云计算

如果说“云计算”所能实现的是大而全，那么“边缘计算”更多则是“小而美”，从数据源头入手，以“实时、快捷”的方式完成与“云计算”的应用互补。

（1）边缘计算提供对于计算服务需求较快的响应速度，通常不将原始数据发回云数据中心，而直接在边缘设备或边缘服务器中进行数据处理。减少延迟，提升效率，从而实现实时的处理和更高效的传送，以达到对云计算的强力支撑和补充。

（2）云计算会存储和处理大量边缘计算无法处理的数据，同时整理和分析数据，并返回到终端设备，增强局部边缘计算的能力。

（3）比较两者，云计算聚焦非实时、长周期数据的大数据分析，能够为业务决策支撑提供依据；边缘计算则聚焦实时、短周期数据的分析，能更好地支撑本地业务的实时智能化处理与执行。

边缘计算存在的基础是云计算，本着“为云分担”的任务和使命而运作。最终边缘计算实现的意义是云边协同：边缘向云反馈信息，云向边缘发布指令等，完成上传下达，实现共存协同式的调度、命令、搜集、处理、计算、更新等工作。

3.7.3 云边协同

1. 云边协同的概念

云边协同是边缘计算多数部署和应用场景需要边缘侧与中心云的协同。越来越多的工业互联网场景对云计算在边缘端的特殊需求正逐步增多。另外，在电力、石油石化等传统能源行业，云边协同也备受企业关注。能源行业信息化接入设备多，信息量大，业务周期峰值明显，云计算技术的虚拟化、资源共享和弹性伸缩等能更好处理对象广泛及业务峰值问题，同时边缘计算能在偏远、极端环境下进行本地处理，并将加工后的高价值数据与云端交互。

基于云计算注重非实时、长周期的大数据分析，而边缘计算注重实时、短周期数据分析的特点，云边协同才能更好地满足各种需求场景的匹配，从而最大化体现云计算与边缘计算的应用价值。云边协同可以使云计算分析优化业务规则将其传递到边缘，进而边缘计算基于业务规则进行智能处理。

2. 云计算与边缘计算如何协同

以物联网场景举例，物联网中的设备产生大量的数据，数据都上传到云端进行处理，会对云端造成巨大的压力，为分担中心云节点的压力，边缘计算节点可以负责自己范围内的数据计算和存储工作。同时，大多数的数据并不是一次性数据，那些经过处理的数据仍需要从边缘节点汇聚集中到中心云，云计算做大数据分析挖掘、数据共享，同时进行算法模型的训练和升级，升级后的算法推送到前端，使前端设备更新和升级，完成自主学习闭环。同时，这些数据也有备份的需要，当边缘计算过程中出现意外情况，存储在云端的数据也不会丢失，如图 3-32 所示。

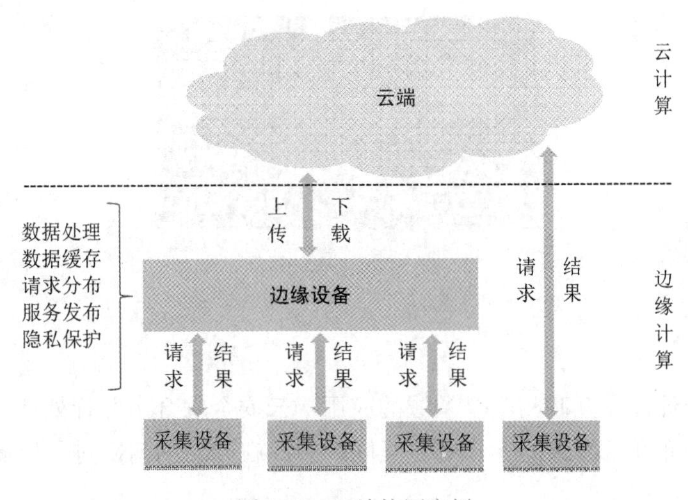

图 3-32 云边协同案例

3.8 云计算的应用场景

云计算，像在每个不同地区开设不同的自来水公司，没有地域限制，优秀的云软件服务商，向世界每个角落提供软件服务——就像天空上的云一样，不论你身处何方，只要抬头，就能看见。云计算不是“远在天边”，我们多多少少都在享受着云计算提供的服务。

云计算技术因为稳定、安全、高效、低成本等优点被很多行业应用，在无所不“云”的时代，云存储、云购物、云会议等在我们的生活中随处可见。平时常用的 APP 或网站，基本都离不开云计算背后的强大服务和技术支持，如淘宝、京东、美团、QQ 等。这些 APP 在启动图标的下方都有诸如“某某云提供计算服务”的说明。与此同时，越来越多的企业机构乃至政务部门，开始使用基于云的平台服务。

云计算有着丰富的应用场景，下面介绍一些具体的云计算应用场景。

3.8.1 云存储

云计算应用 1

云存储是在云计算技术上发展起来的一个新的存储技术。其以数据存储和管理为核心，用户可以将本地的资源上传至云端上，可以在任何地方连入互联网来获取云上的资源。云存储向用户提供了存储容器服务、备份服务、归档服务和记录管理服务等，极大方便了使用者对资源的管理。

案例：百度网盘是百度全新推出的云存储服务产品，同步支持网盘里的文件上传、下载、删除等操作，可以更方便地管理百度云端各类数据，不会由于浏览器、网络等突发问题半途中止，大文件传输更安稳，如图 3-33 所示。

图 3-33 百度网盘

3.8.2 云安全

云安全是云计算在互联网安全领域的应用。云安全融合了并行处理、未知病毒等新兴技术，通过分布在各领域的客户端对互联网中存在异常的情况进行监测，获取最新病毒程序信息。

案例：360 杀毒是 360 安全中心出品的一款免费的云安全杀毒软件。其整合了五大领先查杀引擎，提供安全、专业、有效、新颖的查杀防护体验，如图 3-34 所示。

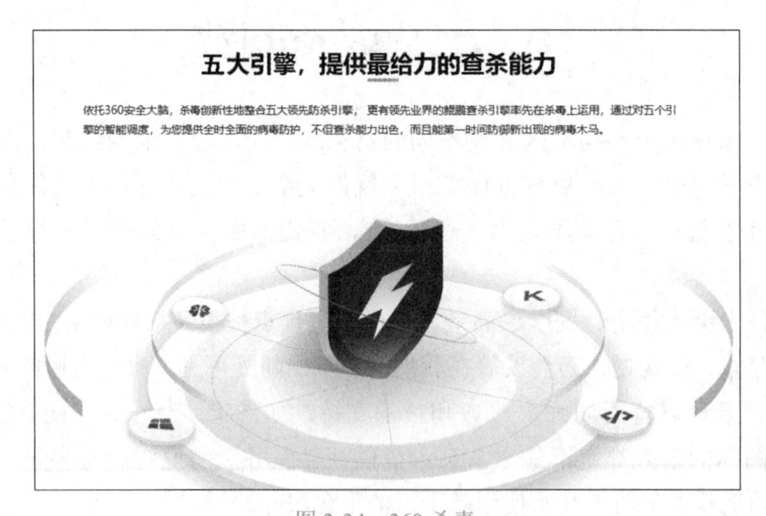

图 3-34 360 杀毒

3.8.3 云视频

云视频是指基于云计算商业模式应用的视频网络平台服务。在云平台上，所有的视频供应商、代理商、策划服务商、制作商、行业协会、管理机构、行业媒体、法律结构等都集中云整合成资源池，各个资源相互展示和互动，按需交流，达成意向，从而降低成本，提高效率。

案例：

1. 在线教育

网易云课堂是网易公司倾力打造的实用技能学习 APP，其接入了网易云基础服务的容器服务、负载均衡、对象存储、数据库等功能。为学习者提供海量、优质的课程，如图 3-35 所示。

图 3-35 网易云课堂

2. 视频会议

腾讯会议使用腾讯云全球化网络部署，打造专属的会议能力。卓越的音视频性能，丰富的会议协作能力，坚实的会议安全保障，可提升协作效率，满足大中小会议全场景需求，如图 3-36 所示。

图 3-36 腾讯会议

3.8.4 云物流

云物流是指基于云计算应用模式的物流平台服务。秉承云计算概念，以云计算方式运作的物流业模式，称为云物流。

案例：菜鸟云仓，云仓是利用云计算技术的现代化智能仓库，能够运用大数据迅速拣货、配送，并且降低物流成本。可以说云仓是提升配送效率、支撑“双十一”物流的最大功臣，如图 3-37 所示。

图 3-37　菜鸟云仓

3.8.5　政务云

云计算应用 2

政务云是政府通过云计算应用对海量数据存储、分享、挖掘、搜索、分析和共享，使得数据能够作为无形资产进行统一有效的管理；通过对数据集成和融合技术，打破政府部门间的数据堡垒，实现部门间的信息共享和业务协同；同时通过对数据的分析处理，将数据以更清晰直观的方式展现给用户，为用户更好的决策提供数据支持，实现面向更多公众服务、带动本地信息化发展等目标。

案例：浙江省政务云平台部署采用了 H3Cloud 云计算解决方案，是目前国内最大、最完善的省级云平台，真正采用云服务自助交付，成为政府部门实施“阳光政务”、实现职能变革的重要基础，如图 3-38 所示。

图 3-38　浙江政务服务网

3.8.6 云医疗

云医疗是指在云计算、物联网、5G通信以及多媒体等新技术基础上，结合医疗技术，旨在提高医疗水平和效率，降低医疗开支，实现医疗资源共享，扩大医疗范围，以满足广大人民群众日益提升的健康需求的一项全新的医疗服务。

案例：中国平安向公众首发健康云“随身病历”新产品。该产品借助前沿网络及信息安全技术，以电子健康病历档案管理为核心，建立基于云技术的公正、专业、智能的医疗大健康平台，如图3-39所示。

图3-39 中国平安首发健康云“随身病历”

3.8.7 教育云

云计算在教育领域中的迁移称之为“教育云”，是未来教育信息化的基础架构，包括教育信息化所必需的一切硬件计算资源，这些资源经虚拟化之后，向教育机构、教育从业人员和学员提供一个良好的平台，该平台的作用就是为教育领域提供云服务。

案例：山东省教育云服务平台基于浪潮云计算能力和平台支撑服务，整合国家和省自建业务系统，建设综合的服务平台和信息门户，面向老师、学生、家长提供一站式的教学服务，如图3-40所示。

图3-40 山东省教育云服务平台

3.8.8 云制造

云制造是在“制造即服务”理念的基础上，借鉴了云计算思想发展起来的一个新概念。云制造是先进的信息技术、制造技术以及新兴物联网技术等交叉融合的产品，是“制造即服务”理念的体现。采取包括云计算在内的当代信息技术前沿理念，支持制造业在广泛的网络资源环境下，为产品提供高附加值、低成本和全球化制造的服务。

案例：2018 年，中国航天科工发布了“INDICS CMSS 云制造支持系统”，该系统将面向用户提供云制造服务、助力企业云化的软件应用环境，如图 3-41 所示。

图 3-41　中国航天科工发布云制造支持系统

目前，云计算在我国主要行业的应用还仅仅是“冰山一角”，但随着云计算技术产品、解决方案的不断成熟，云计算理念的迅速推广普及，云计算必将成为未来我国重要行业领域的主流 IT 应用模式。

3.9 项目实训

1. 了解腾讯文档

腾讯文档是一款可多人同时编辑的在线文档，支持在线 Word/Excel/PPT/PDF 等多种类型文档。可以在 PC 端、移动端、iPad 等多类型设备上随时随地查看和修改。云端实时保存，权限安全可控。腾讯文档无需注册，QQ、微信一键登录，可跨平台使用。

2. 添加腾讯文档

在 PC 端用户可以通过网页版或客户端进行登录及操作，在手机和 iPad 上则有专门的安卓与 iOS 客户端，在微信中有“腾讯文档”小程序。

（1）PC 端。输入网址 http://docs.qq.com 即可进入官网，单击“免费使用”按钮，使用 QQ/ 微信 / 企业微信登录即可使用网页版；单击“立即下载”按钮，选择平台即可下载客户端或打开小程序二维码，如图 3-42 所示。

（2）手机端。

1）微信：打开微信→发现→小程序，搜索“腾讯文档”后，即可直接使用微信登录，进入腾讯文档。

2）腾讯文档 APP：进入页面后，使用 QQ/ 微信登录即可。

图 3-42 “腾讯文档”PC 端

3. 创建腾讯文档

以 PC 端为例，在浏览器输入网址 http://docs.qq.com，进入官网，单击“免费使用”按钮。如图 3-43 所示，使用微信登录。

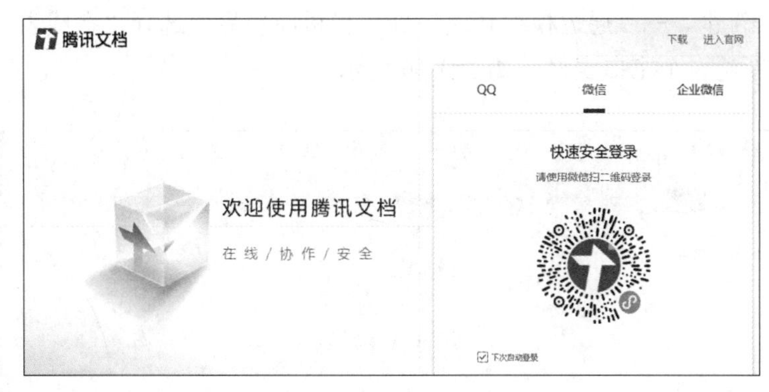

图 3-43 微信登录

如图 3-44 所示，单击左上角“新建”按钮，单击“新建文档”可以创建在线文档、在线表格、在线幻灯片、在线收集表等。

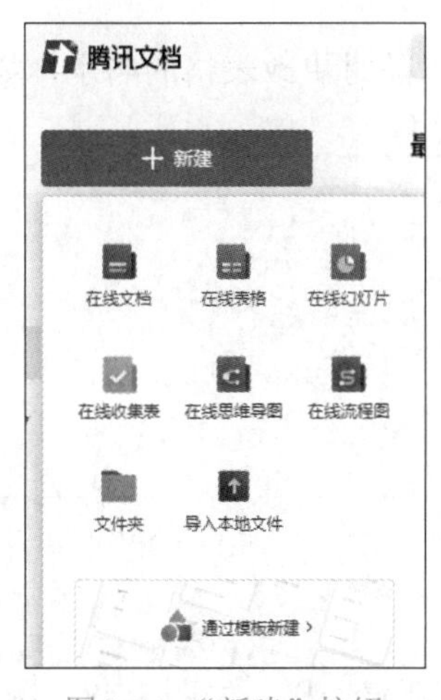

图 3-44 “新建”按钮

腾讯文档的“在线收集表”是以电子文档的形式发布收集对象的信息。创建者可以自己设置收集信息的项目内容，并且可以设置文档权限。

以创建在线表格为例。

（1）创建空白在线表格。

1）单击“新建”→“在线表格”，可以新建一个空白表格，如图 3-45 所示。

图 3-45　新建“在线表格”

2）单击“新建”→“通过模板新建”，在“模板库”界面选择“在线表格”，单击“+”图标，也可以新建一个空白表格，如图 3-46 所示。

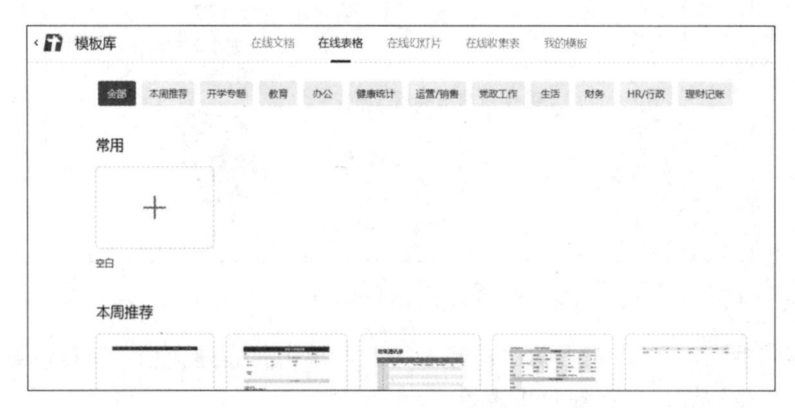

图 3-46　“模板库”界面

3）单击“无标题表格”可以随时更改表格的名字，如图 3-47 所示。

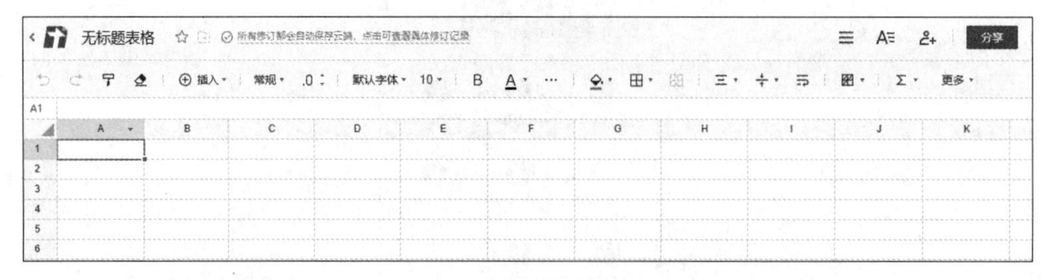

图 3-47　更改表格名字

（2）创建表格模板。

创建表格时可以根据模板来新建表格，如图 3-48、图 3-49 所示。

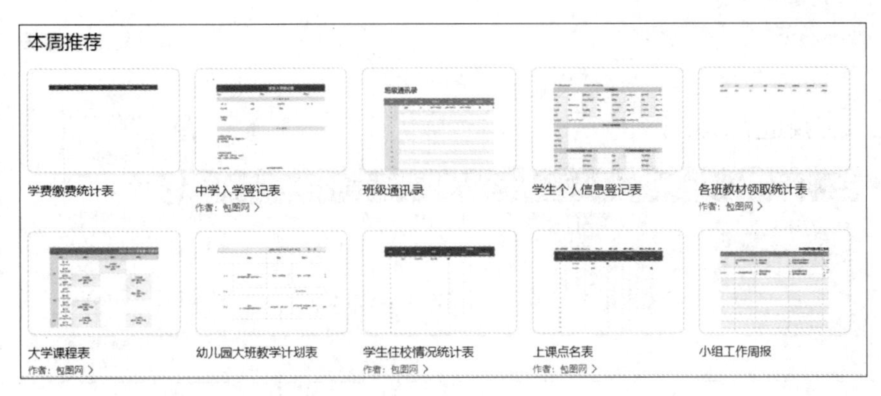

图 3-48 模板

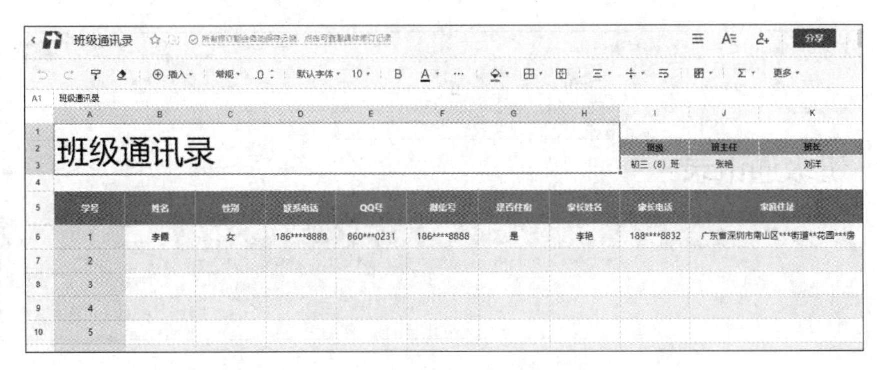

图 3-49 “班级通讯录”模板

（3）设置文档权限并分享。

1）单击右上角的“+”图标按钮，可以先设置文档权限，让别人也可以编辑，如图 3-50 所示。

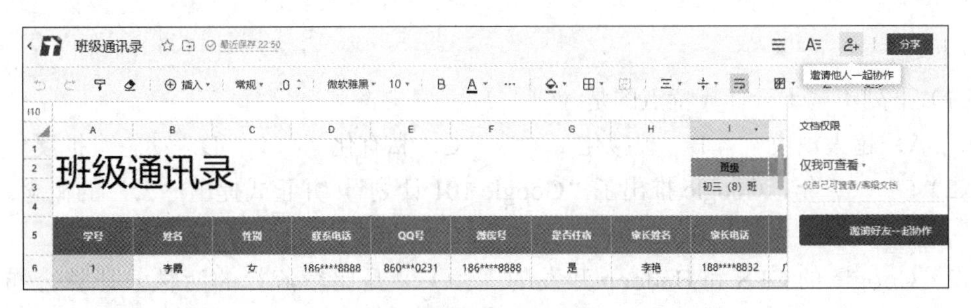

图 3-50 设置文档权限

2）单击“所有人可编辑”按钮，然后单击“分享”按钮，选择分享链接或生成二维码，即可分享到微信、QQ，并且可以多人同时编辑，如图 3-51 所示。也可以用微信或 QQ 编辑文档，实现手机和计算机实时同步。

（4）文档导出。

单击“☰”图标按钮，选择“导出为”选项，可以导出文档，如图 3-52 所示。

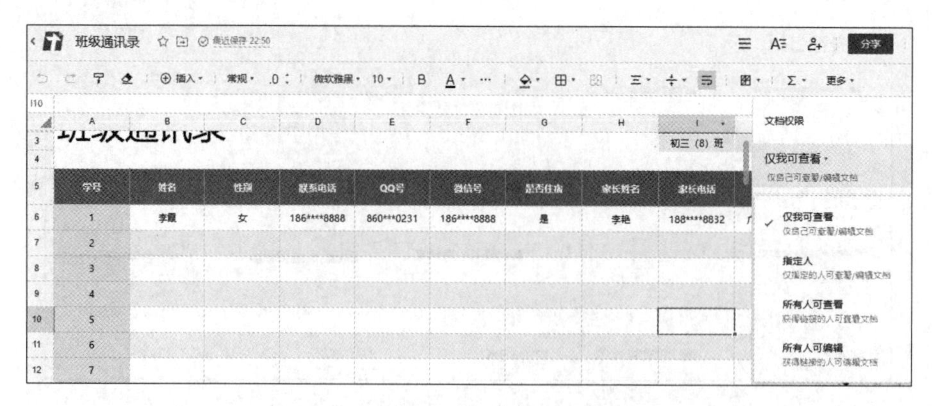

图 3-51　分享

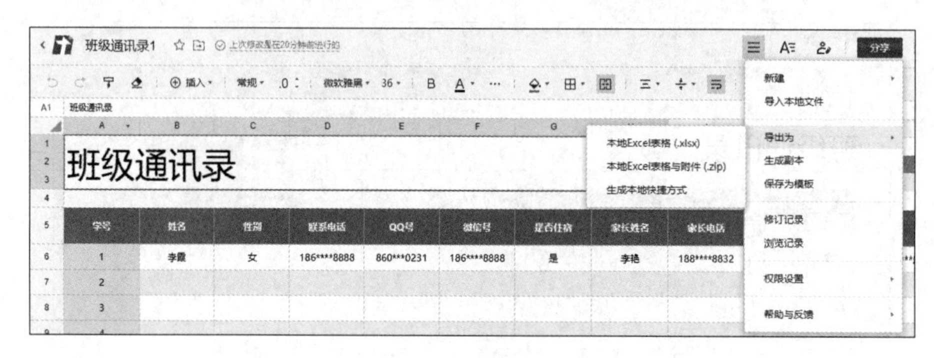

图 3-52　文档导出

课后题

1. 选择题

（1）下列不属于云计算特点的是（　　）。

A．超大规模　　B．虚拟化　　C．私有化　　D．动态可扩展

（2）（　　）年，Google 推出了“Google 101 计划”，并正式提出“云”的概念。

A．2004　　B．2005　　C．2006　　D．2007

（3）Google 的 GFS 和 Hadoop 开发的（　　）是比较流行的两种云计算分布式存储系统。

A．HDFS　　B．KVM　　C．BigTable　　D．Xen

（4）（　　）是 Google 提出的用于处理海量数据的并行编程模式和大规模数据集的并行运算的软件架构。

A．GFS　　B．MapReduce　　C．Chubby　　D．HBase

（5）Force.com 是（　　）平台。

A．IaaS　　B．PaaS　　C．SaaS　　D．以上选项都不是

（6）将基础设施作为服务的云计算服务类型是（　　）。

A．IaaS　　B．PaaS　　C．SaaS　　D．以上选项都不是

（7）按云计算的部署模式，可以把云计算分为公有云、私有云、（　　）、混合云。

A．金融云　　B．政务云　　C．桌面云　　D．社区云

（8）AWS 所提供的云服务是（　　）。

A．IaaS　　B．PaaS　　C．SaaS　　D．以上选项都是

（9）以下属于边缘计算的特点的是（　　）。

A．低时延　　B．高效率　　C．安全性　　D．以上选项都是

（10）以下没有涉及云计算应用的场景是（　　）。

A．用百度云盘存储照片等　　B．用网易云课堂听课学习

C．用 360 木马云查杀病毒　　D．看计算机上的本地电影文件

2. 简答题

（1）什么是云计算？

（2）云计算有哪些特点？

（3）什么是虚拟化？

（4）云计算有哪些服务类型？

（5）云计算有哪几种部署模式？

第 4 章　大数据

4.1　认识大数据

随着信息技术迅猛发展，尤其是以互联网、物联网、信息获取、社交网络等为代表的技术发展日新月异，促使手机、平板电脑、PC 等各式各样的信息传感器随处可见，虚拟网络快速发展，现实世界快速虚拟化，数据的来源及其数量正以前所未有的速度增长，直接催生了大数据的概念。随着相关技术的不断成熟，人们迎来了大数据时代。

全球著名管理咨询公司麦肯锡（McKinsey & Company）首先提出了“大数据时代”的到来，并声称“数据已经渗透到当今各行各业的职能领域，成为重要的生产因素。”一个国家拥有数据的规模和运用数据的能力将成为综合国力的重要组成部分，对数据的占有和控制将成为国家间和企业间新的争夺焦点。

4.1.1　什么是大数据

什么是大数据

“大数据”并不等同于“大规模数据”，到目前为止并没有确定的定义。由于大数据是相对概念，因此目前的定义都是对大数据的定性描述，并未明确定量指标。

一般意义上来讲，大数据是指无法在一定时间范围内使用常规软件工具进行获取、存储、管理和处理的大型、复杂的数据集合，是需要新处理模式才能具有更强的决策力、洞察发现力和流程优化能力的海量、高增长率和多样化的信息资产。

4.1.2　大数据的特征

目前，业界对大数据还没有一个统一的定义，但是大家都普遍认为，大数据具备 Volume、Variety、Velocity 和 Value 四个特征，简称为 4V，即数据量巨大、数据类型繁多、信息处理速度快和价值密度低，如图 4-1 所示。下面对每个特征分别作简要描述。

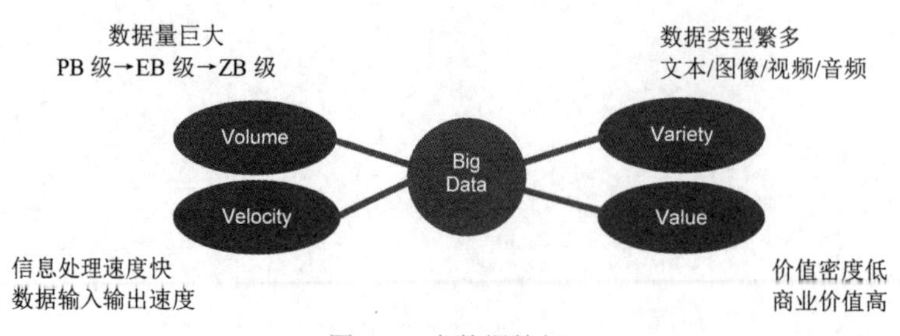

图 4-1　大数据特征

1. 数据量巨大（Volume）

国际数据公司（International Data Corporation，IDC）的《数据时代2025》报告显示，全球数据量大约每两年就将翻一倍，2025年人类的大数据量将达到163ZB（1ZB如同全世界海滩上的沙子数量总和），比2016年创造出的数据量增加了十倍。这表明注重数据价值的时代已经来临，消费者和企业将持续在不同设备和云之间产生、分享和访问数据，数据量的增长速度也将超出此前的预期。数据量的真实增长会是怎样的只有未来才有结论，但是数据量大却是大数据时代最显著的标签。

大数据出现后，人们对数据的计量单位也逐步发生了变化，常用的KB、MB和GB已不能有效地描述大数据。在大数据研究和应用时，我们经常接触到数据存储的计量单位会是GB、TB甚至PB、EB。数据存储单位之间的换算关系见表4-1。

表4-1 数据存储单位之间的换算关系

单位名称	换算关系
Byte（字节）	1Byte=8bit
KB（千字节）	1KB = 1024B
MB（兆字节）	1MB = 1024KB
GB（吉字节）	1GB = 1024MB
TB（太字节）	1TB = 1024GB
PB（拍字节）	1PB = 1024TB
EB（艾字节）	1EB = 1024PB
ZB（泽字节）	1ZB = 1024EB
YB（尧字节）	1YB = 1024ZB
BB（珀字节）	1BB = 1024YB
NB（诺字节）	1NB = 1024BB
DB（刀字节）	1DB = 1024NB

2. 数据类型繁多（Variety）

从数据产生方式的几次改变就可以体会到数据类型跟随时代的变革。大型商业运营阶段产生的数据类型多为传统的结构化数据，这些数据多为隐私性和安全性级别都十分高的商业、贸易、物流、财务、保险、股票等传统支柱行业数据。而互联网时代产生的数据类型多为非结构化的电子商务交易数据、社交网络数据、图片定位数据，以及商业智能报表、监控录像、卫星遥感、设备日志等半结构化和非结构化数据。

3. 信息处理速度快（Velocity）

大数据的产生速度非常快且数据类型繁杂，必然要求较快的信息处理速度。根据大数据的1秒定律，大数据对处理速度的要求：一般要在秒级时间范围内从各种类型的数据中快速获得高价值的信息。服务器中大量的资源都用于处理和计算数据，很多平台都需要做到实时分析。

4. 价值密度低（Value）

数据量虽然巨大，但是人们关注的其中有用的信息却不容易被发现，这是大数据时代数据的一个很大特点。相比于传统的小数据，大数据最大的价值在于通过从大量不相关的各种类型的数据中，挖掘出对未来趋势与模式预测分析有价值的数据，并通过机器学习方法、人工智能方法或数据挖掘方法深度分析，发现新规律和新知识。促进低密度数据的高价值信息提取，从而实现大数据的科学合理利用。

4.1.3 大数据的思维

大数据的思维

大数据时代的到来改变了人们的生活、工作和思维方式。人们对大数据的认识发生了深刻的变革。

1. 从样本思维到总体思维的变革

社会科学研究社会现象的总体特征，在以往，采样一直是主要的数据获取手段，这是人类在无法获得总体数据信息条件下的无奈选择。在大数据时代，随着数据收集、存储、分析技术的突破性发展，人们可以更加方便、快捷、动态地获得研究对象的所有数据，而不再因诸多限制不得不采用样本研究方法。相应地，对数据的思维方式也应该从样本思维转向总体思维，从而能够更加全面、立体、系统地把握全局。

2. 从精确思维到容错思维的变革

在小数据时代，由于收集的样本信息量比较少，所以必须确保记录下来的数据尽量结构化、精确化。否则，分析得出的结论在推及总体上就会“南辕北辙”，因此必须十分注重数据的精确性。然而，在大数据时代，得益于大数据技术的突破，大量的非结构化、异构化的数据能够得到存储和分析，这一方面提升了人们从数据中获取知识和洞见的能力，另一方面也对传统的精确思维形成了挑战。

在大数据时代，思维方式要从精确思维转向容错思维，当拥有海量即时数据时，绝对的精确不再是主要目标，在这个注重效率和成本的时代，大数据分析的目标在于预测，要学会在瞬息万变的信息中掌握趋势，为下一刻决策提供依据。

3. 从关注因果关系到关注相关关系的变革

在对小数据进行分析时，人们往往执着于现象背后的因果关系，试图通过有限样本数据来剖析其中的内在机理。小数据的另一个缺陷就是有限的样本数据无法反映出事物之间普遍性的相关关系。而在大数据时代，人们可以通过大数据技术挖掘出事物之间隐蔽的相关关系，获得更多的认知与洞见。运用这些认知与洞见可以帮助人们捕捉现在和预测未来，而建立在相关关系分析基础上的预测正是大数据的核心议题。

大数据时代最大的转变就是放弃对因果关系的渴求，取而代之的是关注相关关系。相关关系的核心是量化两个数据值之间的数理关系。相关关系强是指当一个数据值增加时，另一个数据值很有可能也会随之增加。通过找到一个现象良好的关联物，相关关系可以帮助我们捕捉现在和预测未来。

4. 从自然思维到智能思维的变革

大数据思维最关键的转变在于从自然思维转向智能思维，使得大数据具有生命力、获得类似于“人脑”的智能，甚至智慧。计算机的出现极大地推动了自动控制、人工智能和机器学习等新技术的发展，“机器人”的研发也取得了突飞猛进的成果并开始在实际中应用。应该说，自进入信息社会以来，人类社会的自动化、智能化水平已经得到明显提升，但始终面临瓶颈而无法取得突破性进展，机器的思维方式仍属于线性、简单、物理的自然思维，智能水平仍不尽如人意。

大数据时代的到来，为提升机器智能带来了契机，因为大数据将有效地推进机器思维方式由自然思维转向智能思维，这才是大数据思维转变的关键所在和核心内容。众所周知，人脑之所以具有智能、智慧，就在于它能够对数据信息进行收集、逻辑判断和归纳总结，获得有关事物或现象的认识与见解。在大数据时代，随着物联网、云计算、社会计算、可视技术等技术的突破发展，大数据系统也能够自动地搜索所有相关的数据信息，进而类似“人脑”一样主动、立体、逻辑地分析数据、作出判断、提供洞见、从而具有类似人类的智能思维能力和预测未来的能力。

总之，大数据时代将带来深刻的思维转变，大数据不仅将改变每个人的日常生活和工作方式，还将改变商业组织和社会组织的运行方式，将从根本上奠定国家和社会治理的数据基础，使得国家和社会治理更加透明、有效和智慧。通过数据驱动的方法，企业能够判断趋势，从而展开有效行动，帮助自己发现问题，推动创新或解决方案的出现。

4.2 大数据技术基础

4.2.1 大数据处理的基本流程

大数据处理的基本流程

大数据并非仅指数据本身，而是海量数据和大数据处理技术这二者的综合。通常，大数据技术，是指伴随着大数据的采集、存储、分析和应用的相关技术，是一系列使用非传统的工具来对大量的结构化、半结构化和非结构化数据进行处理，从而获得分析和预测结果的一系列数据处理和分析技术。

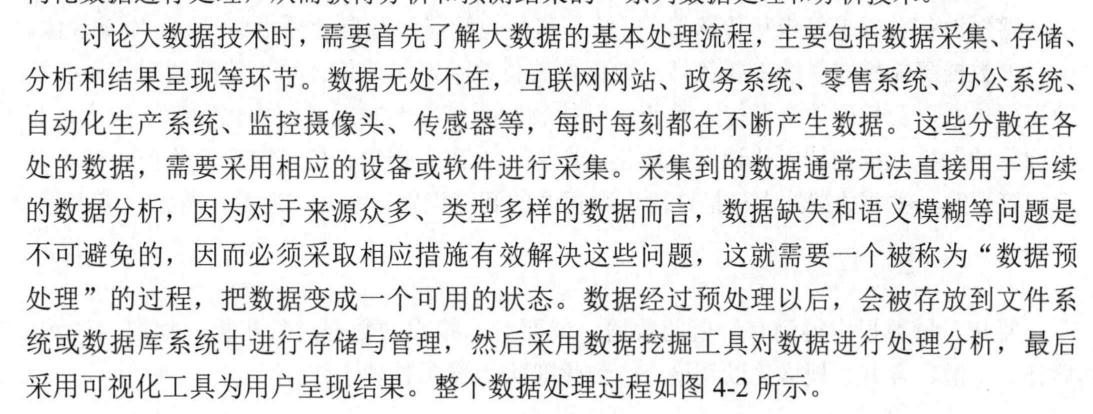

讨论大数据技术时，需要首先了解大数据的基本处理流程，主要包括数据采集、存储、分析和结果呈现等环节。数据无处不在，互联网网站、政务系统、零售系统、办公系统、自动化生产系统、监控摄像头、传感器等，每时每刻都在不断产生数据。这些分散在各处的数据，需要采用相应的设备或软件进行采集。采集到的数据通常无法直接用于后续的数据分析，因为对于来源众多、类型多样的数据而言，数据缺失和语义模糊等问题是不可避免的，因而必须采取相应措施有效解决这些问题，这就需要一个被称为“数据预处理”的过程，把数据变成一个可用的状态。数据经过预处理以后，会被存放到文件系统或数据库系统中进行存储与管理，然后采用数据挖掘工具对数据进行处理分析，最后采用可视化工具为用户呈现结果。整个数据处理过程如图 4-2 所示。

图 4-2　大数据处理过程

因此，从数据分析全流程的角度来看，大数据技术主要包括数据采集、数据预处理、数据存储、数据处理与分析、数据展示几个层面的内容。

4.2.2　大数据采集技术

数据采集技术是数据科学的重要组成部分，已广泛应用于国民经济和国防建设的各个领域，并且随着科学技术的发展，尤其是计算机技术的发展和普及，数据采集技术具有更广泛的发展前景。大数据的采集技术是大数据处理的关键技术之一。

1. 数据库采集

传统企业会使用传统的关系型数据库 MySQL 和 Oracle 等来存储数据。随着大数据时代的到来，HBase、Redis 和 MongoDB 这样的 NoSQL 数据库也常用于数据的采集，通过在采集端部署大量数据库，并在这些数据库之间进行负载均衡和分片来完成大数据采集工作。

2. 系统日志采集

系统日志采集主要是收集公司业务平台日常产生的大量日志数据，供进行离线和在线的大数据分析系统使用。高可用性、高可靠性、可扩展性是日志收集系统所具有的基本特征。系统日志采集工具均采用分布式架构，能够满足每秒数百兆的日志数据采集和传输需求。

3. 网络数据采集

网络数据采集又称“爬虫”技术，是指通过网络爬虫或网站公开 API（应用程序编程接口）等方式从网站上获取数据信息。“爬虫”技术是互联网在进行非结构化数据处理过程中形成的一项突破性技术。该技术可以将非结构化数据从网页中提取出来，将其以结构化的方式存储为统一的本地数据文件。它支持图片、音频、视频等文件或附件的采集，附件与正文可以自动关联。

4. 感知设备数据采集

感知设备数据采集指从传感器、摄像头和其他智能终端自动采集信号、图片或录像。

大数据智能感知系统主要包括：数据传感体系、网络通信体系、传感适配体系、智能识别体系以及软硬件资源接入系统。智能感知系统需要实现对结构化、半结构化、非结构化的海量数据的智能化识别、定位、跟踪、接入、传输、信号转换、监控、初步处理和管理等。主要关键技术包括针对大数据源的智能识别、感知、适配、传输、接入等。

4.2.3　大数据预处理技术

要从海量数据中得到有价值的数据，就要对已接收的数据进行辨析、抽取、清洗、填补、平滑、合并、规格化以及检查一致性等大数据预处理工作。

通常数据预处理包含三个部分：数据清洗、数据集成与变换、数据规约。

大数据预处理技术

1. 数据清洗

对于大数据来说，并不是所有的数据都是有价值的，有些数据不是我们关心的内容，有些甚至是错误的干扰项，因此要对数据过滤、去噪，从而取出有效的数据。

2. 数据集成与变换

数据集成是指把多个数据源中的数据整合并存储到一个数据库中。这一过程中需要着重解决的三个问题是模式匹配、数据冗余以及数据值的冲突检测与处理。

3. 数据规约

数据规约技术可以实现庞大数据集的规约，使得数据集变小的同时仍然近似地保持原数据的完整性。

数据规约主要包括数据立方体聚集、维度规约、数据压缩、数值规约以及概念分层等。

4.2.4 大数据存储

大数据存储与管理的主要目的就是用存储器把采集到的海量数据存储起来，建立相应的数据库，对数据进行管理和调用。

大数据存储与管理技术主要解决的问题是：海量文件的存储与管理，海量小文件的存储、索引和管理，海量大文件的分块与存储以及系统可扩展性与可靠性。

从数据库的功能上划分，可以分为分布式文件系统HDFS、NoSQL数据库系统和数据仓库系统，这三类系统分别用来存储和管理非结构化、半结构化、结构化数据。

4.2.5 大数据处理与分析技术

1. 大数据计算框架

大数据包括静态数据和动态数据（流数据），静态数据适合采用批处理方式，而动态数据需要进行实时计算。

分布式并行编程框架MapReduce可以大幅提高程序性能，实现高效的批量数据处理。

基于内存的分布式计算框架Spark，是一个可应用于大规模数据处理的快速、通用引擎，如今是Apache软件基金会下的顶级开源项目之一，正以其结构一体化、功能多元化的优势，逐渐成为当今大数据领域最热门的大数据计算平台。

流计算框架Storm是一个低延迟、可扩展、高可靠的处理引擎，可以有效解决流数据的实时计算问题。

2. 数据分析

大数据处理的核心就是对大数据进行分析，数据分析可以分为广义的数据分析和狭义的数据分析，广义的数据分析包括狭义的数据分析和数据挖掘。

（1）狭义数据分析。数据分析是指根据分析目的，采用适当的统计分析方法及工具，对收集来的大量数据进行处理与分析，提取有价值的信息和形成结论，而对数据加以详细研究和概括总结的过程。

（2）数据挖掘。数据挖掘是指从大量的数据中，通过统计学、机器学习、深度学习等方法，挖掘出未知的、有价值的信息和知识的过程。数据挖掘的重点在于寻找未知的模式与规律。

数据挖掘常用的方法有分类、聚类、关联和预测（定量、定性）。

4.2.6 大数据可视化

有研究表明，约有 80% 的人还记得他们所看到的图形，但只有 20% 左右的人记得他们阅读的文字。在一个图表中可以突出显示一个大的数据量，并且人们可以快速地发现关键点；而以文字形式来表达，可能需要大量篇幅来分析所有的数据及其联系。数据可视化，就是指将结构或非结构数据转换成适当的可视化图表，然后将隐藏在数据中的信息直接展现于人们面前。

大数据可视化是关于数据视觉表现形式的科学技术研究，其目的就是利用计算机自动分析能力，充分挖掘人在可视化信息的认知能力方面的优势，将人、机的强项进行有机融合，借助人机交互式分析方法和交互技术，辅助人们更为直观和高效地洞悉大数据背后的信息、知识与智慧。使用数据可视化最大的好处是能够帮助人们快速地理解数据。

4.3 大数据采集

4.3.1 大数据采集的意义

大数据采集的意义

足够的数据量是企业大数据战略建设的基础，数据采集是大数据分析的前奏，是大数据价值挖掘中重要的一环，其后的分析挖掘都需建立在数据采集的基础之上。大数据技术的意义不在于掌握规模庞大的数据信息，而在于对这些数据进行智能处理，从中分析和挖掘出有价值的信息，但前提是拥有大量的数据。

在计算机广泛应用的今天，数据采集的重要性是十分显著的。各种类型信号采集的难易程度差别很大，数据采集时有一些基本原理要注意，还有更多的实际问题要解决。

4.3.2 数据采集的方法

1. 基于物联网的采集方法

数据的采集有基于物联网传感器的采集，也有基于网络信息的采集。基于物联网传感器的采集以智能交通为例，如图 4-3 所示，数据的采集有基于 GPS 的定位信息采集、基于交通摄像头的视频采集、基于交通卡口的图像采集和基于路口的线圈信号采集等。

而在互联网上的数据采集是对各类网络媒介，如搜索引擎、新闻网站、论坛、微博、博客、电商网站等各种页面信息和用户访问信息进行采集，采集的内容主要有文本信息、URL、访问日志、日期和图片等。之后需要把采集到的各类数据进行清洗、过滤、去重等各项预处理并进行归纳存储。

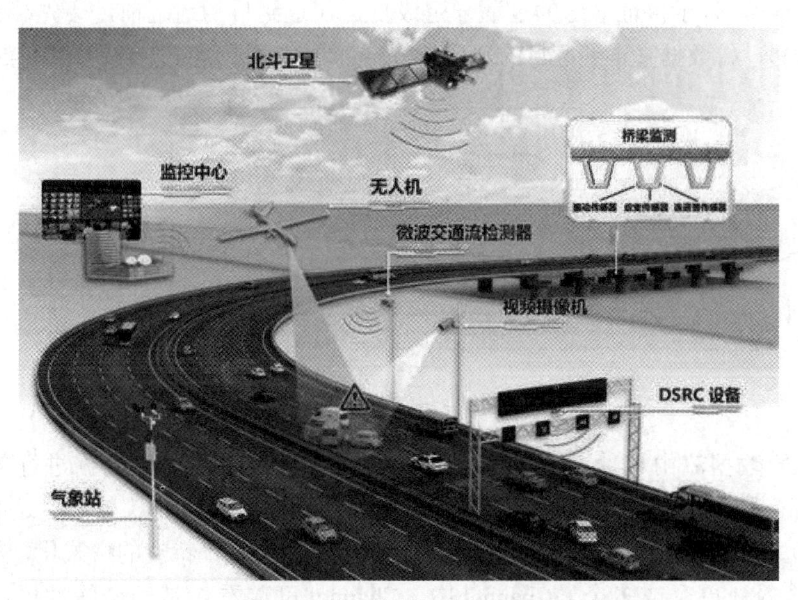

图 4-3 基于物联网的信息采集

2. 系统日志的采集方法

系统日志采集就是收集业务日志数据，供离线和在线的分析系统使用，具有高可用、高可靠、可扩展的特征。

对于任何日志文件，基本都可以采集到发生时间、日志类型、日志等级、关键异常、异常详细说明等相关信息，如图 4-4 所示。很多互联网企业都有自己的海量数据采集工具用于系统日志采集，如 Hadoop 的 Chukwa、Cloudera 的 Flume、Facebook 的 Scribe、LinkedIn 的 Kafka 等，这些工具均采用分布式架构，能满足每秒数百兆日志数据的采集和传输需求。

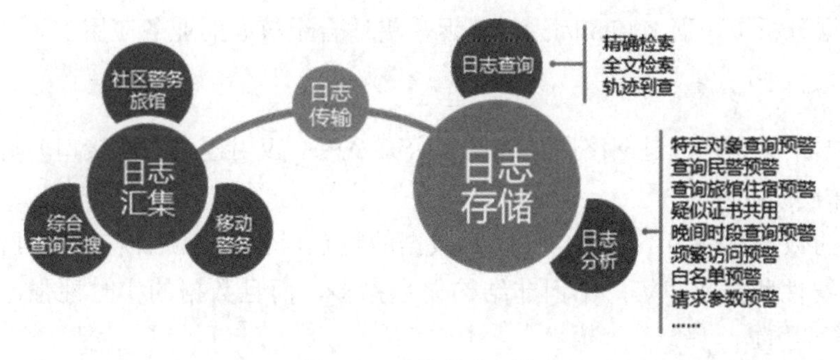

图 4-4 系统日志采集

（1）Flume。Flume 是一个高可用的、高可靠的、分布式的海量日志采集、聚合和传输系统。Flume 支持在日志系统中定制各类数据发送方，用于收集数据，同时，Flume 提供对数据进行简单处理，并写到各种数据接收方（如文本、HDFS、HBase 等）的能力。

Flume 的核心是把数据从数据源（Source）收集过来，再将收集到的数据送到指定的目的地（Sink）。为了保证输送的过程一定成功，在送到目的地之前，会先缓存数据到管道（Channel），待数据真正到达目的地后，Flume 再删除缓存的数据，如图 4-5 所示。

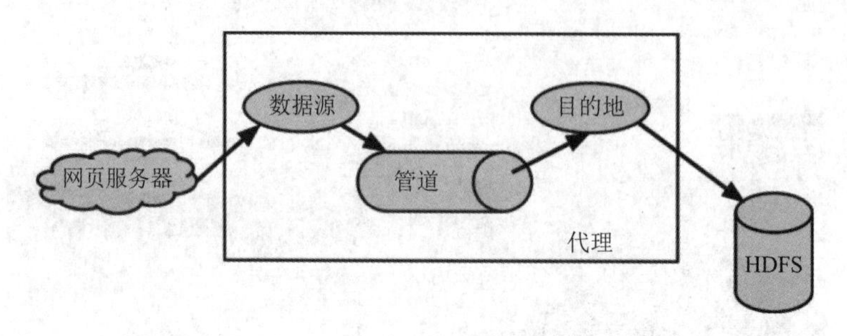

图 4-5　Flume 基本架构

Flume 的数据流由事件（Event）贯穿始终，事件是将传输的数据进行封装而得到的，是 Flume 传输数据的基本单位。事件携带日志数据并且携带头信息，这些事件由代理（Agent）外部的数据源生成，当 Source 捕获事件后会进行特定的格式化，然后 Source 会把事件推入（单个或多个）Channel 中。Channel 可以看作是一个缓冲区，会临时存放这些数据，直到 Sink 处理完该事件。Sink 负责把事件推向另一个 Source。在 Sink 将 Channel 中的数据成功发送出去之后，Channel 会将临时数据进行删除，这种机制保证了数据传输的可靠性与安全性。

（2）Kafka。Kafka 是用 Scala 语言编写，最初由 LinkedIn 公司开发，后贡献给了 Apache 基金会并成为顶级开源项目。是一个分布式、支持分区的（partition）、多副本的（replication），基于 zookeeper 协调的分布式消息系统，它最大的特点就是可以实时地处理大量数据以满足各种需求场景，比如基于 Hadoop 的批处理系统、低延迟的实时系统、Storm/Spark 流式处理引擎，Web/Nginx 日志、访问日志，消息服务等。

在大数据领域，Kafka 还可以看成实时版的 Hadoop，Hadoop 可以存储和定期处理大量的数据文件，往往以 TB 计数，而 Kafka 可以存储和持续处理大型的数据流。Hadoop 主要用在数据分析上，而 Kafka 因为低延迟，更适合于核心的业务应用上。

3. 网页数据的采集方法

网络数据采集是指通过网络爬虫或网站公开 API（应用程序编程接口）等方式从网站上获取数据信息的过程。

网络中的数据有许多不同于自然科学数据的特点，包括多源异构、交互性、时效性、社会性、突发性和高噪声等，不但非结构化数据多，而且数据的实时性强，大量数据都是随机动态产生的。

网络数据采集通过“网络爬虫”程序实现。网络爬虫（Web Crawler），又被称为网页蜘蛛，是一种按照一定的规则，自动地抓取网站信息的程序或者脚本，如图 4-6 所示。网络爬虫作为收集互联网数据的一种常用工具，近年来随着互联网的发展而快速发展。

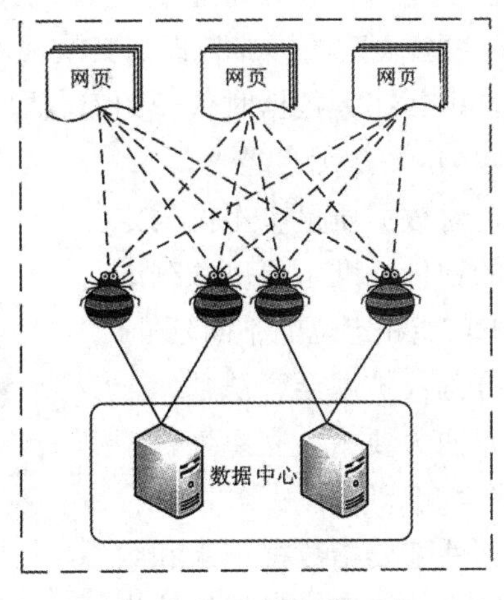

图 4-6 网页数据的采集

4.4 大数据预处理技术

大数据预处理负责将分散的、异构数据源中的数据如关系数据、网络数据、日志数据、文件数据等抽取到临时中间层后，进行清洗、转换、集成，最后加载到数据仓库或数据库中，使数据成为能够通过数据分析、数据挖掘以提供决策支持的数据。

数据预处理主要包括：数据清洗（Data Cleaning）、数据集成（Data Integration）、数据转换（Data Transformation）、数据规约（Data Reduction）。

大数据预处理将数据划分为结构化数据和半结构化 / 非结构化数据，分别采用传统 ETL（提取、转换和加载）工具和分布式并行处理框架来实现。

大数据预处理流程如图 4-7 所示。

图 4-7 大数据预处理流程

4.4.1 数据清洗

数据清洗

1. 数据质量

云计算、社交计算和移动计算正在改变数据世界，刺激着数据爆炸式地增长，使数据拥有了更大的数量、更广泛的种类、更强的时效和更多的商业价值。

随着存储技术的发展，海量数据越来越便宜。有许多因素会导致这些“数据资产”

的贬值，比如数据的冗余和重复导致信息的不可识别、不可信，信息时效性不强、精确度不够，结构或非结构数据整合困难，人员变动引发的影响，数据标准不统一，相关规范不完善造成对数据理解的不充分等。很多企业进行过巨大的BI（Business Intelligence即商业智能）项目投入，但有很多失败的惨痛教训，其最根本的原因，就是用于BI分析的数据源不是高质量的数据。那么在大数据时代，如何获取并维护高质量的数据就变得十分重要，它是大数据应用成败的关键因素之一。

在技术发展的不同阶段，对数据质量有不同的定义和标准。早期对数据质量的评价标准主要以数据准确性为出发点，随着信息系统功能和定位的不断延伸，用户关心的重点逐步由数据准确性扩展至合法性、一致性等方面。归纳起来，具有四大要素：完整性、一致性、准确性和及时性，如图4-8所示。

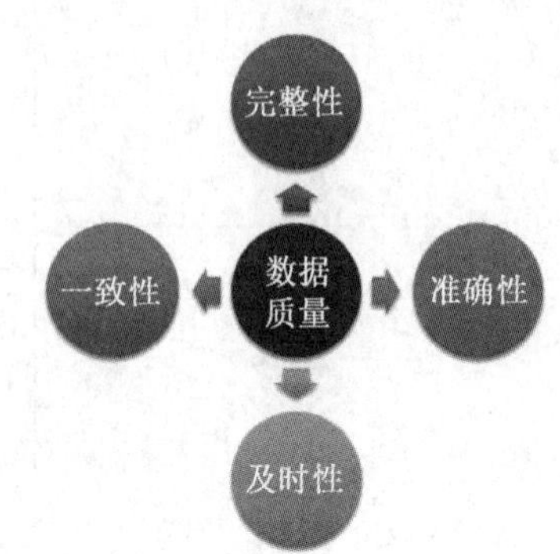

图4-8　数据质量的四要素

（1）完整性。数据的完整性主要指数据记录和数据信息是否完整，是否存在缺失的情况。数据的缺失主要有记录的缺失和记录中某个字段信息的缺失，两者都会造成统计结果的不准确，所以完整性是对数据质量最基本的要求。

（2）一致性。数据的一致性主要包括数据记录的规范性和数据逻辑的一致性。数据记录的规范性主要是指数据编码和格式，例如身份证字段长度是18位，其中性别1位，IP地址一定是由用“.”分隔的4个0～255的数字组成的。还有一些定义的数据约束，例如数据库中完整性的非空约束、唯一值约束等。数据逻辑的一致性主要是指指标统计和计算的一致性，比如新用户比例在0～1之间。数据的一致性审核是数据质量审核中比较重要也是比较复杂的。

导致一致性出问题的原因有很多，有数据记录的规则不一致（但不一定存在错误）、异常的数值、不符合有效性要求的数值等，如网站的访问量一定是整数，年龄一般在1～100之间，转化率一定是介于0～1之间的值等。

（3）准确性。数据记录中准确性关注的是记录中存在的错误，它可能存在于个别记录中，也可能存在于整个数据集中。如果整个数据集的某个字段的数据存在错误，例如数量级的记录错误等，比较容易被发现。当数据集中存在个别的异常值时，可以使用最大值和最小值的统计量去审核，或者使用箱形图让异常记录凸显出来。

关于准确性审核上的字符乱码问题或者字符被截断的问题，都可以使用分布图来发现，一般的数据记录基本符合正态分布或者类正态分布，那些占比异常小的数据项很可能存在问题。例如，某个字符记录的占比只有0.1%，而其他的占比都在3%以上，那么这个字符记录很可能有异常，一些ETL（提取、转换和加载）工具的数据质量审核会标识出这类占比异常小的记录值。对于数值范围既定的数据，超过数据值域的数据记录就是错误的。而对于没有明显异常的错误值就很难发现，因此准确性的审核有时会遇到困难。

（4）及时性。及时性是指数据的刷新、修改和提取等方面的快速性。数据从产生到可以查看的时间间隔，称为数据的延时时长。如果数据要延时几天才能查看，或者每周的数据分析报告要几周后才能出来，那么分析的结论可能已经失去时效，又如，某些实时分析和决策需要用到以分、时作为单位的计算数据，比如股票数据，这些需求对数据的时效性要求极高。分析型数据虽然对数据的实时性要求并不是太高，但并不意味着没有要求。因此及时性也是数据质量的要素之一。

2. 数据清洗的作用

数据清洗从字面上可以理解为把“脏”的数据给“洗掉”，泛指发现并纠正数据文件中可识别的错误，它包括对数据的一致性、无效值和缺失值等多方面的检查。从多个业务系统中将面向某一主题的数据集合提取出来形成数据仓库后，其中错误的数据、互相冲突的数据就是“脏数据”。

数据清洗就是按照一定的规则把“脏数据”“洗掉”，过滤不符合要求的数据（主要包括不完整的数据、错误的数据、重复的数据），然后将过滤的结果交给业务主管部门，业务主管部门确认是否已将“脏数据”过滤掉或修正，之后再进行提取。数据录入后的清洗工作一般是由计算机完成的，而不是人工操作的。因此如何对数据进行有效的清洗和转换，使之成为符合数据分析要求的数据源，是影响数据分析准确性的关键因素。

3. 数据清洗的过程

数据清洗过程通过填补遗漏数据、消除异常数据、平滑噪声数据，以及纠正不一致的数据。

（1）遗漏数据处理。假设在分析一个商场优惠券使用预测时，发现有多个记录中的属性值为空，如顾客的住址属性，对于为空的属性值，可以采用以下方法进行遗漏数据处理：

1）忽略该条记录。

2）手工填补遗漏值。

3）利用默认值填补遗漏值。

4）利用均值填补遗漏值。

5）利用同类别均值填补遗漏值。

6）利用最可能的值填补遗漏值。

（2）消除异常数据。异常数据即异常值，通常被称为“离群点”，对于异常值的处理，通常使用的方法有下面几种：

1）简单的统计分析。对数据进行的简单的描述性统计分析，譬如最大最小值可以用来判断这个变量的取值是否超过了合理的范围，如客户的年龄为 –20 岁或 200 岁，显然是不合常理的，为异常值。

2）箱形图分析。箱形图提供了识别异常值的一个标准：如果一个值小于 QL-1.5IQR 或大于 QU+1.5IQR 的值，则被称为异常值。

QL 为下四分位数，表示全部观察值中有四分之一的数据取值比它小；QU 为上四分位数，表示全部观察值中有四分之一的数据取值比它大；IQR 为四分位数间距，是上四分位数 QU 与下四分位数 QL 的差值，包含了全部观察值的一半。

箱形图判断异常值的方法以四分位数和四分位距为基础，因此箱形图识别异常值比较客观，在识别异常值时有一定的优越性。

3）基于聚类的方法。基于聚类的离群点：如果一个对象不强属于任何聚类集合，则该对象是基于聚类的离群点。为了处理该问题，可以使用如下方法：对象聚类，删除离群点，对象再次聚类。基于聚类的方法是一种较常用的方法。

（3）噪声数据处理。噪声是指被测变量的一个随机错误和变化。下面通过给定一个数值型属性，如价格，来说明平滑去噪的具体方法，有以下 4 种方法：

1）Bin 方法。Bin 方法通过利用应被平滑数据点的周围点，对一组排序数据进行平滑。排序后的数据被分配到若干桶（称为 Bins）中。如图 4-9 所示。

等高 Bin 划分方法是每个 Bin 中的元素的个数相等。如，有这样一组数 8，4，12，15，21，24，25，29，36，利用 Bin 方法平滑去噪，如图 4-10 所示。

首先对所有数据进行排序，然后将其划分为若干等高度的 Bin。

再根据 Bin 均值进行平滑，即对每个 Bin 中所有值均用该 Bin 的均值替换。

图 4-9　等高 Bin 划分方法

- 排序后的数据：4,8,12,15,21,24,25,29,36
- 划分为等高 Bin：
  - Bin1：4,8,12
  - Bin2：15,21,24
  - Bin3：25,29,36
- 根据 Bin 均值进行平滑：
  - Bin1：8,8,8
  - Bin2：20,20,20
  - Bin3：30,30,30
- 根据 Bin 边界进行平滑：
  - Bin1：4,4,12
  - Bin2：15,15,24
  - Bin3：25,25,36

图 4-10　利用 Bin 方法平滑去噪

最后，根据 Bin 边界进行平滑，对于给定的 Bin，也就是利用每个 Bin 的边界值（最大值或最小值），替换该 Bin 中的所有值。一般来讲，每个 Bin 的宽度越宽，其平滑效果越明显。

2）聚类方法。通过聚类分析可帮助发现异常数据。相似或相邻近的数据聚合在一起形成了各个聚类集合，而那些位于这些聚类集合之外的数据对象，自然而然就被认为是异常数据，如图 4-11 所示。

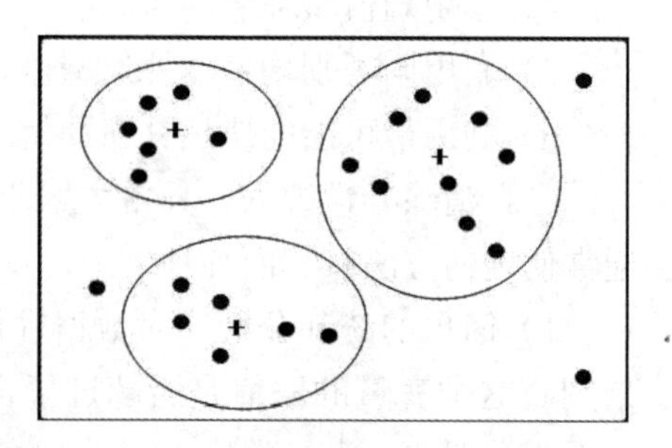

图 4-11　聚类方法发现异常值

3）人机结合检查方法。通过人与计算机相结合检查方法，可以帮助发现异常数据。例如，利用基于信息论方法可帮助识别用于分类识别手写符号库中的异常模式；所识别出的异常模式可输出到一个列表中；然后由人对这一列表中的各异常模式进行检查，并最终确认无用的模式（真正异常的模式）。这种人机结合检查方法比单纯利用手工方法手写符号库进行检查要快许多。

4）回归方法。可以利用拟合函数对数据进行平滑。例如，借助线性回归方法，包括多变量回归方法，就可以获得多个变量之间的一个拟合关系，从而达到利用一个（或一组）变量值来帮助预测另一个变量取值的目的。利用回归分析方法所获得的拟合函数，能够帮助平滑数据及除去其中的噪声，如图4-12所示。

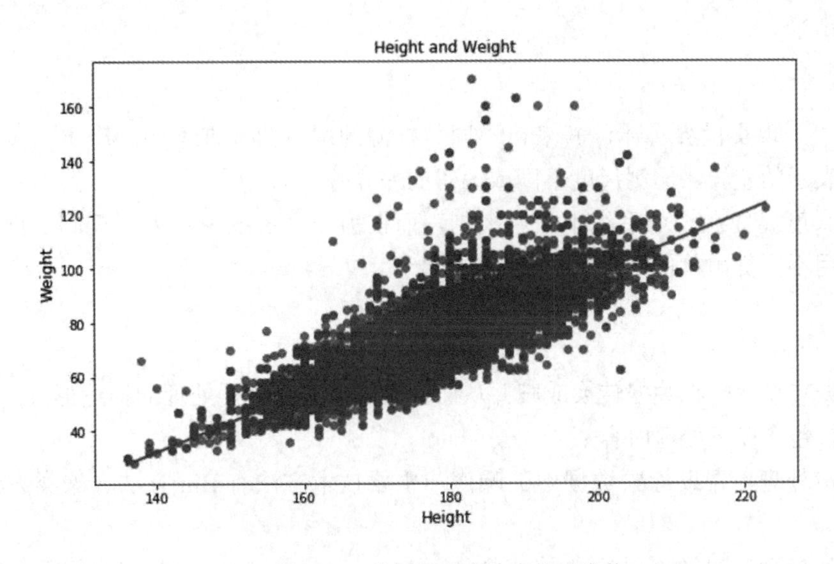

图4-12　线性回归方法查找异常值

（4）不一致数据处理。现实世界的数据库中会经常出现数据记录内容的不一致，其中一些数据不一致可以利用它们与外部的关联，通过手工加以解决。

例如，数据录入错误一般可以通过与原稿进行对比来加以纠正。此外还有一些方法可以帮助纠正使用编码时所发生的不一致问题。例如，知识工程工具也可以帮助发现违反数据约束条件的情况。

由于同一属性在不同数据库中的取名不规范，也会使得在进行数据集成时，导致不一致情况的发生。

4.4.2　数据集成

数据集成即将来自多个数据源的数据，如数据库、数据立方、普通文件等，结合在一起并形成一个统一的数据集合，以便为数据处理工作的顺利完成提供完整的数据基础。

在数据集成过程中，需要考虑解决以下几个问题：

- 模式集成（Schema Integration）问题。
- 冗余问题。
- 数据值冲突检测与消除。

1．模式集成（Schema Integration）问题

模式集成问题就是如何使来自多个数据源的现实世界的实体相互匹配，这其中就涉

及实体识别的问题。

2. 冗余问题

冗余问题是数据集成中经常发生的另一个问题。若一个属性可以从其他属性中推演出来，那这个属性就是冗余属性。

例如，一个顾客数据表中的平均月收入属性，就是冗余属性，显然它可以根据月收入属性计算出来。

3. 数据值冲突检测与消除

如对于一个现实世界实体，其来自不同数据源的属性值或许不同。产生这样问题的原因可能是表示的差异、比例尺度不同或编码的差异等。

例如，长度属性在一个系统中采用公制，而在另一个系统中却采用英制；价格属性不同地点采用不同货币单位。

4.4.3 数据转换

所谓数据转换就是将数据转换或归并从而构成一个适合数据处理的描述形式。

数据转换包含以下处理内容：

（1）平滑处理，帮助除去数据中的噪声。主要技术方法有 Bin 方法、聚类方法和回归方法。

（2）合计处理，对数据进行总结或合计（Aggregation）操作。例如，每天数据处理常常涉及数据集成操作，销售额（数据）可以进行合计操作以获得每月或每年的总额。

（3）数据泛化处理（Generalization）。所谓泛化处理就是用更抽象（更高层次）的概念来取代低层次或数据层的数据对象。例如，街道属性可以泛化到更高层次的概念，诸如城市、国家。

对于数值型的属性也可以映射到更高层次概念，如年龄属性可以映射为青年、中年和老年层次。

（4）规格化。规格化就是将有关属性数据按比例投射到特定小范围之中。例如，将工资收入属性值映射到 0 到 1 范围内。

（5）属性构造。根据已有属性集构造新的属性，以帮助数据处理过程。

4.4.4 数据归约

数据归约技术可以用来得到数据集的归约表示，归约后的数据集比原数据集小得多，但仍近似地保持原数据的完整性。

数据归约的策略包括以下几种。

（1）数据立方体聚集。假设有一组 2018 ～ 2020 年每季度的销售数据。然而，我们感兴趣的是年销售（每年的总和），而不是每季度的总和。于是可以对这种数据聚集，使得结果数据为汇总每年的总销售额，而不是每季度的总销售额。该聚集如图 4-13 所示。结果数据量小得多，但并不丢失分析任务所需的信息。

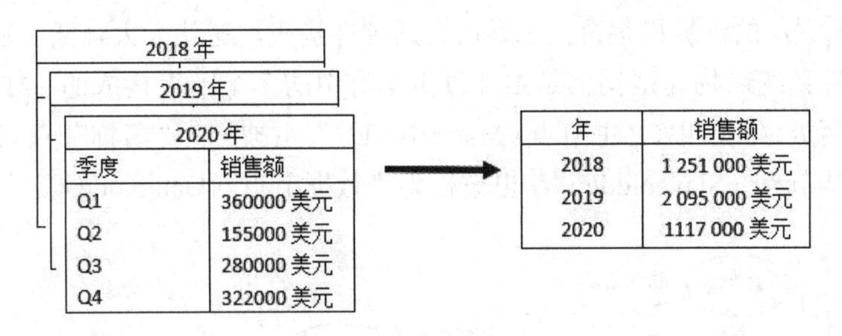

图4-13 数据聚集

（2）属性子集选择。属性子集选择通过删除不相关或冗余的属性（或维）减少数据量。属性子集选择的目标是找出最小属性集，使数据类的概率分布尽可能地接近使用所有属性的原分布。在缩小的属性集上挖掘还有其他优点：减少了出现在发现模式上的属性数目，使模式更易于理解。

（3）数据压缩。利用数据编码或数据转换将原来的数据集合压缩为一个较小规模的数据集合。

无损压缩：可以不丢失任何信息地还原压缩数据，如字符串压缩，压缩格式为ZIP或RAR。

有损压缩：只能重新构造原数据的近似表示，如音频/视频压缩。

（4）数值归约。数值归约是通过选择替代的、较小的数据表示形式来减少数据量。

有参方法：通常使用一个参数模型来评估数据。该方法只需要存储参数，而不需要实际数据，能大大减少数据量，但只对数值型数据有效。

无参方法：需要存放实际数据，如使用直方图、聚类、抽样的技术来实现。

总之，数据的世界是庞大而复杂的，会有残缺的、虚假的、过时的数据。想要获得高质量的分析挖掘结果，就必须在数据准备阶段提高数据的质量。

数据预处理可以对采集到的数据进行清洗、填补、平滑、合并、规范化以及检查一致性等，将那些杂乱无章的数据转化为相对单一且便于处理的结构，从而改进数据的质量，以提高其后挖掘过程的准确率和效率，为决策带来高回报。

4.5 大数据存储

在大数据时代，需要处理分析的数据集的大小已经远远超过了单台计算机的存储能力，因此需要进行存储技术的变革，最常用的方法是将数据集进行分区并存储到若干台独立的计算机中，即采用分布式平台来存储大数据。

4.5.1 大数据文件系统

大数据文件系统

Hadoop分布式文件系统（Hadoop Distributed File System，HDFS）把文件分布存储到多个计算机节点上，成千上万的计算机节点构成计算机集群。目前的分布式文件系统所采用的计算机集群，都是由普通硬件构成，这就大大降低了硬件上的开销。

分布式文件系统在物理结构上是由计算机集群中的多个节点构成的，如图 4-14 所示。这些节点分为两类，一类叫作“主节点（MasterNode）”，也被称为“名称节点（NameNode）”；另一类叫作“从节点（SlaveNode）”，也被称为“数据节点（DataNode）”。

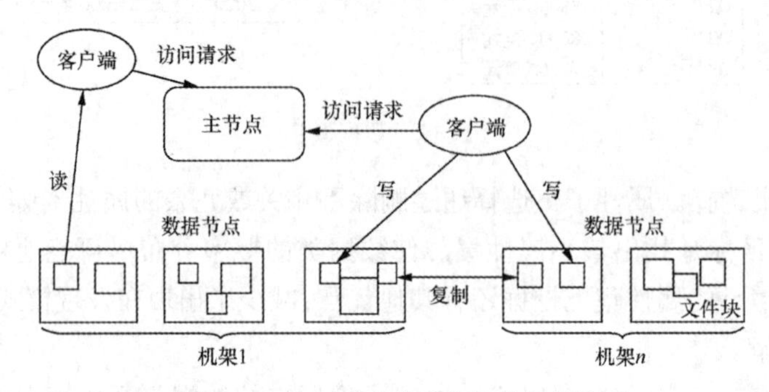

图 4-14　分布式文件系统的整体结构

在 HDFS 中，一个文件被分成多个块，以块作为存储单位，块的作用如下：

（1）支持大规模文件存储。文件以块为单位进行存储，一个大规模文件可以被拆分成若干个文件块，不同的文件块可以被分发到不同的节点上，因此，一个文件的大小不会受到单个节点的存储容量的限制，可以远远大于网络中任意节点的存储容量。

（2）简化系统设计。

1）大大简化了存储管理。由于文件块大小是固定的，因此就可以很容易地计算出一个节点可以存储多少文件块。

2）方便了元数据的管理。元数据不需要和文件块一起存储，它可以由其他系统负责管理。

（3）适合数据备份。每个文件块都可以冗余存储到多个节点上，大大提高了系统的容错性和可用性。

HDFS 采用了主从（Master/Slave）结构模型。一个 HDFS 集群包括一个名称节点（NameNode）和若干个数据节点（DataNode）。名称节点作为中心服务器，负责管理文件系统的命名空间及客户端对文件的访问。集群中的数据节点负责处理客户端的读 / 写请求，在名称节点的统一调度下进行数据块的创建、删除和复制等操作。

4.5.2　NoSQL 数据库

NoSQL 数据库

数据库（Database）就是一个存放数据的仓库。这个仓库是按照一定的数据结构（数据结构是数据的组织形式或数据之间的联系）来组织、存储的，我们可以通过数据库提供的多种方式来管理数据库里的数据。

数据库按照数据模型的不同分为关系型数据库和非关系型数据库。

1. 关系型数据库

关系型数据库把复杂的数据结构归结为简单的二元关系（即二维表格形式）。在关系型数据库中，程序对数据的操作几乎全部建立在一个或多个关系表格上，即程序通过对这些关联表的表格进行分类、合并、连接或选择等运算来实现对数据的管理。

常见的关系型数据库有MySQL、SQL Sever、Oracle、PostgreSQL、DB2等，如图4-15所示。

ORACLE

DB2

图4-15 常见的关系型数据库

2. 非关系型数据库

NoSQL（Not only SQL）泛指非关系型数据库。随着Web 2.0网站的兴起，传统的关系数据库已经无法适应Web 2.0网站，特别是超大规模和高并发的社交类型的Web 2.0纯动态网站，暴露了很多难以克服的问题，而非关系型的数据库则由于其本身的特点得到了非常迅速的发展。NoSQL数据库的产生就是为了解决大规模数据集合、多重数据种类带来的挑战，尤其是大数据应用难题。

NoSQL是一种不同于关系型数据库的数据库管理系统设计方式，是对非关系型数据库的统称。它所采用的数据模型并非关系型数据库的关系模型，而是类似键值、列族、文档等的非关系模型。NoSQL数据存储不需要固定的表结构，每个元组可以有不一样的字段，每个元组可以根据需要增加一些自己的键值对，这样就不会局限于固定的结构，可以减少一些时间和空间的开销。NoSQL在大数据存取上具备关系型数据库无法比拟的性能优势。

3. NoSQL的类型

近些年来，NoSQL的发展势头很快，典型的NoSQL可以分为4种类型，分别是键值数据库、列式数据库、文档数据库和图形数据库。

（1）键值数据库。键值数据库起源于Amazon开发的Dynamo系统，可以把它理解为一个分布式的Hashmap，支持SET/GET元操作。它使用一个哈希表，表中的Key（键）用来定位Value（值），即存储和检索具体的Value。数据库不能对Value进行索引和查询，只能通过Key进行查询。Value可以用来存储任意类型的数据，包括整型、字符型、数组、对象等，如图4-16所示。键值存储的值也可以是比较复杂的结构，如一个新的键值对封装的一个对象。

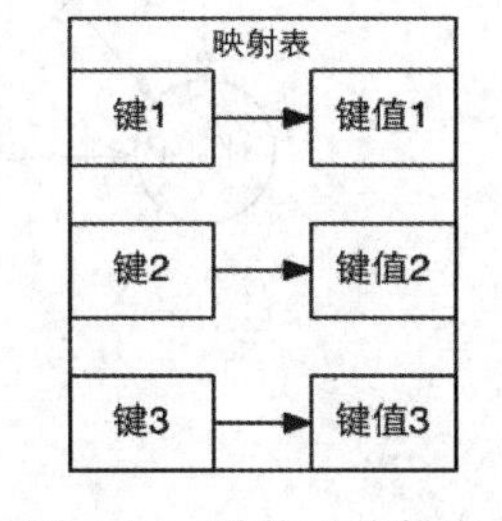

图4-16 键值对映射表

（2）列式数据库。列式数据库的数据模型可以看作一个每行列数可变的数据表。

列式数据库能够在其他列不受影响的情况下，轻松添加一列，但是如果要添加一条记录时就需要访问所有表，所以行式数据库要比列式数据库更适合联机事务处理过程（OLTP），因为OLTP要频繁地进行记录的添加或修改。列式数据库更适合执行分析操作，如进行汇总或计数。实际交易的事务，如销售类，通常会选择行式数据库。列式数据库采用高级查询执行技术，以简化的方法处理列块（称为“批处理”），从而减少了 CPU 使用率。

（3）文档数据库。文档数据库是通过键来定位一个文档的，所以是键值数据库的一种衍生品。在文档数据库中，文档是数据库的最小单位。文档数据库可以使用模式来指定某个文档结构。文档数据库是 NoSQL 数据库类型中出现得最自然的类型，因为它们是按照日常文档的存储来设计的，并且允许对这些数据进行复杂的查询和计算。

尽管每一种文档数据库的部署各有不同，但是大都假定文档以某种标准化格式进行封装，并对数据进行加密。文档格式包括 XML、YAML、JSON 和 BSON 等，也可以使用二进制格式，如 PDF、Microsoft Office 文档等。一个文档可以包含复杂的数据结构，并且不需要采用特定的数据模式，每个文档可以具有完全不同的结构。

文档数据库既可以根据键来构建索引，也可以基于文档内容来构建索引。基于文档内容的索引和查询能力是文档数据库不同于键值数据库的主要方面，因为在键值数据库中，值对数据库是透明不可见的，不能基于值构建索引。

（4）图形数据库。图形数据库以图论为基础，用图来表示一个对象集合，包括顶点及连接顶点的边。图形数据库使用图作为数据模型来存储数据，可以高效地存储不同顶点之间的关系，如图 4-17 所示。图形数据库是 NoSQL 数据库类型中最复杂的一个，旨在以高效的方式存储实体之间的关系。图形数据库适用于高度相互关联的数据，可以高效地处理实体间的关系，尤其适合于社交网络、依赖分析、模式识别、推荐系统、路径寻找、科学论文引用，以及资本资产集群等场景。

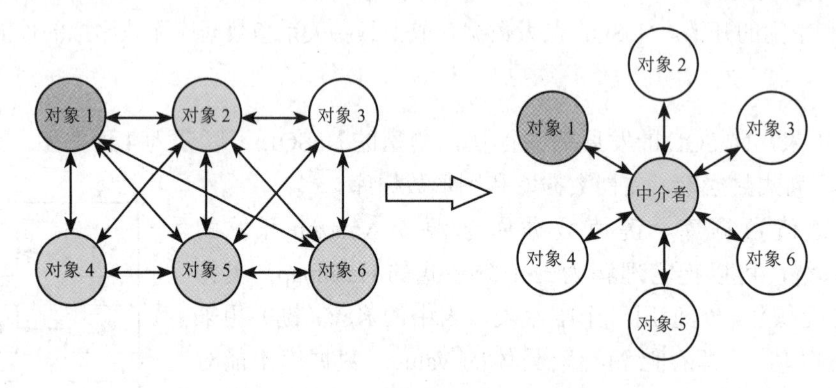

图 4-17　图形模型示意图

4. HBase

HBase 是运行在 Hadoop 上的 NoSQL 数据库，是一个高可靠、高性能、面向列、可伸缩的分布式数据库，是谷歌 BigTable 的开源实现，主要用来存储非结构化和半结构化的松散数据。HBase 的目标是处理非常庞大的表，可以通过水平扩展的方式，利用廉价计算机集群处理由超过 10 亿行数据和数百万列元素组成的数据表。

HBase 是一个疏松的、分布式的、已排序的多维度持久化的列族数据库。列存储数据库将数据存在列族（column family）中，一个列族的数据经常被同时查询。例如，如果我们有一个 Person 类，我们通常会一起查询其姓名和年龄，而不是薪资。在这种情况下，姓名和年龄就会被放入一个列族中，而薪资则放在另外一个列族中。

若要使用 HBase，我们需要了解如下 6 个重要概念，如图 4-18 所示。

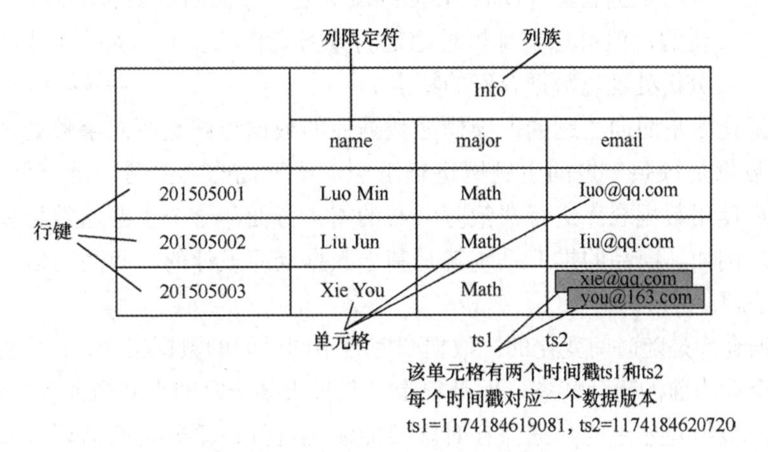

图 4-18　HBase 数据模型示例

（1）表（table）：HBase 采用表来组织数据。

（2）行（row）：每个表都由行组成，每个行由行键（rowkey）来标识。

（3）列族（column family）：一个 table 有多个列族。

（4）列限定符：是 column family 的分类，每个 column family 可以有不同的分类。

（5）时间戳（timestamp）：时间戳用来区分数据的不同版本。

（6）单元格（cell）：在 table 中，通过行、列族、子列、时间戳来确定一个 cell，cell 中存储的数据没有数据类型，是字节数组 byte[]。

由于同一张表里面的每一行数据都可以有截然不同的列，因此对于整个映射表的每行数据而言，有些列的值就是空的，所以说 HBase 是稀疏的。

在 HBase 中执行更新操作时，并不会删除数据旧的版本，而是生成一个新的版本，旧有的版本仍然保留，HBase 可以对允许保留的版本的数量进行设置。HBase 提供了两种数据版本回收方式：一是保存数据的最后多个版本；二是保存最近一段时间内的版本（如最近 7 天）。

HBase 表的特点如下所述。

（1）大。一个表可以有数十亿行、上百万列。

（2）无模式。每行都有一个可排序的主键和任意多的列，列可以根据需要动态地增加，同一张表中不同的行可以有截然不同的列。

（3）面向列。面向列（族）的存储和权限控制，列（族）独立检索。

（4）稀疏。空列并不占用存储空间，表可以设计得非常稀疏。

（5）数据多版本。每个单元中的数据可以有多个版本，默认情况下版本号自动分配，是单元格插入时的时间戳。

（6）数据类型单一。HBase 中的数据都是字符串。

4.5.3 数据仓库

数据仓库

1. 数据仓库的概念

数据仓库（Data Warehouse）是一个面向主题的、集成的、随时间变化的，但信息本身相对稳定的数据集合，它用于支持企业或组织的决策分析处理。数据仓库的特点：

（1）数据仓库是面向主题的。操作型数据库的数据组织是面向事务处理任务，而数据仓库中的数据是按照一定的主题域进行组织，这里说的“主题”是一个抽象的概念，它指的是用户使用数据仓库进行决策时关心的重点方面，一个主题通常与多个操作型信息系统相关。例如，商品的推荐系统就是基于数据仓库设计的，商品的信息就是数据仓库所面向的主题。

（2）数据仓库是随时间变化的。数据仓库是不同时间的数据集合，它所拥有的信息并不只是反映企业当前的运营状态，而是记录了从过去某一时间点到当前各个阶段的信息。可以这么说，数据仓库中的数据保存时限要能满足进行决策分析的需要（如过去的 5～10 年），而且数据仓库中的数据都要标明该数据的历史时期。

（3）数据仓库相对稳定。数据仓库是不可更新的。因为数据仓库主要目的是为决策分析提供数据，所涉及的操作主要是数据的查询，一旦某个数据存入数据仓库以后，一般情况下将被长期保留，也就是数据仓库中一般有大量的查询操作，修改和删除操作很少，通常只需要定期的加载、刷新来更新数据。

2. Hive

Hive 是一个构建于 Hadoop 上的数据仓库工具，可以用来进行数据提取、转化、加载（ETL），支持大规模数据存储、查询和分析，具有良好的可扩展性。数据仓库在数据处理中的位置如图 4-19 所示。

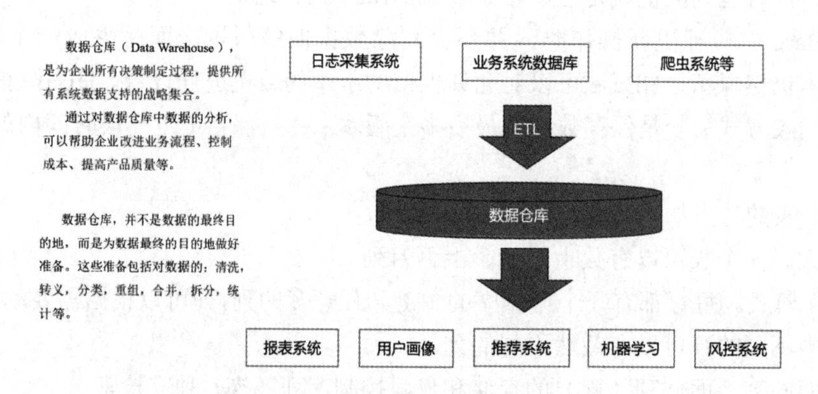

图 4-19　数据仓库在数据处理中的位置

它的底层依赖分布式文件系统 HDFS 存储数据，并使用分布式并行计算模型 MapReduce 处理数据。Hive 定义了简单的类似于 SQL 的查询语言 HiveQL，称为 HQL，它可以将结构化的数据文件映射为一张数据表，允许熟悉 SQL 的用户查询数据，也允许熟悉 MapReduce 的开发者开发自定义的 mapper 和 reducer 来处理复杂的分析工作。

4.6 大数据处理与分析

4.6.1 Hadoop 大数据处理系统

1. Hadoop 介绍

Hadoop 平台是 Apache 的开源的、理论上可无限扩展的分布式计算平台，其设计的初始目的是让大型计算机集群对海量的数据进行常规编程计算实现，Hadoop 企业标志如图 4-20 所示。利用 Hadoop 大数据平台，应用人员可以让少到一台、多到几千台计算机一起提供本地独立存储和运算的计算框架。相对于传统单独、高效同时也昂贵的存储和计算中心，Hadoop 平台旨在应用廉价的商用计算机集群，用户可以在不了解分布式底层细节的情况下开发分布式程序。充分利用集群的功能进行高速运算和存储。Hadoop 实现了一个分布式文件系统 HDFS（Hadoop Distributed File System）。

图 4-20 Hadoop 企业标志

HDFS 具有高容错性的特点，其设计用来部署在低廉的硬件上，而且它提供高吞吐量来访问应用程序的数据，适合那些有着超大数据集的应用程序。HDFS 可以以流的形式访问文件系统中的数据。Hadoop 框架最核心的设计就是 HDFS 和 MapReduce。HDFS 为海量的数据提供了存储方式，并且保证数据的可靠、稳定和安全。MapReduce 则为海量的数据提供了计算功能。

2. Hadoop 平台的架构

Hadoop 平台的架构图如图 4-21 所示。

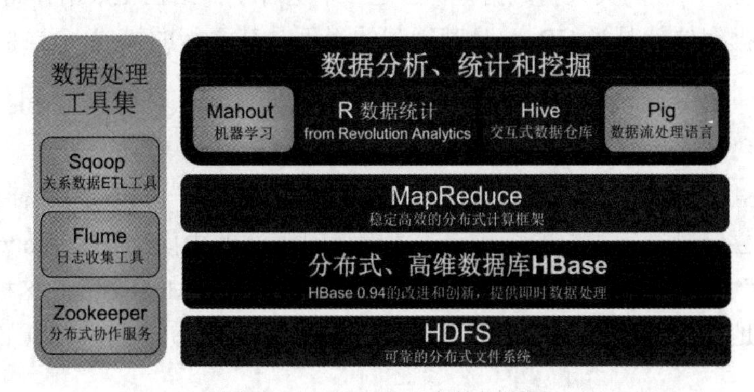

图 4-21 Hadoop 平台的架构图

3. HDFS

HDFS 是指被设计成适合运行在通用硬件上的分布式文件系统。HDFS 是一个高度容错性的系统，适合部署在廉价的机器上。HDFS 能提供高吞吐量的数据访问，非常适合大规模数据集上的应用。

HDFS 采用了主从（Master/Slave）结构模型，一个 HDFS 集群是由一个 NameNode 和若干个 DataNode 组成的。其中 NameNode 作为主服务器，管理文件系统的命名空间和客户端对文件的访问操作；集群中的 DataNode 管理存储的数据。HDFS 的架构如图 4-22 所示。

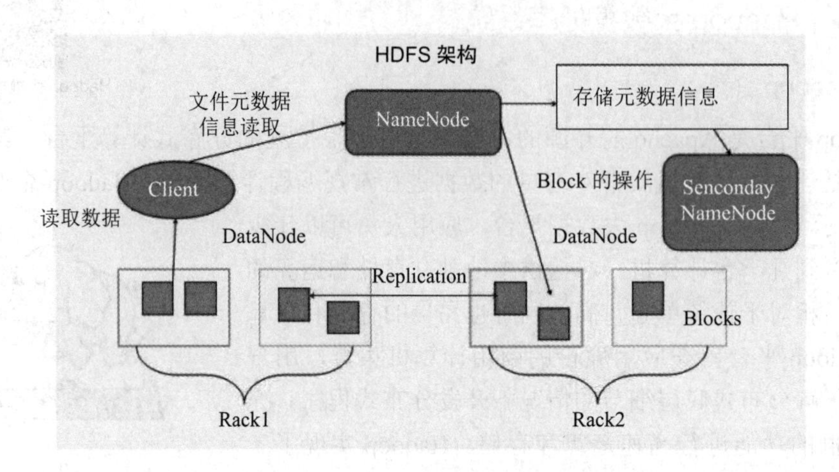

图 4-22　HDFS 的架构图

4. HBase

HBase 是运行在 Hadoop 上的 NoSQL 数据库，它是一个分布式的、可扩展的大数据仓库，也就是说 HBase 具有 HDFS 的分布式处理的优势，HBase 本身就是十分强大的数据库，它能够融合 key/value 存储模式带来实时查询的能力，以及具有通过 MapReduce 进行离线处理或者批处理的能力。总而言之，HBase 能够让用户在大量的数据中查询记录，也可以从中获得综合分析报告。

HBase 不同于一般的关系型数据库，它是一个适合于非结构化数据存储的数据库。所谓非结构化数据存储就是说 HBase 是基于列的而不是基于行的模式，这样方便读写大数据内容。

5. MapReduce 分布式计算框架

MapReduce 是一种计算模型，用于大规模数据集（大于 1TB）的并行运算。Map 对数据集上的独立元素进行指定的操作，生成键值对形式的中间结果；Reduce 则对中间结果中相同“键”的所有“值”进行规约，以得到最终结果。MapReduce 这种“分而治之”的思想，极大地方便了编程人员在不会分布式并行编程的情况下，将自己的程序运行在分布式系统上。

6. Hive

Hive 是基于 Hadoop 的一个分布式数据仓库工具，它提供了一系列的工具，可以用来进行数据提取、转化、加载（ETL），这是一种可以存储、查询和分析存储在 Hadoop 中的大规模数据的机制。

其优点是操作简单，降低学习成本，可以通过类SQL语句快速实现简单的MapReduce统计，不必开发专门的MapReduce应用，十分适合数据仓库的统计分析。

7. Pig

Pig是一种数据流语言和运行环境，适合于使用Hadoop和MapReduce平台来查询大型半结构化数据集。虽然MapReduce应用程序的编写不是十分复杂，但毕竟也是需要一定开发经验的。Pig的出现大大简化了Hadoop常见的工作任务，它在MapReduce的基础上创建了更简单的过程语言抽象，为Hadoop应用程序提供了一种更加接近结构化查询语言（SQL）的接口。Pig是一个相对简单的语言，它可以执行语句，因此当我们需要从大型数据集中搜索满足某个给定搜索条件的记录时，采用Pig要比MapReduce具有明显的优势，前者只需要编写一个简单的脚本在集群中自动并行处理与分发，而后者则需要编写一个单独的MapReduce应用程序。

8. Mahout

Mahout是Apache软件基金会旗下的一个开源项目，提供一些可扩展的机器学习领域经典算法的实现，旨在帮助开发人员更加方便快捷地创建智能应用程序。Mahout包含诸如聚类、分类、推荐过滤、频繁子项挖掘的实现。此外，通过使用Apache Hadoop库，Mahout可以有效地扩展到云中。

9. Sqoop数据迁移工具

Sqoop是一款开源的数据导入导出工具，主要用于在Hadoop与传统的数据库间进行数据的转换，它可以将一个关系数据库（如MySQL、Oracle等）中的数据导入到Hadoop的HDFS中，也可以将HDFS的数据导出到关系数据库中，使数据迁移变得非常方便。

10. Zookeeper分布式协调服务

Zookeeper是一个开放源码的分布式应用程序协调服务，是Google Chubby的一个开源的实现，是Hadoop和HBase的重要组件。它是一个为分布式应用提供一致性服务的软件，提供的功能包括配置维护、域名服务、分布式同步、组服务等用于构建分布式应用，减少分布式应用程序所承担的协调任务。

11. Flume日志收集工具

Flume是Cloudera提供的一个高可用的、高可靠的、分布式的海量日志采集、聚合和传输的系统，Flume支持在日志系统中定制各类数据发送方，用于收集数据；同时，Flume提供对数据进行简单处理，并写到各种数据接受方（可定制）的能力。

4.6.2 MapReduce大数据批处理系统

MapReduce大数据批处理系统

1. MapReduce简介

MapReduce是Hadoop大数据处理框架的处理引擎，是一种编程模型，用于大规模数据集（大于 1TB）的并行运算。Map——映射，Reduce——归约。MapReduce 采用“分而治之”的思想，把对大规模数据集的操作，分发给一个主节点管理下的各个分节点共同完成，然后通过整合各个节点的中间结果，得到最终结果。简单来说，MapReduce 就是“任务的分解与结果的汇总”。

2. MapReduce 执行过程

在 Hadoop 中，每个 MapReduce 任务都被初始化为一个作业，每个作业又可以分为两种阶段：Map 阶段和 Reduce 阶段。这两个阶段分别用两个函数表示，即 Map 函数和 Reduce 函数。Map 函数接收一个 <key，value> 形式的输入，然后同样产生一个 <key，value> 形式的中间输出，Reduce 函数接收一个如 <key，（list of values）> 形式的输入，然后对这个 value 集合进行处理，每个 Reduce 产生 0 或 1 个输出，输出也是 <key，value> 形式的，如图 4-23 所示。

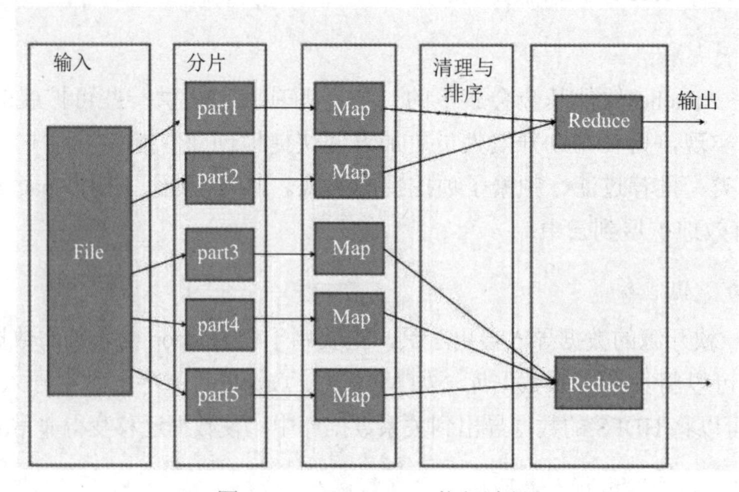

图 4-23　MapReduce 执行过程

在实际应用中，一个任务不可能只通过一次 Map() 和 Reduce() 两个函数的操作就能完成，通常需要经过多次 Map 和 Reduce 操作，是一个迭代执行的过程。

利用分而治之的思想可以将很多复杂的数据分析问题转变为一系列的 MapReduce 作业，利用 Hadoop 提供的 MapReduce 计算框架，实现分布式计算，这样就能对海量数据进行复杂的数据分析，这也是 MapReduce 的意义所在。

4.6.3 Spark 大数据实时处理系统

1. Spark 简介

Spark 最初由美国加州大学伯克利分校的 AMP 实验室于 2009 年开发，是基于内存计算的大数据并行计算框架，可用于构建大型的、低延迟的数据分析应用程序。Spark 在诞生之初属于研究性项目，2013 年，Spark 加入 Apache 孵化器项目后，开始获得迅猛的发展，如今已成为 Apache 软件基金会最重要的三大分布式计算系统开源项目（即 Hadoop、

Spark、Storm）之一。Spark 作为大数据计算平台的后起之秀，在 2014 年打破了 Hadoop 保持的基准排序纪录，使用 206 个节点在 23 分钟的时间里完成了 100TB 数据的排序，而 Hadoop 则是使用 2000 个节点在 72 分钟的时间里才完成同样数据的排序。也就是说，Spark 仅使用了十分之一的计算资源，获得了比 Hadoop 快 3 倍的速度。

Spark 作为一个大数据分布式编程框架，不仅实现了 MapReduce 的算子 Map 函数和 Reduce 函数及计算模型，还提供更为丰富的算子，如 filter、join、groupByKey 等，是一个用来实现快速集群计算的通用平台。

Spark 拥有 Hadoop MapReduce 所具有的优点，但不同于 MapReduce 的是中间输出结果可以保存在内存中，从而不再需要读写 HDFS，因此 Spark 能更好地适用于大数据挖掘与机器学习等需要迭代的 MapReduce 算法。

2. Spark 的特点

Spark 具有如下 4 个主要特点。

（1）运行速度快。Spark 使用先进的有向无环图（Directed Acyclic Graph，DAG）执行引擎，以支持循环数据流与内存计算，基于内存的执行速度可比 Hadoop MapReduce 快上百倍，基于磁盘的执行速度也能快十倍。

（2）容易使用。Spark 支持使用 Scala、Java、Python 和 R 语言进行编程，简洁的 API 设计有助于用户轻松构建并行程序，并且可以通过 Spark Shell 进行交互式编程。

（3）通用性。Spark 提供了完整而强大的技术栈，包括 SQL 查询、流式计算、机器学习和图算法组件，这些组件可以无缝整合在同一个应用中，足以应对复杂的计算。

（4）运行模式多样。Spark 可运行于独立的集群模式中，或运行于 Hadoop 中，也可运行于 Amazon EC2 等云环境中，并且可以访问 HDFS、HBase、Hive 等多种数据源。

3. Spark 适用场景

（1）多次操作特定数据集的应用场合。Spark 是基于内存的迭代计算框架，需要反复操作的次数越多，所需读取的数据量越大，受益越大；数据量小但是计算密集度较大的场合，受益就相对较小。

（2）数据量不大，但是有实时统计分析需求。

Storm

4.6.4 Storm

随着数据规模的日益增长，对流数据进行实时分析计算的需求也逐渐增加。Twitter 开发的开源流计算框架 Storm 相比于 MapReduce 而言，在流数据处理上更具优势。MapReduce 框架主要解决的是静态数据的批量处理。批处理系统一般重视数据处理的总吞吐量，而流处理系统更加注重数据处理的延时，即流入的数据越快得到处理越好。

1. Storm 简介

Twitter Storm 是一个免费、开源的分布式实时计算系统，Storm 对于实时计算的意义类似于 Hadoop 对于批处理的意义，Storm 可以简单、高效、可靠地处理流数据，并支持多种编程语言。Storm 框架可以方便地与数据库系统进行整合，从而开发出强大的实时计算系统。目前，Storm 框架已成为 Apache 的孵化项目，可以在其官方网站（http://storm.apache.org/）中了解更多信息。

Twitter 是全球访问量最大的社交网站之一，Twitter 之所以开发 Storm 流处理框架也是为了应对其不断增长的流数据实时处理需求。为了处理实时数据，Twitter 采用了由实时系统和批处理系统组成的分层数据处理架构，如图 4-24 所示，一方面，由 Hadoop 和 ElephantDB（专门用于从 Hadoop 中导出 key/value 数据的数据库）组成批处理系统，另一方面，由 Storm 和 Cassandra（非关系型数据库）组成实时系统。在计算查询时，该系统会同时查询批处理视图和实时视图，并把它们合并起来以得到最终的结果。实时系统处理的结果最终会由批处理系统来修正，这种设计方式使得 Twitter 的数据处理系统显得与众不同。

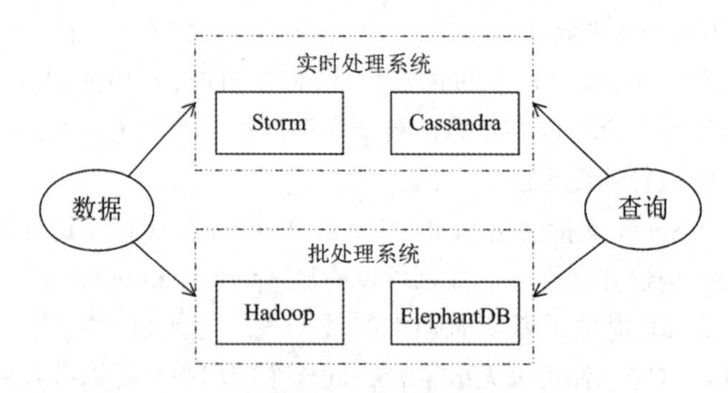

图 4-24　Twitter 分层数据处理架构

2. Storm 的特点

Storm 具有以下主要特点。

（1）整合性。Storm 可方便地与队列系统和数据库系统进行整合。

（2）简易性。API.Storm 的 API 在使用上既简单又方便。

（3）可扩展性。Storm 的并行特性使其可以运行在分布式集群中。

（4）容错性。Storm 可以自动进行故障节点的重启，以及节点故障时任务的重新分配。

（5）可靠的消息处理。Storm 保证每个消息都能完整处理。

4.6.5　数据挖掘

海量的数据只是数据，并不能直接为企业的决策服务。快速增长的海量数据，已经远远地超过了人们的理解能力，很难理解大堆数据中所蕴涵的知识。数据挖掘的主要目的就是为了实现数据的价值。

数据挖掘是从大量的、不完全的、有噪声的、模糊的、随机的实际数据中，提取出蕴涵在其中的、人们事先不知道的，但是具有潜在价值的信息和知识的过程。

数据挖掘一般没有预先设定好的主题，主要是在现有数据上面进行基于各种算法的计算，从而起到预测的效果，实现一些高级别数据分析的需求。比较典型的算法有用于聚类的 K-means、用于统计学习的 SVM 和用于分类的 NaiveBayes，主要使用的工具有 Hadoop 的 Mahout 等。

4.7 大数据可视化

4.7.1 数据可视化概述

数据可视化是以图形或图表的形式展示数据。数据可视化后，可以更加直观地帮助人们快速理解数据，发现数据的关键点。有研究表明，约有 80% 的人还记得他们所看到的图形，但只有 20% 左右的人记得他们阅读的文字，可见人脑对视觉信息的处理要比书面信息容易得多。使用图表来总结复杂的数据，可以确保对关系的理解要比那些混乱的报告或电子表格更快更能节省时间。

大数据可视化是关于数据视觉表现形式的科学技术研究，其目的就是利用计算机自动分析功能，充分挖掘人在可视化信息的认知能力方面的优势，将人、机的强项进行有机融合，借助人机交互式分析方法和交互技术，辅助人们更为直观和高效地洞悉大数据背后的信息、知识与智慧。与立体建模之类的特殊技术方法相比，大数据可视化所涵盖的技术方法要广泛得多，可视化的应用甚至可以是流动性的操作，更有力地了解数据信息。数据可视化实例如图 4-25 所示。

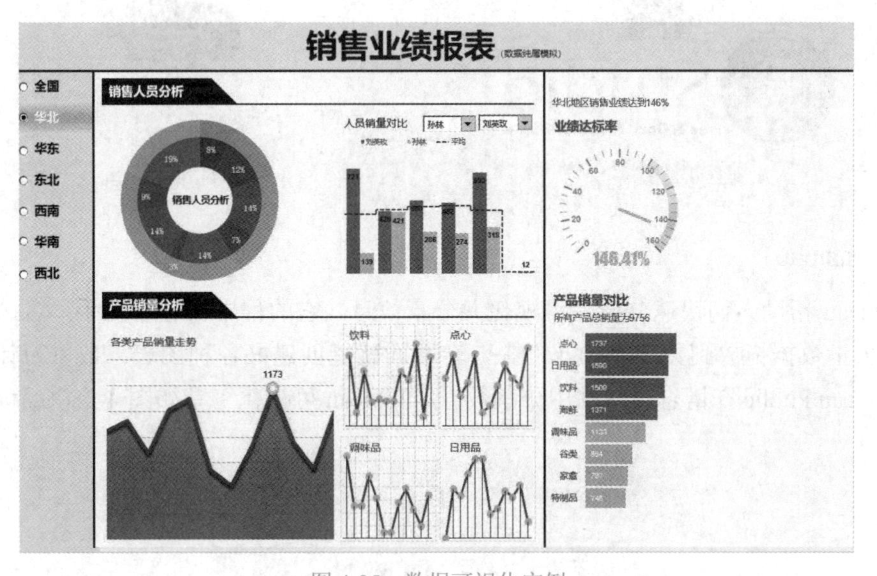

图 4-25 数据可视化实例

4.7.2 数据可视化工具介绍

数据可视化对于数据描述以及探索性分析至关重要，恰当的统计图表可以更有效地传递数据信息。数据可视化的工具很多，这里介绍一些简单的、日常工作能实际应用起来的工具。

1. 入门级工具——Excel

Excel 作为一个入门级工具，是快速分析数据的理想工具，它能利用数据透视表功能快速对大量数据分析、汇总，将汇总数据制作成柱状、饼状等图形来展示，也能创建供内部使用的数据图。即使 Excel 在颜色、线条和样式上可选择的范围有限，不可否认它是数据处理最简单、应用最广泛的一个软件，它能让非专业人士实现数据可视化的梦想，因此，Excel 应当是我们日常工作中必备的工具之一。

2. R 语言

从统计和数据处理的角度创作的数据可视化工具中，R 语言是一款典型的工具，它本身既可以做数据分析，又可以做图形处理；在 R 语言中实现的数据可视化，目前主要是数据的统计图展示。R 语言如图 4-26 所示。

3. Python

Python 作为 AI 和大数据时代的第一开发语言，在 Python 中已经有很多数据可视化方面的第三方库，例如 Matplotlib、Pandas、Seaborn、ggplot、Bokeh、pygal、geoplotlib 等，因此，Python 让用户很容易就能实现可视化。Python 可视化工具如图 4-27 所示。

图 4-26　R 语言

图 4-27　Python 可视化工具

4. Tableau

Tableau 帮助人们快速分析、可视化并分享信息。它的程序很容易上手，各公司可以用它将大量数据拖放到数字“画布”上，转眼间就能创建好各种图表。数以万计的用户使用 Tableau Public 在博客与网站中分享数据。Tableau 可视化工具如图 4-28 所示。

图 4-28　Tableau 可视化工具

5. ECharts

Echarts 可以运用于散点图、折线图、柱状图等这些常用图表的制作。Echarts 的优点：文件体积比较小，打包的方式灵活，可以自由选择需要的图表和组件；而且图表在移动端有良好的自适应效果，还有专为移动端打造的交互体验。Echarts 可视化工具如图 4-29 所示。

6. Highcharts

Highcharts 的图表类型是很丰富的，线图、柱形图、饼图、散点图、仪表图、雷达图、热力图、混合图等类型的图表都可以制作，也可以制作实时更新的曲线图。Highcharts 可视化工具如图 4-30 所示。

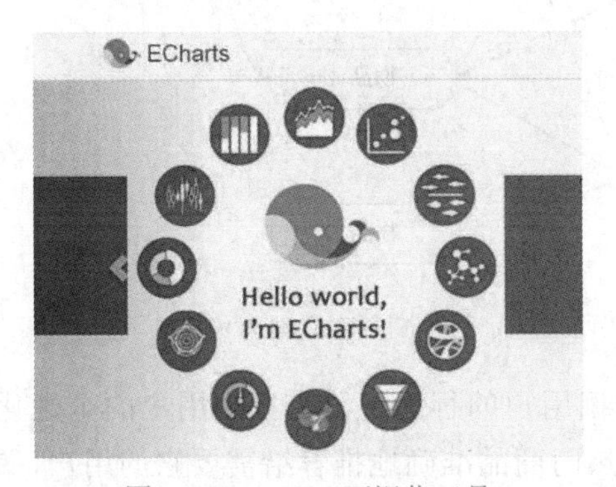

图 4-29 Echarts 可视化工具

图 4-30 Highcharts 可视化工具

4.8 大数据典型应用

大数据无处不在，包括金融、汽车、零售、餐饮、电信、能源、政务、医疗、体育、娱乐等在内的社会各行各业都已经有了大数据的印迹。

4.8.1 大数据在互联网领域的应用

大数据在互联网领域的应用

1. 推荐系统

互联网的飞速发展，网络信息的快速膨胀使人们进入了信息过载的时代，借助搜索引擎，用户可以从海量信息中查找自己所需的信息，前提是有明确的需求，通过相应的关键词进行搜索。在用户没有明确需求的情况下，搜索引擎也难以帮助用户有效地筛选信息。为了让用户从海量信息中高效地获得自己所需的信息，推荐系统应运而生。

推荐系统是大数据在互联网领域的典型应用，它可以通过分析用户的历史记录来了解用户的喜好，从而主动为用户推荐其感兴趣的信息，满足用户的个性化推荐需求。

推荐系统是自动联系用户和物品的一种工具，和搜索引擎相比，推荐系统通过研究用户的兴趣偏好，进行个性化计算。推荐系统可发现用户的兴趣点，帮助用户从海量信息中去发掘自己潜在的需求。

如今，随着推荐技术的不断发展，推荐引擎已经在电子商务（例如 Amazon、当当网）和一些基于社会化站点（包括音乐、电影和图书分享，例如豆瓣、Mtime 等）都取得了成功。基于项目的协同过滤推荐机制基本原理如图 4-31 所示。

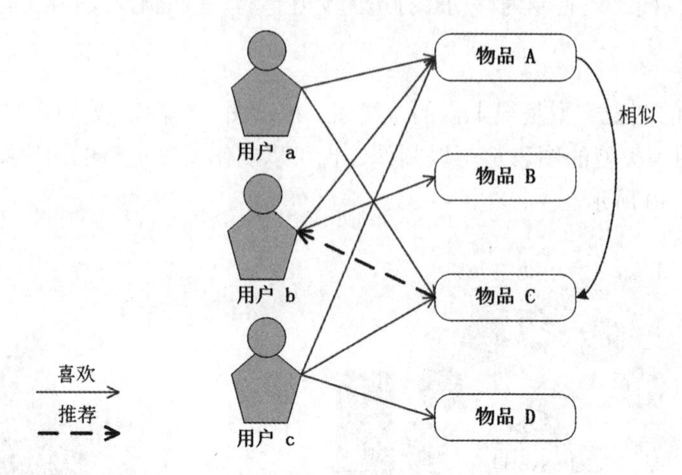

图 4-31　基于项目的协同过滤推荐机制基本原理

推荐系统的一大优势就是可以通过挖掘用户的行为记录，找到用户的个性化需求，发现用户潜在的消费倾向，从而把一些非热门商品准确地推荐给需要它的用户，帮助用户发现那些他们感兴趣但却难发现的商品，实现用户与商家的共赢。基于用户的协同过滤推荐机制基本原理如图 4-32 所示。

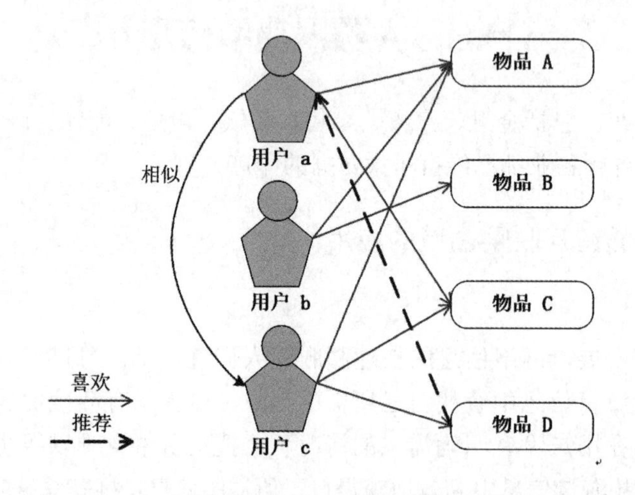

图 4-32　基于用户的协同过滤推荐机制基本原理

2. 精准营销

在大数据的背景下，百度等“网络巨头”几乎掌握了一切调研对象的庞大的数据资源，所以用户的前后行为将能被精准地关联起来，从而可以对用户进行个性化推荐、精准营销和广告投放等。包括实时竞价（RTB）、交叉销售、点告、窄告以及定向广告推送。

例如，某电子商务平台通过客户的网络浏览记录和购买记录等掌握客户的消费模式，从而分析并分类客户的消费相关特性，如收入、家庭特征、购买习惯等，最终掌握客户特征，并基于这些特征判断其可能关注的产品与服务。从消费者进入网站开始，网站、列表页、单品页、购物车页等4个页面，部署了5种应用不同算法的推荐栏为其推荐感兴趣的商品，从而提高商品曝光率，促进交叉和向上销售。从多个角度对网站进行全面优化后，商城下定订单转化率增长了66.7%，下定商品转化率增长了18%，总销量增长了46%。

在美国的沃尔玛大卖场，当收银员扫描完顾客所选购的商品后，POS机上会显示出一些附加信息，然后售货员会根据这些信息提醒顾客还可以购买哪些商品。沃尔玛在大数据系统支持下实现的“顾问式营销”系统能够建立预测模型，例如，如果顾客的购物车中有不少啤酒、红酒和沙拉，则有80%的可能需要买配酒小菜、作料。

4.8.2 大数据在医学领域的应用

大数据在医学领域得到了广泛的应用。在流行病预测方面，大数据彻底颠覆了传统的流行疾病预测方式，使人类在公共卫生管理领域迈上了一个全新的台阶。在智慧医疗方面，通过打造健康档案区域医疗信息平台，利用最先进的物联网技术和大数据技术，可以实现患者、医护人员、医疗服务提供商、保险公司等之间的无缝、协同、智能的互联，让患者体验一站式的医疗、护理和保险服务。

1. 流行病预测

谷歌流感预测在2008年推出，原理是采用流感趋势系统监测全美的网络搜索，寻找与流感相关的词语，比如“咳嗽”和“发烧”等，并利用这些搜索结果来提前9个星期预测可能与流感相关的就医量，如图4-33所示。2009年在H1N1爆发几周前，谷歌公司的工程师们在*Nature*上发表了一篇论文，介绍了GFT，成功预测了H1N1在全美范围的传播，甚至具体到特定的地区和州，而且判断非常及时，令公共卫生官员们和计算机科学家们倍感震惊。

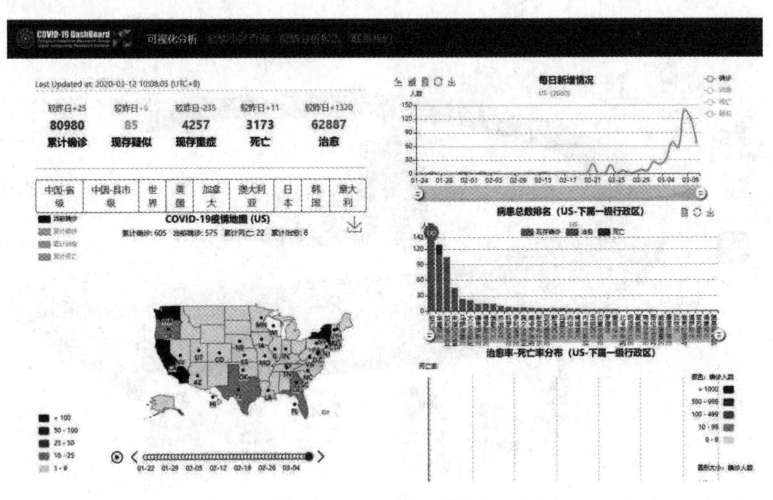

图4-33 谷歌流感预测

百度的疾病预测于2014年6月上线，可以对全国34个省区、331个地市、2870个区县、19个城市的2558个商圈的11种疾病进行未来趋势的预测，包括提供流感、肝炎、肺结核和性病等疾病的活跃度、流行指数，以及各种疾病相关的城市和医院排行榜，用户可以查看过去30天以内的数据和未来7天的预测趋势。百度疾病预测还加入了一些最新的技术成果和数据采集结果。例如，从公开资料来看，该产品模型的搭建一是通过历史数据构建统计规律性，比如流感或者手足口等疾病具有季节性周期的规律，二是通过研究疾病人数与其他相关数据的相关性来计算预测结果，同时从统计的角度来验证数据的正确性，以机器提供的数据为基础，加入对异常数据的监控和分析。

2. 智慧医疗

随着医疗信息化的快速发展，智慧医疗逐步走入人们的生活。我国厦门、苏州等城市建立了先进的智慧医疗在线系统，可以实现在线预约、健康档案管理、社区服务、家庭医疗、支付清算等功能，大大方便了市民就医，也提升了医疗服务的质量和患者满意度。可以说，智慧医疗正在深刻改变着我们的生活。

智慧医疗是通过打造健康档案区域医疗信息平台，利用最先进的物联网技术和大数据技术，实现患者、医护人员、医疗服务提供商、保险公司等之间的无缝、协同、智能的互连，让患者体验一站式的医疗、护理和保险服务。智慧医疗的核心就是“以患者为中心”，给予患者以全面、专业、个性化的医疗体验。

智慧医疗通过整合各类医疗信息资源，构建药品目录数据库、居民健康档案数据库、影像数据库、检验数据库、医疗人员数据库、医疗设备等卫生领域的六大基础数据库。可以让医生随时查阅病人的病历、患史、治疗措施和保险细则，随时随地快速制定诊疗方案，也可以让患者自主选择更换医生或医院，患者的转诊信息及病历可以在任意一家医院通过医疗联网方式调阅。智慧医疗具有促进优质医疗资源的共享，避免患者重复检查，促进医疗智能化的优点。智慧医疗典型场景如图4-34所示。

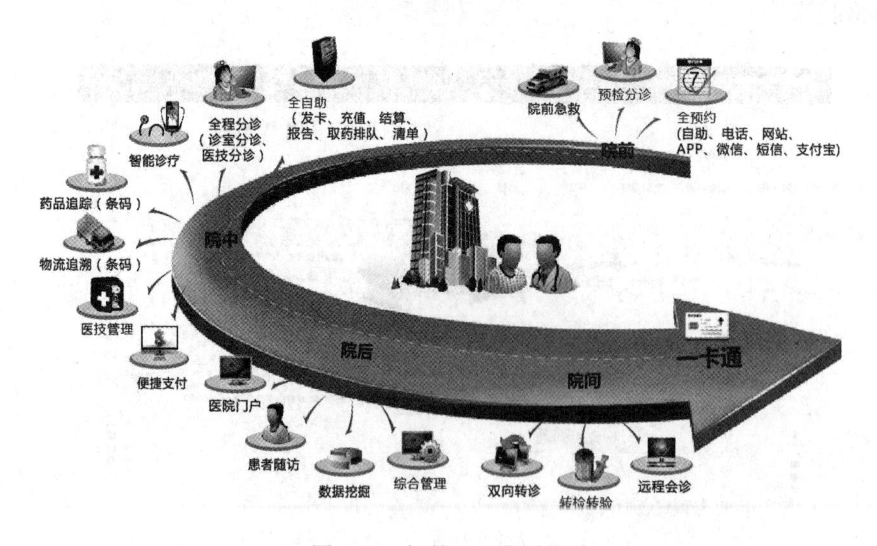

图4-34 智慧医疗典型场景

4.8.3 大数据在城市管理中的应用

大数据在城市管理中的应用

大数据在城市管理中发挥着日益重要的作用，主要体现在智能交通、环保监测、城市规划和安防等领域。

1. 智能交通

随着我国全面进入汽车社会，交通拥堵已经成为亟待解决的城市管理难题。许多城市纷纷将目光转向智能交通，期望通过实时获得关于道路和车辆的各种信息，分析道路交通状况，发布交通诱导信息，优化交通流量，提高道路通行能力，有效缓解交通拥堵问题。发达国家数据显示，智能交通管理技术可以帮助交通工具的使用效率提升 50% 以上，交通事故死亡人数减少 30% 以上。

智能交通将先进的信息技术、数据通信传输技术、电子传感技术、控制技术以及计算机技术等有效集成并运用整个地面交通管理，同时可以利用城市实时交通信息、社交网络和天气数据来优化最新的交通情况。智能交通融合了物联网、大数据和云计算技术，其整体框架如图 4-35 所示。

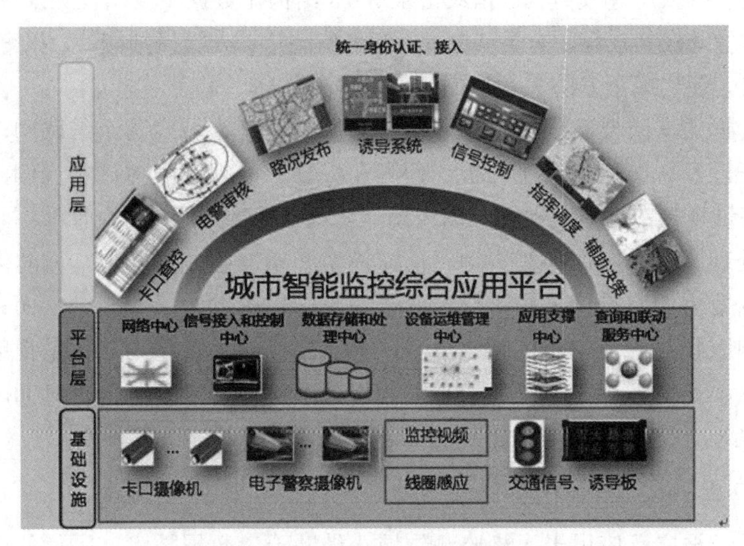

图 4-35 智能交通整体框架

遍布城市各个角落的智能交通基础设施（如摄像头、感应线圈、射频信号接收器）每时每刻都在生成大量感知数据，这些数据构成了智能交通大数据。利用事先构建的模型对交通大数据进行实时分析和计算，就可以实现交通实时监控、交通智能诱导、公共车辆管理、旅行信息服务、车辆辅助控制等各种应用。以公共车辆管理为例，包括北京、上海、广州、深圳、厦门等在内的各大城市，都已经建立了公共车辆管理系统，道路上正在行驶的所有公交车和出租车都被纳入实时监控，通过车辆上安装的 GPS（全球定位系统），管理中心可以实时获得各个车辆的当前位置信息，并根据实时道路情况计算得到车辆调度计划，发布车辆调度信息，指导车辆控制到达和发车时间，实现运力的合理分配，提高运输效率。作为乘客而言，只要在智能手机上安装了“掌上公交”等软件，就可以通过手机随时随地查询各条公交线路以及公交车当前到达位置，避免焦急地等待，如果自己赶时间却发现等待的公交车还需要很长时间才能到达，就可以选择乘坐出租车。此外，一些城市的公交车站还专门设置了电子公交站牌，可以实时显示经过本站的各路公交车的当前位置信息，大大方便了公交出行的群众，尤其是很多不会使用智能手机的中老年人。

2. 智能安防

近年来，随着网络技术在安防领域的普及、高清摄像头在安防领域应用的不断提升以及项目建设规模的不断扩大，安防领域积累了海量的视频监控数据，并且每天都在以惊人的速度生成大量新的数据。例如，我国很多城市都在开展平安城市建设活动，在城市的各个角落密布成千上万个摄像头，全天候不间断采集各个位置的视频监控数据，数据量之大，超乎想象。

除了视频监控数据，安防领域还包含大量其他类型的数据，包括结构化、半结构化和非结构化数据。结构化数据包括报警记录、系统日志记录、运维数据记录、摘要分析结构化描述记录，以及各种相关的信息数据库，如人口信息、地理数据信息、车驾管信息等；半结构化数据包括人脸建模数据、指纹记录等；非结构化数据主要指视频录像和图片记录，如监控视频录像、报警录像、摘要录像、车辆卡口图片、人脸抓拍图片、报警抓拍图片等。所有这些数据一起构成了安防大数据的基础。

基于大数据的安防要实现的目标是通过跨区域、跨领域安防系统联网，实现数据共享、信息公开以及智能化的信息分析、预测和报警。以视频监控分析为例，大数据技术可以支持在海量视频数据中实现视频图像统一转码、摘要处理、视频剪辑、视频特征提取、图像清晰化处理、视频图像模糊查询、快速检索和精准定位等功能，同时深入挖掘海量视频监控数据背后的有价值信息，快速反馈信息，以辅助决策判断，从而让安保人员从繁重的人工肉眼视频回溯工作中解脱出来，不需要投入大量精力从大量视频中低效查看相关事件线索，在很大程度上提高了视频分析效率，缩短了视频分析时间。智能警戒系统如图 4-36 所示。

3. 智慧环保

大数据已经被广泛应用于污染监测领域，借助于大数据技术，采集各项环境质量指标信息，集成整合到数据中心进行数据分析，并把分析结果用于指导下一步环境治理方案的制定，可以有效提升环境整治的效果。

“智慧环保”是互联网技术与环境信息化相结合的概念。智慧环保是智慧城市的组成部分，它借助物联网技术的数字环保平台，集在线监测监控网络、环境应急指挥系统融合，结合物联网、云计算、多网融合等多种技术方案，通过实时采集污染源排放因子、环境质量、环境生态、环境风险、企业信息管理等信息，构建全方位、多层次、立体化、全覆盖的生态环境监测网络，构筑感知测量更透彻、互联互通更可靠、智能应用更深入的智慧环保物联网体系，以更加精细和动态的方式实现环境管理和决策，从而实现环境保护智慧化。单击鼠标，全镇的环境地图、重点监控对象的具体信息一目了然；企业出现异常情况，系统自动报警，同时向相关人员发送短信通知。执法人员通过移动终端处理环境违法企业，可以实时反馈现场情况，接受远程监控，保证处理结果准确、高效。智慧环保检测系统如图 4-37 所示。

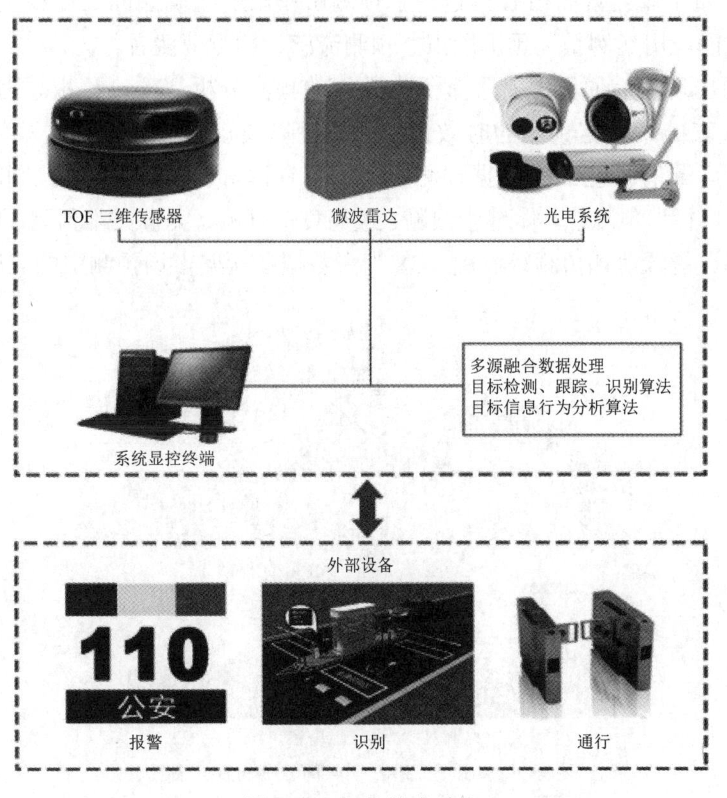

图 4-36 智能警戒系统

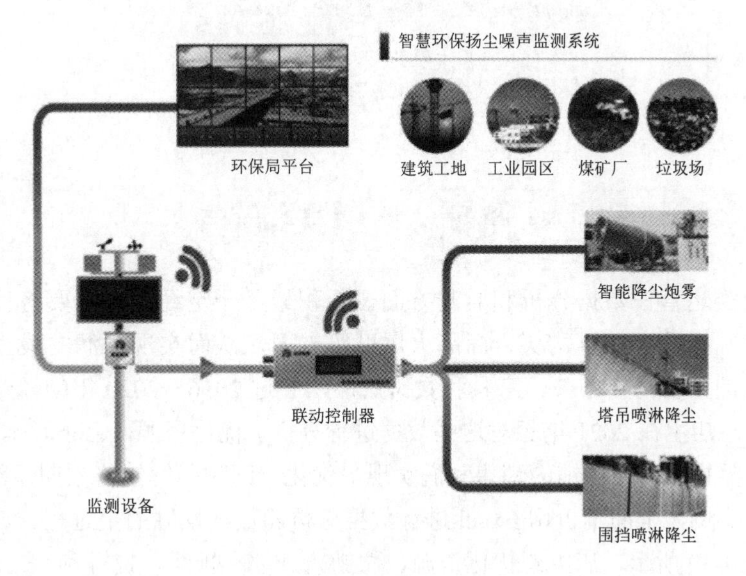

图 4-37 智慧环保监测系统

4.8.4 大数据在其他领域的应用

大数据预测是大数据最核心的应用，大数据的本质是解决问题，大数据的核心价值就在于预测，而企业经营的核心也是基于预测所作出的正确判断。在谈论大数据应用的时候，最常见的应用案例是：预测股市、预测流感、预测消费者行为。

在互联网出现之前便已经有了基于大数据的预测分析：天气预报。因为互联网，以天气预报为代表的大数据预测的时效性、动态性以及规律性特征在更多领域得到体现。天气预报之外，最有机会的大数据预测应用领域有体育赛事预测、股票市场预测、市场物价预测、用户行为预测、人体健康预测、疾病疫情预测、灾害灾难预测、环境变迁预测、交通行为预测、能源消耗预测等。图 4-38 为大数据在股票市场预测中的应用。

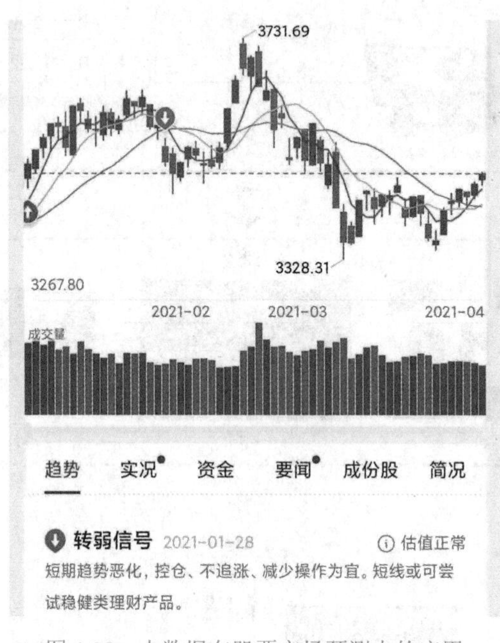

图 4-38 大数据在股票市场预测中的应用

4.9 项目实训

目前电商类运营在数据分析和监测方面已经积累了一定经验，主要将目标锁定在商品的转化、供需、顾客的再购买、商品火爆度等方面，从而实现利润的最大化。本案例中的某淘宝店铺主要销售办公、家具和数码产品，经过 2016—2020 年的经营和管理，积累了一些数据。店主在 2021 年想对这些数据进行分析，优化资源，缩小亏本的商品投入，加大盈利的商品投入，让店铺的销售利润实现最优化，同时了解销售预期，部署货品量。

现通过该实例，全面剖析用 Excel 进行数据分析和数据挖掘的全过程。该淘宝店铺的销售数据如图 4-39 所示，店主想优化资源，做销售规划和预测，提升利润。

（1）哪些商品是爆款？利润大于 1000 元？

快递单号	收货日期	商品类别	商品子类别	商品名称	商品单个成本	运输成本	利润金额	商品库存
100831535382	2017/10/20	办公用品	Storage & Organization	S1	38.94	35	-213.25	155
100114340738	2019/2/21	办公用品	issors, Rulers and Trimme	S2	2.08	2.56	-4.64	18
100826632092	2018/7/17	家具产品	Office Furnishings	S3	107.53	5.81	1054.82	129
100926965841	2018/7/16	家具产品	Tables	S4	70.89	89.3	-1748.56	141
100810096112	2018/7/17	数码电子	elephones and Communicati	S5	7.99	5.03	-85.13	103
100819274692	2018/7/16	数码电子	Computer Peripherals	S6	8.46	8.99	-128.38	20
100131798048	2018/10/23	办公用品	Pens & Art Supplies	S7	9.11	2.25	60.72	140
10096927231	2018/10/24	数码电子	elephones and Communicati	S8	155.99	8.99	48.99	153
100832412422	2018/11/2	数码电子	elephones and Communicati	S9	65.99	4.2	657.48	27
1001777216	2018/3/18	数码电子	Computer Peripherals	S10	115.79	1.99	1470.30	132
100414833353	2016/1/19	办公用品	Pens & Art Supplies	S11	2.88	0.7	7.57	81
100832459142	2016/6/5	家具产品	Office Furnishings	S12	30.93	3.92	511.69	80
100724372075	2016/6/5	办公用品	Pens & Art Supplies	S13	1.68	0.7	0.35	164
100920718931	2017/12/22	办公用品	Rubber Bands	S14	1.86	2.58	-107.00	165
100131504638	2017/12/22	数码电子	elephones and Communicati	S15	205.99	5.99	2057.17	127
10011908318	2016/4/18	数码电子	elephones and Communicati	S16	125.99	8.99	1228.89	81
100330436149	2017/1/29	办公用品	Labels	S17	2.89	0.5	28.24	157
100131515186	2019/11/27	办公用品	Paper	S18	6.48	8.19	-22.59	19
100723078415	2019/5/9	数码电子	Office manchines	S19	150.98	13.99	-309.82	62
100130875197	2019/5/8	办公用品	Paper	S20	18.97	9.03	71.75	109
100128667308	2019/5/10	办公用品	Storage & Organization	S21	9.71	9.45	-134.31	137
100414891584	2017/6/11	数码电子	elephones and Communicati	S22	7.99	5.03	-86.20	88
100320663599	2017/6/13	家具产品	Bookcases	S23	130.98	54.74	-603.80	172
100113558846	2019/5/2	办公用品	Storage & Organization	S24	95.99	35	-310.21	40
100317364739	2018/10/22	数码电子	Computer Peripherals	S25	4.98	4.62	-89.25	76

图 4-39　某淘宝店铺的销售数据

（2）哪些商品存在集中度低、供给跟不上的情况？总利润达到 10000 元，总库存预计需要多少？

（3）哪些商品正在亏损？哪些亏损超过 5000 元？

1. 理解数据

接下来要理解表格中的各个字段（列名）表示什么意思，如图 4-40 所示。

商品类别	商品子类别	商品名称	商品单个成本	运输成本	利润金额	商品库存
办公用品	Storage & Organization	S1	38.94	35	-213.25	155
办公用品	issors, Rulers and Trimme	S2	2.08	2.56	-4.64	18
家具产品	Office Furnishings	S3	107.53	5.81	1054.82	129
家具产品	Tables	S4	70.89	89.3	-1748.56	141
数码电子	elephones and Communicati	S5	7.99	5.03	-85.13	103
数码电子	Computer Peripherals	S6	8.46	8.99	-128.38	20

图 4-40　字段理解

- 商品类别：用于分析哪些商品是爆款。
- 利润金额：分析哪些商品利润高，哪些商品在亏本。
- 库存：用于分析哪些商品存在集中度低、供给跟不上的情况；总利润达到 10000 元，总库存预计需要多少。

2. 数据清洗

数据清洗即数据预处理，目的是去掉无效、重复数据，以取得符合要求的数据。

数据清洗的基本步骤如图 4-41 所示。

图 4-41　数据清洗步骤

（1）选择子集。只选择对数据分析有意义的字段，无意义的字段选择隐藏，即隐藏不需要分析的列（尽量不删，保证数据的完整性）。这里隐藏运输成本，保留利润金额和商品库存等。

（2）列名重命名。将不合适的列名更改为容易理解的形式。

（3）删除重复值。对重复数据进行删除，如果有重复列则进行删除重复值处理。

（4）缺失值处理。先检查数据是否存在缺失值，使用函数“=COUNTA(A2:A8568)”对 A 列非空单元格进行计数，然后对其他列进行计数，如果得到的数值不一致，则有缺失数据。

一般对缺失值的处理有 4 种方法，根据情况灵活使用：

- 通过人工手动补全（缺失值较少，并且可以根据其他信息确定该值）。
- 删除缺失的数据（无法判断该位置填写何值，或者删除的数据对分析无大的影响）。
- 用平均值代替缺失值。
- 用统计模型计算出的值去代替缺失值。

（5）一致化处理。对数据进行统一的命名和处理。

（6）数据排序。对“利润金额”这一列进行降序排序。

（7）异常值处理。查找是否有异常值，使用筛选功能，过滤掉异常值。

使用透视表统计商品类别个数，查找是否有异常值，如图 4-42 所示。

此处，三种商品类别总计 8567 与记录个数一致，没有异常值。

如果有异常值，使用筛选功能，过滤掉异常值，如图 4-43 所示。

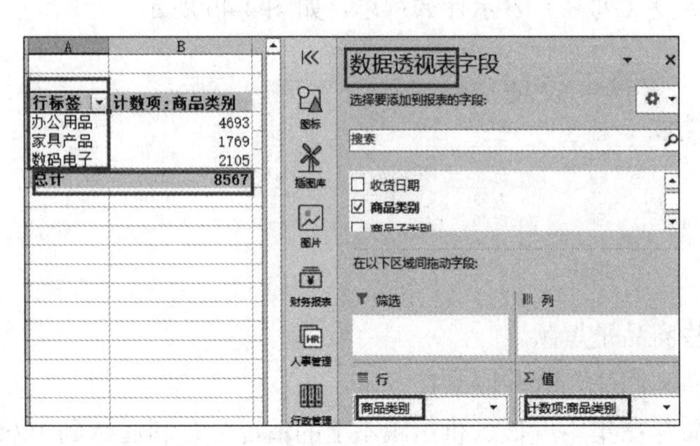

图 4-42　查看商品类别是否有异常值

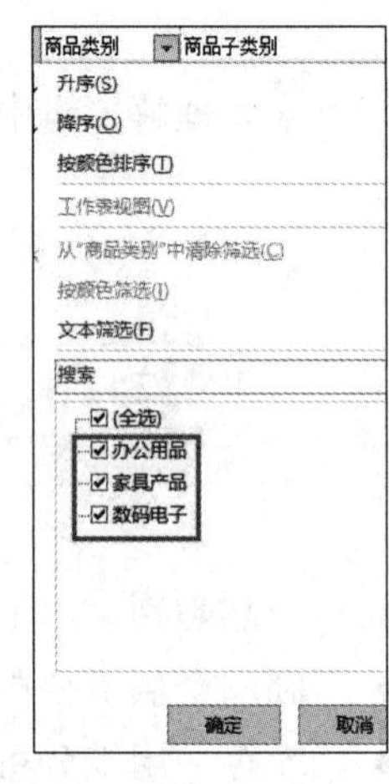

图 4-43　筛选正常的商品类别

3. 构建模型及数据可视化

（1）哪些商品是爆款？利润大于 1000 元？

以商品名称为行标签，以商品类别和商品子类别为列标签，用数据透视表分析不同类别商品的利润情况。

步骤：“插入”选项卡→“数据透视表”，将数据透视表字段中的“商品名称”拖入到行，将“商品类别”和“商品子类别”拖入到列，将“利润金额”拖入到值中，如图 4-44 所示。

再将“利润金额”拖入到筛选中，筛选出利润金额大于 10000 的数据项，如图 4-45 所示。

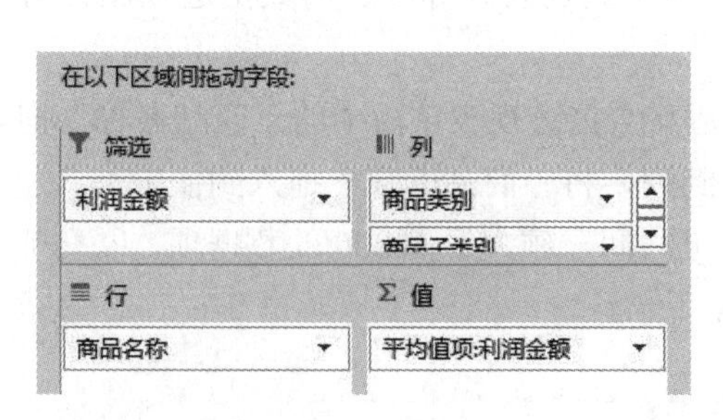

图 4-44 设置字段

图 4-45 筛选利润金额大于 10000 的数据项

得到的爆款商品数据透视表如图 4-46 所示。

利润金额	(多项)					
平均值项:利润;	列标签					
	⊟办公用品	办公用品 汇总	⊟数码电子		数码电子 汇总	总计
行标签	Binders and Binder Accesso		Copiers and	Office manchines		
S1315				14440.39	14440.39	14440.39
S2234				10521.33	10521.33	10521.33
S2623	10951.3065	10951.3065				10951.3065
S2908			13340.26		13340.26	13340.26
S3697			11630.146		11630.146	11630.146
S4095				12606.81	12606.81	12606.81
S4169			11984.395		11984.395	11984.395
S4189				27220.69	27220.69	27220.69
S4628			12748.86		12748.86	12748.86
S4872				11562.08	11562.08	11562.08
S566	11535.282	11535.282				11535.282
总计	11243.29425	11243.29425	12425.9153	15270.26	14006.10678	13503.77723

图 4-46 爆款商品数据透视表

将光标放在数据透视表，单击“数据透视表工具”的“分析”选项卡下的“数据透视图”，得到爆款商品数据透视图如图 4-47 所示。

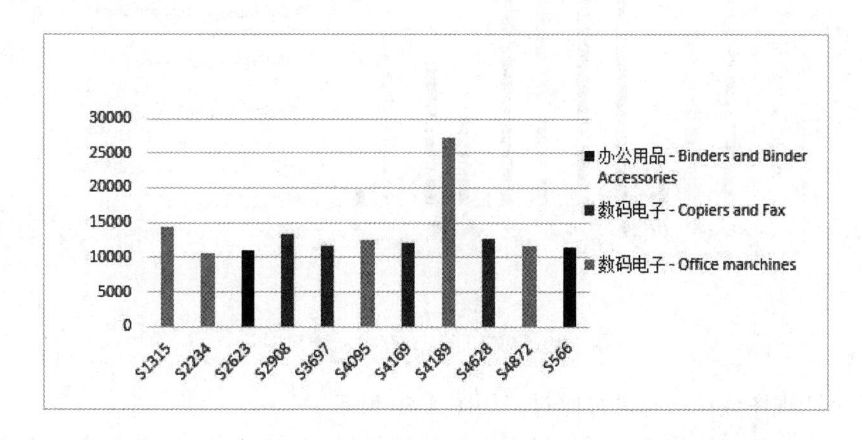

图 4-47 爆款商品数据透视图

结论：从数据透视图可以看出，数码电子商品类别的 Office manchines 子类和 Copiers and Fax 子类利润要高于其他类别的商品，其中数码电子商品类别中的 S4189 商品的利润要远高于其他商品。

（2）哪些商品存在集中度低、供给跟不上的情况？

以商品名称为行标签，以商品类别和商品子类别为列标签，用数据透视图分析不同类别商品的利润情况。

步骤："插入"选项卡→"数据透视表"，将数据透视表字段中的"商品名称"拖入到行，将"商品类别"和"商品子类别"拖入到列，将"商品库存"拖入到值中。

再将"利润金额"拖入到筛选中，筛选出利润金额大于 10000 的数据项。

得到爆款商品库存数据透视表如图 4-48 所示。

利润金额	(多项)					
求和项:商品库	列标签					
	⊟办公用品	办公用品 汇	⊟数码电子		数码电子总计	
行标签	Binders and Binder Acces:		Copiers and	Office manchines		
S1315				139	139	139
S2234				113	113	113
S2623	19	19				19
S2908			187		187	187
S3697			154		154	154
S4095				134	134	134
S4169			173		173	173
S4189				73	73	73
S4628			93		93	93
S4872				109	109	109
S566	10	10				10
总计	29	29	607	568	1175	1204

图 4-48　爆款商品库存数据透视表

得到爆款商品库存数据透视图如图 4-49 所示。

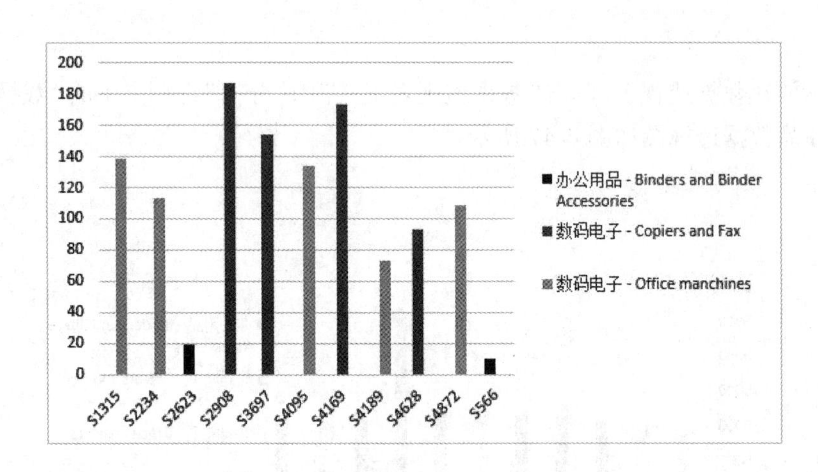

图 4-49　爆款商品库存数据透视图

将两个透视图放在一起进行比对，如图 4-50 所示。

总结：通过比对两张透视图可以看出办公用品的 S2623 和 S566 两种商品存在集中度低、供给跟不上的情况，需要补货。同时可以看出，爆款商品的库存普遍都很低。

（3）哪些商品正在亏损？哪些亏损超过 5000 元？

以商品名称为行标签，以商品类别和商品子类别为列标签，数据透视分析不同类别商品的利润情况。

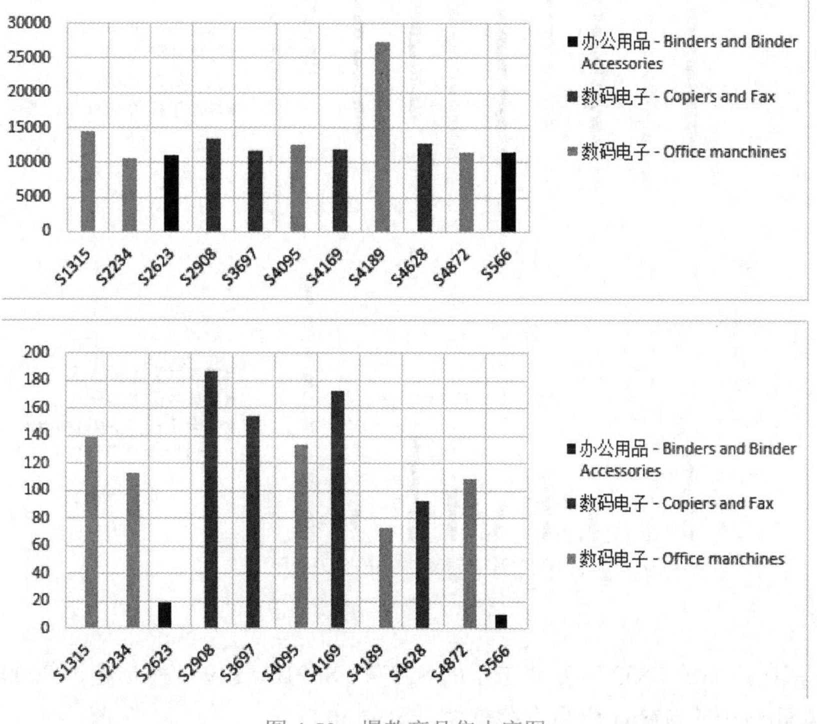

图 4-50　爆款商品集中度图

步骤："插入"选项卡→"数据透视表"，将数据透视表字段中的"商品名称"拖入到行，将"商品类别"和"商品子类别"拖入到列，将"利润金额"拖入到值中。

再将"利润金额"拖入到筛选中，筛选出利润金额在 -10000 至 -5000 的数据项。

得到亏本商品数据透视图如图 4-51 所示。

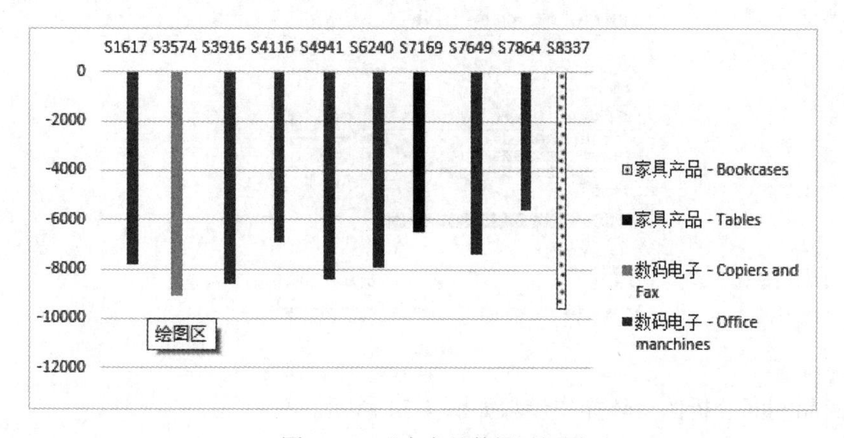

图 4-51　亏本商品数据透视图

查看亏本商品的库存情况，如图 4-52 所示。

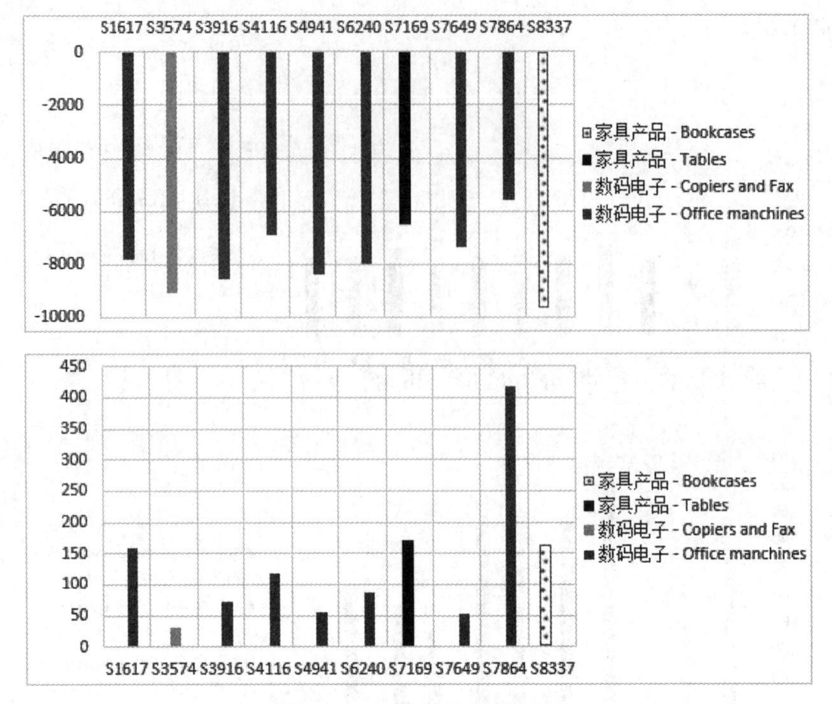

图 4-52　亏本商品库存情况

总结：家居产品的 S8337、数码电子的 S3574、S3916、S4941 亏损超过 8000 元，另外，亏本商品数码电子的 S7864 商品库存较大，超过 400。

（4）分析总体商品的利润情况。首先，安装 Excel 的分析工具库功能："文件" → "选项" → "加载项" → "管理"，选择 "Excel 加载项" → "转到" → 勾选 "分析工具库"，单击 "确定"。然后打开 "分析数据" 对话框，选择分析工具，如图 4-53 所示。

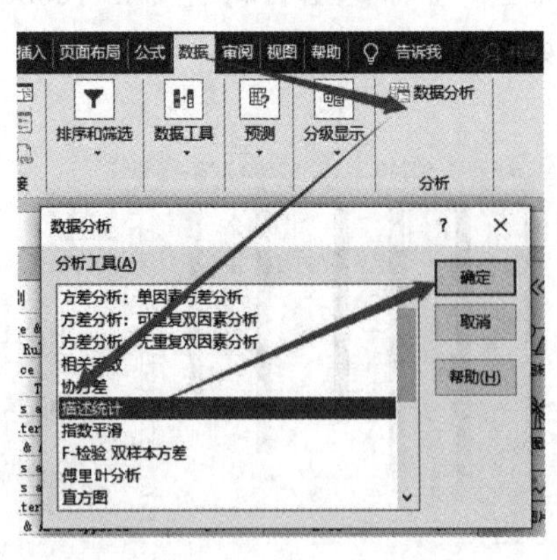

图 4-53　选择数据分析工具

总体商品利润分析的具体操作步骤如图 4-54 所示。

得到利润金额详细的分析数据，如图 4-55 所示。

以商品类别和商品子类别为行标签，商品利润为列标签，数据透视图分析商品类别与利润的关系如图 4-56 所示。

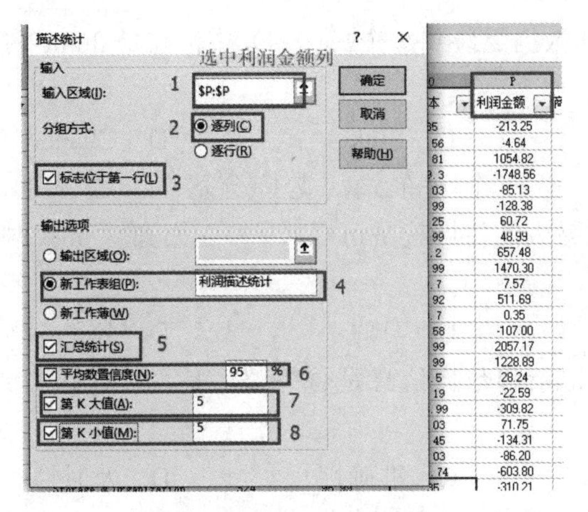

图 4-54　数据分析操作步骤

利润金额	
平均	180.8169
标准误差	12.75391
中位数	-1.56
众数	-909.048
标准差	1180.477
方差	1393527
峰度	68.26401
偏度	3.873686
区域	41361.39
最小值	-14140.7
最大值	27220.69
求和	1549058
观测数	8567
最大(5)	12606.81
最小(5)	-11053.6
置信度(95	25.00074

图 4-55　利润金额的分析数据

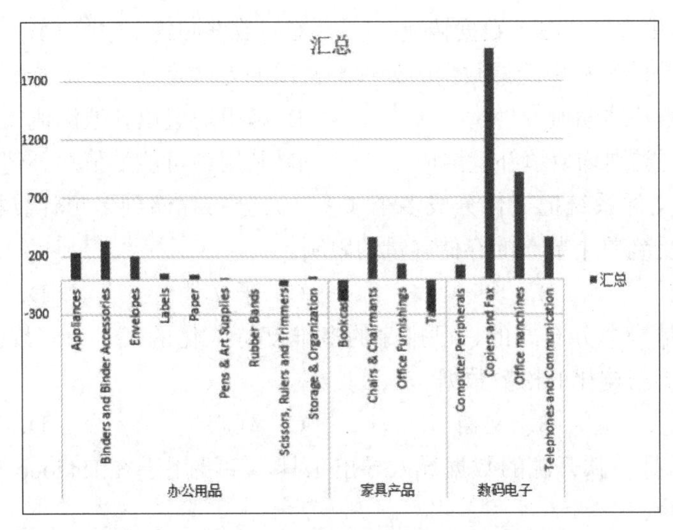

图 4-56　商品类别与利润的关系

结论：从上面数据透视结果可以看出，数码电子产品的利润最高，其次是办公用品。

总结：从以上几个透视图可以看出，数码电子产品利润最大，并且产品比较畅销，亏本的数码电子产品较多，总体来说风险大、利润大；办公用品利润较大，基本没有亏本情况，风险较小，利润尚可；家具产品中没有高利润商品但有亏本较大的商品，总体来说属于不盈利状况。

课后题

1. 选择题

(1) 大数据的 4V 特征包含 Volume、Velocity、Variety 和（　　）。

A. Value　　B. Veracity　　C. Visualization　　D. Vitality

（2）Flume 日志采集系统将流动的数据封装到一个（　　）中，它是 flume 内部数据传输的基本单元。

A．Agent　　B．Event　　C．Sink　　D．Channel

（3）Kafka 是用 scala 语言编写，是一个分布式、支持分区的、副本的，基于 zookeeper 协调的分布式消息系统，它最大的特性就是可以（　　）处理大量数据以满足各种需求场景。

A．批量　　B．实时　　C．分时　　D．分量

（4）数据的（　　）主要指数据记录和数据信息是否完整，是否存在缺失的情况，是对数据质量最基本的要求。

A．完整性　　B．一致性　　C．准确性　　D．及时性

（5）（　　）就是按照一定的规则过滤不符合要求的数据，使之成为符合数据分析要求的数据源。

A．数据集成　　B．数据转换　　C．数据归约　　D．数据清洗

（6）数据清洗的过程中遗漏数据的处理最常用的方法是（　　）。

A. 手工填补遗漏值　　B. 利用均值填补遗漏值

C. 利用同类别均值填补遗漏值　　D. 利用最可能的值填补遗漏值

（7）分布式文件系统把文件分成多个（　　）分布存储到多个计算机节点上，一个文件的大小不会受到单个节点的存储容量的限制。

A．字节　　B．块　　C．子文件　　D．列

（8）HBase 是一个分布式的、已排序的多维度持久化的（　　）数据库，主要用来存储非结构化和半结构化的松散数据。

A．键值　　B．文档　　C．列族　　D．图形

（9）（　　）是一款开源的数据导入导出工具，主要用于在 Hadoop 与传统的数据库间进行数据的转换。

A．Spark　　B．Pig　　C．Sqoop　　D．Flume

（10）Hive 是建立在（　　）之上的一个分布式数据仓库工具，它提供了一系列的工具，可以用来进行数据提取、转化、加载（ETL）。

A．HBase　　B．Hadoop　　C．Spark　　D．HDFS

（11）MapReduce 适用于（　　）。

A．任意应用程序

B．任意可以在 Windows Server 2008 上进行的应用程序

C．可以串行处理的应用程序

D．可以并行处理的应用程序

2. 问答题

（1）大数据的主要特征有哪些？

（2）大数据处理的基本流程是什么？

（3）大数据的来源有哪些？

（4）数据预处理的目的是什么？

（5）数据清洗需要清洗哪些数据？应使用哪些方法？

（6）试述 Hadoop 生态系统以及每个部分的具体功能。

（7）什么是数据挖掘？数据挖掘的意义是什么？

（8）NoSQL 数据库有哪四大类型？各自的主要特点是什么？

（9）请使用实例描述 HBase 数据模型，以及与关系型数据库模型的主要区别。

（10）数据可视化的意义是什么？常用的可视化工具有哪些？

第 5 章　人工智能

当前，新一代人工智能正在世界范围内蓬勃兴起，推动着经济社会从数字化、网络化向智能化加速跃升，人工智能领域迎来了新一轮发展热潮，已成为经济发展新引擎和国际竞争新焦点。早在 2017 年 7 月，国务院发布《新一代人工智能发展规划》，明确将人工智能作为未来国家重要的发展战略。党和国家已将新一代人工智能作为“引领未来的战略性技术”，从国家战略层面进行整体推进。由此可见人工智能重要的战略地位，我们将在本章对人工智能的相关知识进行学习。

人工智能概述

5.1　人工智能概述

人工智能之父约翰·麦卡锡（John McCarthy）将人工智能定义为“用来制造智能机器，尤其是智能计算机程序的科学与工程。”顾名思义，人工智能就是将智能赋予机器，让机器像人类一样运行。人工智能是计算机科学中的一个领域，它强调创造像人类一样工作、操作和反应的智能机器。人工智能被用于考虑实时场景的机器决策。人工智能机器读取实时数据，理解业务场景并作出相应的反应。人工智能现在已经成为信息技术非常重要的一部分。这个分支的目标是创造智能机器。

5.1.1　人工智能的定义

人工智能的定义主要有以下两种：

（1）人工智能是类人思考、类人行为，理性的思考、理性的行动。人工智能的基础是哲学、数学、经济学、神经科学、心理学、计算机工程、控制论、语言学。

（2）人工智能是研究、开发用于模拟、延伸和扩展人的智能的理论、方法、技术及应用系统的一门新的技术科学，它是计算机科学的一个分支。

那么，人工智能是一门什么学科呢？人工智能是以算法为核心，以数据为基础，以算力为支撑，以智能决策为方向的一门学科。它涵盖诸如数学、逻辑学、归纳学、统计学、系统学、控制学、工程学、计算机科学等，还包括对哲学、心理学、生物学、神经科学、认知科学、仿生学、经济学、语言学等其他学科的研究。因此，人工智能是一门综合学科。

5.1.2　人工智能的发展

人工智能的发展经历了起起伏伏的曲折过程，大概可以划分为以下几个阶段。

1. 人工智能的诞生（20 世纪 40—50 年代）

早在 20 世纪 40—50 年代，数学家和计算机工程师已经开始探索用机器模拟人的智能。1950 年，被称为“计算机之父”的艾伦·图灵（Alan Turing）提出了一个举世瞩目的想法——图灵测试。按照图灵的设想，如果一台机器能够与人类开展对话而不被辨别出机器身份，那么这台机器就具有智能，图灵还大胆预言了真正具备智能机器的可行性。1955 年，马文·明斯基（Marvin Minsky）、约翰·麦卡锡（John McCarthy）、克劳德·香农（Claude Shannon）等人在美国的达特茅斯学院组织了一次研讨会，第一次正式提出了“人工智能”一词，宣告人工智能作为一门学科的诞生，并且开始从学术角度对人工智能展开专业研究，确定了人工智能的主要研究内容包括机器人、语言识别、图像识别、自然语言处理和专家系统等。该会议被人们看作人工智能正式诞生的标志，最早的一批人工智能学者和技术开始涌现。

2. 人工智能的第一次浪潮（20 世纪 50—70 年代）

人工智能的诞生让人们第一次看到了智慧通过机器实现的可能，人工智能迎来了属于它的第一次浪潮。在长达十余年的时间里，计算机被广泛应用于数学和自然语言领域，用来解决代数、几何和英语问题。这让许多研究学者看到了机器向人工智能发展的可能。

虽然这个阶段人工智能的成果层出不穷，但由于人们对人工智能研究的估计过于乐观，以及科研人员在人工智能的研究中对项目难度预估不足，导致很多人工智能项目一直无法实现，人工智能进入了第一个痛苦、艰难的阶段。

当时人工智能面临的技术瓶颈主要有三个：一是计算性能不足，导致很多程序无法在人工智能领域得到应用；二是问题的复杂性，早期人工智能程序主要是解决对象少、复杂性低的特定问题，一旦问题上升维度，程序马上就不堪重负；三是数据严重缺乏，在当时没有足够大的数据库来支撑程序进行机器学习，这很容易导致机器无法读取足够的数据进行智能化。随着公众热情的消退和投资的大幅削减，人工智能在 70 年代中期进入了第一个冬天。

3. 人工智能的第二次浪潮（20 世纪 80 年代）

1980 年，卡内基·梅隆大学为数字设备公司设计了一套名为 XCON 的专家系统，DEC 公司销售 VAX 计算机时，XCON 可以基于规则根据顾客需求自动配置零部件。它采用人工智能程序，可以简单地理解为“知识库＋推理机”的组合，是一套具有完整专业知识和经验的计算机智能专家系统。这套系统在 1986 年之前每年能为公司节省超过 4000 美元经费。

专家系统的成功也逐步改变了人工智能发展的方向，科学家们开始专注于针对具体领域实际问题的专家系统，这和当初建立通用的智能系统的初衷并不完全一致。与此同时，人工神经网络的研究也取得了重要的进展，1986 年，大卫·鲁梅尔哈特（David Rumelhart）、杰弗里·辛顿（Geoffrey Hinton）和罗纳德·威廉姆斯（Ronald Williams）联合提出的“反向传播算法”（Backpropagation algorithm，简称 BR 算法），可以在神经网络的隐藏层中学习对于输入数据的有效表达，反向传播算法被广泛用于神经网络的训练。

但到了80年代后期，产业界对于专家系统的巨大投入和过高期望开始显现出负面效应，人们发现专家系统的开发与维护成本昂贵，而商业价值有限。仅仅维持了7年，这个曾经轰动一时的人工智能系统就宣告结束。从此，专家系统风光不再，人工智能的发展再度步入冬天。

4. 人工智能的第三次浪潮（2011年至今）

20世纪90年代中期开始，随着人工智能技术尤其是神经网络技术的逐步发展，人们对人工智能不再有不切实际的期待，人工智能技术开始进入平稳发展时期。2006年，辛顿在神经网络的深度学习领域取得突破，让人类又一次看到计算赶超人类的希望，这也是标志性的技术进步。

进入21世纪后，互联网的蓬勃发展带来了全球范围内电子数据的爆炸性增长，人类迈入了大数据时代，与此同时计算机芯片的计算能力持续高速增长，当前一块图像处理器的计算能力已经突破了每秒10万亿次的浮点运算，超过了2001年全球最快的超级计算机，在数据和计算能力指数式增长的支持下，人工智能算法取得了重大突破。

以多层神经网络为基础的深度学习被推广到多个应用领域，特别是语音识别、图像分析、视频理解等诸多领域取得了成功，引爆了一场新的科技革命，谷歌、微软、百度等互联网巨头，还有众多的初创科技公司，纷纷加入人工智能产品的战场，掀起了新一轮的智能化狂潮。

随着技术的日趋成熟和大众的广泛接受，世界各国的政府和商业机构都纷纷把人工智能列为未来发展战略的重要部分，由此，人工智能的发展迎来了第三次热潮。目前人工智能领域引发了全社会的关注和重视，新的科技创新在不断涌现。

5.1.3 人工智能主要学派

目前，人工智能主要有以下三个学派。

1. 符号主义学派

符号主义（symbolicism）又称为逻辑主义（logicist）、心理学派（psychologism）或计算机学派（computerism）。该学派认为人工智能源于数理逻辑。数理逻辑在19世纪获得迅速发展，到20世纪30年代开始描述智能行为。计算机产生以后，又在计算机上实现了逻辑演绎系统，其代表成果为启发式程序LT（逻辑理论家），人们使用它证明了38个数学定理，从而表明了人类可利用计算机模拟人类的智能活动。

符号主义的主要理论基础是物理符号系统假设。符号主义将符号系统定义为3部分：一组符号，对应于客观世界的某些物理模型；一组结构，它是由某种方式相关联的符号的实例所构成；一组过程，它作用于符号结构上而产生另一些符号结构，这些作用包括创建、修改和消除等。

在这个定义下，一个物理符号系统就是能够逐步生成一组符号的产生器。

在物理符号的假设下，符号主义认为：人的认知是符号，人的认知过程是符号操作过程。符号主义还认为，人就是一个物理符号系统，计算机也是一个物理符号系统，因此，能够用计算机来模拟人的智能行为，即可用计算机的符号操作来模拟人的认知过程。这实质就是认为，人的思维是可操作的。

符号主义的基本信念是：知识是信息的一种形式，是构成智能的基础，人工智能的核心问题是知识表示、知识推理和知识运用。知识可用符号表示，也可用符号进行推理。符号主义就是在这种假设之下，建立起基于知识的人类智能和机器智能的核心理论。

符号主义曾长期一枝独秀，经历了从启发式算法到专家系统，再到知识工程理论与技术的发展道路，为人工智能作出了重要的贡献。这个学派的代表任务有纽厄尔（Newell）、西蒙（Simon）和尼尔逊（Nilsson）等。

2. 连接主义学派

连接主义（connectionism）又称仿生学派（bionicsism）或生理学派（physiologism），是基于生物进化论的人工智能学派，其主要理论基础为神经网络及神经网络间的连接机制与学习算法。连接主义认为人工智能源于仿生学，特别是对人脑模型的研究，认为人的思维基元是神经元，而不是符号处理过程，人脑不同于计算机，并提出连接主义的大脑工作模式，用于否定基于符号操作的计算机工作模式。

如果说符号主义是从宏观上模拟人的思维过程，那么连接主义则试图从微观上解决人类的认知功能，以探索认知过程的微观结构。连接主义从人脑模式出发，建议在网络层次上模拟人的认知过程。所以，连接主义本质上是用人脑的并行分布处理模式来表现认知过程。

连接主义的兴起标志着神经生理学和非线性科学向人工智能的渗透，这主要表现为人工神经网络（Artificial Neural Network，ANN）研究的兴起，ANN 可以看作是一种具有学习和自组织能力的智能机器或系统。ANN 作为模拟人的智能和形象思维能力的一条重要途径，对人工智能研究工作者有着极大的吸引力。近年来，由于出现了一些新型的 ANN 模型和一些强有力的学习算法，大大推动了有关 ANN 理论和应用的研究。连接主义具有代表性的工作有：Hopfield 教授在 1982 年和 1984 年的两篇论文中提出了用硬件模拟神经网络；Rumthart 教授在 1986 年提出多层网络中的反向传播算法、深度神经网络算法等。

3. 行为主义学派

行为主义（actionism）又称为进化主义（evolutionism）或控制论学派（cyberneticsism）。行为主义提出了智能行为的“感知－动作”模式，认为智能取决于感知和行动；人工智能可以像人类智能一样逐步进化（所以称为进化主义）；智能行为的智能在现实世界中与周围环境交互作用而表现出来。

行为主义是控制论向人工智能领域的渗透，它的理论基础是控制论，它把神经系统的工作原理与信息论联系起来，着重研究模拟人在控制过程中的智能行为和作用，如自寻优、自适应、自校正、自镇定、自学习和自组织等控制理论，并进行控制论动物的研究。这一学派的代表首推美国人工智能专家 Brooks。1991 年 8 月在悉尼召开的 12 届国际人工智能联合会议上，Brooks 作为大会“计算机与思维”奖得主，通过讨论人工智能、计算机、控制论、机器人等问题的发展情况，并以他在 MIT 多年进行人造动物机器的研究与实践和他所提出的“假设计算机体系结构”研究为基础，进行了以“没有推理的智能”为题的演讲，对传统的人工智能提出了批评和挑战。

Brooks 的行为主义学派否定了智能行为来源于逻辑推理及其启发式的思想，认为对人工智能的研究不应把精力放在知识表示和编制推理规则上，而应着重研究在复杂环境下对行为的控制。这种思想对人工智能主流学派传统的符号主义思想是一次冲击和挑战。行为主义学派的代表作首推 Brooks 等研制的六足行走机器人，它是一个基于“感知—动作”模式的模拟昆虫行为的控制系统。

5.1.4 人工智能编程语言

如今，随着 AI 的迅猛发展，人们会期望 AI 程序员掌握多种语言，因为它们是在跨学科环境中而不是在孤岛中工作。因此，没有一种“AI 语言”可以被视为最佳编程语言。下面列出一些在全球 AI 项目中流行和使用的流行语言。

1. Python

Python 语法简单，功能多样，是开发人员最喜爱的 AI 开发编程语言之一，因为它允许开发人员创建交互式、可解释式性、模块化、动态、可移植和高级的代码，这使得它比 Java 语言更独特。Python 非常便携，可以在 Linux、Windows 等多平台上使用。另外，Python 是一种多范式编程语言，支持面向对象、面向过程和函数式编程风格。由于它拥有简单的函数库和理想的结构，Python 很适合神经网络和自然语言处理（NLP）解决方案的开发。

但是，习惯于 Python 的开发人员在尝试使用其他语言时，难以调整状态使用不同的语法进行开发。与 C ++ 和 Java 不同，Python 在解释器的帮助下运行，在 AI 开发中这会使编译和执行变得更慢，不适合移动计算。

2. C++

C++ 运行速度快，特别适用于对时间敏感的 AI 编程项目，它能够提供更短的执行时间和响应时间（这就是为什么它经常用于搜索引擎和游戏）。此外，C++ 允许大规模的使用算法，并且在使用统计 AI 技术方面非常高效。另一个重要因素是由于继承和数据隐藏，在开发中 C++ 支持重用代码，因此既省时又省钱。C++ 适用于机器学习和神经网络。

由于 C++ 多任务处理效果不佳，所以仅适用于实现特定系统或算法的核心或基础。并且 C++ 遵循自下而上的方法，因此非常复杂。

3. Java

Java 也是一种多范式语言，遵循面向对象的原则和一次编写、到处运行（WORA）的原则。Java 是一种可在任何支持它的平台上运行的 AI 编程语言，而无需重新编译。

除了 AI 开发，Java 也是最常用的语言之一，兼容了 C 和 C++ 中的大部分语法。Java 不仅适用于自然语言处理和搜索算法，并且还适用于神经网络。

4. Lisp

在 AI 开发中使用 Lisp 语言，是因为它的灵活性使快速建模和实验成为可能，这反过来又促进了 Lisp 在 AI 开发中的发展。例如，Lisp 有一个独特的宏观系统，可以帮助探索和实现不同层次的智能。与大多数 AI 编程语言不同，Lisp 在解决特定问题方面效率更高，因为它能够适应开发人员编写解决方案的需求。Lisp 非常适合于归纳逻辑项目和机器学习。

但是，Lisp 是计算机编程语言家族中继 Fortran 之后的第二种古老的编程语言，作为一种古老的编程语言，Lisp 需要配置新的软件和硬件以适应在当前环境下使用。很少有开发人员熟悉 Lisp 编程。

5. Prolog

Prolog 也是古老的编程语言之一，因此它也适用于 AI 的开发。像 Lisp 一样，它也是主要的 AI 编程语言。Prolog 的机制能够开发出受开发人员欢迎的较为灵活的框架。Prolog 是一种基于规则和声明的语言，这是因为它具有规定 AI 编程语言的事实和规则。

Prolog 支持基本机制，如模式匹配，基于树的数据结构以及 AI 编程所必需的自动回溯。除了广泛应用于 AI 项目之外，Prolog 也应用于创建医疗系统。

5.1.5 人工智能开发框架

以下是 AI 中最常用的一些框架和工具。

1. Caffe

Caffe 是由伯克利视觉和学习中心开发的，是一个深度学习框架，由于速度快，在人工智能工程师甚至企业用户中非常受欢迎。Caffe 能够在一天内处理超过 5000 万张图像。Caffe 被广泛应用的领域包括研究、语言、多媒体和视觉。

2. TensorFlow

TensorFlow 是谷歌开发的一个用于数值计算智能的开源框架。利用数据流图进行计算。如果我们访问网站 https://tensorflow.google.cn/，会看到很多教程，可以自主学习。

3. Theano

Theano 是一个非常受欢迎的开源库，它是由加拿大魁北克蒙特利尔大学的 LISA 小组开发的。Theano 与 TensorFlow 相似，虽然 TensorFlow 在 GPU 支持、数据可视化选项方面做得更好，但 Theano 比 TensorFlow 支持的操作范围更广。

4. Keras

Keras 是一个用 Python 语言编写的开源神经网络库。它是运行在其他库之上的，底层库如 TensorFlow、Theano 等。它是由谷歌的工程师 Francois Chollet 开发的。Keras 的工作方式是它不处理任何低级的计算，相反，它使用其他库，如张量流和 Theano 来做它。因此，Keras 处理高级 API，并使用丢失和优化器函数编译模型。如果我们访问网站 https://keras.io/，可以看到许多教程和学习资源，方便人们自主学习。

5. Scikit-Learn

Scikit-learn 也是一个用 Python 编写的开源机器学习库。它是由 David Cournapeau 在 2007 年开发的谷歌 Summer of Code 项目的一部分。Scikit-learn 提供了许多可在 Python 程序中使用的监督和非监督机器学习算法。

Scikit-learn 库基于 Scientific Python，因此在开始使用 Scikit-learn 库之前必须先安装 Scientific Python。Scikit -learn 提供的一些功能如下：

NumPy：包含许多数学函数，可以支持大型和多维数组。

SciPy：包含了线性代数、优化、信号与图像处理、集成等科技计算模块。

Matplotlib：主要用作可视化和绘图库。它可以用于创建大量的图形，以可视化机器学习模型。

IPython：是一个交互式计算控制台，可以与多种编程语言一起使用。

Pandas：用于数据操作和分析。

6. PyTorch

PyTorch 是一个使用 GPU 和 CPU 进行深度学习的优化张量库，它是基于以下两个目的而打造的：

（1）无缝替换 NumPy，并且通过利用 GPU 的算力来实现神经网络的加速。

（2）通过自动微分机制，来让神经网络的实现变得更加容易。

另外，与 Tensorflow 的静态计算图不同，PyTorch 的计算图是动态的，可以根据计算需要实时改变计算图。PyTorch 目前在学术界被广泛应用。

5.2 机器学习

经过半个多世纪的发展，人们在研究人工智能技术的过程中逐渐发现，人为设计的知识以及基于这些知识的推理过程在实际应用中非常困难。这不仅因为对知识进行形式化转换本身就很烦琐，即使完成了这一形式化转换，依然会有各种冲突和不确定性存在，使得推理很难完成。

这种依靠硬编码的知识体系面临的困难表明，人工智能系统需要具备自己获取知识的能力，即从数据中提取知识的能力。虽然从数据中学习得到的知识可能是不精确、不全面的，但在很多时候更适合实际应用。因此，人工智能的研究者们不得不用数据学习逐渐取代人为设计。在这一过程中，我们失去了传统数理逻辑的简洁和清晰，越来越依赖从数据中得到统计规律，而这些规律天然具有模糊性和近似性。

这意味着当前人工智能技术与传统人工智能在方法论上已经有很大的不同了。当代人工智能的本质是让机器从数据中学习知识，而不再是对人类知识的复制，这一方法称为“机器学习”。基于这样的思路，人工智能已经不再是人的附庸，它将和人类在平等的起跑线上汲取和总结知识，因而可能创造出比人类更巧妙的方法，比人类更高效的决策，探索人类从未发现过的知识空间。数据越丰富，计算能力越强，这种学习方法带来的效果越好，超越人的可能性越高。当前人工智能的很多成就很大程度上是由庞大的数据资源和计算资源支撑的，典型的领域包括语音识别、图像识别、自然语言处理等。21世纪的AI是数据的AI，是机器学习的AI，“人工智能”里的“人工”更多的是设计学习原则，而非设计智能过程本身。基于此，本章主要介绍基于机器学习的现代AI技术。

在开始正式介绍之前，先通过下图大致了解下人工智能、机器学习和深度学习之间的关系，如图5-1所示。

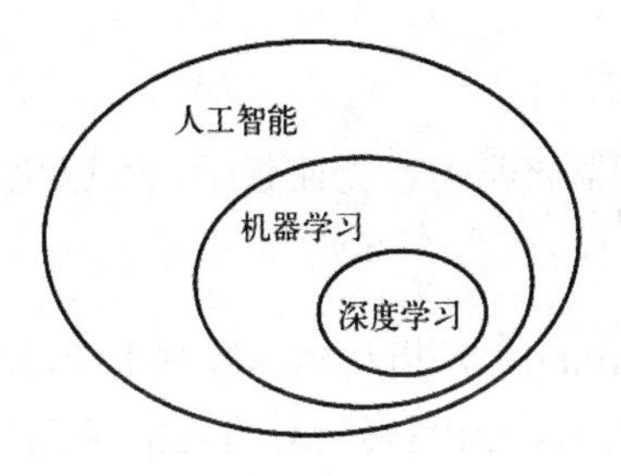

图5-1 人工智能、机器学习和深度学习的关系

什么是机器学习

5.2.1 什么是机器学习

1959年，亚瑟·塞缪尔（Arthur Samule）发表了一篇名为*Some Studies in Machine Learning Using the Game of Checkers*的文章。该文章描述了一种会学习的西洋棋计算机程序，只需告诉该程序游戏规则和一些常用知识，经过8～10小时的学习后，即可学到足以战胜程序作者的棋艺。这款西洋棋游戏程序是世界上第一个会自主学习的计算机程序，宣告了机器学习的诞生。

什么是机器学习？塞缪尔认为机器学习是“让计算机拥有自主学习的能力，而不必对其进行事无巨细的编程”的方法。尼尔斯·约翰·尼尔森（Nils J. Nilsson）则认为机器学习是“机器在机构、程序、数据等方面发生了基于外部信息的某种改变，而这种改变可以提高该机器在未来工作中的预测性能。”上述这些定义在本质上是一致的，即认为机器学习是通过接收外界信息（包括观察样例、外来监督、交互反馈等），获得一系列知识、规则、方法和技能的过程。和传统算法相比，机器学习的一个巨大优势在于程序设计者不必定义具体的流程，只需告诉计算机一些通用知识，定义一个足够灵活的学习结构，机器即可通过观察和体验积累实际经验，对所定义的学习结构进行调整、改进，从而获得面向特定任务的处理能力。

从图5-2中可以看出机器学习和传统程序设计算法的区别。机器学习系统是训练出来的，而不是明确地用程序编写出来的。将与某个任务相关的许多示例输入机器学习系统，它会在这些示例中找到统计结构，从而最终找到规则将任务自动化。举个例子，我们想为度假照片添加标签，并且希望将这项任务自动化，那么我们可以将许多人工打好标签的照片输入机器学习系统，系统将学会将照片与特定标签联系在一起的统计规则。

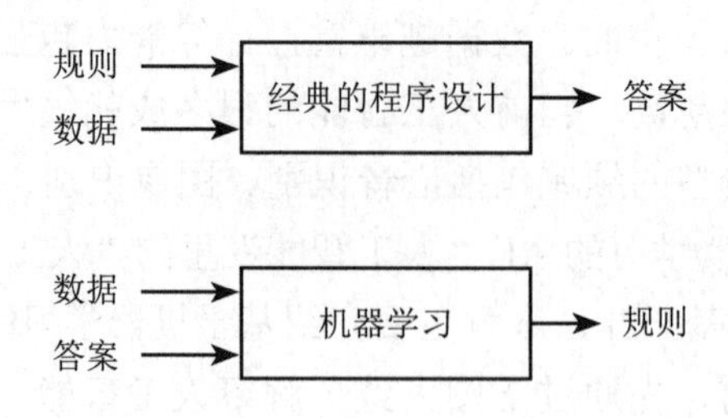

图 5-2　机器学习和经典程序设计的区别

机器学习的分类

5.2.2　机器学习的分类

机器学习通常分为三类：监督学习、无监督学习和强化学习。

1. 监督学习

监督学习（supervised learning）是指从标注数据中学习预测模型的机器学习问题。标注数据表示输入输出的对应关系，预测模型对给定的输入产生相应的输出。监督学习的本质是学习输入到输出的映射。

监督学习的主要目的是使用有标签的训练（trainning）数据构建模型，而后可以使用经训练得到的模型对未来数据进行预测。这里的监督（supervised）是指训练数据集中的每个样本均有一个已知的输出项（标签 label）。

以垃圾邮件识别为例：基于有标签的电子邮件样本库，可以使用监督学习算法训练成一个判定模型，用来判别一封新的电子邮件是否为垃圾邮件；其中，在用于训练的电子邮件样本库中，每一封电子邮件都已被准确地标记为是否为垃圾邮件。监督学习一般使用离散的标签（class label），类似于过滤垃圾邮件的这类问题也被称为分类（classification）。监督学习的另一个子类是回归（regression），回归问题的输出项是连续值。

（1）利用分类对标签进行预测。分类是监督学习的一个子类，其目的是基于对过往标签已知示例的观察与学习，实现对新样本标签的预测。这些标签是离散的、无序的值，它们可以视为样本的组别信息。前面提到的检测垃圾邮件的例子是一个典型的二分类任务，机器学习算法会生成一系列的规则用以判定邮件属于垃圾邮件还是非垃圾邮件。

然而，标签集合并非一定是二类别分类的。通过监督学习算法构造的预测模型可以将训练样本库中出现的任何标签赋给一个尚未被标记的新样本。手写字符识别就是一个典型的多类别分类的例子。在此，我们可以将字母表中每个字母的多个不同的手写样本收集起来作为训练数据集。此时，若用户通过输入设备给出一个新的手写字符，我们的预测模型能够以一定的准确率将其判定为字母表中的某个字母。然后，如果我们的训练样本库中没有出现 0 ～ 9 的数字字符，那么模型将无法正确辨别任何输入的数字。

图 5-3 通过给出具有 30 个训练样本的实例说明二类别分类任务的概念：15 个样本被标记为负类别（图中用圆圈表示）；15 个样本被标记为正类别（图中用加号表示）。此时，我们的数据集是二维的，这意味着每个样本都有两个与其关联的值：x_1 和 x_2。现在，我们可以通过有监督的机器学习算法获得一条规则，并将其表示为一条黑色虚线标识的分

界线，它可以将两类样本分开，并且可以根据给定的 x_1、x_2 值将样本划分到某个类别中。

（2）使用回归预测连续输出值。通过前面的介绍，我们知道了分类的任务是将具有类别的、无序标签分配给各个新样本。另一类监督学习方法针对连续型输出变量进行预测，也就是多维的回归分析（regression analysis）。在回顾分析中，数据中会给出大量的自变量和相应的连续因变量，通过尝试寻找这两种变量之间的关系，就能够预测输出变量。

例如，假定我们想预测学生考试中数学科目的成绩。如果花费在学习上的时间和最终的考试成绩有关联，则可以将其作为训练数据来训练模型，以根据学习时间预测将来要参加考试的学生的成绩。

下面用图 5-4 阐述线性回归（linear regression）的概念。给定一个自变量 x 和因变量 y，拟合一条直线使得样例数据点与拟合直线之间的距离最短，最常用的是采用平均平方距离来计算。这样我们就可以通过对样本数据的训练来获得拟合直线的截距和斜率，从而对新的输入变量所对应的输出变量值进行预测。

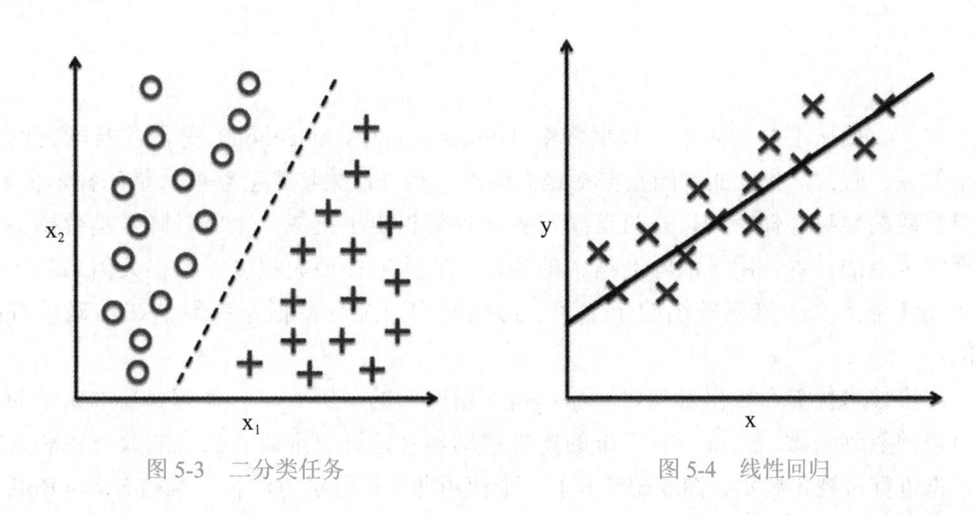

图 5-3　二分类任务　　图 5-4　线性回归

2. 无监督学习

无监督学习（unsupervised learning）是指从无标注数据中学习预测模型的机器学习问题。无标注数据是自然得到的数据，预测模型表示数据的类别、转换或概率。无监督学习的本质是学习数据中的隐藏规律或潜在结构。通过无监督学习，我们可以在没有一直输出变量的情况下提取有效信息来探索数据的整体结构。

（1）通过聚类对数据进行分组。聚类是一种探索性数据分析技术。在没有任何相关先验信息的情况下，它可以帮助我们将数据划分为有意义的小的组别，即簇（cluster）。对数据进行分析时，生产的每个簇中其内部成员之间具有一定的相似度，而与其他簇中的成员则具有较大的不同，这就是为什么聚类有时被称为“无监督分类”。聚类是获取数据的结构信息，以及导出数据间有价值的关系的一种很好的技术，例如，它使得市场人员可以基于用户的兴趣将其分为不同的类别，以分别制定相应的市场营销计划。

图 5-5 演示了聚类方法如何根据数据 x_1 及 x_2 两个特征值之间的相似性将无标签的数

据划分到三个不同的组中。

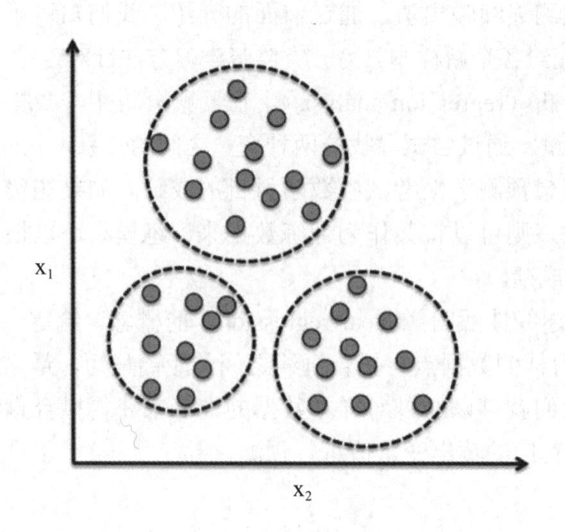

图 5-5　聚类

（2）数据压缩中的降维。数据降维（dimensionality reduction）是无监督学习的另一个子领域。通常，我们面对的数据都是高维的（每一次采样都会获取大量的样本值），这就对有限的数据存储空间以及机器学习算法性能提出了挑战。无监督降维是数据特征预处理时常用的技术，用于清除数据中的噪声，它能够在最大程度保留相关信息的情况下将数据压缩到一个维度较小的子空间，但同时也可能会降低某些算法在准确性方面的性能。

降维技术优势在数据可视化方面也是非常有用的。例如，一个具有高维属性的数据集可以映射到一维、二维或者三维的属性空间，并通过三维或者二维的散点图和直方图对数据进行可视化展示。图 5-6 展示了一个使用非线性降维方法将三维的 Swiss Roll 压缩到二维特征空间的实例。

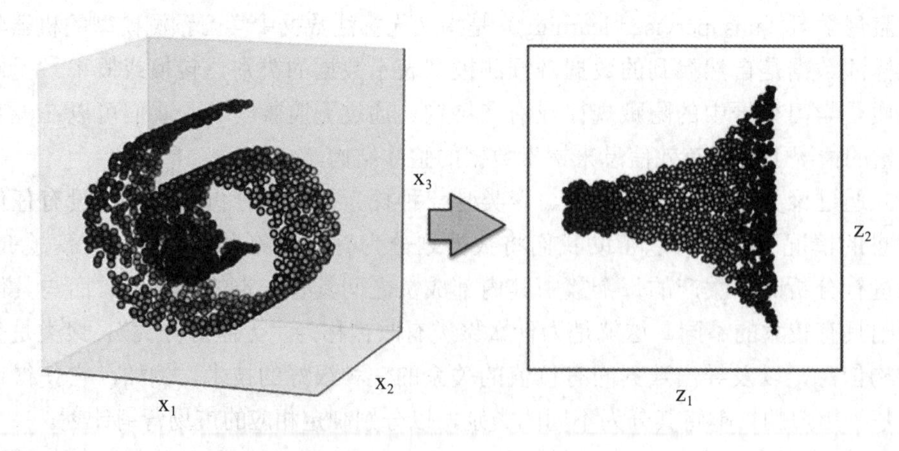

图 5-6　降维

3. 强化学习

强化学习（reinforcement learning）是指智能系统在与环境的连续互动中学习最优行为策略的机器学习问题。假设智能系统与环境的互动基于马尔科夫决策过程（Markov decision process），智能系统能观测到的是与环境互动得到的数据序列。强化学习的本质是学习最优的序列决策。

强化学习的目标是构建一个系统（Agent），在与环境（environment）交互的过程中提高系统的性能。环境的当前状态信息中通常包含一个反馈（reward）信号，我们可以将强化学习视为与监督学习相关的一个领域。然后，在强化学习中，这个反馈值不是一个确定的标签或者连续类型的值，而是一个通过反馈函数产生的对当前系统行为的评价。通过与环境的交互，Agent 可以通过强化学习来得到一系列的行为，通过探索性的试错或借助精心设计的激励系统使得正向反馈最大化。

一个常用的强化学习例子就是象棋对弈的游戏。在此，Agent 根据棋盘上的当前局态（环境）决定落子的位置，而游戏结束时胜负的判定可以作为激励信号。

更简单来说就是将一只小白鼠放在迷宫里面，目的是找到出口，如果它走出了正确的步子，就会给它正反馈（糖），否则给出负反馈（点击）。那么，当它走完所有的道路后，无论把它放到哪儿，它都能通过以往的学习找到通往出口最正确的道路。强化学习的典型案例就是阿尔法狗。

5.2.3 机器学习的工作流程

机器学习的工作流程

1. 数据预处理

为了尽可能发挥机器学习算法的性能，往往对原始数据的格式等有一些特定的要求，但原始数据很少能达到此标准。因此，数据预处理是机器学习应用过程中必不可少的重要步骤之一。许多机器学习算法为达到性能最优的目的，将属性值映射到 [0，1] 区间，或者使其满足方差为 1、均值为 0 的标准正态分布，从而使得提取出的特征具有相同的度量标准。

另外，某些属性间可能存在较高的关联，因此存在一定的数据冗余。在此情况下，使用数据降维技术将数据压缩到相对低维度的子空间是非常有用的。数据降维不仅能够使得多虚的存储空间更小，而且还能够使学习算法运行得更快。

为了保证算法不仅在训练数据集上有效，同时还能很好地应用于新数据，我们通常会随机地将数据集划分为训练数据集和测试数据集。使用训练数据集来训练及优化机器学习模型，在完成后，使用测试数据集对最终的模型进行评估。

2. 选择预测模型类型并进行训练

在后续部分我们将会看到一些常见的机器学习算法模型，这些算法模型被用于解决不同的问题。既然有这么多模型，那么有没有一种模型可以完胜其他模型呢？答案是没有。所谓模型好坏都是相对于特定任务、特定场景、特定数据而言的。如果一个模型在某一场景、某一数据下具有某种优势，则在其他场景、其他数据下必然具有相应的劣势，这一原则称为 No Free Lunch 原则，即常说的“天下没有免费的午餐”。这一原则是机器学习实践中的基本准则，它告诉我们对具体任务要具体分析，选择与任务相匹配的模型，才能得到较好的效果。这也提示我们要学习每种模型背后的基础假设和适用条件，唯有如此，才能对不同任务设计出合理的模型结构和合理的学习方法。

因此，在实际解决问题过程中，必不可少的一个环节就是选用几种相匹配的算法来训练模型，并比较它们的性能，从中选择最优的一个。在比较不同模型之前，我们需要先确定一个指标来衡量算法的性能。一个常用的指标是准确率，就是指被正确预测的样本所占的比例。

正常情况下大家会问：我们在选择训练模型的时候没有使用测试数据集，却将这些数据用于最终的模型评估，那该如何判断究竟哪一个模型会在测试数据集和实测数据集上有更好的表现呢？针对该问题，我们可以采用交叉验证技术，将训练集进一步分为训练子集和验证子集，从而对模型的泛化能力进行评估。不同机器学习算法的默认参数对于特定类型的任务来说，肯定不是最优的。此时，就需要使用超参数优化技术来帮助我们提升训练模型的性能。直观上看，超参数并不是从数据集中训练得到的参数，可以简单的看作是模型生成的规则参数，是我们借以提高模型性能的关键节点。

3. 模型验证与使用未知数据进行预测

在使用训练数据集构建出一个模型之后，可以采用测试数据集对模型进行测试，预测该模型在未知数据集上的表现并对模型的泛化误差进行评估。如果我们对模型的评估结果表示满意，就可以使用此模型对以后新的未知数据进行预测。有一点需要注意，之前提到的特征缩放、降维等步骤中所需要的参数，只可以从训练数据集中获取，并能够应用于测试数据集及新的数据样本，但仅在测试集上对模型进行性能评估或许无法侦测模型是否被过度优化。

5.2.4 机器学习常见算法模型

机器学习常见算法模型

1. 线性回归算法（Linear Regression）

回归分析（Regression Analysis）是统计学的数据分析方法，目的在于了解两个或多个变量间是否相关、相关方向与强度，并建立数学模型以便观察特定变量来预测其他变量的变化情况。

线性回归算法的建模过程就是使用数据点来寻找最佳拟合线，如图 5-7 所示。公式，y=mx+c，其中 y 是因变量，x 是自变量，利用给定的数据集求 m 和 c 的值。线性回归又分为两种类型，即简单线性回归（simple linear regression），只有 1 个自变量；多变量回归（multiple regression），至少两组以上自变量。

2. 支持向量机算法（Support Vector Machine，SVM）

支持向量机算法属于分类型算法。SVM 模型将实例表示为空间中的点，将使用一条直线分隔数据点，如图 5-8 所示。需要注意的是，支持向量机需要对输入数据进行完全标记，仅直接适用于两类任务，应用将多类任务需要减少到几个二元问题。

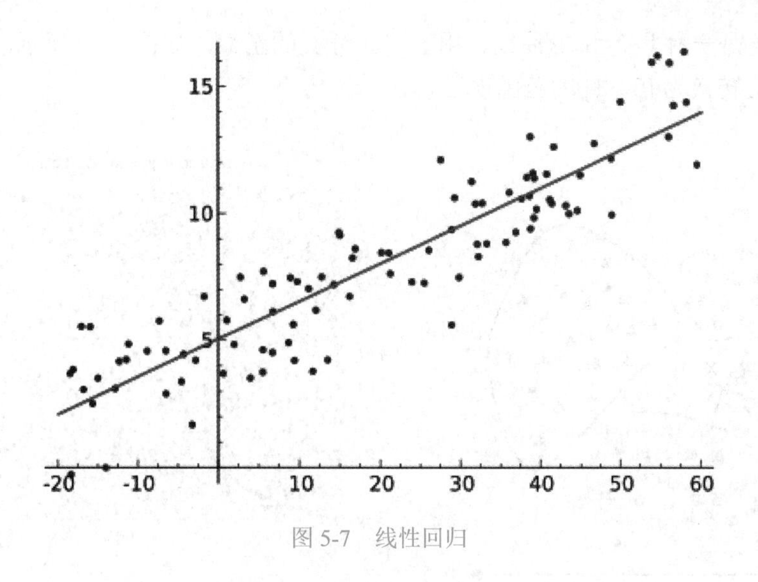

图 5-7　线性回归

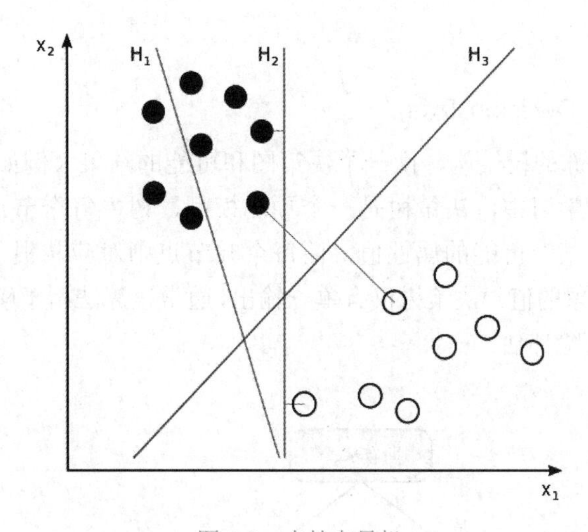

图 5-8　支持向量机

3. 最近邻居 /k- 近邻算法（K-Nearest Neighbors，KNN）

KNN 算法是一种基于实例的学习，或是局部近似和将所有计算推迟到分类之后的惰性学习。用最近的邻居（k）来预测未知数据点，如图 5-9 所示。k 值是预测精度的一个关键因素，无论是分类还是回归，衡量邻居的权重都非常有用，较近邻居的权重比较远邻居的权重大。

KNN 算法的缺点是对数据的局部结构非常敏感。计算量大，需要对数据进行规范化处理，使每个数据点都在相同的范围。

4. 逻辑回归算法（Logistic Regression）

逻辑回归算法一般用于需要明确输出的场景，如某些事件的发生（预测是否会发生降雨）。通常，逻辑回归使用某种函数将概率值压缩到某一特定范围。例如，Sigmoid 函数（S 函数）是一种具有 S 形曲线、用于二元分类的函数，如图 5-10 所示。它将发生某事件的概率值转换为 [0，1] 的范围表示。

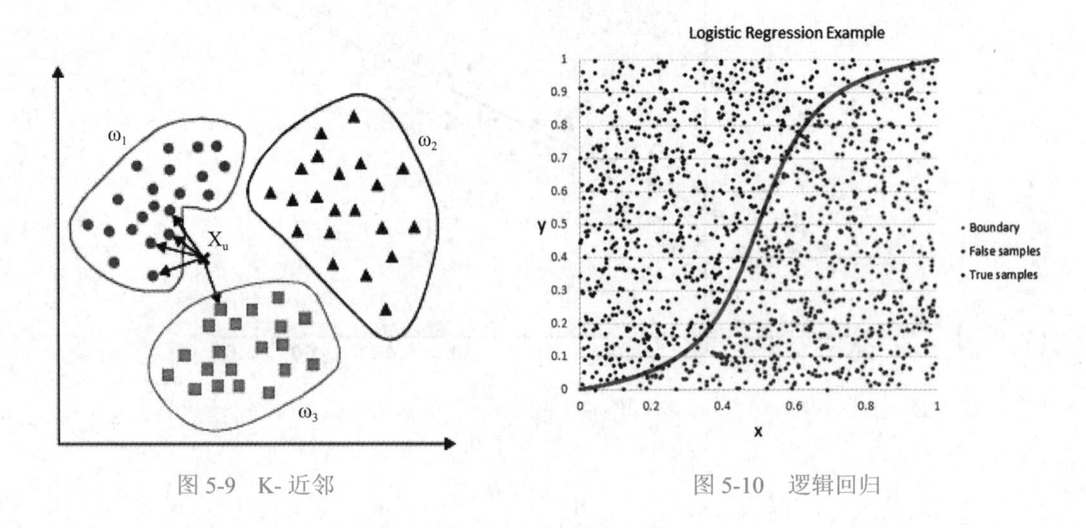

图 5-9　K- 近邻　　　　图 5-10　逻辑回归

5. 决策树算法（Decision Tree）

决策树是一种特殊的树结构，由一个决策图和可能的结果（例如成本和风险）组成，用来辅助决策。机器学习中，决策树是一个预测模型，树中每个节点表示某个对象，而每个分叉路径则代表某个可能的属性值，而每个叶节点则对应从根节点到该叶节点所经历的路径所表示的对象的值。决策树仅有单一输出，通常该算法用于解决分类问题。例如，图 5-11 展示的贷款风险评估。

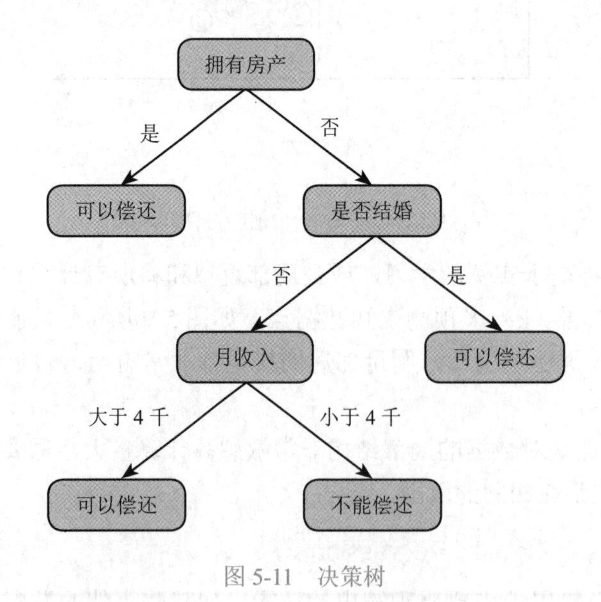

图 5-11　决策树

5.3 深度学习

深度学习是机器学习的一个分支领域：它是从数据中学习表示的一种新方法，强调从连续的层（layer）中进行学习，这些层对应于越来越有意义的表示。“深度学习”中的“深度”指的并不是利用这种方法所获取的更深层次的理解，而是指一系列连续的表示层。数据模型中包含的层数称为模型的深度（depth）。

在深度学习中，这些分层表示几乎总是通过叫作神经网络（neural network）的模型来学习得到的。神经网络的结构是逐层堆叠。神经网络这一术语来自于神经生物学，然而，虽然深度学习的一些核心概念是从人们对大脑的理解中汲取部分灵感而形成的，但深度学习模型不是大脑模型，深度学习是从数据中学习表示的一种数学框架。正是由于这种深层次的网络结构，使深度学习拥有了更高的“智慧”。

5.3.1 什么是人工神经网络

神经网络是什么

前面提到，人工神经网络是从大脑的理解中汲取部分灵感而形成的。在我们的大脑中，有数十亿个神经元，它们连接成了一个神经网络。

人工神经网络的结构也有些类似。许多个神经元（图 5-12 中的○）相连，构成了一个神经网络。

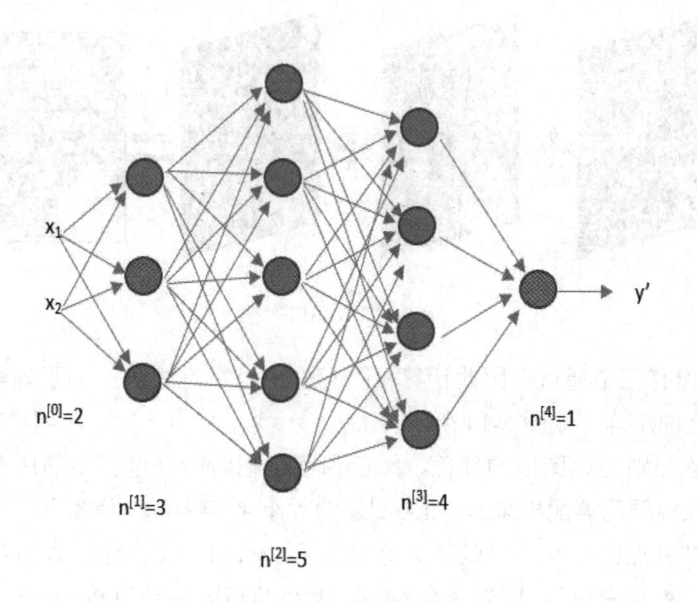

图 5-12 人工神经网络

人类大脑神经元细胞接收来自外部多个强度不同的刺激，并在神经元细胞内进行处理，然后转化为一个输出，传导给下一个神经元。

人工神经元也类似，但是在处理的机制和工作原理与大脑神经元没什么关系。人工神经元输入的是数据，输出的还是数据。

大脑的结构越简单，智商就越低。因此，单细胞生物是智商最低的了。人工神经网络也是一样，网络结构越复杂就越强大，所以我们需要深度神经网络。这里的“深度”是指层数多，层数越多那么构造的神经网络就越复杂。

深度神经网络建好了，就可以开始训练了。训练深度神经网络的过程叫作深度学习，学习时我们需要不停地将训练数据输入到神经网络中，它内部会不停地发生变化，这样就逐步具有了“智能”。

假如我们想让深度神经网络可以识别猫，就需要不停地将猫的图片输入到神经网络中。训练成功后，我们随意拿一张新的图片，它就可以判断是否是猫了。

这就像我们教小孩子认识猫一样，我们拿来一些花猫，告诉他这是猫，拿来一些白猫，告诉他这也是猫，他脑子里就不停地学习猫的特征。然后，我们如果拿来一些黑猫，他就会告诉我们这也是猫。

5.3.2 神经网络的输入

前面已经介绍了神经网络。那么这节就来讲解如何将数据（图片、语音、视频等）输入到神经网络中。

图 5-13 是一张人物图片，图片一般有 RGB、CMYK 等色彩模式，咱们就拿 RGB 为例来说明。

图 5-13 RGB 图像

RGB 的图像有三个通道，因此计算机会存储一个三维矩阵，为了理解方便，咱们暂且看作三个独立的矩阵，如图 5-14 所示。

这三个矩阵分别与此图像的红色、绿色和蓝色相对应（世界上的所有颜色都可以通过红、绿、蓝三种颜色调配出来）。如果图像的大小是 64×64 个像素（一个像素就是一个颜色点，一个颜色点由红、绿、蓝三个值来表示，例如，红、绿、蓝为 255、255、255，那么这个颜色点就是白色），所以 3 个 64×64 大小的矩阵在计算机中就代表了这张图像，矩阵里面的数值就对应于图像的红、绿、蓝强度值。

假如要把矩阵中的像素值放到一个特征向量 x 中，这个 x 就表示了这张图像。向量 x 的总维度就是 64×64×3，即 12288。这个 12288 维的向量就是图片的特征向量，作为神经网络的输入，如图 5-15 所示。

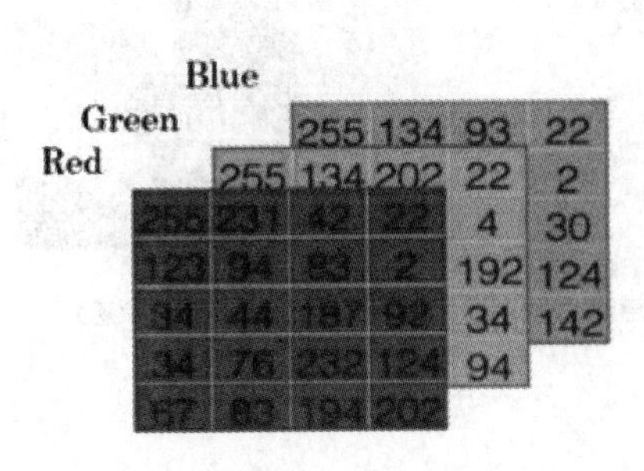

图 5-14　三维矩阵

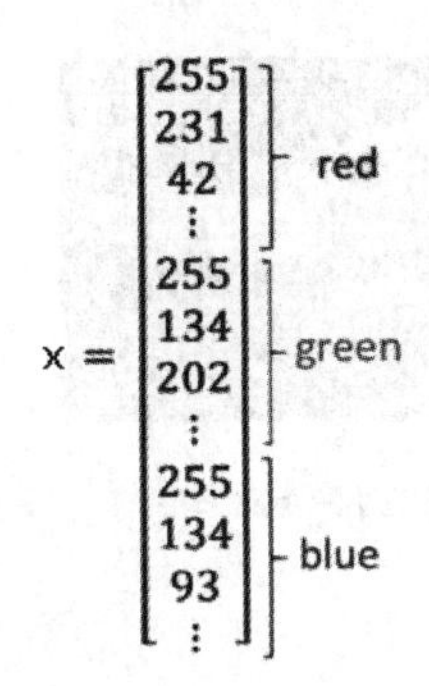

图 5-15　输入向量

其实，对于不同的应用场景，需要识别的对象可能大不相同，有些是语音、有些是图像、有些是文字、有些是视频、有些是传感器数据，但是它们在计算机中都有对应的数字表示形式，通常我们会把它们转化成一个特征向量，然后将其输入到神经网络中。

5.3.3　神经网络如何进行预测

神经网络如何进行预测

前面我们介绍了神经网络的输入，即如何将图片输入到神经网络中去。那么神经网络是如何根据这些数据进行预测的呢？也就是我们将一张图片输入到神经网络之后，神经网络是如何预测这张图中是否有猫的呢？

这个预测的过程其实可以看作是基于一个简单的公式：z = dot(w,x)+ b。这个公式中的 x 代表输入的特征向量，假设特征向量有 3 个特征，那么 x 就可以用（x1，x2，x3）来表示。w 表示权重，它对应于每个输入的特征，可以认为代表了每个特征的重要程度。b 表示偏差，是调整神经元被激活的容易程度，如图 5-16 所示。

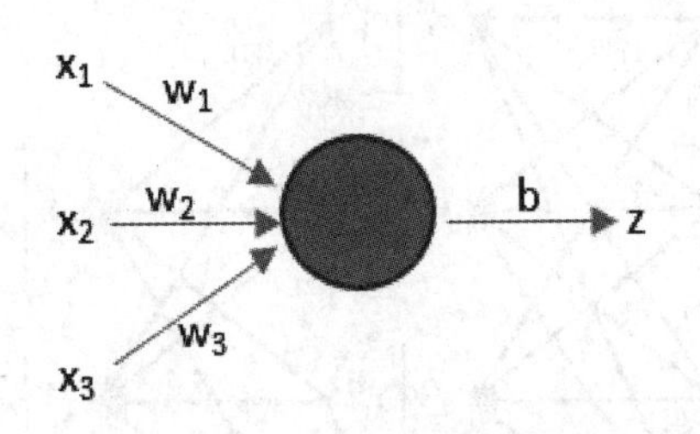

图 5-16　人工神经元

公式中的 dot() 函数表示将 w 和 x 进行向量相乘。我们现在只需要知道上面的公式展开后就变成了 Y = (x1×w1 + x2×w2 + x3×w3) + b。

下面举个例子来帮助理解。

假设周末有一部新的电影上映，我们要预测你是否会去看。与电影院距离的远近，陪朋友逛街的意愿大小，电影女主角盖尔加朵的魅力指数，这三个因素会影响你的决定，这三个因素就是输入的三个特征，如图 5-17 所示。

那你到底会不会去看呢？你的个人喜好，也就是对上面三个因素的重视程度会影响你的决定。这三个重视程度就是三个权重。

x1：电影院距离

x2：陪朋友逛街意愿

x3：女主角盖尔加朵魅力

图 5-17 三个因素

假如你觉得电影院的远近不是问题，并且不太想陪朋友逛街，而且你特别喜欢盖尔加朵，那么我们将预测你会去看电影。这个预测过程我们用前面的公式来表示。

首先，我们假设结果 Y 大于 0 时就表示会去，小于 0 表示不去。偏置值设为 -6。输入的样本的三个特征（x1，x2，x3）为（1，0，1），三个权重（w1，w2，w3）是（1，6，8）。那么，就会有 Y=(x1×w1 + x2×w2 + x3×w3) + b = (1×1 + 0×6 + 1×8) + (-6) = 3。预测结果 Y 是 3，大于 0，所以预测你会去看电影。

如果特别是善解人意，照顾朋友情绪。此时你可能特别重视第二因素，那么我们预测你将会不会去看电影。这同样可以用公式来表示。此时的三个权重（w1，w2，w3）是（1，6，3）。那么就会有 Y=(x1×w1 + x2×w2 + x3×w3) + b = (1×1 + 0×6 + 1×3) + (-6) = -2。预测结果是 -2，小于 0，所以你不会去看电影。

实际运用中的神经网络会是有很多层，由许多个神经元组成，计算和预测过程的本质与我们上面说的并没有什么不同，只是更加复杂和难理解而已，如图 5-18 所示。

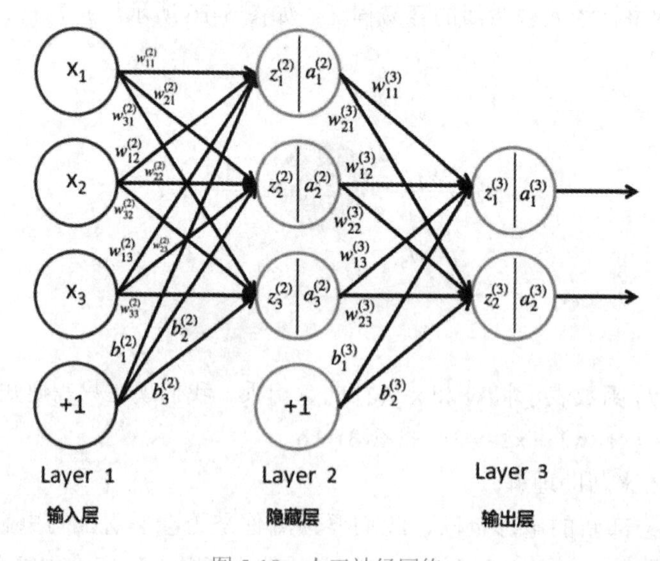

图 5-18 人工神经网络

另外，在神经网络中会用到激活函数，这个不再详细介绍，只需要记住激活函数可以让神经网络进行更复杂的计算，进行更智能的预测。

5.3.4 神经网络如何学会预测

我们已经知道什么是神经元，而且知道神经网络如何进行预测，那么它是如何学会这种能力的呢？下面我们就来介绍。

神经元之所以可以进行预测，主要是通过公式 Y = (x1×w1 + x2×w2 + x3×w3)+ b 计算来进行的。但是，权重（w1，w2，w3）和偏差 b 是怎么得来的呢？

前面的介绍为了方便理解，我们人工设定了权重和偏差的值。但是，实际中在运用神经网络时，并不是这样的。试想，如果参数都是人工设定的，那深度神经网络还有什么智能呢？另外，在实际的神经网络中，参数的数量成千上万，在层数更深的深度神经网络中，参数的数据量甚至可以上亿，想要人工决定这些参数的值根本是不可能的。

那么这些参数到底是怎么得来的呢？其实，这些参数是神经网络从数据中学习得到的。所谓“从数据中学习”，是指可以由数据自动决定权重参数的值。这个过程可以简单描述如下：

首先，随机对参数进行初始化，然后计算预测的值，通过比较预测值和真实值之间的误差大小，来对参数进行调整，直到预测值无限接近真实值。这样，深度神经网络就完成了学习，也就确定了这些参数。

那么，学习过程中如果对参数进行调整呢？深度神经网络通常是采用“梯度下降”的方法来找到使误差值减小的方向来对参数进行调整。这就像在古代，人们通过指南针来找到正确的方向。而“梯度下降”就像是深度网络的“指南针”，帮助它找到参数调整的正确方向，如图 5-19 所示。

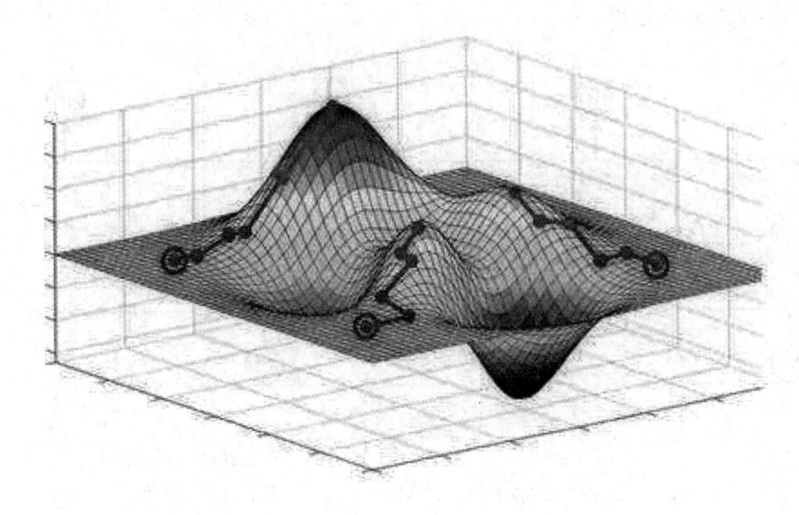

图 5-19 梯度下降

5.3.5 常见的神经网络模型

实际应用中的深度神经网络的结构往往十分复杂，也存在各种各样的变体，以下是一些常见的神经网络。

1. 卷积神经网络（Convolutional Neural Network，CNN）

CNN 是一种前馈神经网络，通常由一个或多个卷积层（Convolutional layer）和全连接层（Fully connected layer，对应经典的 NN）组成，此外也会包括池化层（Pooling layer）。CNN 经常被用于图像处理，如图 5-20 所示。

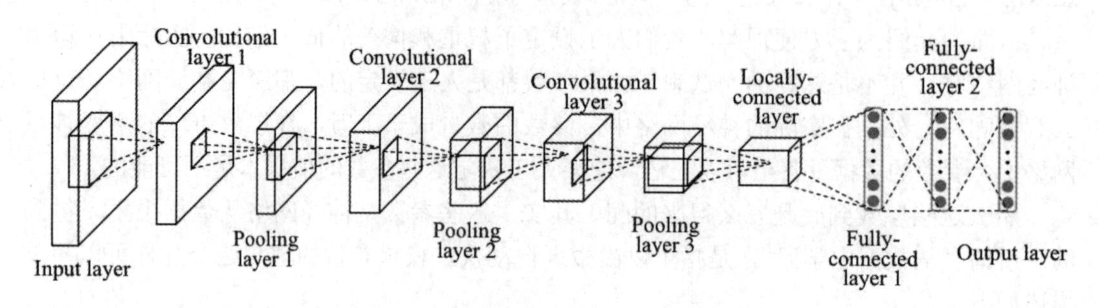

图 5-20　CNN

2. 循环神经网络（Recurrent Neural Network，RNN）

RNN，也有人将它称为递归神经网络。从这个名字就可以想到，它的结构中存在着“环”。

确实，RNN 和 NN/DNN 的数据单一方向传递不同。RNN 的神经元接收的输入除了“前辈”的输出，还有自身的状态信息，其状态信息在网络中循环传递，如图 5-21 所示。RNN 常用于语音和文本处理。

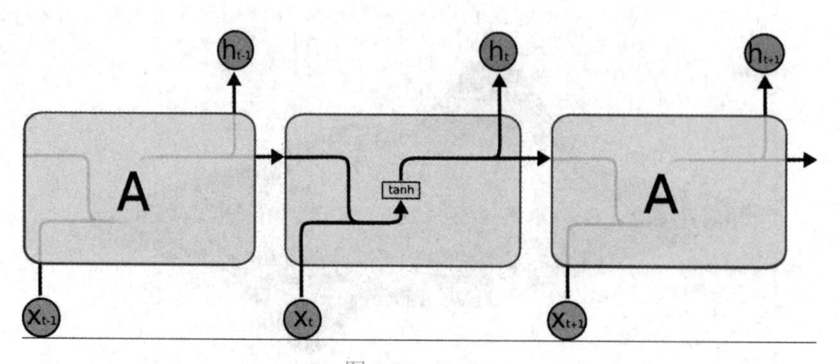

图 5-21　RNN

3. 长短期记忆网络（Long Short Term Memory，LSTM）

LSTM 可以被简单理解为是一种神经元更加复杂的 RNN，处理时间序列中当间隔和延迟较长时，LSTM 通常比 RNN 效果好，如图 5-22 所示。LSTM 在语音处理、机器翻译、图像说明、手写生成、图像生成等领域都表现出了不俗的成绩。

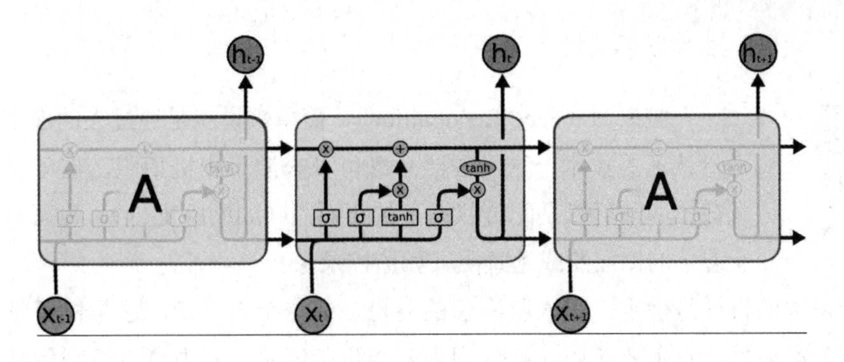

图 5-22 LSTM

5.4 图像识别

5.4.1 图像识别技术概述

图像识别技术

图像识别是人工智能的一个重要领域，该技术的产生就是为了让计算机代替人类去处理大量的物理信息，解决人类无法识别或识别率特别低的信息。

计算机的图像识别技术和人类的图像识别在原理上并没有本质的区别，人类的图像识别都是依靠图像所具有的本身特征分类，然后通过各个类别所具有的特征将图像识别出来的。机器的图像识别技术也是如此，通过分类并提取重要特征而排除多余的信息来识别图像。总之，在计算机的视觉识别中，图像的内容通常是用图像特征进行描述。

既然计算机的图像识别技术与人类的图像识别原理相同，那它们的过程也是大同小异的。图像识别技术的处理过程分为信息的获取、预处理、特征抽取和选择、分类器设计和分类决策。

信息的获取是指通过传感器，将光或声音等信息转化为电信息，也就是获取研究对象的基本信息并通过某种方法将其转变为机器能够认识的信息；预处理主要是指图像处理中的去噪、平滑、变换等的操作，从而加强图像的重要特征；特征抽取和选择是指在模式识别中，需要进行特征的抽取和选择；分类器设计是指通过训练而得到一种识别规则，通过此识别规则可以得到一种特征分类，使图像识别技术能够得到高识别率；分类决策是指在特征空间中对被识别对象进行分类，从而更好地识别所研究的对象具体属于哪一类。

计算机的图像识别技术在公共安全、生物、工业、农业、交通、医疗等很多领域都有应用。例如交通方面的车牌识别系统；公共安全方面的人脸识别技术、指纹识别技术；农业方面的种子识别技术、食品品质检测技术；医学方面的心电图识别技术等。

5.4.2 什么是人脸识别

人脸识别技术

人脸识别（Face Recognition），简单来说就是通过人的面部照片实现身份认证的技术。这里的照片既可以来源于相机拍照，也可以来源于视频截图；既可以是配合状态下的正面照（如刷脸支付），也可以是非配合状态下的侧面照或远景照（如监控录像）。

人脸识别的目标是确定一张人脸图像的身份，即这个人是谁，这是机器学习和模式识别中的分类问题。它主要应用在身份识别和身份验证中，其中身份识别包括失踪人口和嫌疑人追踪、智能交互场景中识别用户身份等场景；而身份验证包括身份证等证件查询、出入考勤查验、身份验证解锁、支付等场景，应用场景丰富。

5.4.3 人脸识别技术原理

主流的人脸识别技术基本上可以归结为三类，即基于几何特征的方法、基于模板的方法和基于模型的方法。

基于几何特征的方法是最早、最传统的方法，通常需要和其他算法结合才能有比较好的效果；基于模板的方法可以分为基于相关匹配的方法、特征脸方法、线性判别分析方法、奇异值分解方法、神经网络方法、动态连接匹配方法等；基于模型的方法则有基于隐马尔柯夫模型、主动形状模型和主动外观模型的方法等。

下面介绍常见的几种方法。

1. 基于几何特征的方法

人脸由眼睛、鼻子、嘴巴、下巴等部件构成，正因为这些部件的形状、大小和结构上的各种差异才使得世界上每个人脸千差万别，因此对这些部件的形状和结构关系的几何描述，可以作为人脸识别的重要特征。几何特征最早是用于人脸侧面轮廓的描述与识别，首先根据侧面轮廓曲线确定若干显著点，并由这些显著点导出一组用于识别的特征度量（如距离、角度等）。

2. 特征脸方法

特征子脸技术的基本思想是：从统计的观点，寻找人脸图像分布的基本元素，即人脸图像样本集协方差矩阵的特征向量，以此近似地表征人脸图像，这些特征向量称为特征脸。

实际上，特征脸反映了隐含在人脸样本集合内部的信息和人脸的结构关系。将眼睛、面颊、下颌的样本集协方差矩阵的特征向量称为特征眼、特征颌和特征唇，统称特征子脸。特征子脸在相应的图像空间中生成子空间，称为子脸空间。计算出测试图像窗口在子脸空间的投影距离，若窗口图像满足阈值比较条件，则判断其为人脸。

3. 神经网络方法

神经网络方法在人脸识别上的应用比前述两类方法有一定的优势，因为对人脸识别的许多规律或规则进行显性的描述是相当困难的，而神经网络方法则可以通过学习的过程获得对这些规律和规则的隐性表达，它的适应性更强，一般也比较容易实现。

5.4.4 人脸识别技术应用

人脸识别作为基于脸部特征信息进行身份识别的一种生物识别技术，已经广泛应用于各行各业，比如说门禁，地铁、机场等各出入口，小区安防、超市营销等各种场景。

（1）利用人脸识别技术保障小区安全，比如自动进出登记，对来往人员进行识别归档，识别行动可疑人员等。

（2）公司利用人脸识别做门禁，对接公司的考勤系统，通行许可和考勤两不误。

（3）铁路安防系统、公安机关、移动警务和某些特定的场合通过证件识别、人脸识别、人脸对比等多项技术进行身份核验。

（4）商场、超市利用人脸识别对客流进行统计，识别年龄、性别等信息；对人流方向进行统计，区分热门区域和冷门区域，方便对通道进行科学的管控和对商品展示的策略进行调整。

5.4.5 什么是OCR技术

OCR技术

OCR英文全称是Optical Character Recognition，中文叫作光学字符识别。它是利用光学技术和计算机技术把印在或写在纸上的文字读取出来，并转换成一种计算机能够接受、人又可以理解的格式。现在这种技术已经比较成熟。实际应用：比如一个手机APP就能帮忙扫描名片、身份证，并识别出里面的信息；汽车进入停车场、收费站都不需要人工登记了，都是用车牌识别技术；看书时遇到不懂的问题，拿个手机一扫，APP就能在网上帮忙找到问题的答案。目前已经有太多太多的应用了，OCR的应用在当今时代确实是百花齐放。

5.4.6 OCR技术原理

从整体上来说，OCR一般分为两大步骤：图像处理和文字识别。

1. 图像处理

识别文字前要对原始图片进行预处理，以便后续的特征提取和学习。这个过程通常包含：灰度化、二值化、降噪、倾斜矫正、文字切分等。每个步骤都涉及不同的算法。我们以图5-23这张原始图片为例，进行每个步骤的讲解。

图 5-23　原始图片

（1）灰度化（gray processing）。在 RGB 模型中，如果 R=G=B 时，则彩色表示一种灰度颜色，其中 R=G=B 的值叫灰度值（又称强度值、亮度值），因此，灰度图像每个像素只需一个字节存放灰度值，灰度范围为 0 ～ 255。说通俗一点，就是将一张彩色图片变为黑白图片，如图 5-24 所示。

图 5-24　灰度化

灰度化一般有分量法、最大值法、平均值法、加权平均法 4 种。

（2）二值化（binaryzation）。一幅图像包括目标物体、背景、噪声，要想从多值的数字图像中直接提取出目标物体，最常用的方法就是设定一个阈值 T，用 T 将图像的数据分成两部分：大于 T 的像素群和小于 T 的像素群。这是研究灰度变换的最特殊的方法，称为图像的二值化。

二值化的黑白图片不包含灰色，只有纯白和纯黑两种颜色，如图 5-25 所示。

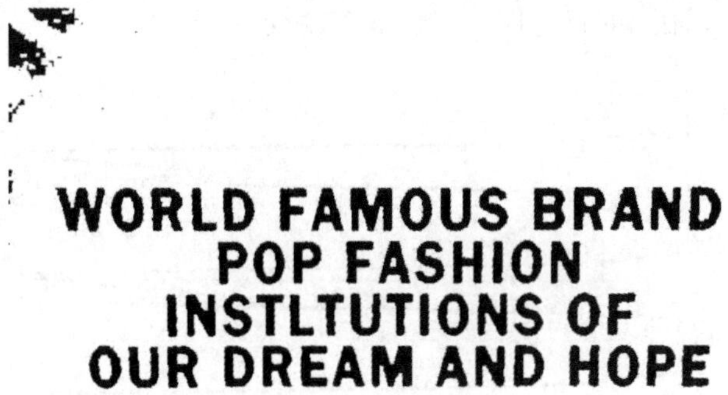

WORLD FAMOUS BRAND
POP FASHION
INSTLTUTIONS OF
OUR DREAM AND HOPE

图 5-25 二值化

二值化里最重要的就是阈值的选取，一般分为固定阈值和自适应阈值。比较常用的二值化方法则有：双峰法、P 参数法、迭代法和 OTSU 法等。

（3）图像降噪（Image Denoising）。现实中的数字图像在数字化和传输过程中常受到成像设备与外部环境噪声干扰等影响，称为含噪图像或噪声图像。减少数字图像中噪声的过程称为图像降噪。

图像中噪声的来源有许多种，如图像采集、传输、压缩等各个方面。噪声的种类也各不相同，比如椒盐噪声、高斯噪声等，针对不同的噪声有不同的处理算法。

在上一步得到的图像中可以看到很多零星的小黑点，这就是图像中的噪声，会极大干扰到程序对于图片的切割和识别，因此需要降噪处理，如图 5-26 所示。降噪在这个阶段非常重要，降噪算法的好坏对特征提取的影响很大。

WORLD FAMOUS BRAND
POP FASHION
INSTLTUTIONS OF
OUR DREAM AND HOPE

图 5-26 图像降噪

图像降噪的方法一般有均值滤波器、自适应维纳滤波器、中值滤波器、形态学噪声滤除器、小波去噪等。

（4）倾斜矫正。对于用户而言，拍照的时候不可能绝对的水平，所以，我们需要通过程序将图像做旋转处理，来找一个认为最可能水平的位置，这样切出来的图，才有可能是最好的一个效果。

倾斜矫正最常用的方法是霍夫变换，其原理是将图片进行膨胀处理，将断续的文字连成一条直线，便于直线检测。计算出直线的角度后就可以利用旋转算法，将倾斜图片矫正到水平位置。

（5）文字切分。对于一段多行文本来讲，文字切分包含了行切分与字符切分两个步骤，倾斜矫正是文字切分的前提。我们将倾斜矫正后的文字投影到 y 轴，并将所有值累加，这样就能得到一个在 y 轴上的直方图，如图 5-27 所示。

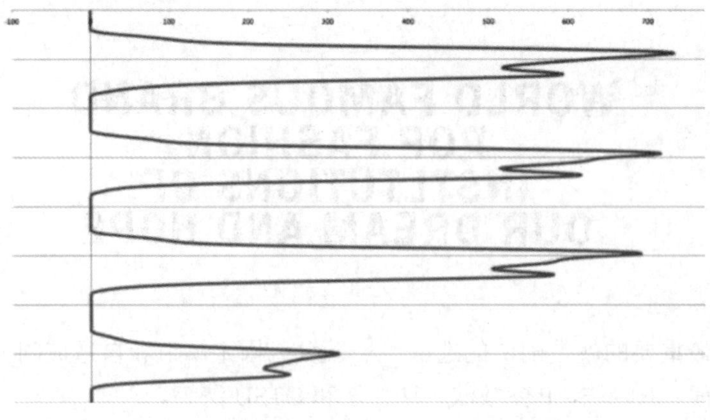

图 5-27　倾斜校正

直方图的谷底是背景，峰值则是前景（文字）所在的区域。于是我们就将每行文字的位置给识别出来了，如图 5-28 所示。

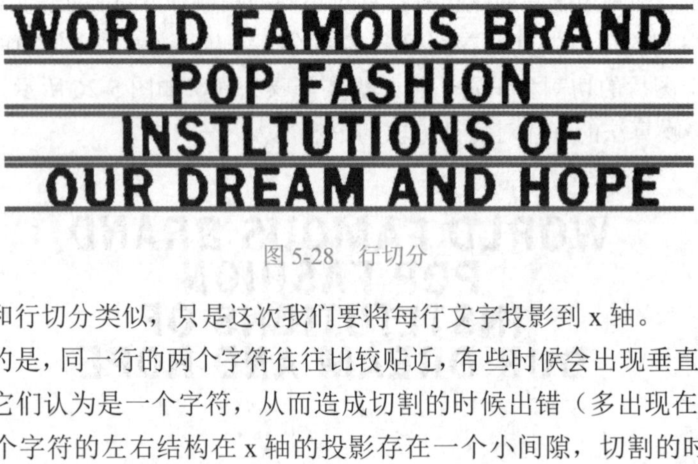

WORLD FAMOUS BRAND
POP FASHION
INSTLTUTIONS OF
OUR DREAM AND HOPE

图 5-28　行切分

字符切分和行切分类似，只是这次我们要将每行文字投影到 x 轴。

但要注意的是，同一行的两个字符往往比较贴近，有些时候会出现垂直方向上的重叠，投影的时候将它们认为是一个字符，从而造成切割的时候出错（多出现在英文字符）；也有些时候同一个字符的左右结构在 x 轴的投影存在一个小间隙，切割的时候误把一个字符切分为两个字符（多出现在中文字符）。所以相较于行切分，字符切分更难。

对于这种情况，我们可以预先设定一个字符宽度的期望值，切出的字符如果投影超出期望值太大，则认为是两个字符；如果远远小于这个期望值，则忽略这个间隙，把间隙左右的“字符”合成一个字符来识别，如图 5-29 所示。

WORLD FAMOUS BRAND

图 5-29　字符切分

2. 文字识别

预处理完毕后，就到了文字识别的阶段。这个阶段会涉及一些人工智能方面的知识，下面进行详细介绍。

（1）特征提取和降维。特征是用来识别文字的关键信息，每个不同的文字都能通过特征来和其他文字进行区分。对于数字和英文字母来说，这个特征提取是比较容易的，总共就 10+26×2=62 个字符，而且都是小字符集。对于汉字来说，特征提取的难度就比较大了，因为首先汉字是大字符集；其次国标中光是最常用的第一级汉字就有 3755 个；最后汉字结构复杂，形近字多，特征维度就比较大。

在确定了使用何种特征后，还有可能要进行特征降维，这种情况下，如果特征的维数太高，分类器的效率会受到很大的影响，为了提高识别速率，往往就要进行降维，这个过程也很重要，既要降低特征维数，又得使得减少维数后的特征向量还保留了足够的信息量（以区分不同的文字）。

（2）分类器设计、训练。对一个文字图像，提取出特征，丢给分类器，分类器就对其进行分类，告知这个特征该识别成哪个文字。分类器的设计就是我们的任务。分类器的设计方法一般有：模板匹配法、判别函数法、神经网络分类法、基于规则推理法等，这里不展开叙述。在进行实际识别前，往往还要对分类器进行训练，这是一个监督学习的过程。成熟的分类器也有很多，如 SVM、CNN 等。

（3）后处理。其实就是对分类器的分类结果进行优化，这一般就要涉及自然语言理解的范畴了。

首先是形近字的处理：举个例子，“分”和“兮”形近，但是如果遇到“分数”这个词语，就不应该识别为“兮数”，因为“分数”才是一个正常词语。这就需要通过语言模型来进行纠正。

其次是文字排版的处理：比如一些书籍是分左右两栏的，同一行的左右两栏不属于同一句话，不存在任何语法上的联系。如果按照行切割，就会把左行的末尾与右行的开头连在一起，这是我们不希望看到的，这样的情况需要进行特殊处理。处理方法通常为基于规则、语言模型（如 HMM）等。

5.5 语音识别

5.5.1 语音识别概述

语音识别

语音识别技术就是让智能设备听懂人类的语音。它是一门涉及数字信号处理、人工智能、语言学、数理统计学、声学、情感学及心理学等多学科交叉的科学。这项技术可以提供比如自动客服、自动语音翻译、命令控制、语音验证码等多项应用。近年来，随着人工智能的兴起，语音识别技术在理论和应用方面都取得重大突破，开始从实验室走向市场，已逐渐走进我们的日常生活。现在语音识别已应用于许多领域，主要包括语音识别听写器、语音寻呼和答疑平台、自主广告平台、智能客服等。

语音识别的本质是一种基于语音特征参数的模式识别，即通过学习，系统能够把输入的语音按一定模式进行分类，进而依据判定准则找出最佳匹配结果。目前，模式匹配原理已经被应用于大多数语音识别系统中。图 5-30 是基于模式匹配原理的语音识别系统框架图。

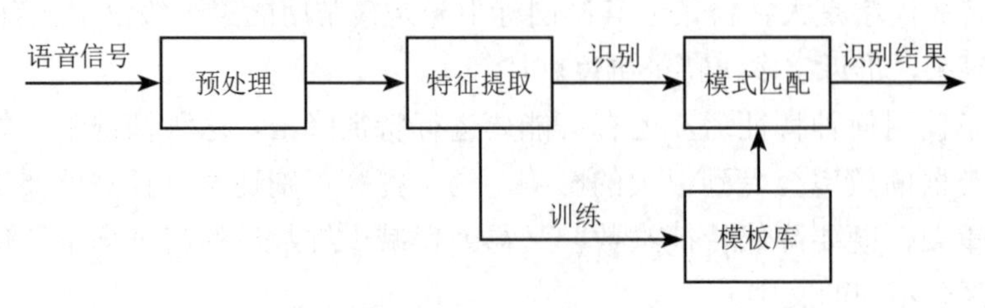

图 5-30　语音识别原理框架图

一般的模式识别包括预处理、特征提取、模式匹配等基本模块，如图 5-30 所示。首先对输入语音进行预处理，其中预处理包括分帧、加窗、预加重等。其次是特征提取，因此选择合适的特征参数尤为重要。常用的特征参数包括：基音周期、共振峰、短时平均能量或幅度、线性预测系数（LPC）、感知加权预测系数（PLP）、短时平均过零率、线性预测倒谱系数（LPCC）、自相关函数、梅尔倒谱系数（MFCC）、小波变换系数、经验模态分解系数（EMD）、伽马通滤波器系数（GFCC）等。在进行实际识别时，要对测试语音按训练过程产生模板，最后根据失真判决准则进行识别。常用的失真判决准则有欧式距离、协方差矩阵与贝叶斯距离等。

5.5.2　语音识别算法

从语音识别算法的发展来看，语音识别技术主要分为三大类：第一类是模型匹配法，包括矢量量化（VQ）、动态时间规整（DTW）等；第二类是概率统计方法，包括高斯混合模型（GMM）、隐马尔科夫模型（HMM）等；第三类是辨别器分类方法，如支持向量机（SVM）、人工神经网络（ANN）和深度神经网络（DNN）等以及多种组合方法。下面对主流的识别技术进行简单介绍：

1. 动态时间规整（DTW）

语音识别中，由于语音信号的随机性，即使同一个人发的同一个音，只要说话环境和情绪不同，时间长度也不尽相同，因此时间规整是必不可少的。DTW 是一种将时间规整与距离测度有机结合的非线性规整技术，在语音识别时，需要把测试模板与参考模板进行实际比对和非线性伸缩，并依照某种距离测度选取距离最小的模板作为识别结果输出。动态时间规整技术的引入，将测试语音映射到标准语音时间轴上，使长短不等的两个信号最后通过时间轴弯折达到一样的时间长度，进而使得匹配差别最小，结合距离测度，得到测试语音与标准语音之间的距离。

2. 支持向量机（SVM）

支持向量机是建立在 VC 维理论和结构风险最小理论基础上的分类方法，它是根据有限样本信息在模型复杂度与学习能力之间寻求最佳折中。从理论上说，SVM 就是一个简单的寻优过程，它解决了神经网络算法中局部极值的问题，得到的是全局最优解。SVM 已经成功地应用到语音识别中，并表现出良好的识别性能。

3. 矢量量化（VQ）

矢量量化是一种广泛应用于语音和图像压缩编码等领域的重要信号压缩技术，其思想来自香农的率失真理论。其基本原理是把每帧特征矢量参数在多维空间中进行整体量化，在信息量损失较小的情况下对数据进行压缩。因此，它不仅可以减小数据存储，而且还能提高系统运行速度，保证语音编码质量和压缩效率，一般应用于小词汇量的孤立词语音识别系统。

4. 隐马尔科夫模型（HMM）

隐马尔科夫模型是一种统计模型，目前多应用于语音信号处理领域。在该模型中，马尔科夫链中的一个状态是否转移到另一个状态取决于状态转移概率，而某一状态产生的观察值取决于状态生成概率。在进行语音识别时，HMM 首先为每个识别单元建立发声模型，通过长时间训练得到状态转移概率矩阵和输出概率矩阵，在识别时根据状态转移过程中的最大概率进行判决。

5. 高斯混合模型（GMM）

高斯混合模型是单一高斯概率密度函数的延伸，GMM 能够平滑地近似任意形状的密度分布。高斯混合模型种类有单高斯模型（Single Gaussian Model，SGM）和高斯混合模型（Gaussian Mixture Model，GMM）两类。类似于聚类，根据高斯概率密度函数（Probability Density Function，PDF）参数不同，每一个高斯模型可以看作一种类别，输入一个样本 x，即可通过 PDF 计算其值，然后通过一个阈值来判断该样本是否属于高斯模型。很明显，SGM 适合于仅有两类别问题的划分，而 GMM 由于具有多个模型，划分更为精细，适用于多类别的划分，可以应用于复杂对象建模。目前在语音识别领域，GMM 需要和 HMM 一起构建完整的语音识别系统。

6. 人工神经网络（ANN）

人工神经网络于 20 世纪 80 年代末提出，其本质是一个基于生物神经系统的自适应非线性动力学系统，旨在充分模拟神经系统执行任务的方式。如同人的大脑一样，神经网络是由相互联系、相互影响各自行为的神经元构成，这些神经元也称为节点或处理单元。神经网络通过大量节点来模仿人类神经元活动，并将所有节点连接成信息处理系统，以此来反映人脑功能的基本特性。尽管 ANN 模拟和抽象人脑功能很精准，但它毕竟是人工神经网络，只是一种模拟生物感知特性的分布式并行处理模型。ANN 的独特优点及其强大的分类能力和输入输出映射能力促成在许多领域被广泛应用，特别是在语音识别、图像处理、指纹识别、计算机智能控制及专家系统等领域。但从当前语音识别系统来看，由于 ANN 对语音信号的时间动态特性描述不够充分，大部分采用 ANN 与传统识别算法相结合的系统。

7. 深度神经网络/深信度网络—隐马尔科夫（DNN/DBN-HMM）

当前诸如ANN、BP等多数分类的学习方法都是浅层结构算法，与深层算法相比存在局限。尤其当样本数据有限时，它们表征复杂函数的能力明显不足。深度学习可通过学习深层非线性网络结构，实现复杂函数逼近，表征输入数据分布式，并展现从少数样本集中学习本质特征的强大能力。在深度结构非凸目标代价函数中普遍存在的局部最小问题是训练效果不理想的主要根源。为了解决以上问题，提出基于深度神经网络（DNN）的非监督贪心逐层训练算法，它利用空间相对关系减少参数数目以提高神经网络的训练性能。相比传统的基于GMM-HMM的语音识别系统，其最大的改变是采用深度神经网络替换GMM模型对语音的观察概率进行建模。最初主流的深度神经网络是最简单的前馈型深度神经网络（Feedforward Deep Neural Network，FDNN）。DNN相比GMM的优势在于：①使用DNN估计HMM的状态的后验概率分布不需要对语音数据分布进行假设；② DNN的输入特征可以是多种特征的融合，包括离散或者连续的；③ DNN可以利用相邻的语音帧所包含的结构信息。基于DNN-HMM识别系统的模型如图5-31所示。

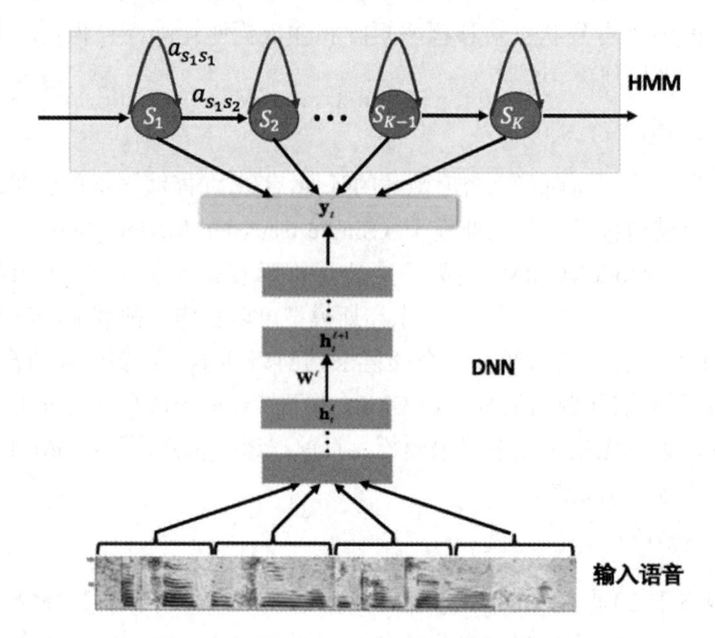

图5-31　基于DNN-HMM的语音识别系统

8. 循环神经网络（RNN）

语音识别需要对波形进行加窗、分帧、提取特征等预处理。训练GMM时，输入特征一般只能是单帧的信号，而对于DNN可以采用拼接帧作为输入，这些是DNN相比GMM可以获得很大性能提升的关键因素。然而，语音是一种各帧之间具有很强相关性的复杂时变信号，这种相关性主要体现在说话时的协同发音现象上，往往前后好几个字对我们正要说的字都有影响，也就是语音的各帧之间具有长时相关性。采用拼接帧的方式可以学到一定程度的上下文信息。但是由于DNN输入的窗长是固定的，学习到的是固定输入到输入的映射关系，从而导致 DNN 对于时序信息的长时相关性的建模是较弱的。DNN 和 RNN 示意图如图 5-32 所示。

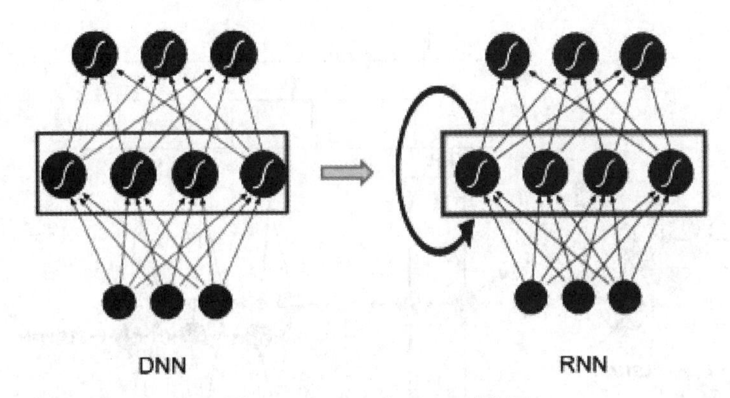

图 5-32 DNN 和 RNN 示意图

考虑到语音信号的长时相关性，一个自然而然的想法是选用具有更强长时建模能力的神经网络模型。于是，循环神经网络（Recurrent Neural Network，RNN）近年来逐渐替代传统的 DNN 成为主流的语音识别建模方案。相比前馈型神经网络 DNN，循环神经网络在隐层上增加了一个反馈连接，也就是说，RNN 隐层当前时刻的输入有一部分是前一时刻的隐层输出，这使得 RNN 可以通过循环反馈连接看到前面所有时刻的信息，这赋予了 RNN 记忆功能。这些特点使得 RNN 非常适合用于对时序信号的建模。

9. 长短时记忆模块（LSTM）

长短时记忆模块（Long-Short Term Memory，LSTM）的引入解决了传统简单 RNN 梯度消失等问题，使得 RNN 框架可以在语音识别领域实用化并获得了超越 DNN 的效果，目前已经使用在业界一些比较先进的语音系统中。除此之外，研究人员还在 RNN 的基础上做了进一步改进工作，图 5-33 是当前语音识别中的主流 RNN 声学模型框架，主要包含两部分：深层双向 RNN 和序列短时分类（Connectionist Temporal Classification，CTC）输出层。其中双向 RNN 对当前语音帧进行判断时，不仅可以利用历史的语音信息，还可以利用未来的语音信息，从而进行更加准确的决策；CTC 使得训练过程无需帧级别的标注，实现有效的“端对端”训练。

10. 卷积神经网络（CNN）

CNN 早在 2012 年就被用于语音识别系统，并且一直以来都有很多研究人员积极投入基于 CNN 的语音识别系统的研究，但始终没有大的突破。最主要的原因是他们没有突破传统前馈神经网络采用固定长度的帧拼接作为输入的思维定式，从而无法看到足够长的语音上下文信息。另外一个缺陷是他们只是将 CNN 视作一种特征提取器，因此所用的卷积层数很少，一般只有一到二层，这样的卷积网络表达能力十分有限。针对这些问题，提出了一种名为深度全序列卷积神经网络（Deep Fully Convolutional Neural Network，DFCNN）的语音识别框架，使用大量的卷积层直接对整句语音信号进行建模，更好地表达了语音的长时相关性。

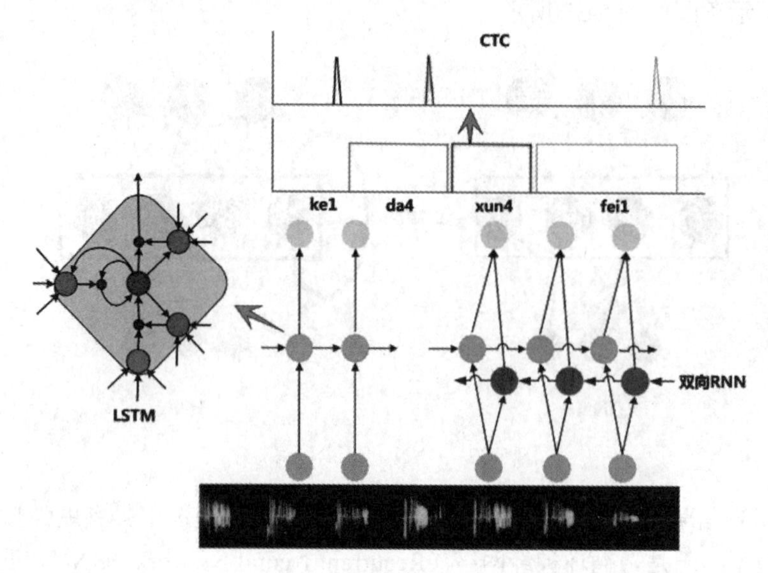

图 5-33 基于 RNN-CTC 的主流语音识别系统框架

DFCNN 的结构如图 5-34 所示，它直接将一句语音转化成一张图像作为输入，即先对每帧语音进行傅里叶变换，再将时间和频率作为图像的两个维度，然后通过非常多的卷积层和池化（pooling）层的组合，对整句语音进行建模，输出单元直接与最终的识别结果（比如音节或者汉字）相对应。

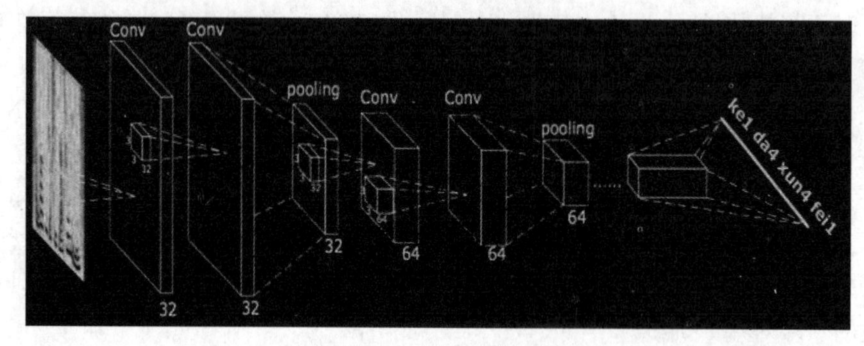

图 5-34 DFCNN 结构图

5.5.3 什么是声纹识别

声纹识别

声纹识别，生物识别技术的一种，也称为说话人识别，有两类，即说话人辨认和说话人确认。声纹识别的理论基础是每一个声音都具有独特的特征，通过该特征能将不同人的声音进行有效的区分。

声音的特征主要包括以下两方面：

（1）语音的特殊性。发音器官分为声门上系统、喉系统、声门下系统，每个人都有自己的一套发音器官，它们的形态、构造各有差别，每次发音需要众多发音器官相互配合、共同运动。这决定了语音的物理属性（也称语音四要素）：音质、音长、音强、音高。每个人都有自己的语音特点，因而在声纹图谱上呈现不同的声纹特征，根据这些声纹特征参数，不但可以区分语声，而且可以认定同一人的语声。

（2）语音的稳定性。一个人的发音器官发育成熟后，其解剖结构和生理状态是稳定不变的，加之发音人的言语习惯等语音的社会心理属性，使得每个人在不同时段所说的相同文本内容的基本语音特征是稳定不变的。因此，可以把人的声道看作管乐中的号，长号、短号虽然都是号，但由于声道的形状、长短不同，吹出来的音质也不同。

在声纹识别领域（语音识别），传统的声学特征包括梅尔倒谱系数 MFCC，感知线性预测系数 PLP，深度特征 Deep Feature，以及能量规整谱系数 PNCC 等，都能作为声纹识别在特征提取层面可选且表现良好的声学特征。

5.5.4 声纹识别模型

典型的声纹识别模型可以分为两种：模板模型（template model）和随机模型（stochastic model），也称作非参数模型和参数模型。

模板模型（非参数模型）将训练特征参数和测试的特征参数进行比较，两者之间的失真（distortion）作为相似度。

模板模型的典型例子有矢量量化（Vector Quantization，VQ）模型和动态时间规整法（Dynamic Time Warping，DTW）模型。VQ 方法是通过聚类、量化的方法生成码本，识别时对测试数据进行量化编码，以失真度的大小作为判决的标准。DTW 是将输入待识别的特征矢量序列与训练时提取的特征矢量进行比较，通过最优路径匹配的方法来进行识别。

随机模型（参数模型）采用某种概率密度函数来描述说话人的语音特征空间的分布情况，并以该概率密度函数的一组参数作为说话人的模型。例如高斯混合模型（GMM）和隐马尔科夫模型（HMM）。

一般的声纹识别过程是：首先提取语音特征，然后把特征投入模型中训练，最后寻找分数最高或者最接近的结果，如图 5-35 所示。

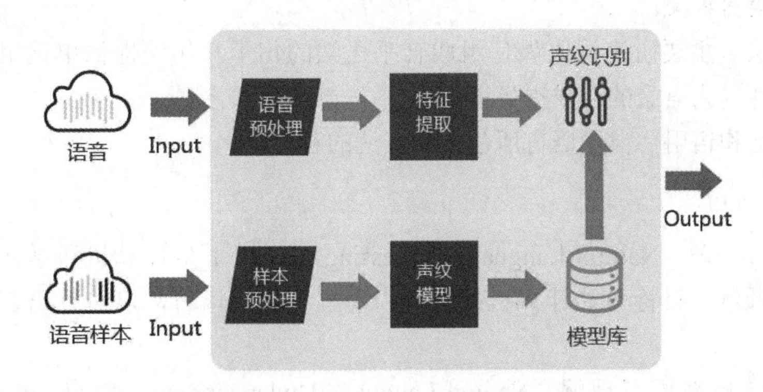

图 5-35 声纹识别过程

5.5.5 声纹识别应用优势

与其他生物识别技术（如指纹识别、掌形识别、虹膜识别等）相比较，声纹识别除具有不会遗失和忘记、不需记忆、使用方便等优点外，还具有以下特性：

（1）用户接受程度高，由于不涉及隐私问题，用户无任何心理障碍。

（2）利用语音进行身份识别可能是最自然和最经济的方法之一。声音输入设备造价低廉，甚至无费用，而其他生物识别技术的输入设备往往造价昂贵。

（3）在基于电信网络的身份识别应用中，如电话银行、电话炒股、电子购物等，与其他生物识别技术相比，声纹识别更为擅长，得天独厚。

（4）由于声纹识别具有简便、准确、经济及可扩展性良好等众多优势，可广泛应用于安全验证、控制等各方面。

5.6 自然语言处理

5.6.1 自然语言处理概述

自然语言处理

1. 什么是语言

语言是指生物同类之间由于沟通需要而制定的指令系统，语言与逻辑相关，目前只有人类才能使用体系完整的语言进行沟通和思想交流。

2. 什么是自然语言

自然语言通常会自然地随文化发生演化，英语、汉语、日语都是具体种类的自然语言，这些自然语言履行着语言最原始的作用：人们进行交互和思想交流的媒介性工具。

- 语音：与发音有关的学问，主要在语音技术中发挥作用。
- 音韵：由语音组合起来的读音，如汉语拼音和四声调。
- 词态：封装了可用于自然语言理解的有用信息，其中信息量的大小取决于具体的语言种类。
- 句法：主要研究词语如何组成合乎语法的句子，句法提供单词组成句子的约束条件，为语义的合成提供框架。
- 语义和语用：自然语言所包含和表达的意思。

3. 什么是自然语言处理

自然语言处理（Natural Language Processing，NLP）：是计算机科学、人工智能和语言学的交叉领域。目标是让计算机处理或“理解”自然语言，以执行语言翻译和问题回答等任务。

NLP 包含自然语言理解（Natural Language Understanding，NLU）和自然语言生成（Natural Language Generation，NLG）两个重要方向。

（1）自然语言理解旨在将人的语言形式转化为机器可理解的、结构化的、完整的语义表示，通俗来讲就是让计算机能够理解和生成人类语言。

（2）自然语言生成旨在让机器根据确定的结构化数据、文本、音视频等生成人类可以理解的自然语言形式的文本。

4. 自然语言处理的难点

（1）自然语言千变万化，没有固定格式。同样的意思可以使用多种句式来表达，同样的句子调整一个字，调整语调或者语序，表达的意思可能相差很多。

（2）不断有新的词汇出现，计算机需要不断学习新的词汇。

（3）受语音识别准确率的影响。

（4）自然语言所表达的语义本身存在一定的不确定性，同一句话在不同场景、不同语境下的语义可能完全不同。

（5）人类讲话时往往出现不流畅、错误、重复等现象，而对机器来说，在它理解一句话时，这句话整体所表达的意思比其中每个词的确切含义更加重要。

5.6.2 自然语言理解

自然语言理解以语言学为基础，融合逻辑学、计算机科学等学科，通过对语法、语义、语用的分析，获取自然语言的语义表示。通常用于意图识别、实体抽取等场景。

自然语言理解通常分为基于规则的方法和基于统计的方法。

1. 基于规则的方法

（1）大致思路是人工定义很多语法规则，它们是表达某种特定语义的具体方式，自然语言理解模块根据这些规则解析输入该模块的文本。

（2）灵活，可以定义各种各样的规则，而且不依赖训练数据。

（3）需要大量的、覆盖不同场景的规则，且随着规则数量的增长，对规则进行人工维护的难度也会增加。

（4）只适合用在相对简单的场景，其优势在于可以快速实现一个简单可用的语义理解模块。

2. 基于统计的方法

（1）通常使用大量的数据训练模型，并使用训练所得的模型执行各种上层语义任务。

（2）数据驱动且健壮性较好。

（3）训练数据难以获得且模型难以解释和调参。

（4）通常使用数据驱动的方法解决分类和序列标注问题。

3. 两种方法的应用

在具体实践中，通常将这两种方法结合起来使用。

（1）没有数据及数据较少时先采取基于规则的方法，当数据积累到一定规模时转为使用基于统计的方法。

（2）基于统计的方法可以覆盖绝大多数场景，在一些其覆盖不到的场景中使用基于规则的方法兜底，以此来保证自然语言理解的效果。

5.6.3 自然语言生成

自然语言生成作为人工智能和计算语言学的分支，其对应的语言生成系统可以被看作基于语言信息处理的计算机模型，该模型从抽象的概念层次开始，通过选择并执行一定的语法和语义规则生成自然语言文本。

1. 自然语言生成和自然语言理解的异同

（1）差异点。自然语言理解实际上是被分析文本的结构和语义逐步清晰的过程；自然语言生成的研究重点是确定哪些内容是满足用户需要必须生成的，哪些内容是冗余的。

（2）相同点。二者都需要利用词典；二者都需要利用语法规则；二者都要解决指代、省略等语用问题。

2. 两种对话生成技术

（1）检索式对话生成技术。通过排序技术和深度匹配技术在已有的对话语料库中找到适合当前输入的最佳回复。局限性：仅能以固定的语言模式对用户输入进行回复，而无法实现词语的多样性组合，因此无法满足回复多样性要求。

（2）生成式对话生成技术。代表性技术是从已有的“人－人”对话中学习语言的组合模式，是在一种类似机器翻译中常用的“编码－解码”的过程中逐字或逐词地生成回复，生成的回复有可能是从未在语料库中出现的由聊天机器人自己“创造”的句子。

3. 自然语言生成的挑战

（1）涉及文法开发，需要将文法结构和应用特有的语义表征相关联，但由于自然语言中存在海量的文法结构，造成搜索空间巨大，如何避免生成有歧义输出成了一个有挑战性的问题。

（2）由于语言的上下文敏感性，生成语言时如何整合包括时间、地点、位置、用户信息等在内的上下文信息也是一个难题。

（3）基于深度学习技术生成回复的对话模型很难解释，也很难被人类理解，只能通过更好的语料和参数调整来改善对话模型。

5.6.4 走近知识图谱

知识图谱

知识图谱技术是人工智能技术的重要组成部分，以结构化的方式描述客观世界中的概念、实体及其间的关系。知识图谱技术提供了一种更好的组织、管理和理解互联网海量信息的能力，将互联网的信息表达成更接近于人类认知世界的形式。因此，建立一个具有语义处理能力与开放互联能力的知识库，可以在智能搜索、智能问答、个性化推荐等智能信息服务中产生应用价值。

在维基百科的官方词条中，知识图谱是Google用于增强其搜索引擎功能的知识库。本质上，知识图谱是一种揭示实体之间关系的语义网络，可以对现实世界的事物及其相互关系进行形式化地描述。现在的知识图谱已被用来泛指各种大规模的知识库。因此，可作如下定义：

知识图谱是结构化的语义知识库，用于以符号形式描述物理世界中的概念及其相互关系。其基本组成单位是“实体 关系 实体”三元组，以及实体及其相关属性值对，实体间通过关系相互联结，构成网状的知识结构。

实体（Entity）：指的是具有可区别性且独立存在的某种事物。实体是知识图谱中的最基本元素，不同的实体间存在不同的关系。

关系（Relationship）：关系是连接不同的实体，指代实体之间的联系。通过关系节点把知识图谱中的节点连接起来，形成一张大图。

5.6.5 知识图谱的体系架构

知识图谱的架构主要包括自身的逻辑结构以及体系架构，知识图谱在逻辑结构上可分为模式层与数据层两个层次。数据层主要是由一系列的事实组成，而知识将以事实为单位进行存储。如果用（实体1，关系，实体2）、（实体，属性，属性值）这样的三元组来表达事实，可选择图数据库作为存储介质，例如开源的Neo4j、Twitter的FlockDB、JanusGraph等。模式层构建在数据层之上，主要是通过本体库来规范数据层的一系列事实表达。本体是结构化知识库的概念模板，通过本体库而形成的知识库不仅层次结构较强，并且冗余程度较小。

知识图谱的体系架构是指其构建模式结构，如图5-36所示。其中虚线框内的部分为知识图谱的构建过程，也包含知识图谱的更新过程。知识图谱构建从最原始的数据（包括结构化、半结构化、非结构化数据）出发，采用一系列自动或者半自动的技术手段，从原始数据库和第三方数据库中提取知识事实，并将其存入知识库的数据层和模式层，这一过程包含信息抽取、知识表示、知识融合、知识推理四个过程，每一次更新迭代均包含这四个阶段。知识图谱主要有自顶向下（top-down）与自底向上（bottom-up）两种构建方式。自顶向下指的是先为知识图谱定义好本体与数据模式，再将实体加入到知识库。该构建方式需要利用一些现有的结构化知识库作为其基础知识库，例如Freebase项目就是采用这种方式，它的绝大部分数据是从维基百科中得到的。自底向上指的是从一些开放链接数据中提取出实体，选择其中置信度较高的加入到知识库，再构建顶层的本体模式。目前，大多数知识图谱都采用自底向上的方式进行构建，其中最典型就是Google的Knowledge Vault和微软的Satori知识库。

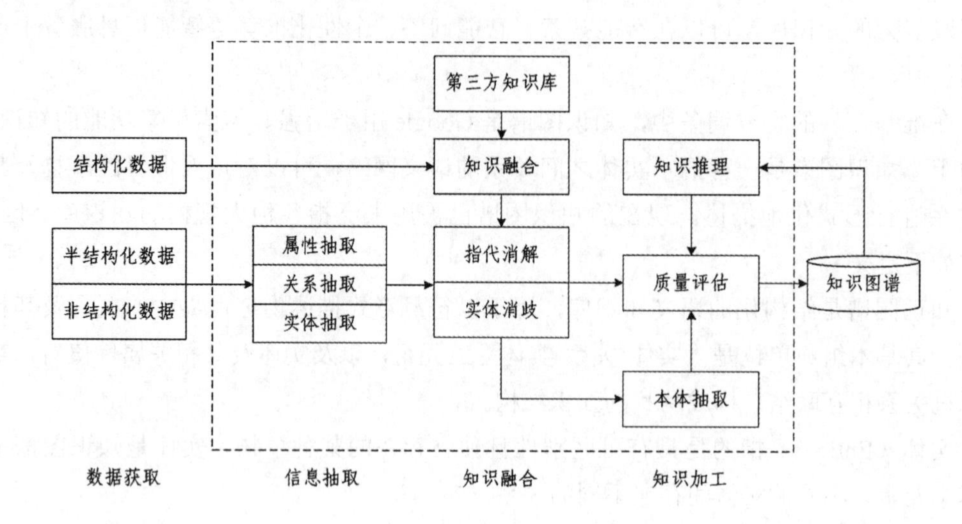

图 5-36 知识图谱体系架构

5.6.6 知识图谱应用

知识图谱为互联网上海量、异构、动态的大数据表达、组织、管理以及利用提供了一种更为有效的方式，使得网络的智能化水平更高，更加接近于人类的认知思维。

1. 智能搜索

用户的查询输入后，搜索引擎不仅仅寻找关键词，而是首先进行语义的理解。比如，在查询分词之后，对查询的描述进行归一化，从而能够与知识库进行匹配。查询的返回结果，是搜索引擎在知识库中检索相应的实体之后，给出的完整知识体系。

2. 深度问答

问答系统是信息检索系统的一种高级形式，能够以准确简洁的自然语言为用户提供问题的解答。多数问答系统更倾向于将给定的问题分解为多个小的问题，然后逐一去知识库中抽取匹配的答案，并自动检测其在时间与空间上的吻合度等，最后将答案进行合并，以直观的方式展现给用户。

苹果的智能语音助手 Siri 能够为用户提供回答、介绍等服务，就是引入了知识图谱的结果。知识图谱使得机器与人的交互看起来更智能。

3. 社交网络

Facebook 于 2013 年推出了 Graph Search 产品，其核心技术就是通过知识图谱将人、地点、事情等联系在一起，并以直观的方式支持精确的自然语言查询。例如输入查询式："我朋友喜欢的餐厅""住在纽约并且喜欢篮球和中国电影的朋友"等，知识图谱会帮助用户在庞大的社交网络中找到与自己最具相关性的人、照片、地点和兴趣等。Graph Search 提供的上述服务贴近个人的生活，满足了用户发现知识以及寻找最具相关性的人的需求。

4. 垂直行业应用

从领域上来说，知识图谱通常分为通用知识图谱和特定领域知识图谱。

在金融、医疗、电商等很多垂直领域，知识图谱正在带来更好的领域知识、更低金融风险、更完美的购物体验。教育科研、证券、生物医疗以及需要进行大数据分析的一些行业对整合性和关联性的资源需求迫切，知识图谱可以为其提供更加精确规范的行业数据以及丰富的表达，帮助用户更加便捷地获取行业知识。

5.7 人工智能的典型应用领域

人工智能的典型应用领域

5.7.1 制造

智能制造，是在基于互联网的物联网意义上实现的包括企业与社会在内的全过程的制造，把工业 4.0 的“智能工厂”“智能生产”“智能物流”进一步扩展到“智能消费”“智能服务”等全过程的智能化中去，基于这些意义才能真正地认识到我们所面临的前所未有的形势。人工智能在制造业的应用主要有三个方面：首先是智能装备，包括自动识别设备、人机交互系统、工业机器人以及数控机床等具体设备；其次是智能工厂，包括智能设计、智能生产、智能管理以及集成优化等具体内容；最后是智能服务，包括大规模个性化定制、远程运维以及预测性维护等具体服务模式。虽然目前人工智能的解决方案尚不能完全满足制造业的要求，但作为一项通用性技术，人工智能与制造业融合是大势所趋。

5.7.2 家居

智能家居主要是基于物联网技术，通过智能硬件、软件系统、云计算平台构成一套完整的家居生态圈。用户可以远程控制设备，设备间可以互联互通并进行自我学习来整体优化家居环境的安全性、节能性、便捷性等。值得一提的是，近两年随着智能语音技术的发展，智能音箱成为一个爆发点。智能音箱不仅是音响产品，同时是涵盖了内容服务、互联网服务及语音交互功能的智能化产品，不仅具备 WiFi 连接功能，提供音乐、有声读物等内容服务及信息查询、网购等互联网服务，还能与智能家居连接，实现场景化智能家居控制。

5.7.3 金融

人工智能的产生和发展，不仅促进金融机构服务主动性、智慧性，有效提升了金融服务效率，而且提高了金融机构风险管控能力，对金融产业的创新发展带来积极影响。人工智能在金融领域的应用主要包括身份识别、大数据风控、智能投顾、智能客服、金融云等。随着算法和数据的突破，智能金融应用率先在通用领域中发力，解决效率提升的问题；随着数据在细分领域中的积累和整合，智能金融的应用不断向拓展各细分场景、提升业务效能的方向进步，从而展现出多样化的金融应用布局。如图 5-37 所示。

图 5-37　智慧金融应用

5.7.4　零售

人工智能在零售领域的应用已十分广泛，正在改变人们购物的方式。无人便利店、智慧供应链、客流统计、无人仓、无人车等都是热门方向。通过大数据与业务流程的密切配合，人工智能可以优化整个零售产业链的资源配置，为企业创造更多效益，让消费者有更好的体验更好。在设计环节中，机器可以提供设计方案；在生产制造环节中，机器可以进行全自动制造；在供应链环节中，由计算机管理的无人仓库可以对销量以及库存需求进行预测，合理进行补货、调货；在终端零售环节中，机器可以智能选址，优化商品陈列位置，并分析消费者购物行为。海信无人智能零售店如图 5-38 所示。

图 5-38　无人智能零售店

5.7.5　交通

大数据和人工智能可以让交通更智慧，智能交通系统是通信、信息和控制技术在交通系统中集成应用的产物。通过对交通中的车辆流量、行车速度进行采集和分析，可以对交通实施监控和调度，有效提高通行能力，简化交通管理，降低环境污染等。人工智能还可为我们的安全保驾护航。人长时间开车会感觉到疲劳，容易出交通事故，而无人驾驶则很好地解决了这些问题。无人驾驶系统还能对交通信号灯、汽车导航地图和道路汽车数量进行整合分析，规划出最优交通线路，提高道路利用率，减少堵车情况，节约交通出行时间。百度 Apollo 无人驾驶汽车如图 5-39 所示。

图 5-39　百度 Apollo 无人驾驶汽车

5.7.6　安防

安防领域涉及范围较广，小到关系个人、家庭，大到与社区、城市、国家安全息息相关。目前智能安防类产品主要有四类：人体分析、车辆分析、行为分析、图像分析。在安防领域的应用主要通过图像识别、大数据及视频结构化等技术实现的。从行业角度来看，主要在公安、交通、楼宇、金融、工业、民用等领域应用较广。智能安防案例如图 5-40 所示。

图 5-40　智能安防

5.7.7 医疗

人工智能在医疗领域应用广泛，从最初的药物研发到操刀做手术，利用人工智能都可以做到。医疗领域人工智能初创公司按领域可划分为八个主要方向，包括医学影像与诊断、医学研究、医疗风险分析、药物挖掘、虚拟护士助理、健康管理监控、精神健康以及营养学。其中，协助诊断及预测患者的疾病已经逐渐成为人工智能技术在医疗领域的主流应用方向。

5.7.8 教育

通过图像识别，可以进行机器批改试卷、识题答题等；通过语音识别可以纠正、改进发音；通过人机交互可以进行在线答疑解惑等。人工智能和教育的结合一定程度上可以改善教育行业师资分布不均衡、费用高昂等问题，从工具层面给师生提供更有效率的学习方式。智慧教室运用现代化手段切入整个教学过程，让课堂变得简单、高效、智能，智慧教室作为一种新型的教育形式和现代化教学手段，给教育行业带来了新的机遇，如图 5-41 所示。

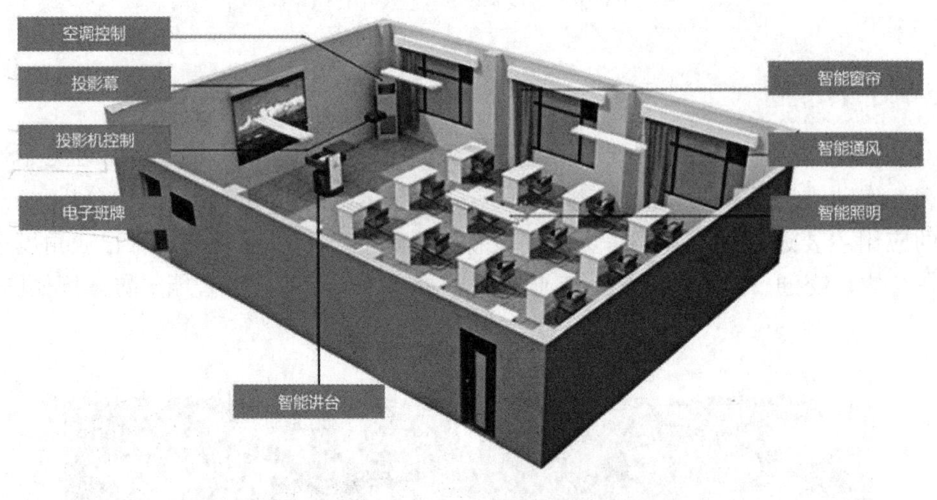

图 5-41 智慧教室

5.7.9 物流

物流行业通过利用智能搜索、推理规划、计算机视觉以及智能机器人等技术在运输、仓储、配送装卸等流程上已经进行了自动化改造，能够基本实现无人操作，如图 5-42 所示。例如，利用大数据对商品进行智能配送规划，优化配置物流供给、需求匹配、物流资源等。目前物流行业大部分人力分布在“最后一公里”的配送环节。

图 5-42 智能物流

5.8 项目实训

1. 人脸识别

在浏览器地址栏输入腾讯 AI 开发平台地址 https://ai.qq.com/product/face.shtml#detect，打开人脸识别功能体验页面。

单击“本地上传”，选择本机图片上传后进行人脸检测与分析，会对图片中人物的性别、年龄等特征属性进行识别，如图 5-43 所示。另外，还可进行多人脸检测、跨年龄人脸识别、五官定位、人脸对比、人脸搜索等算法体验。

图 5-43 人脸识别示例

2. 语音识别

在浏览器地址栏输入腾讯 AI 开发平台地址 https://ai.qq.com/product/aaiasr.shtml，打开语音识别功能体验页面，如图 5-44 所示。

图 5-44　语音识别体验

确认麦克风等语音设备准备就绪后，点击“开始录音”按钮进行语音输入，页面会同步对输入的语音进行识别，如图 5-45 所示。

图 5-45　语音识别示例

课后题

1. 选择题

（1）人工智能的主要学派有符号主义、（　　）和行为主义。

A．逻辑主义　B．连接主义　C．统计主义　D．连通主义

（2）机器学习通常分为三类，即监督学习、无监督学习和（　　）。

A．强化学习　B．自主学习　C．深度学习　D．统计学习

（3）人脸识别技术中，基于模型的方法包括（　　）、主动形状模型和主动外观模型。

A．线性判别模型　B．神经网络模型

C．隐马尔科夫模型　D．特征脸模型

（4）当处理时间序列中间隔和延迟较长时，应当选用深度神经网络中的（　　）。

A．LSTM　　B．RNN　　C．CNN　　D．ANN

（5）自然语言理解通常分为基于规则的方法和基于（　　）的方法。

A．机器学习　　B．深度学习　　C．统计　　D．概率

（6）一般的声音模式识别包括预处理、（　　）、模式匹配等基本模块。

A．模式提取　　B．声音提取　　C．特征提取　　D．模型提取

（7）典型的声纹识别模型可以分为两种：模板模型和（　　）模型。

A．随机　　B．声纹　　C．特征　　D．几何

（8）OCR 技术中，在识别文字前，我们要对原始图片进行预处理，以便后续的特征提取和学习。这个过程通常包含：灰度化、二值化、（　　）、倾斜矫正、文字切分等子步骤。

A．特征提取　　B．降维　　C．降噪　　D．后处理

（9）（　　）是知识图谱中的最基本元素，不同的（　　）间存在不同的关系。

A．实体　　B．内容　　C．属性　　D．属性值

（10）知识图谱的构建过程通常包含：信息抽取、知识表示、（　　）、知识推理四个过程，每一次更新迭代均包含这四个阶段。

A．知识抽象　　B．知识提取　　C．知识转换　　D．知识融合

2．问答题

（1）人工智能如何定义？

（2）简述机器学习的工作流程。

（3）语音识别的常用算法有哪些？至少说出五种。

（4）谈谈知识图谱的应用，至少两个场景。

（5）简述人工智能的应用领域，至少三个领域。

第6章 5G

6.1 走进5G世界

随着人们智能化生活的开启，移动通信已经渗透到各个角落，从信息的感知生成、传输到转换、接收，网络通信的背后是一次又一次的技术变革。从1G到5G的演进，移动通信技术的进化一幕接一幕，伴随的是通信标准的百家争鸣，最终形成了一部波澜壮阔的移动通信史。

6.1.1 无线电信号频谱

移动通信的足迹

1. 认识无线电频谱

收音机有调幅AM和调频FM；电视搜台时我们会遇到VHF和UHF；我们用的手机卡有移动、联通、电信之分。我们知道这是运用的不同波段的无线电波技术进行信号的传递。无线电波是电磁波的一部分。电磁波波谱又是怎样分配的呢？

（1）电磁波。电磁波是由同相振荡且互相垂直的电场与磁场在空间中以波的形式移动，其传播方向垂直于电场与磁场构成的平面，有效地传递能量和动量。詹姆斯·麦克斯韦于1865年预测电磁波存在，德国物理学家赫兹在1887年至1888年间在实验中证实电磁波存在。电磁辐射可以按照频率分类，从高到低，包括宇宙射线、伽马射线、X射线、紫外线、可见光、红外线、无线电波（微波、雷达、电台）等，如图6-1所示。

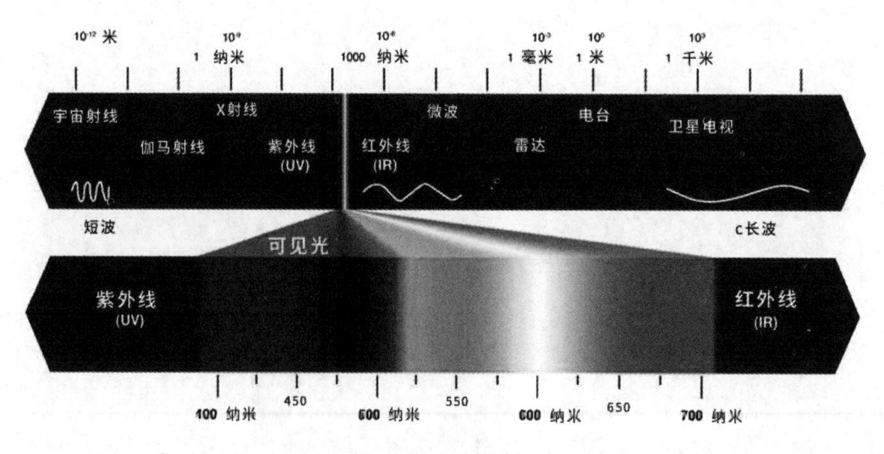

图6-1 电磁波谱

电磁波应用于手机通信、卫星信号、导航、遥控、定位、家电（微波炉、电磁炉）红外波、工业、医疗器械等方面。无线电广播与电视都是利用电磁波来进行的。在无线电广播中，人们先将声音信号转变为电信号，然后将这些信号由高频振荡的电磁波带向周围空间传播。无线电技术是现代通信的主要手段，它是利用的电磁波的哪一部分呢？

（2）无线电波。无线电波是一种通过天线传播的，频率介于 3Hz 和约 300GHz 之间的电磁波。根据公式 c=λf 可以得出，无线电波的波长越短，频率越高，相同时间内传输的信息就越多。无线电波也叫射频电波，即我们常说射频、射电。无线电波利用不同的频率，将无线电接收器调到特定频率来接收特定信号。无线电通信技术是将需要的信息经过转换、传输，达到通信的目的，是我们现代通信的主要手段。自然界中主要的频谱划分见表 6-1。

表 6-1 无线电波段与频谱表

<table>
<tr><th>段号</th><th>频段名称</th><th>频段范围
（含上限，不含下限）</th><th colspan="2">波段名称</th><th>波长范围
（含上限，不含下限）</th></tr>
<tr><td>1</td><td>极低频（ELF）</td><td>3 ～ 30Hz</td><td colspan="2">极长波</td><td>100 ～ 10 兆米</td></tr>
<tr><td>2</td><td>超低频（SLF）</td><td>30 ～ 300Hz</td><td colspan="2">超长波</td><td>10 ～ 1 兆米</td></tr>
<tr><td>3</td><td>特低频（ULF）</td><td>300 ～ 3000Hz</td><td colspan="2">特长波</td><td>100 ～ 10 万米</td></tr>
<tr><td>4</td><td>甚低频（VLF）</td><td>3 ～ 30kHz</td><td colspan="2">甚长波</td><td>10 ～ 1 万米</td></tr>
<tr><td>5</td><td>低频（LF）</td><td>30 ～ 300kHz</td><td colspan="2">长波</td><td>10 ～ 1 千米</td></tr>
<tr><td>6</td><td>中频（MF）</td><td>300 ～ 3000kHz</td><td colspan="2">中波</td><td>10 ～ 1 百米</td></tr>
<tr><td>7</td><td>高频（HF）</td><td>3 ～ 30MHz</td><td colspan="2">短波</td><td>100 ～ 10 米</td></tr>
<tr><td>8</td><td>甚高频（VHF）</td><td>30 ～ 300MHz</td><td colspan="2">超短波</td><td>10 ～ 1 米</td></tr>
<tr><td>9</td><td>特高频（UHF）</td><td>300 ～ 3000MHz</td><td>分米波</td><td rowspan="4">微波</td><td>10 ～ 1 分米</td></tr>
<tr><td>10</td><td>超高频（SHF）</td><td>3 ～ 30GHz</td><td>厘米波</td><td>10 ～ 1 厘米</td></tr>
<tr><td>11</td><td>极高频（EHF）</td><td>30 ～ 300GHz</td><td>毫米波</td><td>10 ～ 1 毫米</td></tr>
<tr><td>12</td><td>至高频</td><td>300 ～ 3000GHz</td><td>丝米波</td><td>10 ～ 1 丝米</td></tr>
</table>

无线电波是自然界存在的一种电磁波，是一种物质，是一种各国可均等获得的看不见、摸不着的自然资源，具有以下 6 种特性：

1）它是有限的。目前人类对于 3000GHz 以上的频率还无法开发和利用，尽管使用无线电频谱可以根据时间、空间、频率和编码 4 种方式进行频率的复用，但就某一频段和频率来讲，在一定的区域、一定的时间和一定的条件下使用频率是有限的。

2）它是排他性的。无线电频谱资源与其他资源具有共同的属性，即排他性，在一定的时间、地区和频域内，一旦被使用，其他设备是不能再用的。

3）它具备复用性。虽然无线电频谱具有排他性，但在一定的时间、地区、频域和编码条件下，无线电频率是可以重复使用和利用的，即不同无线电业务和设备可以频率复用和共用。

4）它是非耗竭性的。无线电频谱资源又不同于矿产、森林等资源，它是可以被人类利用，但不会被消耗掉，不使用它是一种浪费，使用不当更是一种浪费，甚至会由于使用不当产生干扰而造成危害。

5）它具有固有的传播特性。无线电波是按照一定规律传播，不受行政地域的限制，是无国界的。

6）它具有易污染性。如果无线电频率使用不当，就会受到其他无线电台、自然噪声和人为噪声的干扰而无法正常工作，或干扰其他无线电台站，使其不能正常工作，使之无法准确、有效和迅速地传送信息。

国际电信联盟（International Telecommunication Union，ITU）为不同的无线电传输技术和应用分配了无线电频谱的不同部分；国际电信联盟“无线电规则”（Radio Regulations，RR）定义了约40项无线电通信业务。

《中华人民共和国民法典》第二编“物权”第252条中规定“无线电频谱资源属于国家所有”。所有权是物权的基础，该条确定了国家对无线电频谱资源依法享有占有、使用、收益和处分的权利。界定无线电频谱资源的所有权属性，是国家对频谱资源进行管理的逻辑基础。

随着通信用户的增多，无线电频谱也变得越来越拥挤。因此，我们就更需要规范有效地利用它，推动现代电信的改进，服务于人们的生活。

2. 无线电频谱的应用

古代传输主要是靠视觉和听觉交换传输信息。无线电技术的出现，通过无线电波可以传输不同业务的语音、图像、数据等信号。当然不同的业务是由对应频段根据提前分配定义的规则各司其职的，具体应用我们来分析一下。

（1）中波通信的应用。中波（300kHz ~ 3000kHz）主要用作近距离本地无线电调幅（AM）广播、全向信标、海上通信、无线电导航以及航空通信等通信，是无线电通信发展中使用较早的波段之一。例如，广播中波AM收音机频带为525kHz ~ 1710kHz（MF），某些地方部分长波也可用作AM调幅波。

（2）短波通信的应用。短波（3MHz ~ 30MHz）通信是波长在10米~ 100米之间，主要应用在军事电台和民用电台。例如，广播短波AM收音机频带为3MHz ~ 30MHz（HF）。

（3）超短波通信的应用。超短波又称米波（30MHz ~ 300MHz），VHF频段主要应用在调频（FM）广播、电视广播、航空通信等领域。其中118MHz ~ 137MHz，用于与飞机进行导航和语音通信，又称空中频段。

（4）微波通信的应用。微波是指在波谱中频率介于300MHz ~ 3000GHz之间的电磁波。1931年第一条微波通信电路在英国多佛与法国加莱之间建立。直到第二次世界大战后，微波通信才得以大展身手。在北美，1955年对流层散射通信试验成功。20世纪50年代开始进行卫星通信试验，直到60年代中期才投入使用。微波通信是20世纪50年代的产物，由于其通信的容量大、成本低、建设周期短、生存力强等优点而得到迅速的发展。发达国家的微波中继通信在长途通信网中所占的比例高达50%以上，据统计美国为66%，日本为50%，法国为54%。1956年我国引进了第一套微波通信设备，经过学习创新，获得较大的成果，在1976年的唐山大地震中，在京津之间的同轴电缆全部断裂的情况下，六个微波通道全部安然无恙。在当今世界的通信革命中，微波通信仍是最有发展前景的通信手段之一。

微波包括分米波，厘米波和毫米波。分米波（300MHz ～ 3GHz）UHF 频段，常用的几种移动通信方式诸如 WiFi、ZigBee、蓝牙、GSM 频段都在此范围内；厘米波（3GHz ～ 30GHz）SHF 频段，主要应用于无线网络、雷达、人造卫星接收等；毫米波（30GHz ～ 300GHz）EHF 频段，主要用于射电天文学、遥感、人体扫描安检仪等。

如图 6-2 所示的卫星通信也属于微波通信的一种，是长距离大容量地面干线无线传输的主要手段。卫星通信包括 C（4GHz ～ 8GHz），Ku（12GHz ～ 18GHz）和 Ka（27GHz ～ 40GHz）三个频段。C 频段在卫星固定业务中使用较多；Ku 频段用于卫星固定业务及直播卫星业务；Ka 频段主要用于新兴业务。

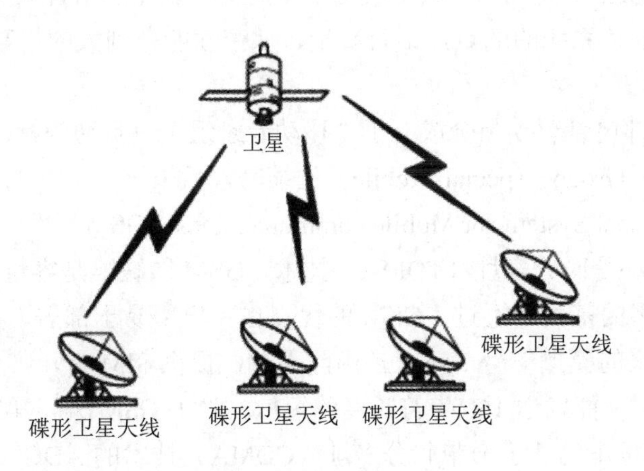

图 6-2 卫星通信系统

6.1.2 移动通信的发展简史

随着信息技术的发展，用户需求的日渐增多，移动通信技术已成为当代通信领域的发展潜力最大、市场前景最广的研究热点。目前，移动通信技术已经历了 5 代的发展。

1. 1G——模拟通信时代

摩托罗拉是移动通信的开创者。1941 年，摩托罗拉研发出了第一款跨时代产品 SCR-300。美国贝尔试验室 1978 年底研制成功了全球第一个无线移动蜂窝网络通信，即高级移动电话系统（Advanced Mobile Phone System，AMPS），人类的移动通信时代由此开启。随后几年，摩托罗拉公司便开始在全美进行推广和商用，并且获得了巨大的成功。此时全球的移动通信标准有：美国的高级移动电话系统（AMPS）、英国的总访问通信系统（TACS）、日本的 JTAGS、西德的 C-Netz、法国的 Radiocom 2000、意大利的 RTMI。

第一代移动通信（1G）主要采用模拟通信和频分多址接入技术（FDMA），不仅容量十分有限，而且安全性和抗干扰能力也较差。并且其终端的价格更是非常昂贵，这就使得它无法真正大规模普及和应用。此外，由于各个国家之间没有一个统一的国际技术标准，国际漫游成为一个当时非常突出的问题。

我国的第一代模拟移动通信系统采用的是英国 TACS 制式，于 1987 年 11 月 18 日在广州开通并正式商用，2001 年 12 月底中国移动关闭模拟移动通信网，应用长达 14 年，用户数最高曾达到了 660 万。如今，1G 时代那像砖头一样的手持终端——大哥大，已经成为了很多人的回忆。

2. 2G——数字通信时代

第一代移动通信的通话质量和保密性差、信号不稳定，随着使用要求的不断提高，终究会被淘汰。20 世纪 80 年代后期，随着大规模集成电路、微处理器与数字信号的应用更加成熟，移动通信进入 2G 时代。

第二代移动通信系统主要采用的是数字的时分多址（TDMA）技术和码分多址（CDMA）技术。主要业务是语音，其主要特性是提供数字化的话音业务及低速数据业务。它克服了模拟移动通信系统的弱点，话音质量、保密性能得到大的提高，并可进行省内、省际自动漫游。

1982 年，欧洲邮电管理委员会成立了“移动专家组”负责通信标准的研究，GSM 是移动专家组（法语：Groupe Spécial Mobile）的缩写，后来这一缩写的含义被改为“全球移动通信系统”（Global System for Mobile communications，GSM）。

GSM 的技术核心是时分多址（TDMA）技术，GSM 的缺陷是容量有限，当用户过载时，就必须建立更多的基站。不过，GSM 的优点也突出：易于部署，且采用了全新的数字信号编码取代原来的模拟信号；还支持国际漫游，提供 SIM 卡，方便用户在更换手机时仍能存储个人资料；能发送 160 字符长度的短信。除了 GSM 外，第二代移动通信标准还有北美于 1992 年推出的基于窄带码分多址（CDMA）技术的 ADC（IS-54），但由于窄带 CDMA 技术成熟较晚，标准化程度较低，在全球的市场规模远不如 GSM 系统。此外，还有日本推出的独特的 PDC 通信标准，然而由于市场规模的限制，使得其最终在 3G 时代被 CDMA 所取代。

2G 时代，我国的移动通信标准主要采用欧洲的 GSM 标准和北美的 CDMA 标准，从 1995 年开始建设 GSM 网络，到 1999 年底已覆盖全国 31 个省会城市、300 多个地市，到 2000 年 3 月全国 GSM 用户数已突破 5000 万，并实现了与近 60 个国家的国际漫游业务。从 1996 年开始，原中国电信长城网在 4 个城市进行 800MHz CDMA 的商用试验。

2000 年后，2G 的速度与容量上限逐渐面临瓶颈，经历了 1G 到 2G 眨眼间便大举翻盘的技术变革，各大手机厂商记住了历史教训，个个提心吊胆地准备迎接 3G 时代。

3. 3G 的崛起——智能手机的现身

第三代移动通信采用了码分多址接入（CDMA）技术，与 TDMA 技术相比，CDMA 技术具有容量大、覆盖好、话音质量好、辐射小等优点。3G 最大的优点是网速快，2G 的下载速度约仅 9600b/s ～ 64kb/s，而 3G 初期的速度则为 300kb/s ～ 2Mb/s，足足提升了三十倍多。

然而，在 2G 时代，GSM 在全球取得了巨大的优势，凭借美国的力量与 WCDMA 抗衡。3G 时代，我国向国际电信联盟提出自己的 3G 标准 TD-SCDMA，于是美国便和我国联手，一起支持两家的协议进入标准，以此来对抗欧洲。最终，1999 年 12 月，国际电信联盟正式宣布3G的三个标准：欧标WCDMA、美标CDMA2000、中标TD-SCDMA。我国在3G标准的使用中，中国移动使用TD-SCDMA、中国联通使用WCDMA、中国电信使用CDMA2000。

3G的部署与网速的提升，早在2005年左右便已完工（若非欧洲破产重整、美国牌照延迟，早在2000年时3G技术已确立），同时，移动上网、应用程序、手机操作系统也早已开展。

智能手机于2005—2007年间起步，2008—2012年间爆发性成长，其转折点在于iPhone。智能手机引起轰动，也成功拉动3G用户暴增，进而迎来更高速上网的4G时代。

4. 4G——生活多姿多彩的时代

第三代合作伙伴计划（3GPP）于2008年提出了长期演进技术（Long Term Evolution，LTE）作为3.9G技术标准。又在2011年提出了长期演进技术升级版（LTE-Advanced）作为4G技术标准，准备把W-CDMA淘汰换掉，转而采用正交频分复用技术（OFDM）。

4G技术即LTE技术，移动无线通信技术在4G时代得到了统一，该技术包括TD-LTE和FDD-LTE两种制式，这两种制式除了双工方式存在差异外，其余基本没有区别。两种制式也各有优劣，在应用过程中FDD-LTE主要用于大范围的覆盖，TD-LTE主要用于数据业务。

相比于3G，4G运用了全新的多址技术——OFDM，可以实现更多用户接入和更高的频谱利用率。并且通过使用全新的编码和调试技术、智能天线技术、MIMIO技术，极大地提高了数据的传输速度。在网络架构上，网络变得更加的扁平化和IP化，在提高网络速度降低传输时延的同时，也使为发展提供新的业务和服务变得更加容易。

4G是集3G与WLAN于一体，并能够快速传输数据、高质量音频、视频和图像等。4G能够以100Mb/s以上的速度下载，比家用宽带ADSL（4兆）快25倍，并能够满足几乎所有用户对无线服务的要求。此外，4G可以在DSL和有线电视调制解调器没有覆盖的地方部署，然后再扩展到整个地区。很明显，4G有着不可比拟的优越性。

5. 5G——万物互联的时代

2G实现从1G的模拟时代走向数字时代，3G实现从2G语音时代走向数据时代，4G实现IP化，数据速率大幅提升。5G将会给我们带来怎样的改变呢？5G最大的改变就是实现从人与人之间的通信走向人与物、物与物之间的通信，实现万物互联，推动社会发展。

2012年，全球主要国家和区域纷纷启动5G移动通信技术需求和技术研究工作。同时，国际电信联盟启动了一系列5G工作，如5G愿景、需求、评估方法等。

2013年2月，欧盟宣布加快5G计划。同年，韩国三星电子有限公司宣布成功开发5G的核心技术。

2015年，美国Verizon无线公司宣布，将从2016年开始试用5G网络。2017年2月9日，国际通信标准组织3GPP宣布了5G的官方Logo。2018年2月23日，在世界移动通信大会召开前夕，沃达丰和华为宣布，两公司在西班牙合作采用非独立的3GPP5G新无线标准和Sub-6GHz频段完成了全球首个5G通话测试。

2018 年 6 月 13 日，3GPP5GNR 标准 SA（Standalone，独立组网）方案在 3GPP 第 80 次 TSGRAN 全会正式完成并发布，这标志着首个真正完整意义的国际 5G 标准正式出炉。

2018 年 6 月 14 日，3GPP 全会（TSG#80）批准了第五代移动通信技术标准（5GNR）独立组网功能冻结。加之 2017 年 12 月完成的非独立组网 NR 标准，5G 已经完成第一阶段全功能标准化工作，进入了产业全面冲刺新阶段。

我国 5G 技术研发试验于 2016—2018 年开展，分为 5G 关键技术试验、5G 技术方案验证和 5G 系统验证三个实施阶段。2019 年 6 月，我国工信部向中国电信、中国移动、中国联通、中国广电 4 家公司发放 5G 牌照；同年 10 月 31 日，我国三大电信运营商（中国电信、中国移动、中国联通）公布 5G 商用套餐，并于 11 月 1 日正式上线 5G 商用套餐。5G 网络已在 2020 年正式商用，并取得了突破性进展。

6.1.3 移动通信基础

移动通信的概述

移动通信是移动用户与固定点用户之间或移动用户之间用来沟通的通信方式，通信双方有一方或两方处于运动之中。移动通信包括陆、海、空通信，频段遍及低频、中频、高频、甚高频和特高频。移动通信系统由移动台、基台、移动交换中心组成，若要同某移动台通信，移动交换中心通过各基台向全网发出呼叫，被叫台收到后发出应答信号，移动交换中心收到应答后分配一个信道给该移动台并从此话路信道中传送一信令使其振铃。

通信系统一般由信源（发端设备）、信宿（收端设备）和信道（传输媒介）等组成，如图 6-3 所示。通信系统是用以完成信息传输过程的技术系统的总称。现代通信系统主要借助电磁波在自由空间的传播或在导引媒体中的传输机理来实现，前者称为无线通信系统，后者称为有线通信系统。

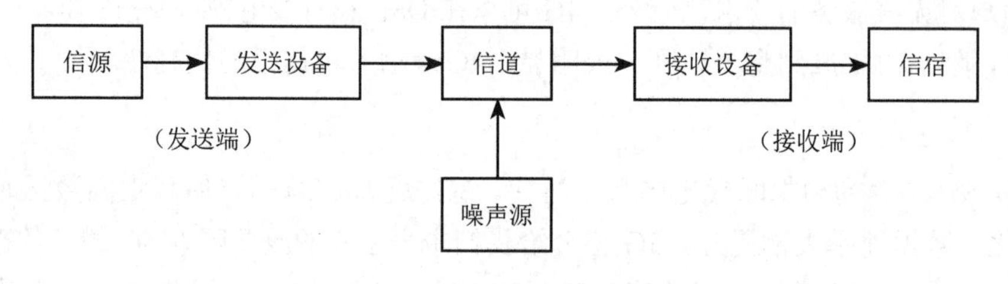

图 6-3　通信系统框图

信源：所谓信源是产生消息的来源，能把所有的信号转换为电信号。包括模拟信源和数字信源。

发送设备：发送设备是用来产生适合于在信道中传输的信号，使发送信号的特性和信道特性相匹配，具有抗信道干扰的能力，并且具有足够的功率以满足远距离传输的需要。

信道：信道是信号的传输媒质，可分为有线信道和无线信道两类。有线信道包括明线、对称电缆、同轴电缆及光缆等。无线信道有地波传播、短波电离层反射、超短波或微波视距中继、人造卫星中继以及各种散射信道等。如果把信道的范围扩大，它还可以包括有关的变换装置，比如发送设备、接收设备、馈线与天线、调制器、解调器等，我们称这种扩大的信道为广义信道，而称前者为狭义信道。

接收设备：将接收到的信号进行处理和变换，即解调、译码、解码。从带有干扰的接收信号中正确恢复出相应的原始基带信号来，对于多路复用信号，还包括解除多路复用，实现正确分路。

信宿：是传输信息的归宿点，作用是将复原的原始信号转换成相应的消息。

6.1.4 蜂窝移动通信的概述

蜂窝移动通信（Cellular Mobile Communication）是因为组成网络系统的各通信基地台的信号覆盖呈六边形，从而使整个网络看起来像一个蜂窝构造而得名，是采用无线组网方式的移动通信硬件架构。它由基站子系统和移动交换子系统等设备组成，分为模拟蜂窝网络和数字蜂窝网络，如图 6-4 所示。在终端和网络设备之间通过无线通道连接起来，进而实现用户在活动中可相互通信。

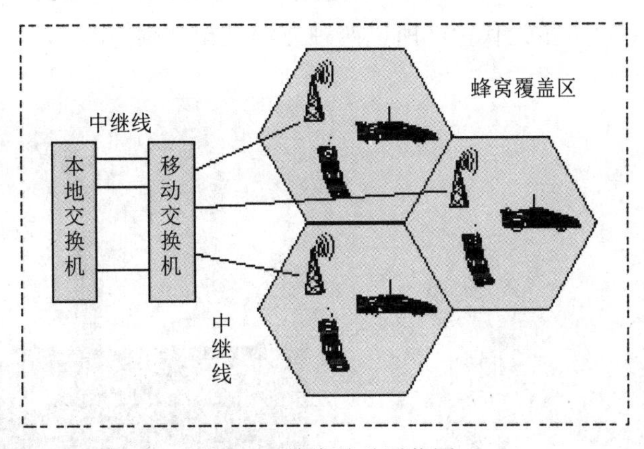

图 6-4 蜂窝移动通信图

1. 蜂窝移动通信的优势

蜂窝状（六边形）结构的移动通信系统为什么会成为移动通信系统的首选呢？假设通信范围是一个圆形区域，图 6-5（a）为六边形移动通信系统，图 6-5（b）为四边形移动通信系统，图 6-5（c）为三角形移动通信系统。

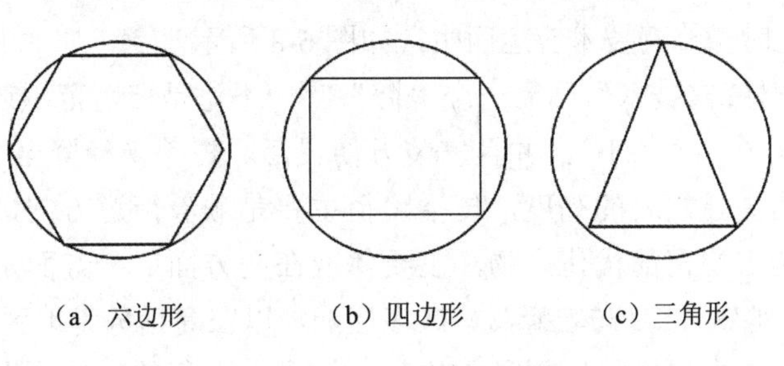

图 6-5 比较图

如图 6-5 和图 6-6 所示，可以看出在一个通信区域内，首先六边形是包围面积最大的，也就是覆盖面积最大的，三角形是最小的；其次是六边形构成的相邻小区之间重叠部分最少；最后是相同面积的服务区，有正六边形构成的小区需要的数量最小，可以有效减少投入，节约成本。

2. 蜂窝移动通信的分类

蜂窝移动通信按照功能的不同可以分为宏蜂窝技术、微蜂窝技术、智能蜂窝技术。

（1）宏蜂窝技术。如图 6-7 所示，移动通信初始阶段，大的网络信号地域覆盖范围是追求的目标。所以大型的宏蜂窝小区，每个区的覆盖半径大多为 1km ～ 25km，基站天线尽可能做得很高。但是这样的配置会导致宏蜂窝小区信号覆盖出现“盲点”和“热点”。电波信号在传送过程中遇到障碍物而无法穿透继而造成的黑暗区域，该区域内网络质量非常差，形成了所谓的“盲点”；而“热点”则处于网络质量良好业务繁忙区域，完成宏蜂窝中的大部分业务。解决这两点问题，需要设置直放站、分裂小区等。这些方法使成本增加，并且从理论出发，如果增加系统覆盖面，那么通信质量会相应下降；如果提高网络通信质量，又要以容量为代价，所以两种方法是相互制约的。

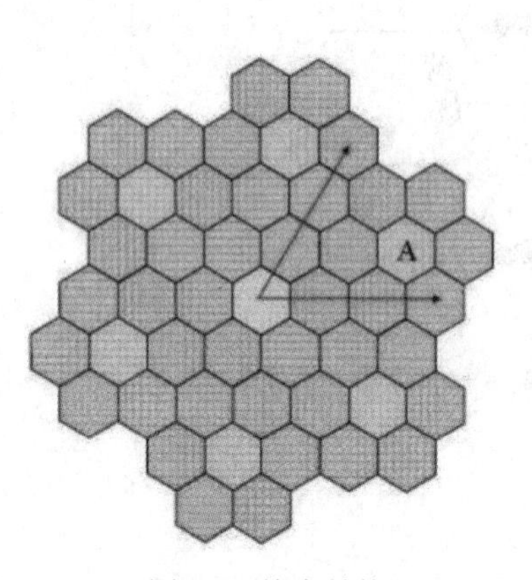

图 6-6　蜂窝结构

图 6-7　宏蜂窝基站

（2）微蜂窝技术。随着用户数、业务量的增加，为解决问题把宏蜂窝小区切割成多个小区。当小区数量增加时，建站成本也会猛增，小区缩小的半径也会给信号传输带来不小的干扰，其次，盲区仍然无可消除，而热点地区的业务量增多导致的高话务量得不到很好的消化，此时微蜂窝技术应运而生，如图 6-8 所示。

顾名思义，“微蜂窝技术”凸显一个“微”字，不论是覆盖范围还是传输功率，与宏蜂窝技术比都体现了一个“小”，并且安装方便灵活。覆盖半径降至 30m ～ 300m，基站天线也做到低于房屋建筑物的高度，传播路径主要是顺着街道方向，并且在楼顶电波的衰减小。微蜂窝是宏蜂窝的优化产物，主要体现在两方面：一方面是减少盲点增大覆盖率，如地下车位、地铁；二是与宏蜂窝构成多层网，以在高话务量地区提高容量，如超市、商业街、电影院等。多层网的底层是宏蜂窝，负责大面积的覆盖；上层是微蜂窝，则连续覆盖小面积叠加在宏蜂窝上。需要注意的是微蜂窝和宏蜂窝是在不同的小区进行系统配置，均有独立的广播信道。

图 6-8 微蜂窝基站

微蜂窝层的站点数量多导致成本较高，所以应该根据实际情况选择。当微蜂窝由于特殊原因不能采用上述方式传输时，光纤和微波也是较为常用的选择。

（3）智能蜂窝技术。如图 6-9 所示，智能蜂窝小区既可以是宏蜂窝，也可以是微蜂窝。它是基站采用有高分辨阵列信号处理能力的自适应天线系统，自动地监测移动台所处的位置，并以一定的方式将确定的信号功率传递给移动台的蜂窝小区。利用智能蜂窝小区的概念进行组网设计，能够显著提高系统容量，改善系统性能。

图 6-9 智能蜂窝示例

6.1.5 5G 的概述

初识 5G

1. 5G 的定义

5G 的诞生，进一步改变我们的生活，推动一场新的信息革命。所谓 5G 就是第五代移动通信技术（5th generation mobile networks 或 5th generation wireless systems、5th-Generation），是最新一代蜂窝移动通信技术。

2015 年 10 月 26 日至 30 日，在瑞士日内瓦召开的 2015 无线电通信全会上，国际电信联盟无线电通信部门（ITU-R）正式批准了三项有利于推进未来 5G 研究进程的决议，并正式确定了 5G 的法定名称是 IMT-2020。

伴随着国际电信联盟 5G 计划的推出和实施，我国推进 5G 网络的步伐明显加速。我国 5G 技术研发试验在政府的领导下，依托国家科技重大专项，由 IMT-2020（5G）推进组负责，正在积极实施。

2. 5G 特征

从电报到有线电话再到手机，通信方式发生了一系列变化。从 1G、2G、3G、4G 到 5G 网络，我们的生活越来越便捷。那么，即将到来的 5G 时代有什么特点呢？ 5G 的性能目标是高数据传输速率、减少延迟、节省能源、降低成本、提高系统容量和大规模设备连接。ITU IMT-2020 规范要求速度高达 20Gb/s，可以实现宽信道带宽和大容量 MIMO。

5G 的特征如图 6-10 所示，有以下三点：

（1）超高速率：4G 的以 100Mb/s 为单位，5G 可高达 10G/s，比 4G 快达 100 倍，可以轻松看 3D 影片或 4K 电影。

（2）超大连接：5G 网络可达到 100 万连接 $/km^2$ 的连接密度。

（3）超低时延：从 4G 的平均 50ms 降低到 1 ～ 2ms。

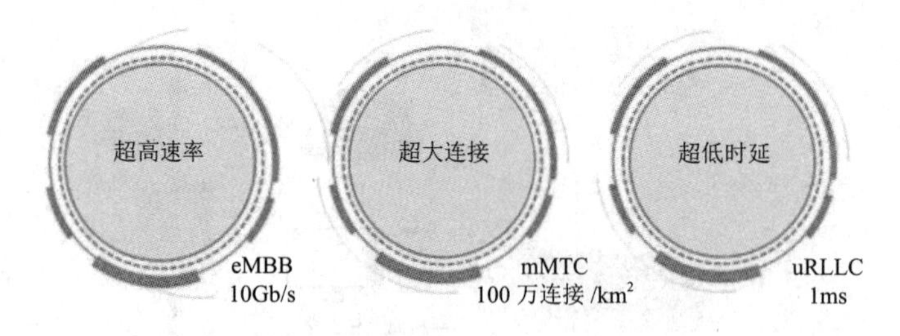

图 6-10 5G 特征

3. 5G 的意义

从 1G 到 4G，通信的目的是服务于“人与人”之间通信。而 5G 则可以服务于“物与物”和“人与物”之间的通信。5G 是人类第一次将“物联网”提升到和“人联网”相同的级别，甚至比“人联网”更高的级别。5G 的出现标志着人类对通信的认知，发生了根本性的变化。通信的目的变了，通信的技术和架构也就随之改变了。

5G 的容量是 4G 的 1000 倍，峰值速率 10Gb/s ～ 20Gb/s，意味着采用更高的频段，建设更多的基站，并引入 Massive MIMO 等关键技术。低时延和大规模物联网连接，意味着网络能提供多样化的服务，这就需要网络更加灵活，从而需要基于 NFV（网络功能虚拟化）/SDN（软件定义网络）向软件化 / 云化转型，用 IT 的方式重构网络，实现网络切片。而虚拟化打通了开源平台，让更多的第三方和合作伙伴参与进来，从而在已运行多年的成熟的电信网络上激发更多的创新和价值。

从消费者角度来讲，智能手机最先受益于 5G，其将拥有极致体验的速度和数据，而且随时切入云端。其次，5G 发展将之前的无线通信无法涉及的产业涵盖了进来，比如工业当中的关键技术，包括自动驾驶汽车、智能制造等。因此，潜力是巨大的。不光在无线通信行业领域，在各个行业之中，5G 的潜力都是无限的。当各个设备相连后，5G 就可以把大数据、数字经济和众多智能化连接设备等巨大的力量结合在一起。

在工业互联网领域，5G 将构建全新生态。随着工业互联网的发展，工业生产可实现资源优化、协同合作和服务延伸，提高资源利用效率。5G 与工业互联网结合，既可以满足工业智能化发展需求，形成具有低时延、高可靠、广覆盖特点的关键网络基础设施，也将是新一代信息通信技术与工业领域深度融合所形成的新兴应用模式，更会在此基础上形成的全新工业生态体系。

待 5G 技术成熟时，工业互联网将普遍应用 5G 来解决企业内网和企业外网中存在的问题，同时将引入 TSN（时间敏感型网络）技术等新型网络技术，来更好地满足工业互联网发展需要，实现工业的数字化、网络化和智能化。

5G 是商业模式的转型，也是生态系统的融合。正如 NGMN 所定义的：5G 是一个端到端的生态系统，它将打造一个全移动和全连接的社会。5G 主要包括三方面：生态、客户和商业模式。它交付始终如一的服务体验，通过现有的和新的用例，以及可持续发展的商业模式，为客户和合作伙伴创造价值。

6.1.6 展望 6G

6G，是 5G 之后的延伸，即第六代移动通信标准，也被称为第六代移动通信技术。主要应用场景是物联网领域。6G 使用至太赫兹（THz）频段的传输能力，比 5G 提升 1000 倍比特率（1T），网络延迟也从毫秒（1ms）降到微秒级（100μs），市场有预计 6G 将在 2030 年左右上市，如图 6-11 所示。

6G 网络将是一个地面无线与卫星通信集成的全连接世界。通过将卫星通信整合到 6G 移动通信，实现全球无缝覆盖，网络信号能够抵达任何一个偏远的乡村，让偏远山区的病人能接受远程医疗，让孩子们能接受远程教育。此外，在全球卫星定位系统、电信卫星系统、地球图像卫星系统和 6G 地面网络的联动支持下，地空全覆盖网络还能帮助人类预测天气、快速应对自然灾害等。6G 通信技术不再是简单的网络容量和传输速率的突破，它更是为了缩小数字鸿沟，实现万物互联这个“终极目标”，这便是 6G 的意义。

2019 年 3 月 19 日，美国联邦通信委员会（FCC）决定开放面向未来 6G 网络服务的“太赫兹”频谱，用于创新者开展 6G 技术试验。11 月 3 日，我国宣布成立国家 6G 技术研发推进工作组和总体专家组，标志着我国 6G 技术研发工作正式启动。工信部新闻发言人田玉龙表示，大力推动信息通信业的高质量发展，2020年要有序推进5G网络建设，加快6G的布局，推动网络优化的升级，确保网络安全。中国通信业观察家、飞象网首席执行官项立刚则进一步提出，除陆地通信覆盖外，水下通信覆盖也有望在6G时代启动，成为整个网络覆盖体系中的一部分。

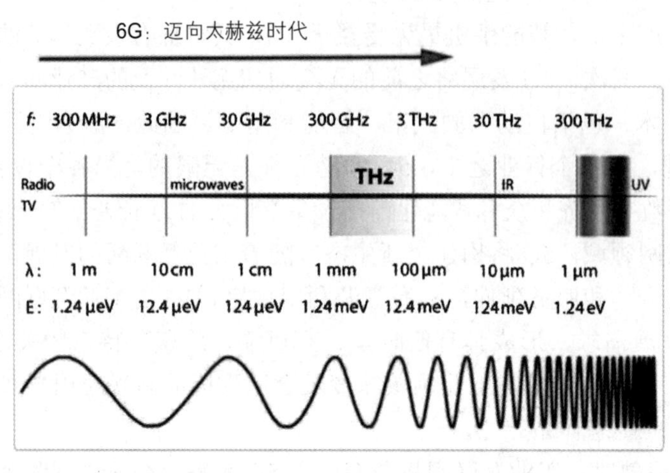

图 6-11 6G 时代

6.2 5G的标准与架构

随着5G的商用化，5G出现在我们视野中的频率越来越高，而网络技术的发展和5G之间有着更加密切的关系。5G网络的目的就是通过使用5G技术建设全网架构设计，以及推动其标准化的发展。

6.2.1 5G的通信标准

1. 通信技术标准的定义

所谓通信技术标准是指通信生产、通信建设以及一切通信活动中共同遵守的技术规定。主要包括通信设备技术标准、方法标准、产品标准。通信设备技术标准是指对通信设备的标准化共性要求；方法标准是指以通信生产过程中的重要程序、法则、方法为对象的标准；产品标准是指对通信产品及其内容为对象的标准。为什么移动通信需要技术标准呢？

举例说明：小李打电话给好朋友小王，小李用的是华为手机，小王用的是苹果手机。他们电话联系的时候，需要通信公司的基站与核心网之间建立连接。这些设备可能来自不同的公司，例如，基站是华为的，核心网的设备是其他设备公司的。这么多不同公司的产品，由于都是按照标准研发制造的，这样无论产品供应商如何更换，网络中各个设备总是能互联互通，为终端提供标准的网络服务。因此虽然小李和小王用了不同品牌的手机，连接不同的网络，信号经过多家供应商设备的处理传输，仍然可以自由通话。也正是因为有了通信标准，我们可以不分时间、地域接入网络。

2. 通信标准的制定

移动通信的标准是由国际电信联盟（ITU）制定。ITU是主管信息通信技术事务的联合国机构，负责分配和管理全球无线电频谱与卫星轨道资源，制定全球电信标准，向发展中国家提供电信援助，促进全球电信发展。通信技术系统是一个复杂及封闭系统。每一代移动通信系统都是从ITU制定新系统的需求开始，有了明确的需求，各个技术标准化组织才会制定详细的技术标准，用来指导和约束网络设备与终端的研发与生产。与此同时，各大公司和组织就会开始技术研究，验证技术的可行性，并向技术标准化组织提交方案，技术标准化组织通过会议协商选定合适的技术，并制定为标准，之后各个设备公司就可以基于标准，研发对应的产品，国际电信联盟的标志如6-12所示。

图6-12 国际电信联盟标志

我国的通信标准是由国家通信主管部门——中国通信标准化协会统一制定，并随着科学技术的进步、社会生产力的发展不断修订、完善。制定和修订的原则是：从全局出发；技术先进，经济合理；积极采用国际通用的先进标准；安全可靠；协调配合，严格统一。

3. 5G标准化组织

目前国际电信联盟和第三代合作伙伴计划（3rd Generation Partnership Project，3GPP）是两个非常重要的国际标准化组织。ITU负责定义5G愿景和网络关键能力指标，制定5G网络的新需求；3GPP制定并发布技术规范和技术报告，联合各大设备厂商以及通信运营商共同制定5G的协议标准。

3GPP是成立于1998年12月的标准化组织，是目前最重要的移动通信标准化组织之一，其标志如图6-13所示。3GPP由7个组织协会共同构成，包括中国通信标准化协会（CCSA）、美国电信行业解决方案联盟（ATIS）、欧洲电信标准协会（ETSI）、韩国电信技术协会（TTA）、日本无线工业及商贸联合会（ARIB）、日本电信技术委员会（TTC）和印度电信标准开发协会（TSDSI）。在过去的20年，3GPP已经发布了13个版本标准。完成了GSM、WCDMA、LTE及5G的技术标准化工作。

图6-13 3GPP标志

4. 5G 的全球统一标准

3GPP 在 5G 标准制定之初，就定下全球 5G 统一标准的目标，充分考虑到未来业务全球漫游和规模经济带来的益处。

3GPP 在 2016 年开始起草 5G 的标准。2017 年发布第一个 5G 标准化协议版本即 Release 15（简称 R15），2018 年做了多次修订及完善。在这个标准中 3GPP 定义了全新的 5G 空口（NR）和 LTE 的演进（eLTE）。5G 标准 R15 版本的 5G 协议主要聚焦在增强型移动带宽 eMBB 业务场景。2020 年 7 月 3GPP 宣布 5G 标准第二版规范 Release 16（简称 R16）冻结，5G 标准 R16 版本对大规模物联网 mMTC、高可靠低时延通信、uRLLC 业务场景的技术标准进行定义。

6.2.2 5G 频谱的部署

5G 的频谱

频谱是移动通信的奠基石，是 5G 产业发展的关键。为明确 5G 产业发展，率先占领市场，从 2016 年开始，全球各国争先制定 5G 频谱政策，例如美国、韩国、日本等，我国已在 5G 市场抢占先机。

2017 年 11 月 15 日，工信部发布《关于第五代移动通信系统使用 3300-3600MHz 和 4800-5000MHz 频段相关事宜的通知》，确定 5G 频谱，能够兼顾系统覆盖和大容量的基本需求。

如图 6-14 所示，在 5G 主频段 2G、3G、4G 已经占了很大区域，5G 的可用频段在 3GHz ～ 6GHz 之间。

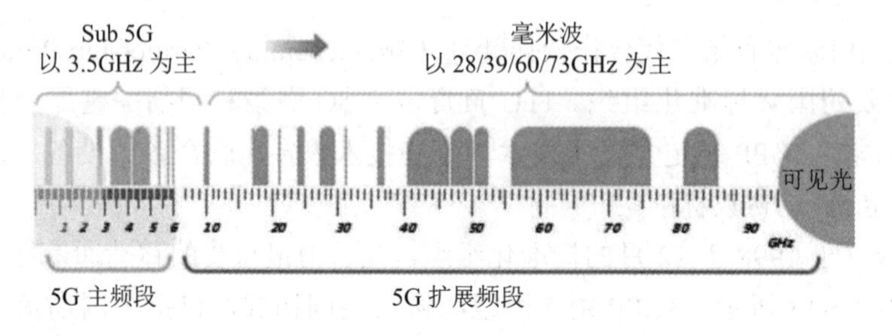

图 6-14 3GPP 定义的 5G 频谱图

1. 频谱范围分析

在 3GPP 协议中，5G 的总体频谱 FR（Frequency Range）资源可以分为两个频谱范围：低频段 FR1 和高频段 FR2，见表 6-2。

表 6-2 FR

频率分类	对应频率范围
FR1	450MHz ～ 6000MHz
FR2	24250MHz ～ 52600MHz

（1）FR1 频段介绍。如图 6-15 所示，FR1 是指 450MHz ～ 6000MHz Sub 6G 频

段，也就是我们说的低频频段，是5G的主用频段；其中3GHz以下的频率我们称之为Sub 3G，其余频段称为C-band。FR1的优点是频率低，绕射能力强，覆盖效果好，是当前5G的主用频谱。

FR1 (Sub 6G) 频段 (3GPP 38.104)

传统FDD频段　C-波段

NR 频段	上行	下行	双工
n1	1920MHz～1980MHz	2110MHz～2170MHz	FDD
n2	1850MHz～1910MHz	1930MHz～1990MHz	FDD
n3	1710MHz～1785MHz	1805MHz～1880MHz	FDD
n5	824MHz～849MHz	869MHz～894MHz	FDD
n7	2500MHz～2570MHz	2620MHz～2690MHz	FDD
n8	880MHz～915MHz	925MHz～960MHz	FDD
n20	832MHz～862MHz	791MHz～821MHz	FDD
n28	703MHz～748MHz	758MHz～803MHz	FDD
n38	2570MHz～2620MHz	2570MHz～2620MHz	TDD
n41	2496MHz～2690MHz	2496MHz～2690MHz	TDD
n50	1432MHz～1517MHz	1432MHz～1517MHz	TDD
n51	1427MHz～1432MHz	1427MHz～1432MHz	TDD
n66	1710MHz～1780MHz	2110MHz～2200MHz	FDD
n70	1695MHz～1710MHz	1995MHz～2020MHz	FDD
n71	663MHz～698MHz	617MHz～652MHz	FDD
n74	1427MHz～1470MHz	1475MHz～1518MHz	FDD

NR 频段	频率范围	双工
n75	1432MHz～1517MHz	SDL
n76	1427MHz～1432MHz	SDL
n77	3.3GHz～4.2GHz	TDD
n78	3.3GHz～3.8GHz	TDD
n79	4.4GHz～5.0GHz	TDD
n80	1710MHz～1785MHz	SUL
n81	880MHz～915MHz	SUL
n82	832MHz～862MHz	SUL
n83	703MHz～748MHz	SUL
n84	1920MHz～1980MHz	SUL

传统TDD频段　补充上行频段

- 3GPP定义的NR Sub 6G频段，包括传统的FDD/TDD频段及C波段和补充上行频段
- Sub 6G的小区带宽高达100M

图6-15　FR1段图

5G的n41、n77、n78、n79是我国当前试验网主流频段。

增加两个辅助频段SUL和SDL，SUL（SupplementaryUpload，补充上行）定义为补充的上行（手机的发射功率）频段，用于上下行解耦；SDL（SupplementaryDownload，补充下行）定义为补充的下行频段，用于容量的补充，可用在定位。

（2）FR2频段介绍。如图6-16所示，FR2是指24250MHz～52600MHz的毫米波，也就是我们说的高频频段，为5G的扩展频段，频谱资源丰富；当前版本毫米波定义的频段只有四个，全部为TDD模式，最大小区带宽支持400MHz。

毫米波

NR频段	频率范围	双工模式
n257	26500MHz～29500MHz	TDD
n258	24250MHz～27500MHz	TDD
n260	37000MHz～40000MHz	TDD

图6-16　FR2波段定义图

FR2的优点是超大带宽，频谱干净，干扰较小，可作为5G后续的扩展频率。

2. 5G的全球频谱分布解析

频谱作为无线通信的基础战略资源，5G频谱全球分布如图6-17所示。此图是截止到2018年12月31号，Sub6GHz频谱段分布情况。我国已确认三个段，25GHz～27GHz之间的160MHz，33GHz～36GHz之间的300MHz，48GHz～50GHz之间的

200MHz，我国在 5G 频谱中已抢占先机。mmWave 是毫米波，也作为 5G 的一部分进行讨论，位于 30GHz 以上且低于 300GHz 的频段范围。目前，我国在这方面还是比较薄弱。

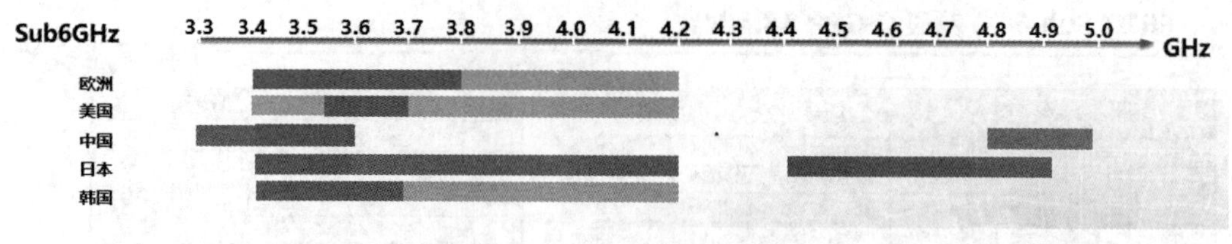

图 6-17　5G 的全球频谱图

3. 5G 小区带宽介绍

如图 6-18 所示，5G 小区在 FR1 段最低小区带宽 5M，最高小区带宽 100M；在 FR2 段最低小区带宽 50M，最高小区带宽 400M。相比于 LTE，5G 取消了 5M 以下的小区带宽，比如 LTE 出现过的 1.4M、3M 被取消，而保留 LTE 中的 5M、10M、15M、20M 的目的，主要是确保前向的兼容性与 LTE 保持一致。Sub 6G 小区最大小区带宽 100M，毫米波最大小区带宽 400M，而 20M 以下的带宽定义主要是满足现有频谱演进需求。

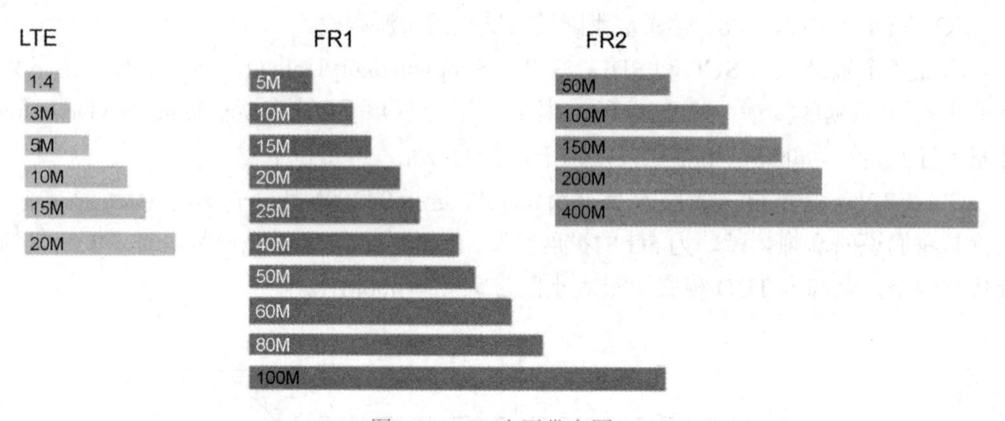

图 6-18　5G 小区带宽图

4. 我国 5G 频谱的现状

如图 6-19 所示，中国联通和中国电信获得 3.5GHz 的国际主流频段；中国移动获得 2.6+4.9GHz 组合频谱。2515MHz ～ 2675MHz 这一频段总共 160MHz，都给了移动，包含了原先移动自己在用的 60MHz 的 TDD-LTE 的 2575MHz ～ 2635MHz，4800MHz ～ 4900MHz 也分配给移动，为 100MHz；3400MHz ～ 3500MHz 给电信，总共 100MHz；3500MHz ～ 3600MHz 分配给联通，总共 100MHz；4900MHz ～ 4960MHz 分配给广电；4960MHz ～ 5000MHz 预留给军队；3300MHz ～ 3400MHz 用于室内，分配给哪个运营商尚未确定。

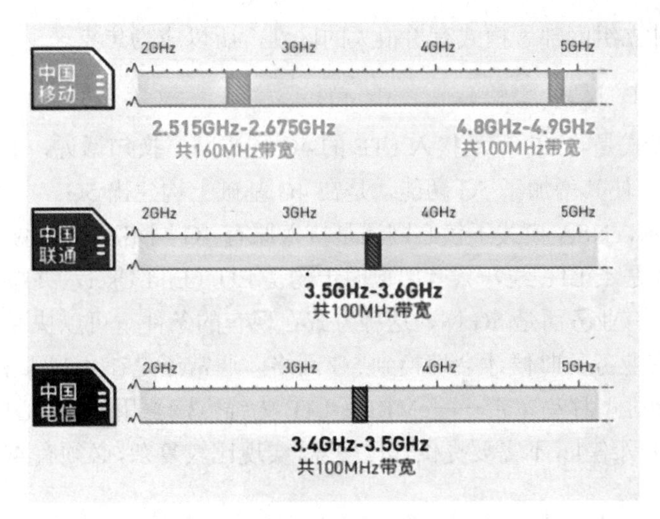

图 6-19　我国频谱分配细化图

5. 5G 频谱部署

频谱中各个频段在通信网络中的部署见表 6-3。

表 6-3　5G 频段部署

频段类型	频段优势	频段劣势	部署策略
Sub 3G	频段低，覆盖性能好	可用频率资源有限，大部分被前系统占用	可选频率资源少，小区初期部署困难，后续可以通过 Refarming 或者 Cloudair 方案来部署。小区最大带宽受限，可以作为 5G 的基础覆盖层
C-Band	频谱资源丰富，小区带宽大	上行链路覆盖较差，上下行不平衡问题比较明显	5G 主要频段，最大可部署 100MHz 带宽。上下行不平衡问题可以通过上下行解耦特性来解决
毫米波	小区带宽最大	覆盖能力差，对射频器件性能要求高	初期部署不作为主要选择，主要作为热点 eMBB 容量补充，以及 WTTx、D2D 等特殊场景

Sub 3G 频段属低频段，覆盖性好，不需要太多的基站，就可以形成连续无缝覆盖。但是大部分已被占用，可以作为 5G 的基础覆盖层。C-Band 频段资源丰富，小区带宽大，但是上行链路覆盖较差，上下行不平衡问题明显，属于 5G 的主要频段。毫米波小区带宽最大，但是覆盖能力差，对射频器件要求较高，初期部署不作为选择。

6.2.3　5G 的组网

5G 的组网

组网技术就是网络组建技术，分为以太网组网技术和 ATM 局域网组网技术。其中，以太网组网非常灵活和简便，可使用多种物理介质，以不同拓扑结构组网，是目前国内外应用最为广泛的一种网络，已成为网络技术的主流。

5G 有两种组网方式，一个是非独立组网（Non-Standalone，NSA），另一个则是独立组网（Standalone，SA）。在 4G 时代对网络组网方式关注度比较低，但是在 5G 时代，因为非独立组网和独立组网部署模式有着很大的区别，所以成为焦点。

1. 非独立组网（NSA）

非独立组网模式是将5G基站接入LTE的4G核心网。换句话说，非独立组网就是对4G网络进行改造，使其增加了5G功能，是在4G基础上构建出5G。

如图6-20所示，NSA模式下核心网还是接入原有4G网络的核心网，只是增加了5G的基站，控制面还是走LTE线，只有用户面走的是EU（End User，终端用户）即5G线。这种组网方式下只有业务面是5G网，这种方式在现有的条件下可以快速地建网。在NSA组网方式下只有有业务的时候才会切换到5G网络，通常还是在4G网络。此组网方式支持三大场景中的增强型移动宽带——eMBB，LTE为锚点，复用4G核心网，快速引入5G NR，5G叠加于4G网络上，不需要提供连续覆盖，实现比较复杂，必须有4G基站才可开通。

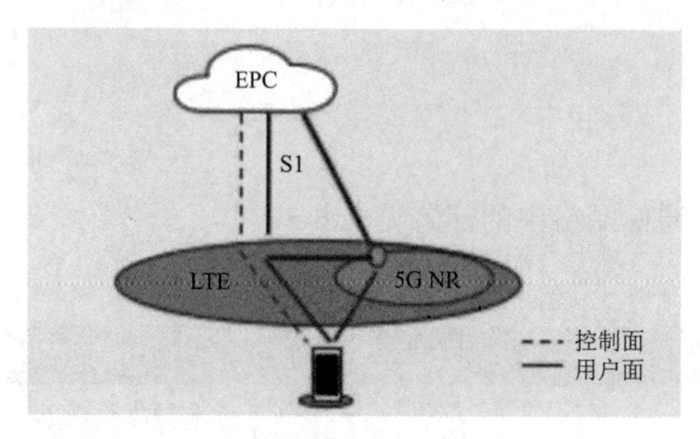

图6-20 非独立组网（NSA）

2. 独立组网（SA）

如图6-21所示，独立组网模式是5G的核心网、基站等设施采用的都是5G技术，也就是说SA组网方式端到端都是5G。5G的核心网、接入网，不论是控制面还是用户面都是接入5G场景的。独立组网则是完全独立建设的、原生态的5G网络。相比于NSA组网方式，时间和成本都要增加，难度相对加大。所以在5G建网的初期，大部分国家还是选择NSA组网方式。从2020年开始，SA将逐渐代替NSA。

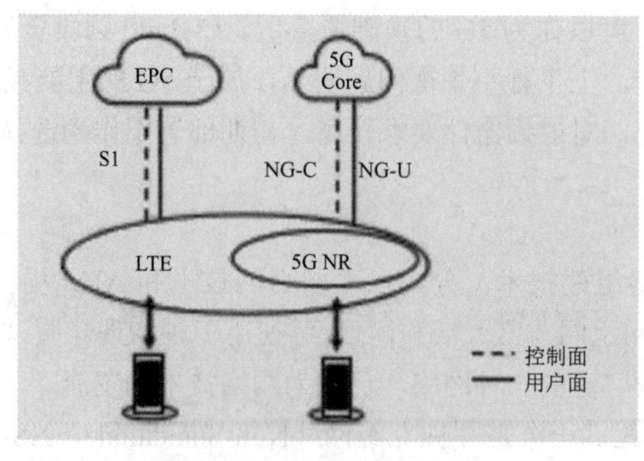

图6-21 独立组网（SA）

这种方式支持 eMBB/uRLLC/mMTC 及网络切片但是需要新建 5G Core（核心网），并且对 5G 的连续覆盖有较高要求，如果做不到连续覆盖，将会导致 4G 与 5G 的连续切换。

3. NSA 和 SA 在 5G 中的区别

那怎样来区分 SA 和 NSA 两种组网方式呢？很简单，就看核心网。如图 6-22 所示，如果核心网是 LTE 的核心网，那就是 NSA 组网方式，SA 必须有 5G 的核心网 NGC，同时控制面 NR 也必须承载到 5G 网络中。这是两种组网方式的区别。在 5G 的初始阶段组网方式以 NSA 方式为主。不用 SA 方式主要是考虑成本，NSA 比 SA 成本低很多，且非独立组网具有很多技术优势，比如技术更成熟、投资成本更小以及建设耗时更短等。但是 SA 速率比 NSA 快，理论上，同样的终端在独立组网模式下的上行速率是在非独立组网模式下上行速率的 2 倍。

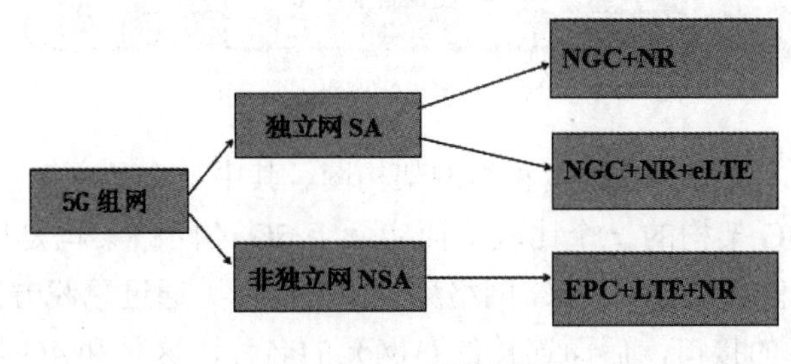

图 6-22　5G 组网框图

6.2.4　5G 整体架构

5G 的通信网络架构包括接入网、承载网和核心网三部分，如图 6-23 所示。

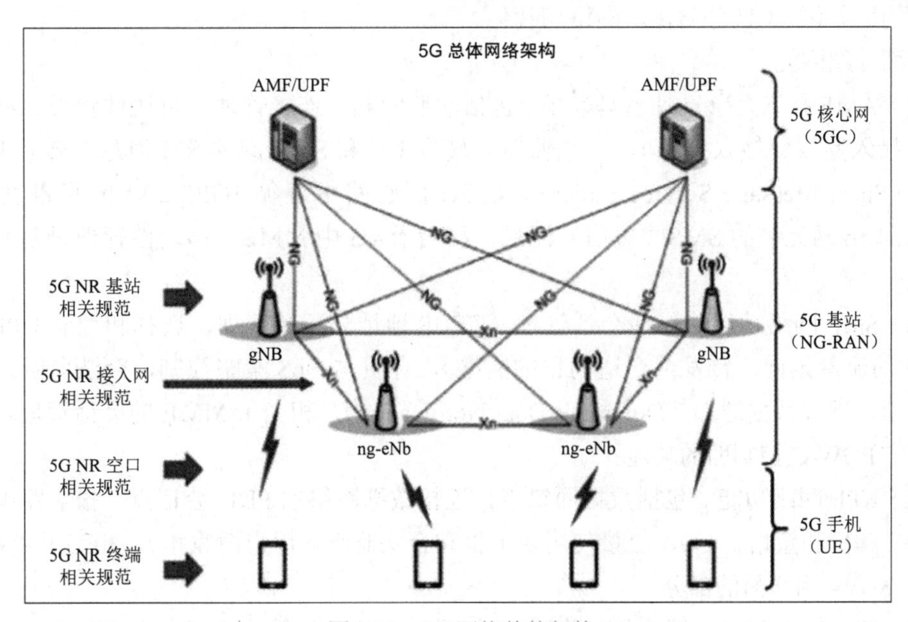

图 6-23　5G 网络整体架构

1. 5G 核心网架构

5G 核心网主要是实现控制和承载分离功能，控制面网元和一些运营支撑服务器等部署在中心 DC 中，网元如图 6-24 所示。

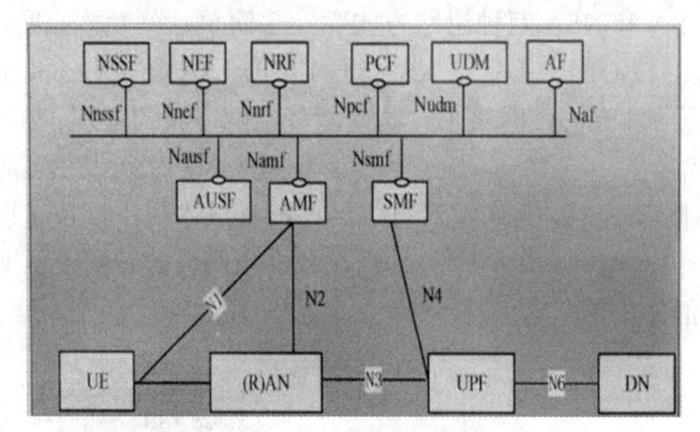

图 6-24　5G 核心网络架构图

在很多资料里面，我们会看到两种组网架构图。其中一个是参考点的方式的架构图，主要是与 2G、3G、4G 架构的一个比较。而实际上 5G 的网路架构是服务化的架构，图 6-24 即为我们的服务化总线结构。5G 网络架构中的网元是通过总线方式交互。总线上有许多以 N 开头的总线的接口，后面连接的是网元的名称，这是和 4G 最大的区别，以前都是参考点的方式，现在变成了服务化的架构，这个图就是 5G 网元对接与 4G 网络不一样的地方。N1、N2、N3、N4、N5、N6 与 4G 网络相同为参考点。5G 网络的网元更加零散化。相比于 4G、5G 网络架构新增服务化功能，网元交互方式发生改变，对部分 4G 网络功能做了功能拆分，新增一些网络功能（网络切片、网络发现）。所以 4G 与 5G 的区别为架构服务化，CU 分离化，网络切片化。

下面介绍网元。

（1）AMF 接入及移动性管理功能：包括注册管理（连接管理、可达性管理、移动性管理、接入鉴权、接入授权），合法监听，转发 UE 和 SMF 间的 SM 消息，转发 UE 和 SMSF（Short Message Service Function 是 5G 核心网中遵循 3GPP 29.540 标准协议的 5G 短信服务网元）的 SMS（短信）消息，相当于 4G 中 MME（移动性管理设备）一部分功能。

（2）SMF 网络功能：包括会话管理（UE IP 地址分配和管理，选择和控制 UPF，配置 UPF 的流量定向，转发至合适的目的网络），计费与 QoS 策略控制，合法监听，计费数据搜索，下行数据通知（Downlink Data Notification），相当于 MME 的会话管理功能和 SGW-C、PGW-C 控制面的功能。

（3）UPF 网络功能：包括数据面锚点，连接数据网络的 PDU 会话点，报文路由和转发（报文解析和策略执行），流量使用量上报和合法监听（用户面收集），相当于 4G 里面 PGW-、SGW- 用户面的部分。

（4）UDM 网络功能：签约数据管理，用户服务 NF 注册管理，产生 3GPP AKA 鉴权参数，基于签约数据的接入授权（e.g. 漫游限制）和保证业务 / 会话连续性，相当于 4G 里面的 HSS 数据库的网元。

（5）PCF 策略控制：支持统一策略管理网络行为，提供基于切片的策略，提供移动性相关策略规则给 AMF，提供会话相关策略给 SMF，相当于 4G 当中的 PCRF。

（6）NEF 网络能力开发网元：提供安全途径向 AF 暴露 3GPP 网络功能的业务和能力，提供安全途径让 AF 向 3GPP 网络功能提供信息，相当于 4G 中的 SCEF。例如流量加速。

（7）AUSF 网络功能：支持统一鉴权服务功能，包括 3GPP 接入鉴权和非 3GPP 接入鉴权，主要是判断用户的合法性，相当于 4G 里面的 3A（认证鉴权计费）。

（8）NSSF 网元功能：是新增网元，选择服务 UE 的一组网络切片实例，确定允许的 NSSAI，并且如果需要的话，映射到签约的 SNSSAI，确定 AMF 集合用于服务 UE，或者可能基于配置通过查询 NRF 来确定候选 AMF 的列表。主要应用于 5G 的切片业务。

（9）NRF 网络注册功能：是新增网元，支持服务发现功能，维护 NF 信息，包括可用性及其支持服务。是一个匹配需求的功能，就像一个特殊平台，类似我们生活中的前程无忧网、智联招聘网，连接企业与个人。

5G 的服务化接口是借鉴 IT 系统服务化 / 微服务化架构的成功经验，通过模块化实现网络功能间的解耦和整合，各解耦后的网络功能独立扩容，独立演进，按需部署。控制面所有 NF（Network Function）之间的交互采用服务化接口，同一种服务可以被多种 NF 调用，降低 NF 之间接口定义的耦合度，最终实现整网功能的按需定制，灵活支持不同的业务场景和需求。

5G 核心网架构和 4G 核心网架构有什么区别呢？

相对于 4G 的网络架构，5G 网络架构新增服务化功能，网元交互方式发生改变，对 4G 网络功能做了功能拆分，同时新增了一些网络功能。总结为三点：首先是架构服务化；其次是 CU 分离化，用户面与控制面的分离；最后是网络切片化。

2. 接入网架构

接入网只包含一种网元即基站，也称 gNodeB，通过光纤等有线介质与承载网相连。5G 基站引入了无线接入网的全新架构方式，如图 6-25 所示。

5G 射频单元（Active Antenna Unit，AAU）主要完成基带信号与射频信号的转换及 NR 射频信号的收发处理功能，是室内基带处理单元（Building Base band Unite，BBU）的一部分物理层处理功能下沉到射频拉远单元（Remote Radio Unit，RRU），RRU 再和天线结合而成。在下行方向，接收从 5G 基带单元传来的基带信号，经过上变频、数模转换以及射频调制、滤波、信号放大等发射链路（TX）处理后，经由开关、天线单元发射出去。在上行方向，5G 射频单元通过天线单元接收上行射频信号，经过低噪放、滤波、解调等接收链路（RX）处理后，再进行模数转换、下变频，转换为基带信号并发送给 5G 基带单元。

5G 中把 4G 中的 BBU 下沉剩余部分拆分为集中单元（Centralized Unit，DU）和分布单元（Distributed Unit，CU）。CU/DU 拆分的目的是将 BBU 的空口协议栈分为实时处理部分和非实时处理部分，其中 DU 是实时处理部分，仍在 BBU 模块；CU 是非实时处理部分，通过网络功能虚拟化（Network Functions Virtualization，NFV）之后进行云化部署，也就是说直接与核心网相连。

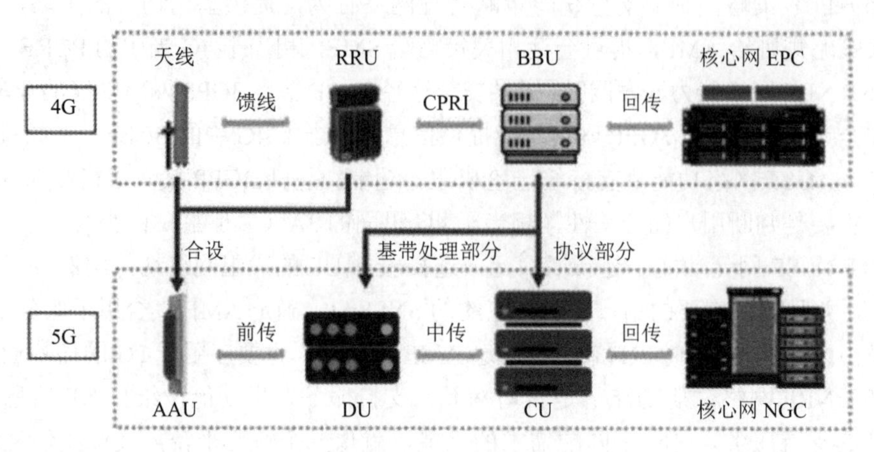

图 6-25　接入网架构比较

6.3　5G 网络关键技术

5G作为新一代的移动通信技术，它的网络结构、网络能力和要求都与过去有很大不同，有许多技术被应用其中。

6.3.1　提高效率的关键技术分析

5G 提高效率的关键技术

这里所说的效率是指频谱效率，即单位时间内，每赫兹（Hz）中承载的比特（bit）数。4G-LTE 具有 20MHz 的载波带宽，可以承载 100Mb/s 的峰值速率；5GNR 每赫兹可以承载 30 ～ 50bit。5GNR 频谱效率提高都用到哪些技术呢？我们来认识一下吧。

1. 调制技术——F-OFDM

基于滤波的正交频分复用（Filtered-Orthogonal Frequency Division Multiplexing，F-OFDM），是一种可变子载波带宽的自适应空口波形调制技术，是在 4G 的 OFDM 基础上的改进方案。F-OFDM 在空口物理层切片后既能兼容 LTE 4G 系统又能满足 5G 发展的需求。通过优化滤波器、DPD（数字预失真）、射频等技术处理，让基站在保证 ACLR（相邻频道泄露比）、阻塞等射频协议指标时，可有效提高系统带宽的频谱利用率及峰值吞吐量。相比于 4G 的 LTE 90% 的频谱利用率，NR 可将频谱利用率最高提升至 95% 以上。其主要的原因是优化了滤波器，如图 6-26 所示。

NR 中采用了更加灵活的 Numerology（灵活帧格式），是 NR 中的 SCS（Sub Carrier Spacing，子载波间隔），以及与之对应的符号长度、CP 长度等参数的灵活配置。5G 无线帧和子帧分布及长度和 LTE 保持一致，每子帧时隙的个数根据子载波宽度配置。LTE 仅支持

15kHz 子载波宽度，5G 的子载波宽度和时隙数可以灵活配置，更方便支持各种类型的业务。

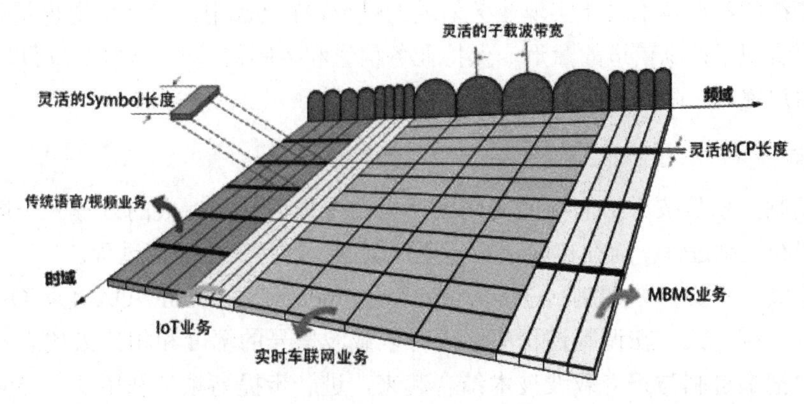

图 6-26 F-OFDM 技术

2. 天线技术——Massive MIMO

Massive MIMO（multiple-input multiple-output），即大规模天线波束赋形，通常情况下，天线大于等于 16 根的时候，就称为大规模。原先的 MIMO 有 2 天线、4 天线和 8 天线，在实现信号覆盖时只能水平方向移动，垂直方向是不可以的，信号的发射是平面的。Massive MIMO 信号的发射是电磁波束，可以实现三维波束赋形和多用户资源复用，提升覆盖能力和系统容量。

如图 6-27 所示，左右两图比较分析，可以得到以下结论：

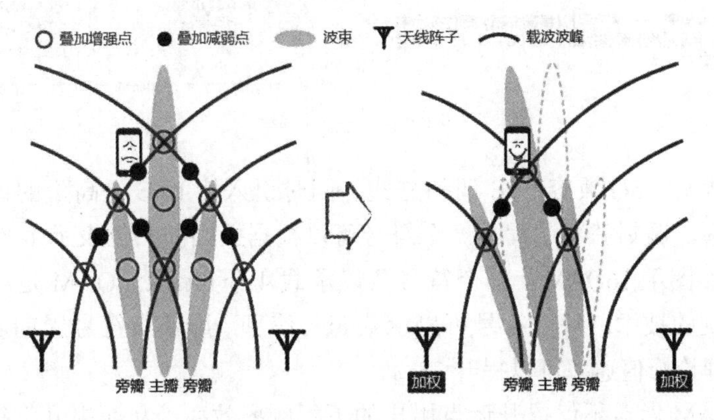

图 6-27 天线波束赋形图

（1）波束成形应用了干涉原理，图中弧线表示载波的波峰，波峰与波峰相遇位置叠加增强，波峰与波谷相遇位置叠加减弱。

（2）未使用干涉原理时，波束形状、能量强弱位置是固定的，对于叠加减弱点用户，如果处于小区边缘，信号强度低。

（3）使用干涉后，通过对信号加权，调整各天线阵子的发射功率和相位，改变波束形状，使主瓣对准用户，信号强度提高。

（4）加权形成定向窄波束，集中接收能量。接收方享有分集增益，通道数越多，分集增益越大。

（5）传统的赋形技术只能实现业务信道的赋形，在5G中，广播信道也是采用窄波束发射，从而实现了控制信道的赋形，保持业务信道和控制信道的一致性。可以做到3D赋形，增强用户覆盖，降低干扰，提升小区容量。

3. 调制技术——256QAM

所谓调制，就是按原始信号的变化规律去改变载波某些参数的过程。一般在通信系统的发送端有调制过程，而在接收端则需要调制的反过程——解调过程。

（1）定义。正交振幅调制（Quadrature Amplitude Modulation，QAM），QAM是数字信号的一种调制方式，在调制过程中，同时以载波信号的幅度和相位来代表不同的数字比特编码，把多进制与正交载波技术结合起来，进一步提高频带利用率。256QAM并不是5G才提出来的新技术，前期由于终端受限，使用不广，但在5G中256QAM成了关键技术，如图6-28所示。

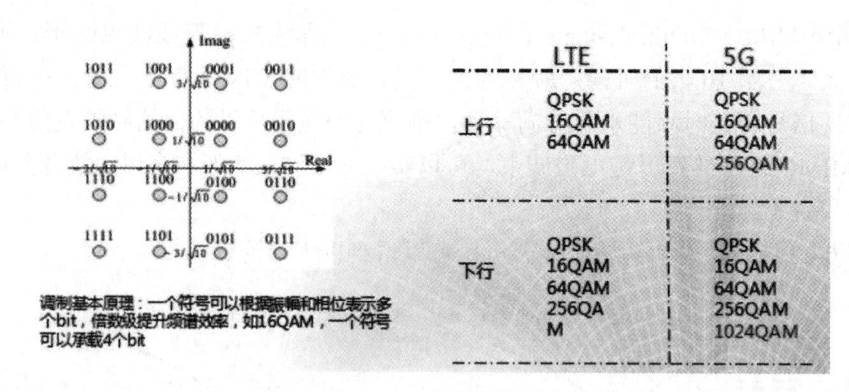

图6-28　调制原理图

（2）原理优势。5G兼容LTE调制方式，同时引入比LTE更高阶的调制技术，进一步提升频谱效率。调制基本过程是一个符号可以根据振幅和相位表示多个bit，倍数级提升频谱效率，如图示16QAM，一个符号可以承载4个bit。256QAM是一种高阶的幅度和相位联合调制的技术。每个符号可以承载8bit信息，即单个符号周期内，能够传递最大8bit信息，理论峰值速率可以提升33%。

下行256QAM增益不仅提升近点用户的下行频率效率，从而提升下行吞吐率，而且提升小区下行峰值吞吐率。MCS自适应增益在下行信道质量好时，自适应选择256QAM选阶表，支持用户采用256QAM调制方式，提升下行频谱效率，从而提升近点用户下行吞吐量；在下行信道质量较差时，自适应选择64QAM选阶表，保证用户在低信噪比时可以选择更合适的频谱效率，提升远点用户下行吞吐量。

4. 编码技术——Polar & LDPC

2008年，土耳其毕尔肯大学Erdal Arikan教授首次提出Polar码，是学术界研究热点之一。2016年11月14日至18日期间，3GPP RAN1 #87会议在美国Reno召开，本次会议其中一项内容是决定5G短码块的信道编码方案，其中，提出了三种短码编码方案：Turbo码、LDPC码和Polar码。2016年11月18日，3GPP RAN1#87会议上，国际移动通信标准化组织3GPP最终确定了5G eMBB（增强移动宽带）场景的信道编码技术方案即3GPPRel 15版本定义的eMBB场景编码技术，其中，Polar码作为控制信道的编码方案；LDPC码作为数据信道的编码方案。

（1）Polar码。Polar码的理论基础就是信道极化。Erdal Arikan于2008年提出的一种线性信道编码方法，是迄今发现的唯一一类能够达到香农限的编码方法，并且具有较低的编译码复杂度。

如图6-29所示，Polar码在小数据块情况下，性能最优，更低的解调门限，计算复杂度低，时延低。Polar码作为信道编解码领域的基础创新，它的引入将使5G网络的用户体验有明显的提升，进一步提升5G标准的竞争力。

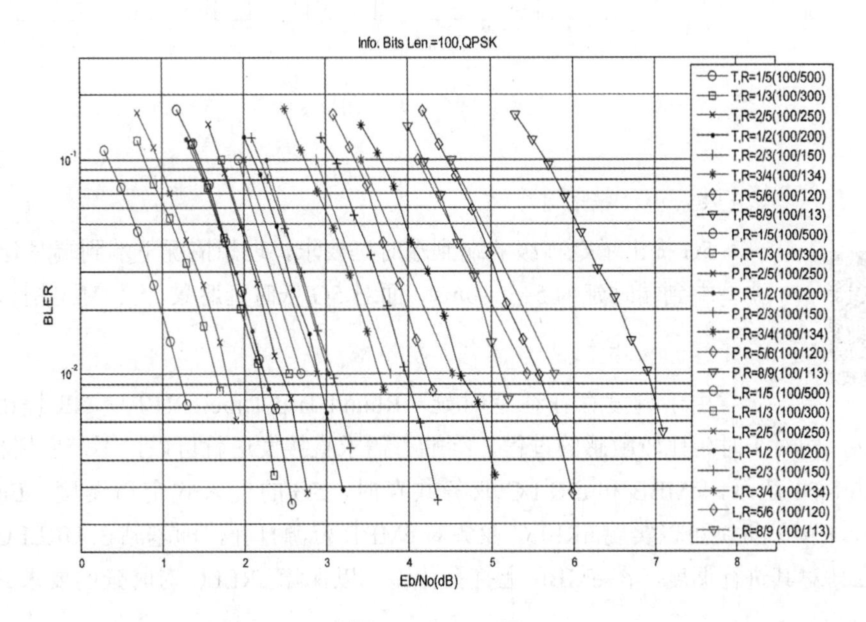

图6-29 Polar图

（2）LDPC码。LDPC码是一种分组码，与经典的分组码之间的最大区别是译码方法。麻省理工学院Robert Gallager于1962年提出，几乎适用于所有的信道，LDPC码在广播系统、家庭有线网络、无线接入网络等通信系统已被广泛采用，此次是其第一次进入3GPP移动通信系统。它的性能逼近香农限，且描述和实现简单，易于进行理论分析和研究，译码简单且可实行并行操作，适合硬件实现。

如图6-30所示，BLER（误块率），即传输块经过CRC校验后的错误概率，在BLER相同数位条件下，LDPC码需要的SNR（信噪比）更低，LDPC码在大数据块情况下，相比Turbo码，码峰值速率更高、译码速度更快、功耗更低，更适合5G高吞吐率数据译码需求，并且有更低的误码平台。

总结：5G采用全新信道编码，相比Turbo码，LDPC码更适合大数据块（数据面），

Polar 码更适用于小数据块（控制面）。5G 新编码相对 LTE，降低了误码率，可提升覆盖能力。

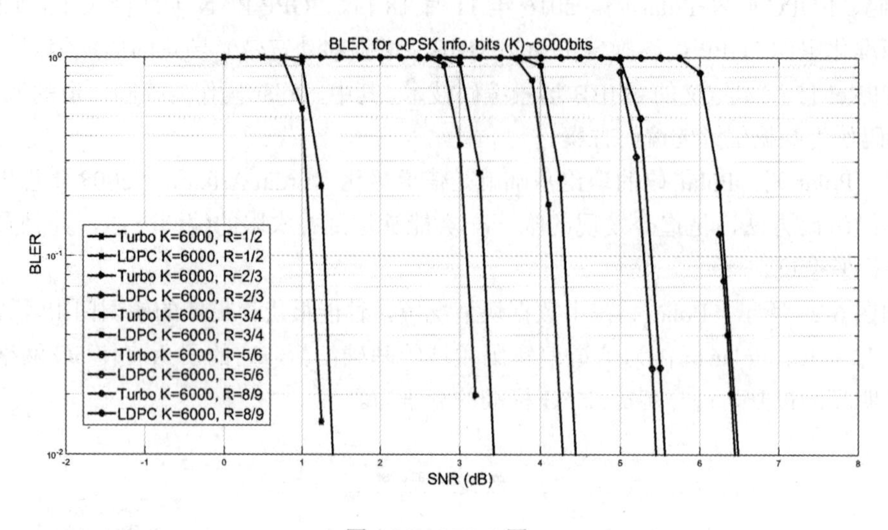

图 6-30　LDPC 图

6.3.2　降低时延的关键技术

5G 的其他技术

5G 提出了毫秒级的端到端时延要求，理想情况下端到端时延为 1ms，典型端到端时延为 5 ～ 10ms。面对 5G 低时延愿景，又有哪些技术呢？

1. 无线网技术——免调度技术

由于调度存在往返时延（Round-Trip Time，RTT），NR 提出了免调度的概念，即对于时延比较敏感的过程，终端有需求直接发送就可以，不需要授权调度。

如图 6-31 所示，eMBB 和 uRLLC 业务共存时，5G 的侵入式空口调度（Embed Air Interface，EAI）机制可以实现 uRLLC 业务对 eMBB 资源打孔，即基站在 URLLC 数据到来时就立马对其进行调度，在 eMBB 上打孔传输，以保障 uRLLC 对时延的要求。

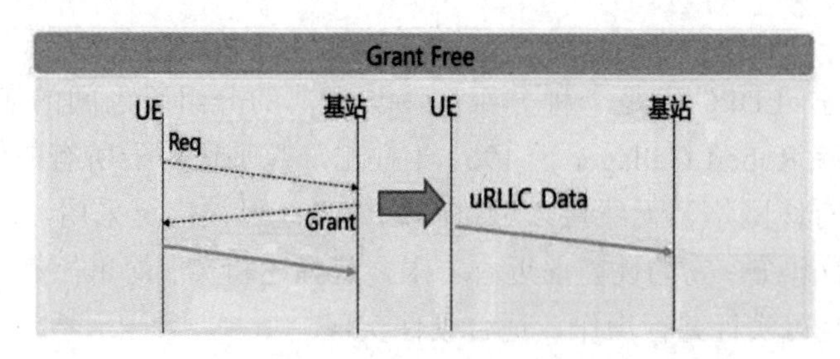

图 6-31　免授权调度图

2. 承载网技术

承载网时延包括设备转发时延、光纤传输时延和其他时延。其中设备转发时延占 24%，光纤传输时延占 72%，其他时延占 4%。

降低时延的方法：降低跨站时延的网络层到边缘的方法；针对节点处理时延的优化方案（接口零等待、VIP 转发通道、VIP 调度算法）；波分下沉技术。

6.3.3 网络切片技术

那么 5G 为什么需要切片呢？ 5G 前的网络只是实现了单一的电话或上网需求，却无法满足随着海量数据而来的新业务需求，并且传统网络改造起来非常麻烦，5G 时代是一个万物互联的时代，也就意味着有多种多样的终端需要多种多样的服务。每一个切片都是一个单独的逻辑网络，所以切片应运而生。5G 的切片技术相对于 4G 成本更低，用户体验更好，网络能力更高。

1. 5G 网络切片技术概述

定义：网络切片是利用虚拟化技术，将运营商网络物理基础设施资源根据场景需求虚拟化为多个相互独立的端到端网络。每个网络切片从设备到接入网到传输网再到核心网在逻辑上隔离。提供特定的网络功能和特性。网络切片的架构如图 6-32 所示。

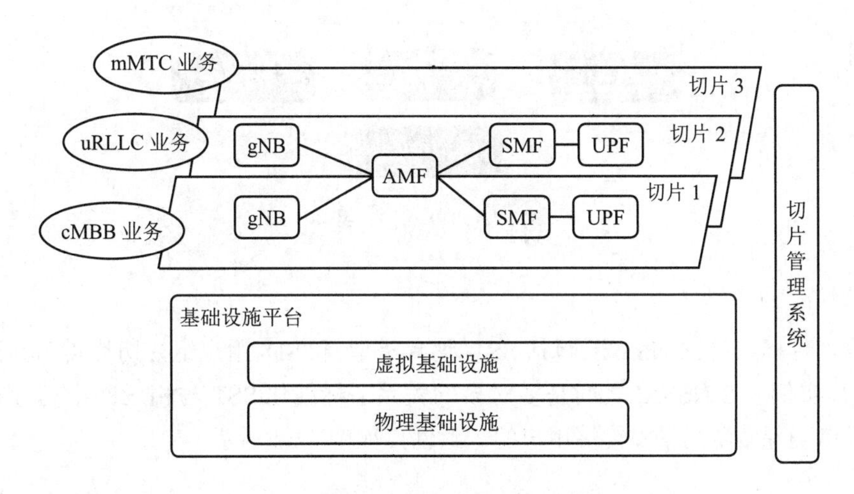

图 6-32 网络切片的架构

图中网元 gNB 基站属于接入网部分；AMF（接入管理功能）从用户设备（UE）（N1/N2）接收所有连接和会话相关信息，但仅负责处理连接和移动管理任务；SMF（Session Management Function，会话管理功能）是 5G 基于服务架构的一个功能单元，SMF 主要负责与分离的数据面交互，创建、更新和删除 PDU 会话，并管理与 UPF 的会话环境（session context）。

一个 UE（用户设备）通过 5G 接入网可以同时连接一个或多个网络切片（最多 8 个）。服务于 UE 的 AMF（接入管理功能）在逻辑上属于为 UE 服务的每个网络切片，即该 AMF 对于服务于 UE 的网络切片来说属于共享网络功能。同时，由于切片隔离，AMF 可能只为部分切片服务，因此终端发起注册请求时，接入网需要先进行初始 AMF 选择，然后 AMF 进一步进行切片选择，某些场景下可能会触发 AMF 的重选流程来适配终端希望连接的切片。注册完成后，AMF 通知 UE 其可以接入的切片信息。当 AMF 接收来自 UE 的 PDU 会话建立请求消息时，该 AMF 会进一步发起网络切片中的 SMF 发现和选择过程。

网络切片可以让网络运营商在低延迟、高连接密度、吞吐量、频谱效率、网络效率和流量容量等特性中根据自己切片需要自由选择，以达到提高创建产品和服务方面的效率，提升客户体验的目的。不仅如此，运营商无需考虑网络其余部分的影响就可进行切片的更改和添加，既节省了时间又降低了成本支出，也就是说，网络切片可以带来更好的成本效益。

2. 网络切片架构

如图 6-33 所示，5G 支持端到端网络切片，涵盖所有网段，包括无线网络、有线接入、核心、传输和边缘网络；不同网络切片的网络功能可以共享，典型的共享有基站共享、核心网控制面功能共享等；UE 可同时接入多个切片。

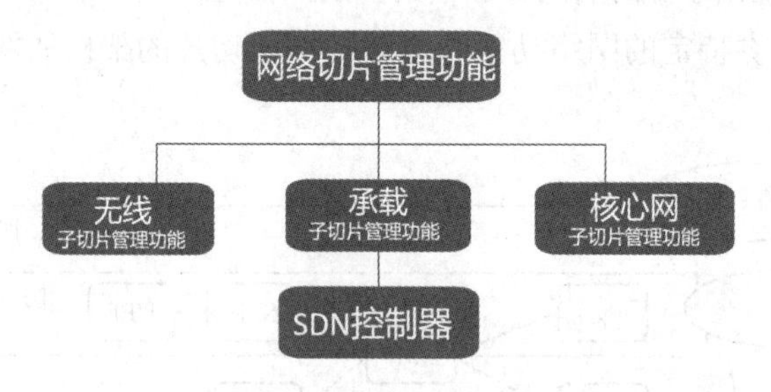

图 6-33 网络切片结构

3. 网络切片类型和标识

网络切片标识符（S-NSSAI）包括 SST（切片类型）和 SD（用户组）；切片实例标识符（NSI ID），切片实例与 S-NSSAI 之间是多对多的关系；标准化 SST 与相应网络切片特征之间的映射，以确保漫游场景中终端用户的一致性，如图 6-34 所示。

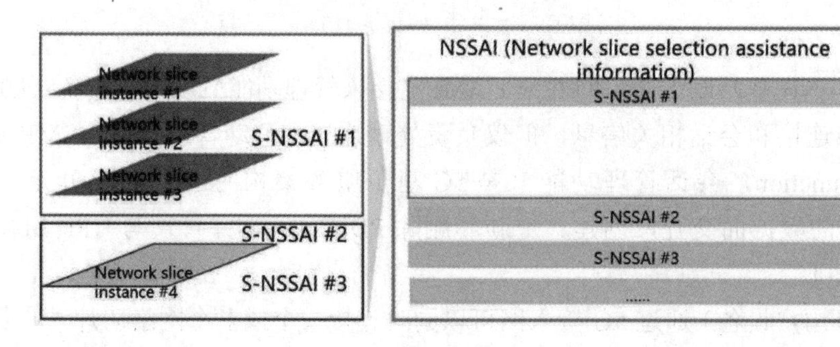

图 6-34 网络切片类型和标识图

4. 切片类型部署

标准化 SST 目前定义了 eMBB、URLLC、MioT 三大场景的三种类型，见表 6-4。

表 6-4 SST

类型	SST 值	属性
eMBB	1	适用于 5G 增强型移动带宽，比如 3D、超高清视频等大流量移动宽带业务
URLLC	2	适用于高可靠、低时延通信，比如无人驾驶、工业自动化等需要低时延、高可靠连接的业务
MioT	3	适用于大规模物联网业务

6.4 三大应用场景

5G 的三大应用场景

4G 时代消费者通过 4G 网络提升了消费的体验和效率，运营商的主要业务是向消费者提供流量套餐业务。5G 时代运营商的主要业务由向消费者提供流量套餐业务转变为面向个人、家庭、行业等多种类型的业务。

如图 6-35 所示，2015 年 6 月定义了 5G 的三大类应用场景，分别是增强型移动互联网业务 eMBB、海量连接的物联网业务 mMTC 和超高可靠性与超低时延业务 uRLLC，并从吞吐率、时延、连接密度和频谱效率提升等 8 个维度定义了对 5G 网络的能力要求。明确面向未来的移动通信市场、用户、业务应用的发展趋势，并提出未来移动通信系统的框架和关键能力。

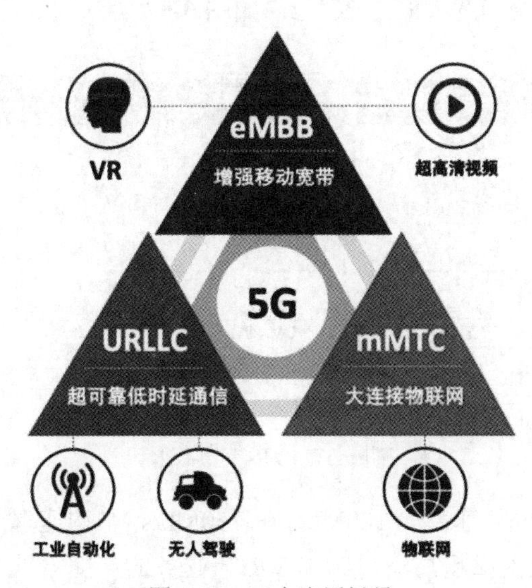

图 6-35 三大应用场景

相比于 4G 网络，5G 网络在性能方面有极大的提高。例如时延、连接数、吞吐量等。

6.4.1 eMBB 应用场景分析

eMBB 场景是指在现有移动宽带业务场景的基础上，对于用户体验等性能的进一步提升，集中表现为超高的传输数据速率、广覆盖下的移动性保证等，主要还是追求人与人之间极致的通信体验。主要应用有 VR、VR、高清视频等业务。

以高清视频为例，4K 视频的分辨率是 4096×2160 像素，每秒 120 帧，每个像素有红、绿、蓝三原色组成，每种颜色有 12 bit 显示，每秒钟就有 4096×2160×120×3×12 个 bit。采用 H.265 格式压缩实际需要网络带宽大概为 50Mb/s，按照同样的原理 8K 视频的带宽要求达到 100Mb/s，如图 6-36 所示。

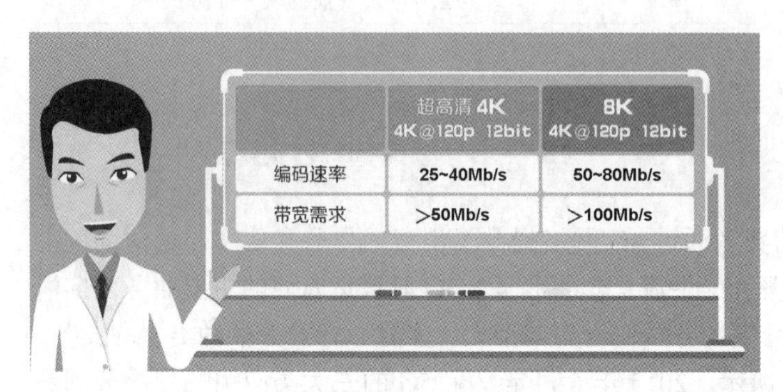

	超高清 4K 4K@120p 12bit	8K 4K@120p 12bit
编码速率	25~40Mb/s	50~80Mb/s
带宽需求	>50Mb/s	>100Mb/s

图 6-36　高清带宽需求

VR 是利用计算机模拟产生一个三维空间的虚拟世界，提供使用者关于视觉、听觉、触觉等感官的模拟，让使用者如同身临其境一般。为了提高业务感知，VR、AR 有一个共同的需求就是网络具备高带宽。理想的 VR 技术指标包括全景视频的分辨率、屏幕分辨率、帧率等，需求的网络带宽大概为 2Gb/s，如图 6-37 所示。

	基本VR	良好VR	理想VR	极致VR
全景视频的分辨率	2,880x1,440(2D)	8kx2k(3D)	16kx4k(3D)	32kx8k(3D)
屏幕分辨率	1080p 1,920x1080	2k 2,556x1,440	4k 3,840x2,160	16k 15,360x8,640
帧率	24 f/s	30 f/s	60 f/s	120 f/s
编码格式 压缩比例	H.265 1:120	H.265 1:80	H.265 1:40	H.266
视频格式	YUV 4:2:0 8 bit color	YUV 4:2:0 8 bit color	YUV 4:2:0 10 bit color	YUV 4:2:0 10 bit color
带宽要求	12M b/s Live 15M b/s VoD	90M b/s Live 100M b/s VoD	1.8G b/s Live 2G b/s VoD	14.4G b/s Live 16G b/s VoD

图 6-37　VR 带宽需求

LTE 单小区的理论峰值速率为 100Mb/s ～ 150Mb/s，平均速率大概 30Mb/s ～ 50Mb/s，显然当前的网络是无法支撑超高清视频和 VR 等业务的。随着业务的发展，网络容量要求越来越高，用户的路由器数量以每年翻一番的速率增长，很多地方已出现 4G 带宽不足的问题。5G 的新空口技术使得空口频谱利用率高，加上更大的载波带宽，未来的峰值速率可达 10Gb/s，在 LTE 的基础上提升 100 倍。5G 中网络的连接速率极大提升，可以更好地支撑 AR、VR、超高清视频等宽带业务。此应用场景对网络的要求主要是带宽的提升，如图 6-38 所示。

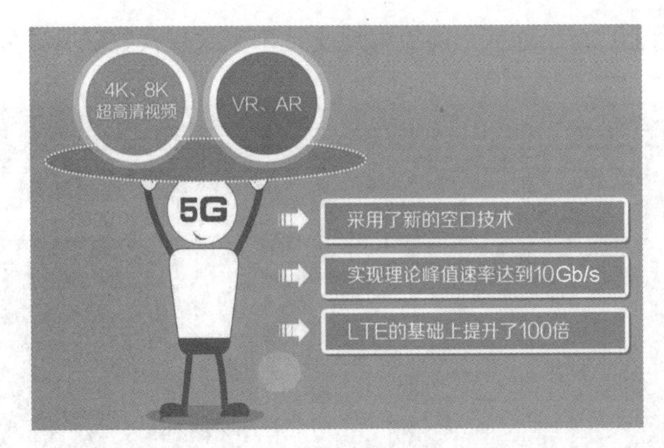

图 6-38 eMBB 场景指标示例

6.4.2 mMTC 应用场景分析

相比过去的 2G、3G、4G 网络的连接对象主要是人，而 5G 在这一点上有了本质的改变，其连接对象更多的是物。人的数量总是有限的，全球加起来也不过是 70 多亿人口，但物却是无穷无尽的，其数量规模是万亿级别的。要把这万亿级别的物连接起来，这对 5G 的连接性能提出了非常高的要求，而从技术指标来看，5G 的连接密度达到 100 万连接 /km^2。预计未来所有的物体都有可能被连接到网络中，万物感知带来的数据洪流将与各产业深度融合，形成工业物联网、车联网等新兴产业，为智能世界的实现与创新型智能服务提供关键助力，如图 6-39 所示。

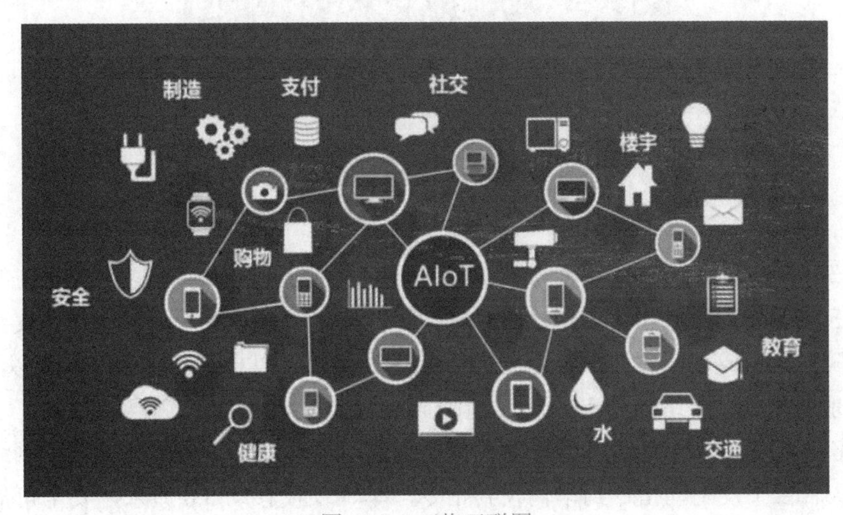

图 6-39 万物互联图

智慧城市、智慧农业、车联网、智能制造、智能抄表等行业都有一个共同的特点，就是需要一个具有大规模连接的网络。未来这样的连接需求可能达到每平方千米上百万个，LTE 当前的网络承载力大概能支持每平方千米上万个终端的接入，显而易见这样的接入能力无法支撑大规模物联网终端的连接需求。对比 LTE 网络，5G 的接入能力有近 100 倍的提升，达到每平方千米上百万个连接，能更好地支持未来大规模物联网，如图 6-40 所示。

图 6-40 5G 与 4G 连接数对比图

此应用场景对网络的要求主要是连接能力强、功耗低。

6.4.3 URLLC 应用场景分析

超可靠和低时延一直是我们对网络的要求。为实现这一目标，我们一直在不断努力，如图 6-41 所示。

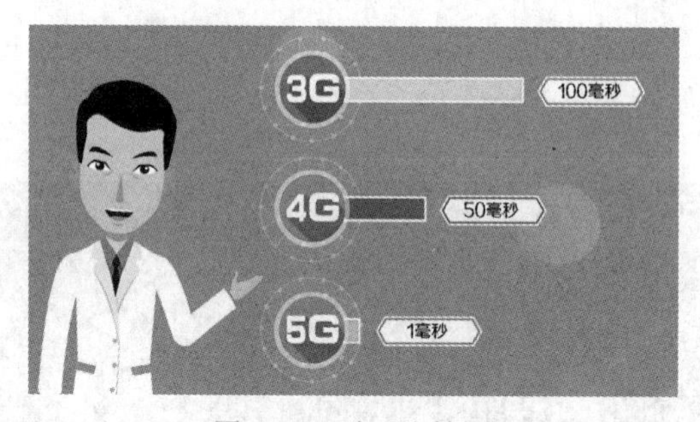

图 6-41 时延比较图

自动驾驶一直是我们向往的。如果网络传输时延较大，车辆在遇到紧急情况需要停车时，从云端服务器收到指令需要一段时间，这样车辆已经行驶了一段距离，安全性就无法得到保障。因此这种场景需要低时延的网络作为保障。以自动驾驶为例，车以 110km/h 的速度行驶，在 3G 网络条件下，从发现障碍到启动制动系统车辆已经移动了 3.05 米；在 4G 网络下，从发现障碍到启动制动系统车辆也已经移动了 1.52 米；而 5G 网络时延为 1 毫秒，从后台下发制动指令到车辆收到指令，车辆仅仅移动 3.0 厘米，安全可靠性得到极大的提升。

5G 技术可以有效降低延迟和提高数据传输速率，响应时间能从 4G 的平均 50 毫秒（0.05s）降低到 1 ～ 2 毫秒（0.001 ～ 0.002s），同样数据传输速率能从 0.02 ～ 0.03Gb/s 提高到 0.1 ～ 5.0Gb/s。5G 的一个很重要的应用场景就是 URLLC，意思是超可靠低延迟通讯，URLLC 可以保证 99.999% 的数据可靠性，无中断和毫秒级的响应能力，这可以通过

5G 网络快速而精准地处理数据。通过 5G 技术结合 AI 和 URLLC 数据，全世界数百万辆汽车将会和当地的 5G 交通系统相呼应，用户的汽车能和其他车辆通过 5G 共享数据，发生紧急事故时也能更快地得到支援。此场景对网络的主要要求是时延的降低和可靠性的增强。

6.5 5G 产业链

5G 产业链

近年来全球经济长期疲弱，各国政府希望高科技产业带动全行业发展，走出低谷。5G 被各国寄予厚望，是打通各行业进入数字化革命的良机。国家或地区的监管关注点由管理竞争与公平转向了鼓励投资与创新。5G 的竞争已被视为国家、地区间产业与经济竞争，不再仅是通信领域的竞争。5G 为用户服务离不开网络和终端，产业链结构如图 6-42 所示。

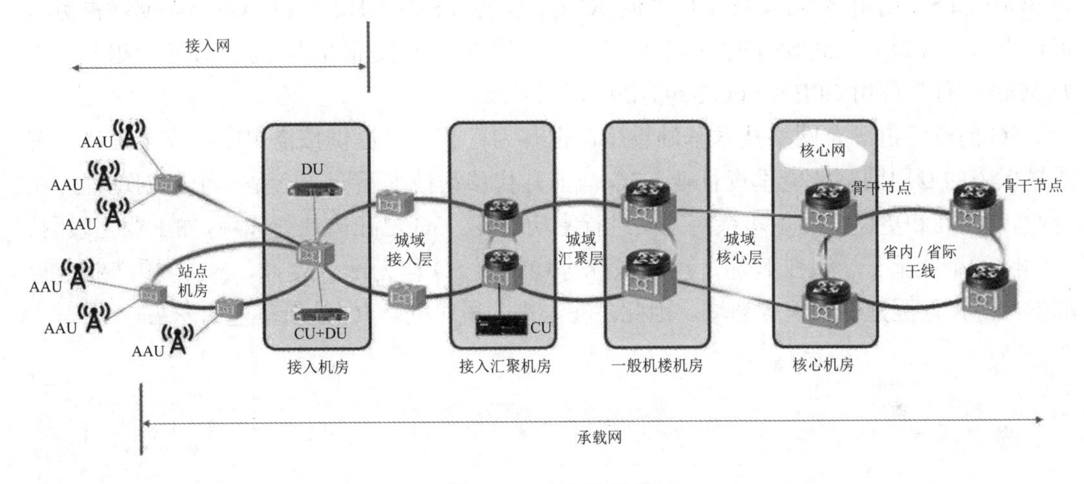

图 6-42　产业链结构

从宏观上来看，5G 网络产业链一共可以分为三个领域，与通信网络架构一一对应，分别是接入网产业链、承载网产业链和核心网产业链。

1. 接入网产业链

接入网需要完成基站到机房的连接，基站除了主设备之外，还有大量的配套设备，例如机房电源、蓄电池、空调、安防监控，甚至一体化站房和铁塔等，都有各自的细分产业链。基站主设备厂商有华为、中兴、爱立信、诺基亚、大唐等。它们开始大量蚕食以前并不在意的天线市场。

5G 网络技术的一切基础技术，例如半导体、稀土、原材料、光纤等，我国已经能做到全部国产，并且不需要外国供应商。在未来的 5 年中，全世界 5G 版图和 5G 网络技术应用的主导地位格局将会形成。为了不让主导权落入中国手中，美国必然联合盟友采取行动，因而就出现了美国对华为公司的制裁事件。所以，5G 的竞争已经俨然变成了国与国的竞争。

2. 承载网产业链

承载网产业链几乎等同于光通信产业链。一般包括光纤光缆、光模块和光通信主设备。光纤光缆这块估计大家都非常熟悉，主要企业有长飞光纤、中天科技、亨通光电等。光模块复杂一些，主要由光芯片、光组件、PCB 等组成，光模块企业有中际旭创、光迅科技、新易盛、海信宽带、易飞扬、铭普光磁等。光通信主设备，即 OTN、PTN 等设备，国内做得好的企业是华为、中兴、烽火、H3C 等。

3. 核心网产业链

5G 核心网包括计算设备、交换设备和终端。计算设备采用了虚拟化技术，硬件上已经全面采用了通用服务器，虚拟化平台以华为、中兴等公司的核心网解决方案为主。核心网以后就是数据中心，即云化核心网。

2018 年 2 月 27 日，华为在 MWC2018 大会上发布了首款 3GPP 标准 5G 商用芯片巴龙 5G01 和 5G 商用终端，支持全球主流 5G 频段，包括 Sub6GHz（低频）、mmWave（高频），理论上可实现最高 2.3Gb/s 的数据下载速率。华为 2018 年发布业界首款 5G 芯片组——巴龙 5G01，首款商用 CPE（2.6G/3.5G/4.9G，毫米波）。

5G 的产业链既有网络技术基础设施，也有为行业客户提供按需定制、安全隔离、有质量保障的专用网络使能垂直行业。5G 与前几代移动技术不同，它是一个共创过程，在企业、运营商和更广泛的生态系统之间进行密切交互。5G 已在火热建设中，如工业互联网、车联网、企业上云、人工智能、远程医疗等均需要 5G 作为产业支撑，5G 下游产业链也非常广泛，甚至延伸到消费领域。因此，在未来一段时间，5G 是新基建的龙头。

6.6 5G 典型应用

6.6.1 5G 直播

5G 在直播 & 电网中的应用

直播常见形式有新闻直播、体育直播、演唱会直播等，特别是疫情以后，直播已经成为一种趋势和模式。根据相关调查数据显示，直播用户数量目前正在以 30% 的增长速率逐年增加。随着 5G 网络的部署与商用，直播行业将会有哪些改变呢？

直播业务对网络的需求主要包括移动性，业务的服务质量保障，更高的上行速率和下行速率，更低的网络时延，并能提供统一的平台进行视频的编辑与制作，以及直播前后端的协同。

1. 基于 5G 网络的直播业务整体解决方案

如图 6-43 所示，传统的采集方式中摄像机采集的视频通过有线方式传递给转播车，再由转播车通过卫星或专线回传给制作中心进行内容分发。

如图 6-44 所示，5G 直播布局分为三步：第一步是负责视频采集部分，在 5G 直播方案前端摄像机可以通过有线接入 5G 前置设备（CPE）连接 5G 网络，也可以选择支持 5G 网络的摄像机连接 5G 网络，通过 5G 网络把视频进行回传；视频采集端采用 5G 无线网络，对摄像机来说可以免布线、方便移动、多机位 / 多角度采集现场视频。第二步是视频处理转发单元，引入 5G 网络中移动边缘计算（Mobile Edge Computing，MEC），转播车的功能可以部署在靠近摄像机的 MEC 上，如果有必要也可以把制作中心部署在 MEC 上，MEC 支持视频编辑、导播、推流等。进行视频随时导编导播，提升制作中心与前端的协同能力。第三步是通过网络切片将直播视频推送给用户，保障用户的业务感知。

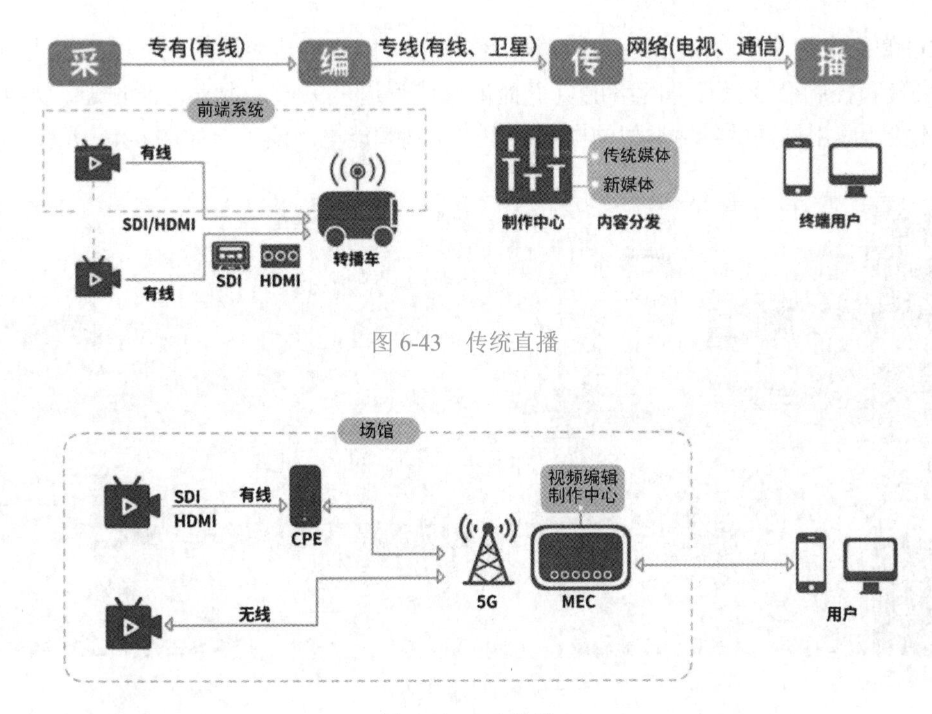

图 6-43 传统直播

图 6-44 5G 直播

2. 案例分析——杭州马拉松直播

5G 直播其实离我们并不遥远，杭州马拉松直播就采用了 5G+4K+ 多位机 + 无人机马拉松直播方案，如图 6-45 所示。

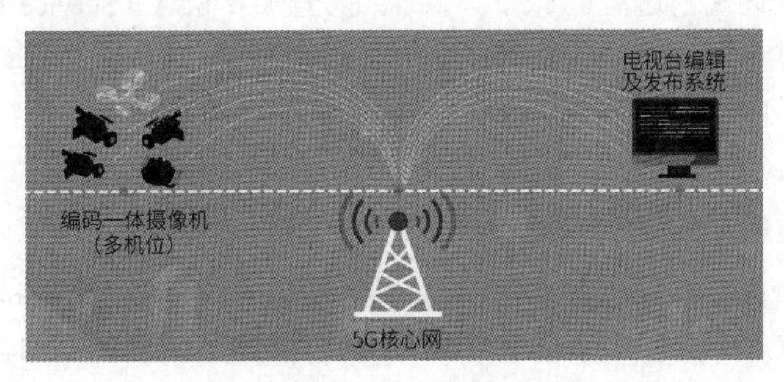

图 6-45 直播图

本次马拉松直播系统以5G无线摄像机为基础。为保证画面清楚，采用4K摄像机，为提高客户感知，从海陆空三个维度进行多机位直播，用户可以从自己喜欢的维度选择直播画面。在观看马拉松直播的同时，还可以欣赏远在千里之外的城市美景，给观众带来一场超级震撼的视觉盛宴。

6.6.2 5G智能电网

5G网络高带宽，低时延，海量连接会对未来电网有什么影响呢？

1. 5G智能电网的整体布局

5G智能电网整体解决方案分成三层：终端层、网络层、应用层。终端层负责电网信息的采集和控制命令执行。网络层负责提供通信管道，保障大带宽、低时延、大连接的网络连接。应用层提供各种类型的电网应用，实现智能电网演进，如图6-46所示。

图6-46 智能电网图

未来电网对通信的需求可以概括为业务多样化需求、网络安全需求、高性能需求。同时考虑到传统电网专网建设成本高昂，所以未来电网还有低成本的要求。5G网络的优势体现在：5G网络的按需部署功能可以根据业务需求，按需定制网络功能和架构（即5G网络切片定制化设计）来配合每一种业务的需要；资源隔离功能可以实现在共享电信基础设施上构建逻辑隔离的通信“专网”，保证高安全性；SLA（Service-Level Agreement）业务保障功能通过5G+MEC边缘计算使电网满足超低时延以及超大连接需求，实现端到端SAL保障；自动化运维功能可以实现在共享基础设施上自动化部署、自动化运维，降低成本。

2. 5G智能电网应用案例

毫秒级精确负荷控制——端到端时延。某电网公司、某通信公司和华为公司共同开展过测试，测试重点验证R15版本。eMBB技术承载精准负荷控制端到端时延。

测试环境：5G基于3400MHz～3500MHz频段，带宽100MHz，终端采用华为

5GCPE，5G 基站与 5G 核心网依托 IP RAN 网络，5G 核心网采用端到端的网络切片技术，核心网机房到电网公司精准负荷控制主站，采用百兆光纤专线通道，如图 6-47 所示。

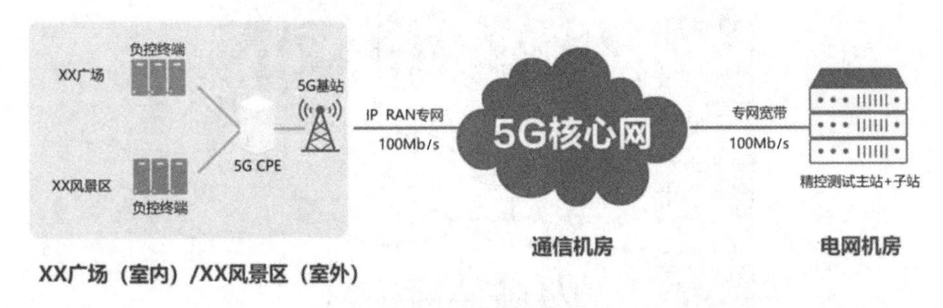

图 6-47 测试环境图

本次测试端到端平均时延为 37ms，其中 5G 核心网至 CPE 终端通信时延为 4.5ms，5G 核心网至精准负荷控制子站通信时延为 0.5ms，其余为子站下发控制命令以及负控终端接收控制命令的处理时延，如图 6-48 所示。

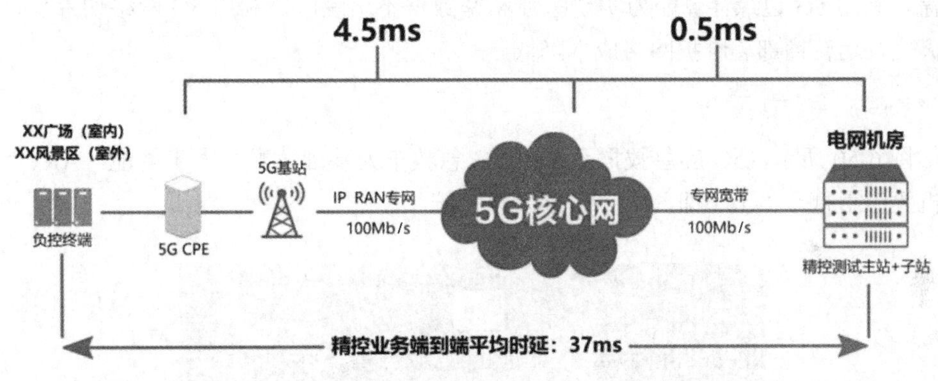

图 6-48 时延分布图

通过这个案例测试验证了 5G 网络低时延的特性以及在精准负荷控制业务中的应用。

6.6.3 5G 智慧医疗

5G 会给无人机、VR 等应用带来翻天覆地的变化，那么医疗遇到 5G 又会碰到撞出什么样的火花呢？

5G 在医疗 & 安防中的应用

1. 基于 5G 网络的数字化医疗系统的整体分析

布局分为三层结构：最底层为医疗设备终端，负责数据的采集，包括视频采集的仪器、医疗器械、医疗手环、传感器、医疗设备等；中间层为医疗 ICT 基础设施层，由 5G 医疗网络切片、数据中心、计算及存储节点组成，其中 5G 网络主要是确保设备终端层的数据能够快速到达其余节点设备；最高层是医疗应用层，包括远程挂号、电子病历、机器人超声诊断、手术高清直播、VR 手术示教、AR 手术指导、远程视频探视、物流机器人、院内导航导诊、物业人员管理、医疗废弃物管理、资产定位管理等。如图 6-49 所示。

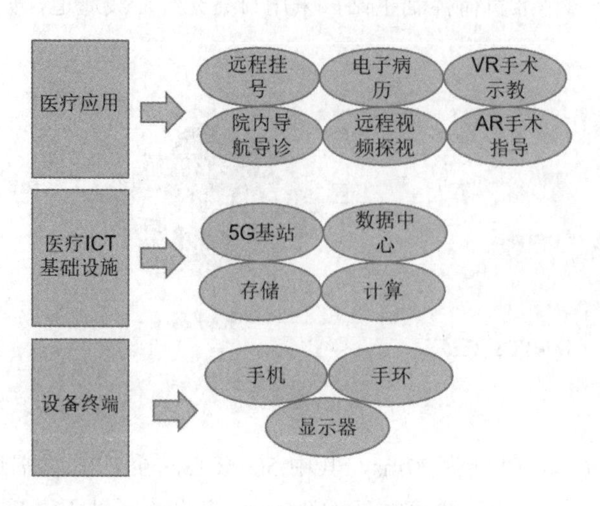

图 6-49　智慧医疗系统布局图

总体来说，5G 作为医疗数字化基础设施层具备诸多优势。例如，室内外的高品质网络覆盖，利用 5G 边缘计算能力实现医疗私密数据不出院区，利用 5G 网络切片保证业务间隔离度，运营商部署维护网络成本降低。

2. 5G 应急救援系统

如图 6-50 所示，5G 应急救援系统以 5G 急救车为基础，配合人工智能、AR、VR 和无人机等应用打造“上车即入院”医疗急救系统。

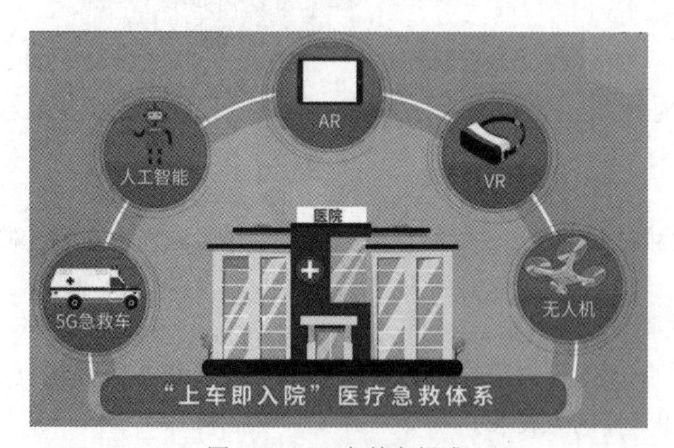

图 6-50　5G 急救车组成

如图 6-51 所示，急救车通过 5G 网络和医院指挥中心随时随地保持信息传递，急救车主要配置了高清屏幕、血气仪、5G 连接模块、全景摄像机、超声机、AR 眼镜、血液测量仪及心电监护机。当急救病人上了 5G 救护车后，随车医生利用 5G 医疗设备，为患者完成验血、心电图、B 超等一系列检查，然后通过 5G 网络将医学影像、病人体征、病人记录等大量生命信息实时传递到医院急救指挥中心。在病人未到达医院之前，医院急救指挥中心已经掌握病人的基本信息、患者生命体征数据及救护车行驶轨迹等信息。实现院内院外无缝联动。

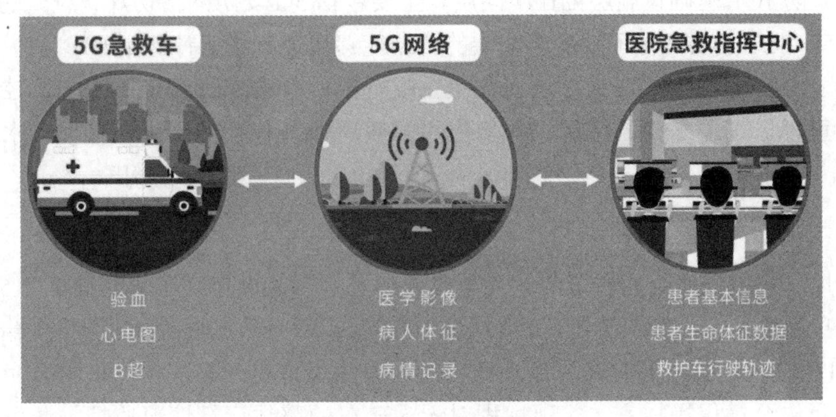

图 6-51　急救流程图

通过将医院急诊中心的部分工作提前转移到救护车上进行，医生可以快速制定抢救方案，提前进行手术准备，从而大大缩短急救响应时间，为患者争取更大的生机。

6.6.4　5G 安防

安全防范业务简称安防，安全防范是对损失或犯罪进行预防的作业。常见的安防系统有：门禁系统、视频监控系统、防盗报警系统。5G 作为通信网络，在未来的安防系统中又将有哪些亮点呢？

1. 5G 安防在各行业布局应用

5G 安防整体分为三层架构：安防设备终端层、安防 ICT 基础设施层、安防作业应用层，如图 6-52 所示。

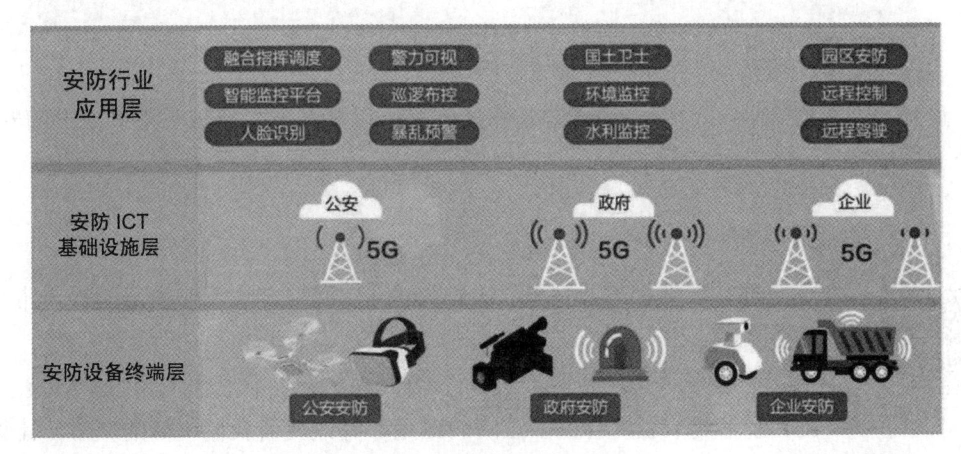

图 6-52　安防业 5G 布局图

（1）安防设备终端层在最低层。主要负责数据的采集和动作的执行。例如，公安行业的无人机、AR 眼镜；政府监管的摄像机、传感器；企业园区的巡检机器人、危险区域或远程驾驶的车辆等。

（2）安防 ICT 基础设施层处在中间层。主要包括 5G 安防网络切片、统一的行业云计算平台。5G 网络主要是保证设备终端层的数据能够快速到达云计算中心。

（3）安防行业应用层在最高层。包括公安行业的融合指挥调度、智能监控、人脸识别、警力可视、巡逻布控、暴乱预警等应用；政府监管行业的国土、环境、水利的监控监测业务；企业园区安防、企业危险区的远程控制、远程驾驶等应用。

2. 5G 赋能矿场安全生产

矿山地理位置偏僻且相对危险。为了对矿车进行无人操作，车辆配置 7 个 5G 高清摄像头，车身后端 4 个，车头 2 个，驾驶舱上方 1 个。所有数据通过 5G 网络传输，无人卡车配置 GPS 进行定位，同时利用毫米波雷达、车头摄像机、车位摄像机组合完成路面感知及故障回传至远程操控室。实现远程对无人矿车的整体运行情况监控，并可实现无人驾驶、倒车入位、精准停靠、自动倾斜等业务。为了降低时延，在矿山部署 MEC，实现快速的矿山车调度和远程驾驶控制，如图 6-53 所示。

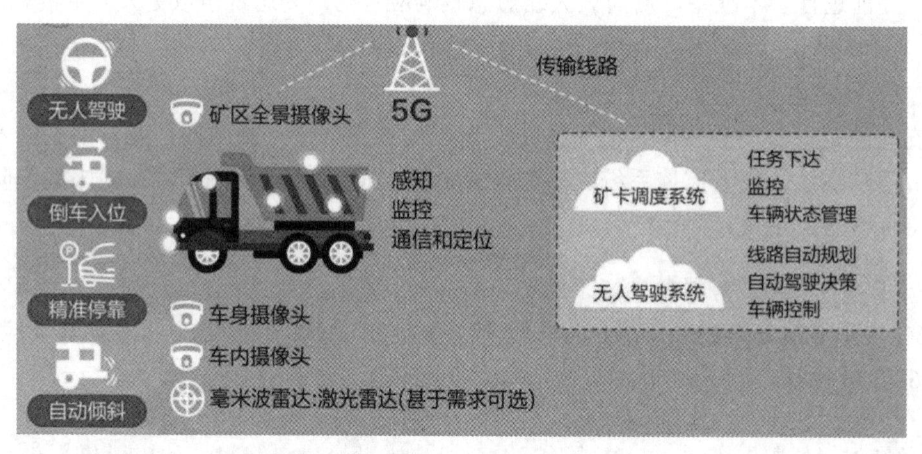

图 6-53　5G 赋能矿场安全生产原理图

我们可以看到，利用 5G 网络的低时延和大带宽可以提升危险场景下工作人员的安全。随着 5G 的普及，5G 带给安防行业的惊喜会也来越多。

6.6.5　5G 智慧城市

具有高带宽、低时延、大连接的 5G 网络会给我们生活的城市带来哪些改变呢？

在当今时代，新生产关系下的大规模社会化协助和新生产要素下的 ICT 技术变革驱动着数字经济的诞生，并改变着我们生活的城市，比如交通工具的共享带来城市出行的方便，共享房屋在许多国家已全面铺开，Facebook 成为全球最大的虚拟生活空间，未来 20 年，46% 的职业会被机器代替的概率为 70% 等。据统计，全球70%的GDP是由城市产生，但城市的快速发展也带来了各种"城市病"——城市安全、交通堵塞、环境污染、产能过剩、资源短缺等。随着世界人口的增长和城市过快的发展，如何提升城市的竞争力，解决"城市病"呢？智慧城市的概念应运而生。

无处不在的连接是以5G为代表的新一代网络通信基础设施，融合光、IP、IoT等，为智慧城市打造一张全连接、全覆盖、全域感知的城市神经网络。简单来说，智慧城市的架构是通过以5G为代表的连接管道和大数据的云端之间的通信，实现智慧医疗、智慧旅游、智慧政务等城市的数字化服务。5G的增强移动带宽、低时延高可靠通信、海量物联网等特性，打破了智慧城市创新提质瓶颈，实现了4G网络无法实现的需求，是人工智能、物联网等新兴技术走向成熟，点燃应用、创新爆点的催化剂。更是驱动智慧城市云网生态升级的关键。实现智慧城市的可持续发展，5G助力智慧城市升级，支撑城市的数字化转型。下面来看一下5G在智慧城市中的具体应用，如图6-54所示。

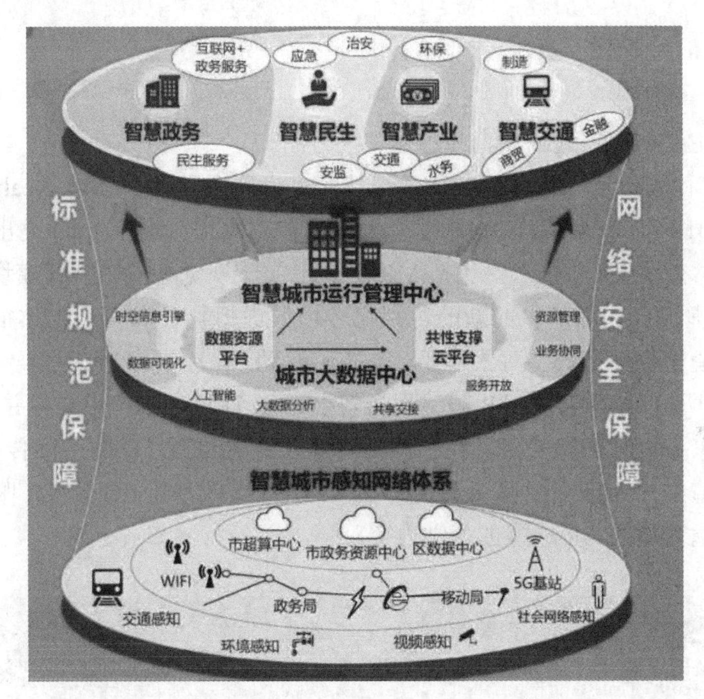

图6-54 智慧城市应用图

1. 智慧政务的应用

如图6-55所示，5G+智慧政务助力打通政务信息的收集和存储。打破信息孤岛，打造一个统一安全的政务云平台。实现物联网与政务的深度融合，推动城市政务服务的高效执行。

5G时代的政务服务大厅是信息中心，通过智能摄像头对每一个进入服务大厅的用户进行自动数据记录，个人身份信息、来由、是否已提交材料、关联办事需求等。政务大厅的中台会自动获取这些信息，并反馈给所有办事窗口，系统会根据办事量与人流密度自动调整和匹配相应的窗口，5G智慧政务创新将利用5G的大带宽、低时延高可靠、大连接技术推动智慧审批、智慧服务等业务。利用 5G 终端开展高精度信息采集和大数据智能分析，实现远程审批，打破政务服务的时空限制。

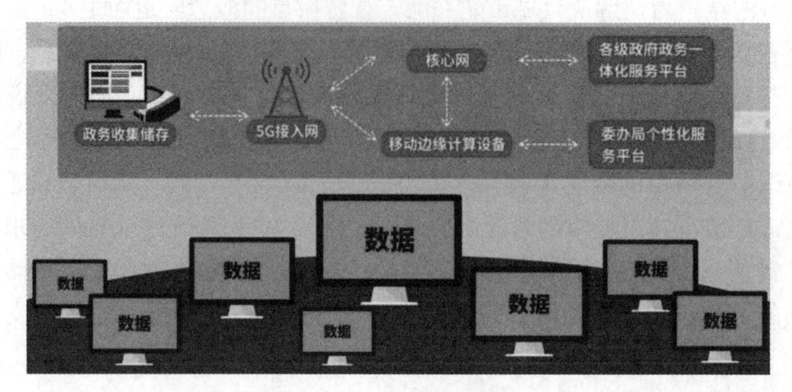

图 6-55　5G+ 智慧政务图

2. 智慧民生的应用

智慧民生主要体现在远程教育和远程医疗方面。

5G 大带宽和低时延网络可使 MR 远程教学成为现实。MR（Mix Reality，混合现实）是由 Intel 在 2016 年旧金山 IDF16 开发者大会上首次推出，会上 Intel 亮出了多项新技术（坊间有时也称之为“黑科技”），包括 MR 融合现实、视觉智能、创科模块等。混合现实是合并现实和虚拟世界而产生的新的可视化环境，虚拟物理和真实物体很难被区分。在新的可视化环境里物理和数字对象共存，并实时互动。

如图 6-56 所示，老师佩戴 AR 眼镜现场教学，AR 课件在眼镜中成像并采集至大屏幕，360 度全景摄像头实时图像采集，通信网络将实时图像通过 5G 网络回传至服务器机房，进行 VR 图像渲染，并推送至远端 5G 接入侧，学生佩戴基于 5G 的 VR 眼镜，可以实时沉浸式观看课堂老师的 AR 成像的教学内容。

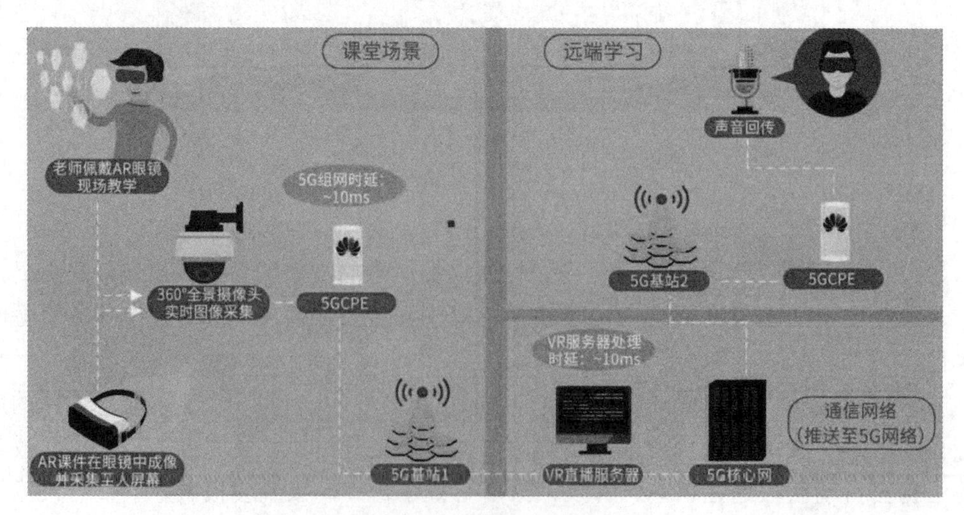

图 6-56　5G+ 智慧民生图

除了远程教学外，通过 5G 网络的 AR/VR 还可以实现地震场景演练、火灾逃生演练、史前时代讲解、飞行器模拟教学、医疗实验模拟、互动式英文教学等。

6.7 项目实训

古代人们为了传递信息，发明了文字、符号、鼓、纸书等，进行飞鸽传信、驿马邮递等。当代社会，音乐指挥家的指挥手语、航海中的旗语等都是从古老通信方式进一步发展来的。古代信息传输交换的方式都是依靠人的视觉与听觉。

随着电报、电话相继发明，电磁波的发现，人类通信方式也发生了质的改变，出现了用金属导线来传递信息的有线通信，直到现在利用电磁波来传递信息的无线通信，“顺风耳”“千里眼”不再是神话。人类的信息传递不仅可依靠视听觉方式，还用电信号作为新的载体，开始了人类通信的新时代。电信号是怎样作为载体进行通信的呢？我们通过摩斯密码来体验一下。

1. 摩斯密码的提出

1837 年，美国人塞缪尔・莫尔斯（Samuel Morse）成功地研制出世界上第一台电磁式电报机。他利用自己设计的电码，可将信息转换成一串或长或短的电脉冲信号传向目的地，再转换为原来的信息。1844 年 5 月 24 日，莫尔斯在国会大厦联邦最高法院会议厅用“莫尔斯电码”发出了人类历史上的第一份电报，从而实现了长途电报通信。

莫尔斯电码（又译为摩斯电码、摩斯密码，Morse code）是一种时通时断的信号代码，这种信号代码通过不同的排列顺序来表达不同的英文字母、数字和标点符号等。它由美国人艾尔菲德•维尔发明，当时他正在协助 Samuel Morse 进行莫尔斯电报机的发明（1835 年）。在今天，国际莫尔斯电码依然被使用着。

2. 摩斯密码的组成

它由两种基本信号和不一样的间隔时间组成：短促的点信号“.”，读“滴”（Di）；保持一定时间的长信号“—”，读“答”（Da）。

间隔时间：滴，1t；答，3t；滴答间，1t；字母间，3t；字间，5t。

3. 摩斯密码注意事项

摩斯密码在操作的时候应有一定的规范，要求如下：

（1）一点为一基本信号单位，一画的长度 =3 点的长度。

（2）在 1 个字母或数字内，各点、画之间的间隔应为两点的长度。

（3）字母（数字）与字母（数字）之间的间隔为 7 点的长度。

4. 摩斯密码表

摩斯密码代码转换参考见表 6-5。

表 6-5　摩斯密码参考表

字母

字符	电码符号	字符	电码符号	字符	电码符号	字符	电码符号
A	. -	B	-...	C	-. -.	D	-..
E	.	F	.. -.	G	—.	H	....
I	..	J	. —	K	-. -	L	. -..
M	—	N	-.	O	—	P	. —.
Q	—. -	R	. -.	S	...	T	-
U	.. -	V	... -	W	. —	X	-.. -
Y	-. —	Z	—..				

数字

字符	电码符号	字符	电码符号	字符	电码符号	字符	电码符号
0	———	1	. —	2	.. —	3	... —
4	.... -	5	.....	6	-....	7	—...
8	—..	9	—.				

标点符号

字符	电码符号	字符	电码符号	字符	电码符号	字符	电码符号
.	. -. -. -	:	—...	,	—.. —	;	-. -. -.
?	.. —..	=	-... -	'	. ——.	/	-.. -.
!	-. -. —	-	-.... -	_	.. —. -	"	. -.. -.
(	-. —.	)	-. —. -	$	... -.. -	&	....
@	. —. -.	+	. -. -.				

4. 实例操作

密码翻译的过程实际上就是咱们现代通信中编译码的过程。

举例说明：找到摩斯密码在线翻译器，在百度里面输入摩斯密码在线翻译就可。假设输入 I love you，单击下方的“转换为摩斯电码”按钮，就会看到如图 6-57 所示的对话框。

同样如果输入摩斯密码：

-....- .. -....- .-- . ... -....- -- . .- -. - -....- - --- -....- ... . -.-. .-. . - -....- .. - -....- .-- .. - .... -....- -.-- --- ..-

单击“解密”按钮，显示对话框如图 6-58 所示。

动手操作：根据参考表，手动翻译出以下两句的摩斯密码，注意符号的长短，再用摩斯密码编译器验证。

（1）Never put off what you can do today until tomorrow

（今日事今日毕）

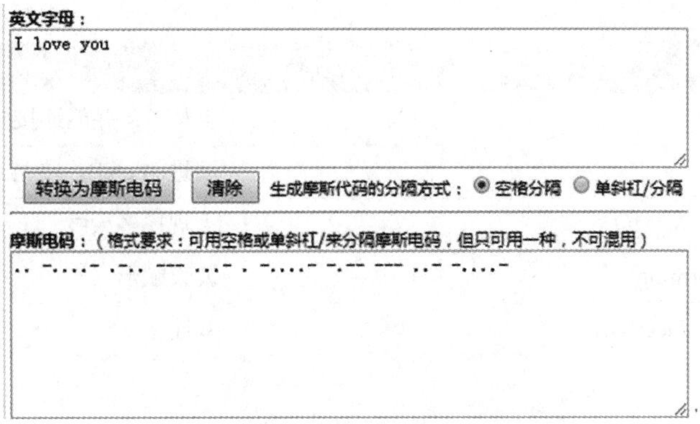

英文字母：

I love you

转换为摩斯电码　清除　生成摩斯代码的分隔方式：◉ 空格分隔 ◯ 单斜杠/分隔

摩斯电码：（格式要求：可用空格或单斜杠/来分隔摩斯电码，但只可用一种，不可混用）

.. -....- .-.. --- ...- . -....- -.-- --- ..- -....-

图 6-57　译码图

输入摩斯密码，单击“解密”，即可将摩斯密码翻译成可识别的字符。

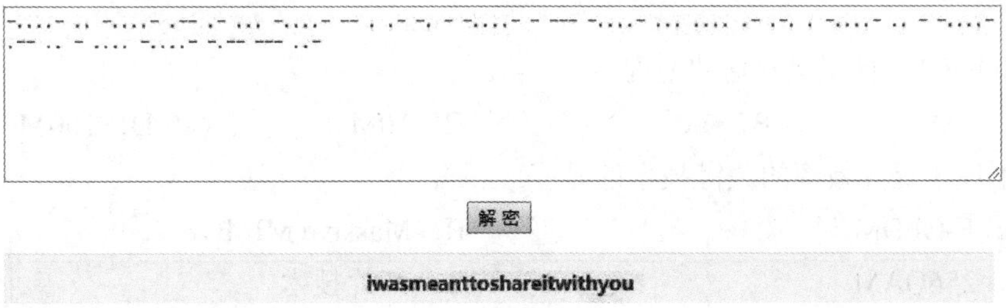

-....- .. -....- .-- .- ... -....- -- . .- -. - -....- - --- -....- ... .- .-. . -....- .. - -....-
.-- .. - .... -....- -.-- --- ..-

解 密

iwasmeanttoshareitwithyou

图 6-58　解码图

（2）A bold attempt is half success

（勇敢的尝试是成功的一半）

根据参考表，对以下两句进行解密，注意符号的长短，再用摩斯密码编译器验证。

（1）.-.. .. ...- . .-- . .-.. .-.. --..-- .-.. --- ...- . .-.. --- - ... --..-- .- -. -.. .-.. .- ..-
--. .... --- ..-. - . -.

（2）. ...- . .-. -.-- -- .- -. .. .. --- .-- -. .-- --- .-. ... - . -. . -- -.—

至此，本章关于 5G 内容的介绍已结束，5G 相关的名词解释可参见表 6-6。

表 6-6　名词解释

缩写	英文描述	中文描述
NR	New Radio	5G 新空口
SA	Standalone	5G 独立组网
NSA	Non-standalone	LTE 与 5G 联合组网
NGC	Next Generation Core	5G 独立部署的核心网，具备切片能力
eMBB	enhanced Mobile Broadband	增强移动宽带
URLLC	Ultra-Reliable and Low Latency Communications	低时延、高可靠连接
mMTC	massive Machine Type Communications	大规模物联网

续表

缩写	英文描述	中文描述
gNB	-	支持 NR 并能连接到 NGC 的节点
eLTE eNB	-	演进的 eNB，支持连接到 EPC 和 NGC
MM	Massive MIMO	大规模多天线
BF	Beamforming	波束赋形
DC	Dual Connectivity	双连接

课后题

1. 选择题

（1）Sub 6G 小区最大小区带宽是（　　）。

A．3M　　B．5M　　C．10M　　D．100M

（2）不属于提高效率的关键技术的是（　　）。

A．F-OFDM　　B．Massive MIMO

C．256QAM　　D．切片技术

（3）5G 未来的峰值速率可达（　　）。

A．10Gb/s　　B．100Gb/s　　C．10Mb/s　　D．100Mb/s

（4）5G 网络中，实现端到端业务质量保障的技术是（　　）。

A．大连接　　B．毫米波技术

C．网络切片　　D．边缘计算

（5）高清视频最主要利用 5G 网络（　　）特点。

A．时延低　　B．带宽大

C．网络可靠性高　　D．连接数多

（6）不属于未来电网对通信的需求的是（　　）。

A．业务多样化需求　　B．网络安全需求

C．高性能需求　　D．移动性

（7）不属于未来直播业务对网络的需求的是（　　）。

A．移动性业务的服务质量保障

B．更高的上行速率和下行速率

C．低的网络时延并能提供统一的平台进行视频的编辑与制作，以及直播前后端的协同

D．成本高

（8）具有 5G 核心网的组网方式是（　　）。

A．SA　　B．NSA　　C．DSA　　D．OSA

（9）5G 的可用频段在（　　）之间。

A．3GHz ～ 6GHz　　B．2.5GHz ～ 6GHz

C．3GHz ～ 6.6GHz　　D．5GHz ～ 6GHz

2. 简答题

（1）分析 5G 的组网方式。

（2）试述我国 5G 频谱的分布现状。

（3）5G 的三大应用场景是什么？并举例说明。

（4）5G 技术在安防方面是怎样布局？

第 7 章　虚拟现实

7.1　虚拟现实概述

7.1.1　虚拟现实的概念

虚拟现实（Virtual Reality，VR），又译作“灵境技术”“虚拟实镜”“灵镜”“临镜”“赛伯空间”等，是计算机技术、计算机图形学、多媒体技术、传感技术、显示技术、人体工程学、人机交互理论、人工智能等多个领域的集合，是一门富有挑战性的交叉技术前沿学科。它利用计算机辅助模拟生成一种融合多元信息的三维可交互环境，让用户能产生逼真的视觉、听觉、触觉等多种感觉体验，沉浸其中并能实时交互。这项技术能突破时间、空间等的限制，使人“身临其境”地体会真实世界中无法亲身经历的体验。VR 游戏体验如图 7-1 所示。

“可上九天揽月，可下五洋捉鳖，谈笑凯歌还”。伟人的豪迈气魄、中华儿女的凌云壮志以另外的一种形式成为现实。运用 VR 技术，我们可以“扶摇直上九万里”，一览浩瀚宇宙的壮美；也可以“犹能簸却沧溟水”，与鱼群虾蟹嬉戏。

图 7-1　VR 游戏体验

虚拟现实的特征

7.1.2　虚拟现实的特征

关于虚拟现实技术的基本特征，美国科学家 Burdea G. 和 Philippe Coiffet 曾在 1993 年世界电子年会上发表的 *Virtual Reality Systems and Applications* 一文中提出一个“虚拟现实技术的三角形”，简明地表示了虚拟现实的3个最突出的特征：沉浸感（Immersion）、构想性（Imagination）和交互性（Interaction），即虚拟现实的3I特性，如图7-2所示。

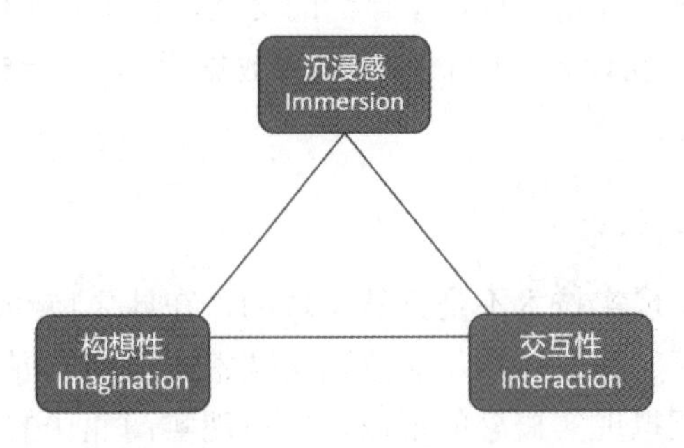

图7-2　虚拟现实的3I特征

沉浸感：沉浸感又称临场感，指用户感受到作为第一人称存在于虚拟环境中的真实程度，被认为是VR系统的性能尺度。用户戴上头盔显示器和数据手套等交互设备，便可将自己置身于虚拟环境中，使自己由观察者变为身心参与者，成为虚拟环境中的一员。理想的虚拟环境应该是让用户感觉真假难辨，一切看上去都是真的，听上去都是真的，动起来都是真的，闻起来都是真的，甚至摸起来、吃起来都是真的。例如，用户在虚拟现实中踢球时，不仅能听到球被击中时的声音，还能感受到球对脚的反作用力。图7-3为VR游戏*Final Soccer VR*。

图7-3　VR游戏*Final Soccer VR*

构想性：构想性是指通过用户沉浸在人类想象出来的“真实的”虚拟环境中，与虚拟环境进行了各种交互作用，从定性和定量综合集成的环境中得到感性和理性的认识，从而可以深化概念，萌发新意，产生认识上的飞跃，认识复杂系统深层次的运动机理和规律性。例如建筑设计，虚拟现实技术比用图纸描绘更加的生动形象，更加的真实。虚拟现实的构想性会让人们跨越时空，体验到在现实生活中难以感受到的事件和场景。

交互性：在传统的多媒体技术中，人机交互是指通过鼠标和键盘与计算机进行一维、二维的交互，进而得到反馈。虚拟现实技术中的交互性是指参与者与虚拟环境之间以自然的方式进行交互。这种交互是一种近乎自然的交互，使用者不仅可以利用键盘、鼠标，还可以借助专用的三维交互设备（如立体眼镜、数据手套、三维空间交互球、位置跟踪器等传感设备）进行交互。

7.1.3 虚拟现实的发展

虚拟现实的发展

虚拟现实技术不是突然出现的，在此之前经历了很长一段时间的萌芽、孕育、发展时期。虚拟现实技术的演变发展史大体上可以分为四个阶段：虚拟现实概念的形成，虚拟现实商业化的推广尝试，虚拟现实商业化的成功推广，虚拟现实相关市场的高速增长。

1. 第一阶段（1933—1989）：虚拟现实概念的形成

1933 年，Laurence Manning 在一短篇小说中首次提出了虚拟生活（virtual life）的概念。1935 年，Stanley G.Weinbaum 在出版的短篇故事《皮格马利翁的眼镜》里描述了“基于虚拟现实系统的眼镜”，该眼镜能够保存记录气味和触摸等虚构生活经验的全部信息，提出了虚拟生活和虚拟环境等概念。1956 年，美国摄影师 Morton Heilig 研制出了 Sensorama 仿真模拟器，并在 1962 年申请了专利，如图 7-4 所示。这可以说是世界上第一台 VR 设备，该设备体型巨大，采用了 3D 显示和立体声的技术，通过三面显示屏为用户展现空间感。它能生成立体的图像、立体的声音效果，并产生不同的气味，还能产生振动，甚至感觉有风吹过。该设备是人们从现实世界进入虚拟世界的首次尝试，走在了科技的前沿，惊震了世界。

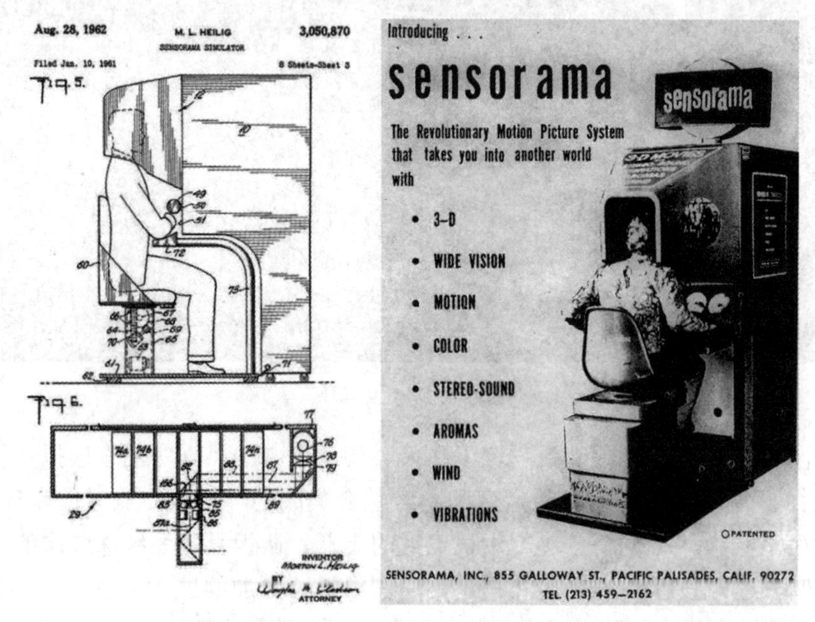

图 7-4 Sensorama 仿真模拟器

1965 年，美国科学家 Ivan Sutherlan 教授对有关计算机图形交互系统方面进行论述，提出了感觉真实、交互真实的人机协作新理论。这是一种全新的、富有挑战性的图形显示技术。1968 年开发了第一个计算机图形驱动的头盔显示器 HMD 及头部位置跟踪系统 The Sword of Damocles（达摩克利斯之剑），如图 7-5 所示。该头显设备设计复杂，重量很重，需要机械臂吊住才可使用，其中包括一个手枪形状的控制棒，该控制棒能与虚拟环境互动。The Sword of Damocles 具有计算机生成模型和图像、立体显示、头部位置追踪以及与虚拟环境互动的功能，是世界上第一个 VR 原型设备，是虚拟现实技术发展史上一个重要的里程碑，Ivan Sutherlan 教授被人们称为“虚拟现实技术之父”。

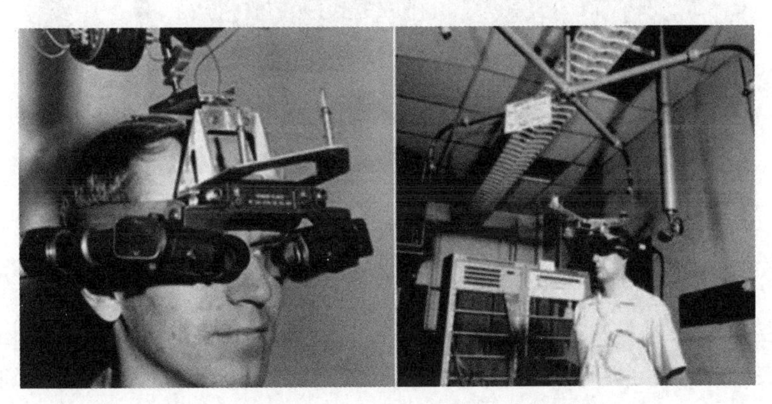

图 7-5　The Sword of Damocles 原型头显设备

20 世纪 70 年代，NASA（美国国家航空航天局）在虚拟现实领域开展了研究和尝试，起名为 VIVED VR 的头显设备在航天领域中投入使用，如图 7-6 所示。VIVED VR 头显设备与现在的 VR 头盔非常相似，主要通过虚拟环境来训练宇航员的临场感，使得宇航员更好地适应太空作业。

图 7-6　虚拟环境工作站和 VIVED VR 头显设备

1989 年，VPL Research 公司推出了世界上第一台面向市场的 VR 头显设备 Eyephone，但是 10 万美元的天价使得 Eyephone 未能普及，如图 7-7 所示。同年，Jaron Lanier 提出用 Virtual Reality 来表示虚拟现实，并且把虚拟现实技术作为商品，推动了虚拟现实技术的发展和应用。

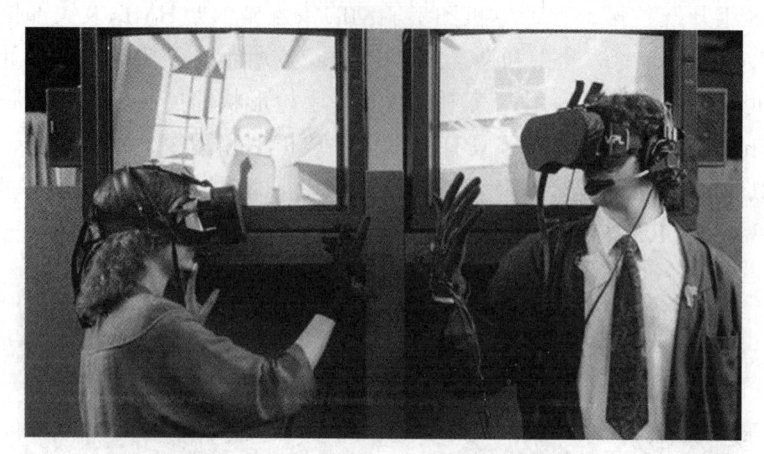

图 7-7　Eyephone 头显设备与数据手套

2. 第二阶段（1990—2011）：虚拟现实商业化的推广尝试

随着光学工程技术、传感器技术、计算机技术和网络技术等的发展，虚拟现实获得了很大的发展，也定义了清晰的沉浸式虚拟现实的概念。从 20 世纪 90 年代到 21 世纪初，一些公司开发了 VR 套件，在游戏领域的应用越来越多。

1995 年 7 月，任天堂公司（Nintendo）推出了一套虚拟现实的家用游戏机 Virtual Boy，如图 7-8 所示。这是对外发布的第一套 32 位游戏机，采用了一块 32 位处理器，同时集成了高性能的显示器，该显示器由两块模仿人眼视角的屏幕构成，可以有效地将 2D 游戏画面形成一定的 3D 效果。但是，因为 3D 图像显示不佳、价格昂贵、游戏内容很少以及游戏体验不好等原因最终还是失败了。

图 7-8　Virtual Boy 游戏机

2000 年，美国 SEOS 公司发布了虚拟现实产品 SEOS HDM，这是沉浸式头显设备，视场角能达到 120 度，重量为 1.13 千克，该产品被用在美国军方战斗飞行员的训练器材中。但该头显设备因售价和专业要求太高而无法实现商业化。

在这一时期，光学工程技术、传感器技术、计算机技术、计算机图形学和图像识别技术等尚处于高速发展的早期，虚拟现实的产业链还不完备，再加上虚拟现实设备成像质量不高等缺陷，除了少数游戏爱好者使用这些 VR 头显设备外，虚拟现实的推广和商业化尝试没有得到普通消费者的积极响应。但是，一些企业和研究机构一直在研究虚拟现实的技术，包含非沉浸式和沉浸式虚拟现实技术，改进虚拟现实设备，并不停地进行虚拟现实商业化的推广尝试。

3. 第三阶段（2012—2016）：虚拟现实商业化的成功推广

随着科学技术的发展，虚拟现实技术在不断完善，VR 设备的价格下降了很多，也获得了很大的发展和推广。美国的 Oculus 公司在 2012 年 6 月展示了虚拟现实的 VR 套件，如图 7-9 所示。该套件是 Oculus Rift 原型机，针对电子游戏而设计的。

图 7-9 Oculus Rift 原型机

Oculus Rift 原型机具有比较广的视场角、比较低的图像延迟，其沉浸感比较强，体验感比较满意，基本上消除了恶心头晕的感觉，其价格也比较合理，受到了一些科技工作者和企业家的高度关注和支持。一个月内募集到近 250 万美元，一些风投公司也给予了巨大支持。

2014 年 3 月，Facebook 用 20 亿美元收购了 Oculus 公司，该收购案例成为了 VR 相关市场高速发展的导火线。2015 年 11 月，韩国三星公司与 Oculus 公司合作，推出了基于智能手机虚拟现实的头显设备 Gear VR，三星智能手机插入该头显设备，感知设备自动弹出 Oculus 菜单，就可以体验虚拟现实的作品或者观看 3D 电影，尽管沉浸感和图像清晰度不令人满意，但开创了移动虚拟现实的先例。

HTC 和 Valve 游戏公司合作，在 2015 年 2 月推出了 HTC Vive VR 套装，如图 7-10 所示。HTC Vive VR 与 Oculus Rift 机相比，主要不同之处就是在设定区域具有用户的位置和姿态的空间定位能力，这是通过红外激光定位灯塔、手柄控制器与 VR 头盔联合工作而实现的。HTC Vive VR 套装浏览虚拟作品更真实，其交互性更好，而且操作简单，该 VR 套装在我国的应用比较多。

2016 年 3 月，索尼公司（SONY）宣布推出 PlayStation VR 套件，如图 7-11 所示。PlayStation VR 与 HTC Vive 和 Oculus Rift 相比，硬件上没有优势，比如，屏幕分辨率没有它们的高，但价格相对便宜。Play Station VR 不是最好的虚拟现实设备，却把虚拟现实带入了日常消费者的生活中。

图 7-10　HTC Vive 套装

图 7-11　PlayStation VR 套件

Oculus Rift VR、HTC Vive 和 PlayStation 在 2016 年相继推出新的产品，并取得了可喜的成绩，虚拟现实商业化的推广获得了成功。在 2016 年十大科技趋势的调查中，虚拟现实位居榜首，故 2016 年被业界普遍认为是“虚拟现实元年”（VR 元年）。

4. 第四阶段（2016—现在）：虚拟现实相关市场的高速增长

到 2016 年，沉浸式虚拟现实在世界上获得了普遍重视，国外和国内的很多著名公司都投资了 VR 行业。除了虚拟现实头显设备公司外，计算芯片和显示芯片公司、内容制作公司和应用系统开发软件公司等都对虚拟现实产生了极大的兴趣，并积极投资。一些公司还推出了全景相机和全景摄像机，让全景的拍摄更容易。围绕虚拟现实，一条产业链正在被建立起来，全球与虚拟现实有关的公司涌现出来了，而我国也开始出现了多家与虚拟现实有关的公司。

虚拟现实在各行各业的应用实践被广泛地展开，体验内容和应用场景在不断丰富。不少大学和科研单位参与到虚拟现实作品的开发和应用，或者利用虚拟现实技术进行线上或线下的辅助教学；一些医院利用虚拟现实技术对特定病人，如抑郁症等精神方面的患者，进行康复治疗等应用。现在，虚拟现实技术在城市规划、室内设计、工业仿真、古迹复原、桥梁道路设计、房地产销售、旅游推广、航空航天、军事训练和教育培训等众多领域得了广泛的应用。虚拟现实的生态链正在被建立，虚拟现实的相关市场正在高速增长。

7.1.4　虚拟现实系统的分类

在实际的应用中，根据用户沉浸程度与交互程度的不同，分为桌面式虚拟现实系统、沉浸式虚拟现实系统、增强式虚拟现实系统和分布式虚拟现实系统 4 种模式。

（1）桌面式虚拟现实。桌面式虚拟现实利用个人计算机和低级工作站进行仿真，将计算机的屏幕作为用户观察虚拟环境的一个窗口。通过各种输入设备实现与虚拟现实世界的充分交互，这些外部设备包括鼠标、追踪球、力矩球等。它要求参与者使用输入设备，通过计算机屏幕观察 360 度范围内的虚拟环境，并操纵其中的物体，但这时参与者缺少完全的沉浸，因为它仍然会受到周围现实环境的干扰。桌面虚拟现实最大特点是缺乏真实的现实体验，但是成本也相对较低，因而应用比较广泛。常见桌面式虚拟现实技术有：基于静态图像的虚拟现实 QuickTime VR、虚拟现实造型语言 VRML、桌面三维虚拟现实等。桌面三维虚拟现实系统展示如图 7-12 所示。

图 7-12　桌面三维虚拟现实系统展示

（2）沉浸式虚拟现实。高级虚拟现实系统提供完全沉浸的体验，使用户有一种置身于虚拟境界之中的感觉。它利用头盔式显示器或其他设备，把参与者的视觉、听觉和其他感觉封闭起来，并提供一个新的、虚拟的感觉空间，利用位置跟踪器、数据手套、其他手控输入设备、声音等使得参与者产生一种身临其境、全心投入和沉浸其中的感觉。常见的沉浸式系统有：基于头盔式显示器的系统、投影式虚拟现实系统、远程存在系统。基于头盔式显示器的系统如图 7-13 所示。

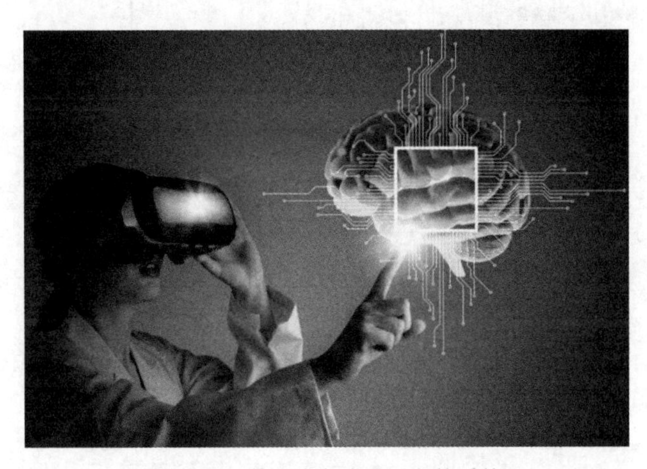

图 7-13　基于头盔式显示器的系统

（3）增强式虚拟现实。增强现实性的虚拟现实不仅是利用虚拟现实技术来模拟现实世界，仿真现实世界，而且要利用它来增强参与者对真实环境的感受，也就是增强现实中无法感知或不方便的感受。典型的实例是战机飞行员的平视显示器，如图 7-14 所示。它可以将仪表读数和武器瞄准数据投射到安装在飞行员面前的穿透式屏幕上，它可以使飞行员不必低头读座舱中仪表的数据，从而可以集中精力盯着敌人的飞机或导航偏差。

图 7-14　歼 20 飞行员配套 AR 头盔

（4）分布式虚拟现实。如果多个用户通过计算机网络连接在一起，同时进入一个虚拟空间，共同体验虚拟经历，那虚拟现实则提升到了一个更高的境界，这就是分布式虚拟现实系统。在分布式虚拟现实系统中，多个用户可通过网络对同一虚拟世界进行观察和操作，以达到协同工作的目的，分布式虚拟现实平台总体架构如图 7-15 所示。

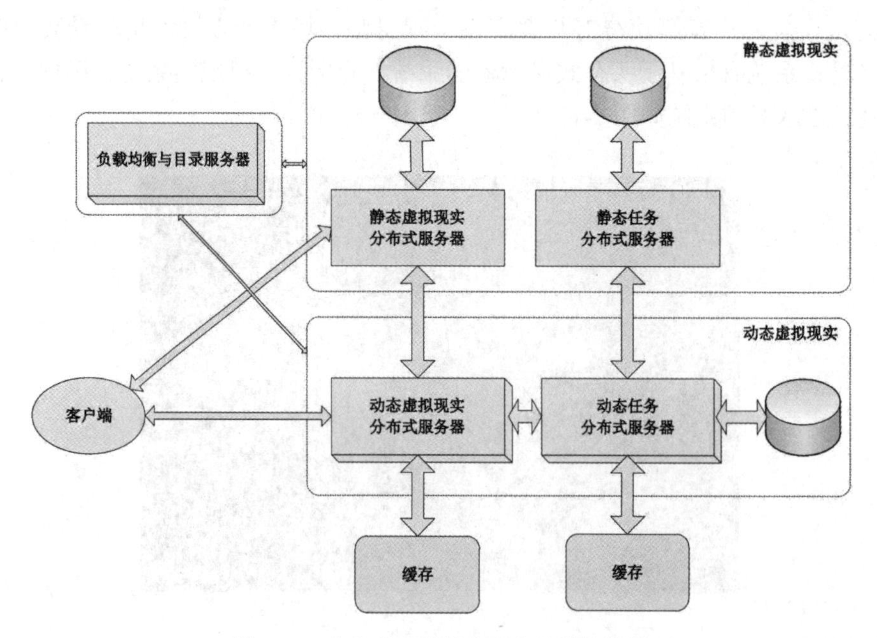

图 7-15　分布式虚拟现实平台总体架构图

7.2　虚拟现实的核心技术

一个合格的虚拟现实系统需要给人全方位的沉浸感受，包括视觉、听觉、触觉、嗅觉等多重感官的刺激。为了达到这一目的，除需要一些专业的硬件设备外，还需要更多的技术理论与软件的支持。

立体显示技术

7.2.1　立体显示技术

人们对于世界的印象是三维立体的，实现立体显示也是较为复杂与关键的。由于内瞳距的存在，人类眼睛在观察物体时，两只眼睛看到的图像是有差别的，两幅不同的图像被输送至大脑，形成了有景深的立体图像。这就是立体成像的原理，根据这个原理，可通过分时技术、分光技术、分色技术和光栅技术来重构三维环境。

（1）分时技术。分时技术是将两个有偏移的画面在不同的时间播放。在画面第一次刷新时播放左眼的画面，并遮住右眼，下一次刷新时播放右眼的画面，遮住左眼。在画面刷新和眼睛遮挡频率很快的情况下，根据人眼视觉暂留的特性就能合成连续的画面。目前，用于遮住左右眼的是液晶快门眼镜。分时立体显示技术原理如图 7-16 所示。

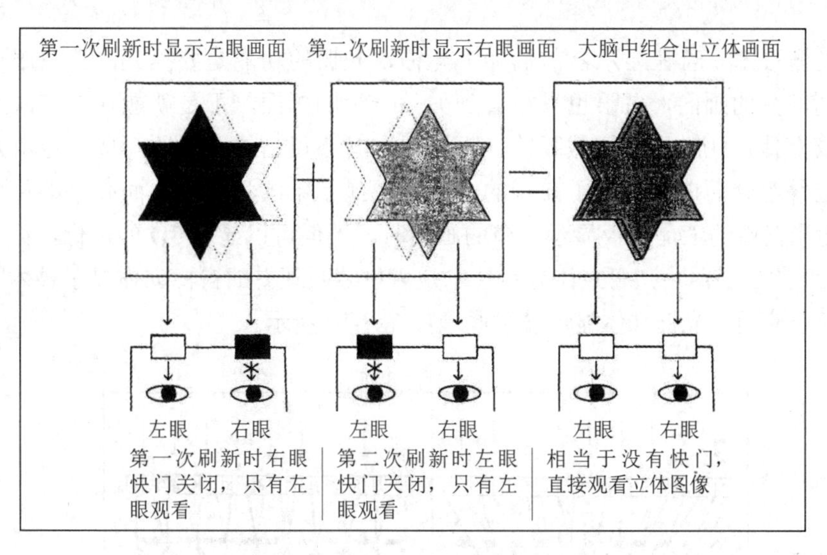

图 7-16　分时立体显示技术原理

（2）分光技术。常见的光源都会随机发出自然光和偏振光，分光技术是用偏光滤镜或偏光片滤除特定角度偏振光以外的所有光，让 0 度的偏振光只进入右眼，90 度的偏振光只进入左眼。例如偏光眼镜，偏光眼镜的左、右两镜片都为偏光镜，它可以滤过特定偏振方向的光，而将其他的光阻隔。观众戴上左、右镜片的偏振轴相互垂直的偏光眼镜，就能使得两眼接收到位移不一样的图像，产生立体的视觉效果。偏振分光立体显示技术的原理如图 7-17 所示。

（3）分色技术。分色技术是将供两眼观看的两幅图像用互补的两种颜色在显示屏幕上进行显示，一般采用红色和青色这对互补色，即给左眼的图像通过红色滤光片滤除其他颜色而只留下红色，送给右眼的图像通过青色（红色的补色）滤光片滤除青色以外的颜色而只保留青色。观看者配戴相对应的红青眼镜，使左、右眼分别看见红色和青色图像，由于这两幅图像存在视差，因此经过大脑复合后就能获得立体感觉。分色立体显示技术原理如图 7-18 所示。

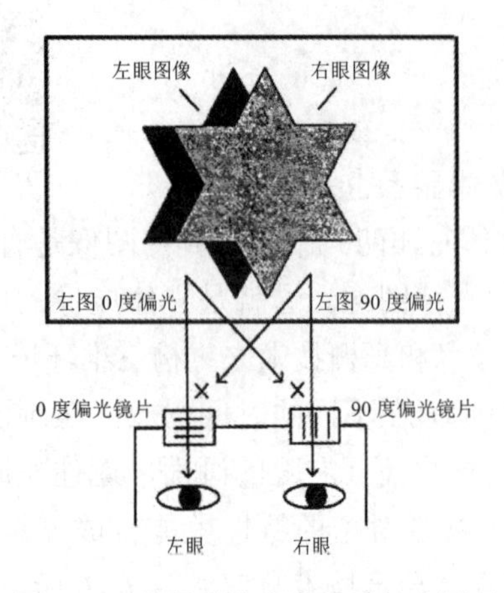

图 7-17　偏振分光立体显示技术原理

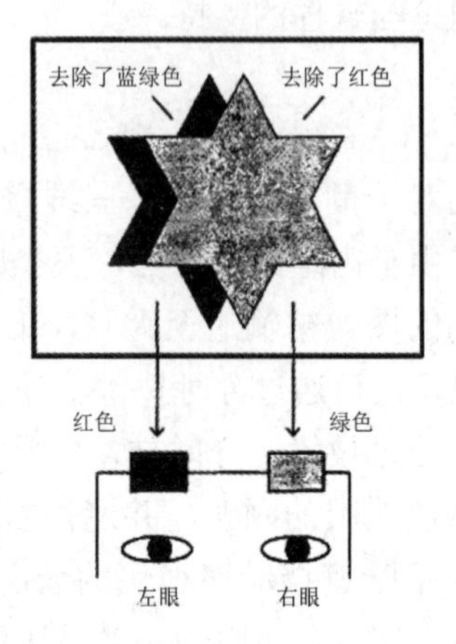

图 7-18　分色立体显示技术原理

（4）光栅技术。若在显示器前端加上光栅，光栅的功能是要挡光，让左眼透过光栅时只能看到部分的画面，右眼也只能看到另外一半的画面，于是就能让左右眼看到不同影像并形成立体，此时无需佩戴眼镜。而光栅本身亦可由显示器所形成，也就是将两片液晶画板重叠组合而成，当位于前端的液晶面板显示条纹状黑白画面时，即可变成立体显示器；而当前端的液晶面板显示全白的画面时，不但可以显示 3D 的影像，亦可同时相容于现有 2D 的显示器。光栅立体显示技术是可供裸眼观看的自由立体显示技术，因此被广泛投入商业应用。光栅立体显示技术原理如图 7-19 所示。

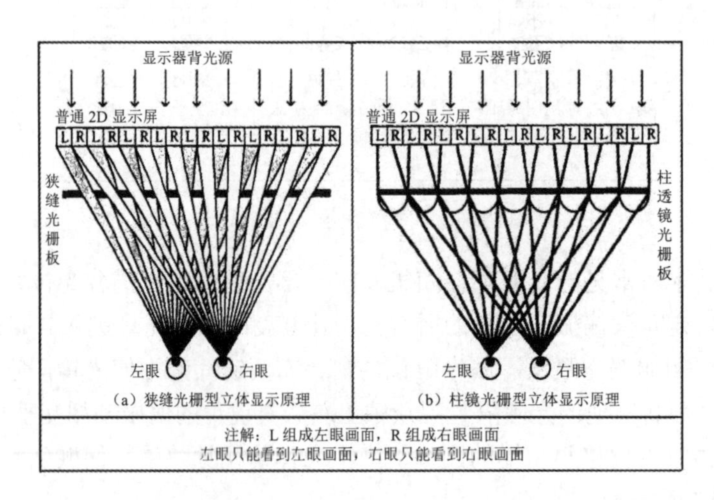

图 7-19　光栅立体显示技术原理

7.2.2　环境建模技术

环境建模技术

在当前的虚拟现实系统的实际应用中，环境建模技术一般主要是三维视觉建模，这方面的理论也是较为成熟的。可以细分为几何建模技术、物理建模技术、行为建模技术等。

1. 几何建模技术

虚拟环境（Virtual Environment）中的几何模型是物体几何信息的表示，涉及表示几何信息的数据结构、相关的构造与操纵该数据结构的算法。虚拟环境中的每个物体包含形状和外观两个方面。物体的形状由构造物体的各个多边形、三角形和顶点等来确定，物体的外观则由表面纹理、颜色、光照系数等来确定。因此，用于存储虚拟环境中几何模型的模型文件应该能够提供上述信息。同时，还要满足虚拟建模技术的三个常用指标——交互式显示能力、交互式操纵能力、易于构造的能力。

通常几何建模可以通过人工几何建模与自动建模两种方式实现。

人工几何建模：包括虚拟现实工具建模与交互式建模工具来完成。虚拟现实工具建模包括 OpenGL、Java3D 等二维或三维的图像编程接口，以及类似 VRML 的虚拟现实建模语言。这类编程语言或接口一般都针对虚拟现实技术的建模特点设计，编程容易、效率较高。拥有内容丰富且功能强大的图形库，可以通过编程的方式轻松调用所需要的几何图形，避免了用多边形、三角形等图形来拼凑对象的外形这样的枯燥、烦琐的程序，能有效提高几何建模的效率，节省大量的时间。交互式建模工具包括 AutoCAD、3ds Max、Maya、Autodesk 123D 等，用户可交互性地创建某个对象的几何图形，不需编程基础，非计算机专业的人员也能快速上手，然而并非所有的数据都以虚拟现实要求的形式提供，实际使用时必须通过相关程序或手工导入自制的工具软件中。3ds Max 操作界面如图 7-20 所示。

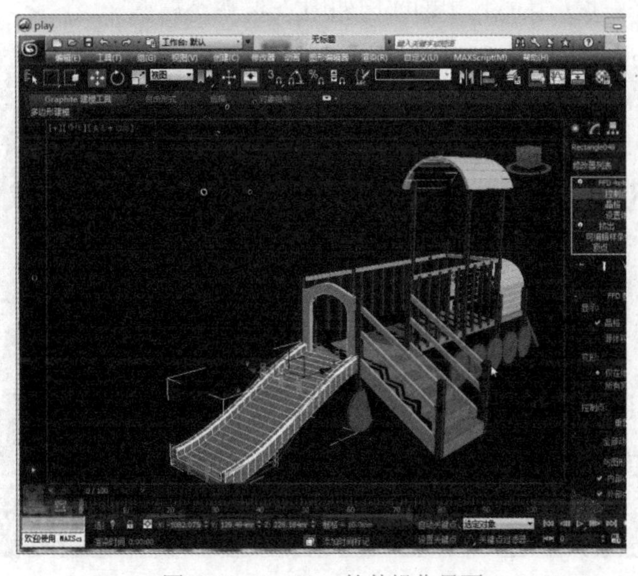

图 7-20　3ds Max 软件操作界面

自动建模：三维扫描仪是自动建模的常用设备，它可以用来扫描并采集真实世界中物体的形状和外观数据。利用三维扫描仪来对真实世界中的物体进行三维扫描，即可实现自动建模，如图 7-21 所示。

图 7-21　便携式三维扫描仪

2. 物理建模技术

物理建模是指虚拟对象的质量、重量、惯性、表面纹理（光滑或粗糙）、硬度、变形模式（弹性或可塑性）等特征的建模，这些特征与几何建模和行为法则相融合，形成一个更具真实感的虚拟环境。物理建模是虚拟现实系统中比较高层次的建模，它需要物理学与计算机图形学配合，涉及到力的反馈问题，主要是重量建模、表面变形和软硬度等物理属性的体现。分形技术和粒子系统就是典型的物理建模方法。

（1）分形技术可以描述具有自相似特征的数据集。自相似结构可以用于复杂的不规则外形物体的建模。该技术首先被用于河流山体的地理特征建模。举一个简单的例子，我们可利用三角形来生成一个随机高程的地形模型，取三角形三边的中点并按顺序连接起来，将三角形分割成 4 个三角形，同时，我们给每个中点随机地赋予一个高程值，然后，递归上述过程，就可产生相当真实的山体。分形技术的优点是用简单的操作就可以完成复杂的不规则物体建模，缺点是计算量太大，不具实时性。因此，在虚拟现实中一般仅用于静态远景的建模。

（2）粒子系统是一种典型的物理建模系统，粒子系统是用简单的体素完成复杂的运动的建模。粒子系统由大量称为粒子的简单体素构成，每个粒子具有位置、速度、颜色和生命期等属性，这些属性可以根据动力学计算和随机过程得到。在虚拟现实中，粒子系统常用于描述火焰、水流、雨雪、旋风、喷泉等现象。在虚拟现实中粒子系统用于动态的、运动的物体建模，在软件中的应用如图 7-22 所示。

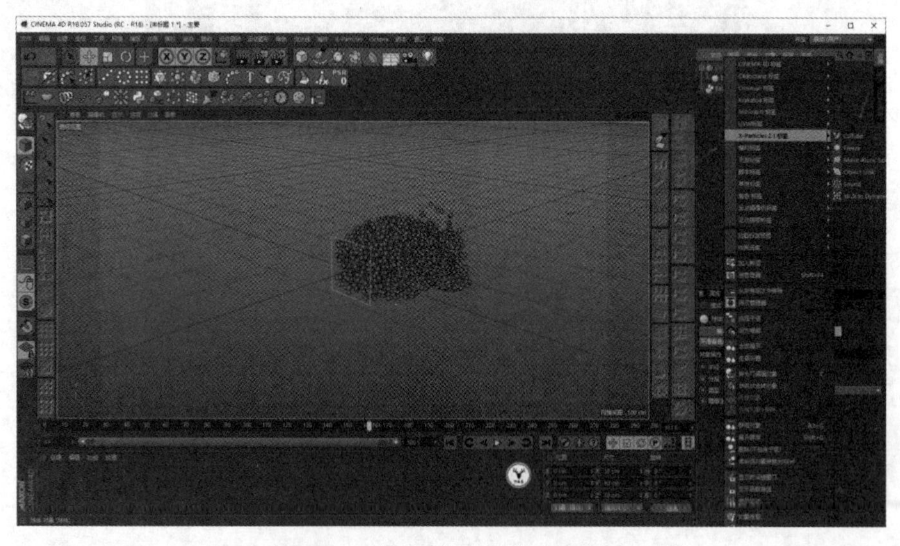

图 7-22　粒子系统在软件中的应用

3. 行为建模技术

虚拟现实本质是客观世界的仿真或折射，虚拟现实的模型则是客观世界中物体或对象的代表。而客观世界中的物体或对象除了具有表观特征如外形、质感以外，还具有一定的行为或能力，并且服从一定的客观规律。例如，山体滑坡现象是一种复杂的自然现象，它受到滑坡体构造、气候、地下水位滑坡体饱水程度、地震烈度以及人类活动等诸多因素的影响和制约，库岸边坡的稳定性还受到水位涨落的影响，要在虚拟现实和计算机仿真中建立山体滑坡现象模型，并客观地反应出其对各种初始条件和边界条件的响应，必须综合岩土力学、工程地质、数学计算机图形学、专家系统等多个学科的研究成果，才能建立相应的行为模型。

7.2.3 三维虚拟声音的实现技术

三维虚拟声音与人们熟悉的立体声音有所不同。立体声虽然有左右声道之分，但就整体效果而言，立体声来自听者面前的某个平面。而三维虚拟声音则来自围绕听者双耳的一个球形中的任何地方，即声音出现在头的上方、后方或前方。NASA 研究人员通过试验研究，证明了三维虚拟声音与立体声的不同感受。他们让试验者戴上立体声耳机，如果采用通用的立体声技术制作声音信息，试验者会感觉到声音在头内回响，而不是来自外界。但如果设法改变声音的混响压力差，试验者就会明显地感觉到位置在变化并开始有了沉浸感，这就是三维虚拟声音。

1. 三维虚拟声音的特征

（1）全向三维定位特性（3D Steering）。全向三维定位特性是指在三维虚拟空间中将实际声音信号定位到特定虚拟专用源的能力。

（2）三维实时跟踪特性（3D Real-Time Localization）。三维实时跟踪特性是指在三维虚拟空间中实时跟踪虚拟声源位置变化或景象变化的能力。实时动态声音跟踪技术如图 7-23 所示。

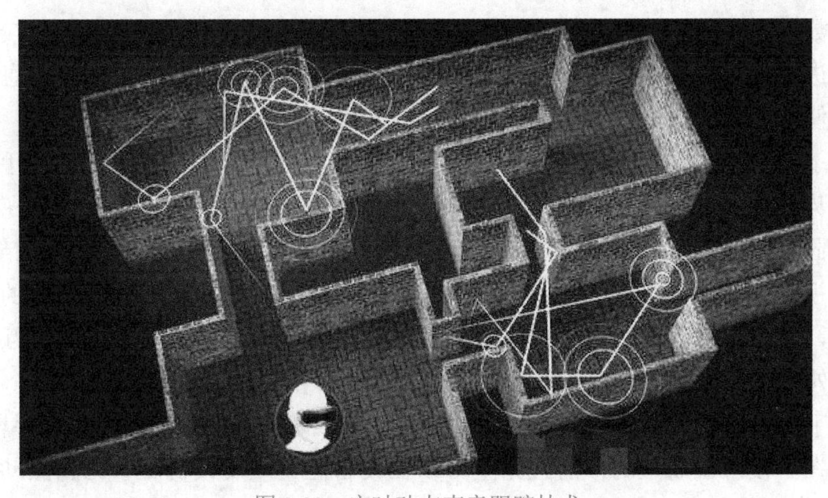

图 7-23 实时动态声音跟踪技术

2. 头部相关传递函数

首先通过测量外界声音与鼓膜上声音的频谱差异，获得了声音在耳部附近发生的频谱成形，随后利用这些数据对声波与人耳的交互方式进行编码，得出相关的一组传递函数，并确定出两耳的信号传播延迟特点，以此对声源进行定位。

通常在 VR 系统中，当无回声的信号由这组传递函数处理后，再通过与声源缠绕在一起的滤波器驱动一组耳机，就可以在传统的耳机上形成有真实感的三维声音了。由于这组传递函数与头部有关，故被称为头部相关传递函数（Head-Related Transfer Function，HRTF）。HRTF 可看作是声源在人体周围位置与人体特征的函数，当获得的 HRTF 能准确描述某个人的听觉定位过程时，利用它就能够虚拟在线真实的声音场景。

3. 语音合成技术

语音合成技术是从语音参数出发，先通过 A/D 转换将语音数字化，经过数字处理和运算，然后再通过 D/A 转换而输出语音的。在虚拟现实系统中，采用语音合成技术可提高沉浸效果。当用户戴上一个低分辨率的头盔显示器后，主要是从显示中获取图像信息，而几乎不能从显示中获取文字信息。这时通过语音合成技术用声音读出必要的命令及文字信息，就可以弥补视觉信息的不足。

将语音合成与语音识别技术结合起来，还可以使用户与计算机所创建的虚拟环境进行简单的语音交流，这在 VR 环境中具有突出的应用价值。

7.2.4 人机自然交互技术

人机自然交互技术

交互即是交流与互动。普通的计算机系统通常使用键盘、鼠标和触摸屏等外设进行交互。而在计算机系统提供的虚拟空间中，交互方式发生了很大的改变，人们可以使用眼睛、耳朵、皮肤、手势和语音等各种感觉方式直接与系统发生交互，这就是虚拟环境下的交互。

1. 手势识别技术

利用数据手套和位置跟踪器捕捉手势在空间运动的轨迹和时序信息，对较为复杂的手的动作进行检测，包括手的位置、方向和手指弯曲度等，并可根据这些信息对手势进行分析。使用手势跟踪作为交互可以分为两种方式：第一种是使用光学跟踪，比如 Leap Motion 和 Nimble VR 这样的深度传感器，第二种是将传感器戴在手上的数据手套。光学跟踪的优势在于使用门槛低，场景灵活，用户不需要在手上穿脱设备，未来在一体化移动 VR 头显上直接集成光学手部跟踪用作移动场景的交互方式是一件可行的事情。但是其缺点在于视场受限，以及两个基本问题：需要用户付出脑力和体力才能实现的交互是不会成功的，使用手势跟踪会比较累而且不直观，没有反馈。这需要良好的交互设计才能弥补。红外光学手势识别交互系统技术原理如图 7-24 所示。

数据手套。一般在手套上集成了惯性传感器来跟踪用户的手指乃至整个手臂的运动。它的优势在于没有视场限制，而且完全可以在设备上集成反馈机制（比如振动、按钮和触摸）。

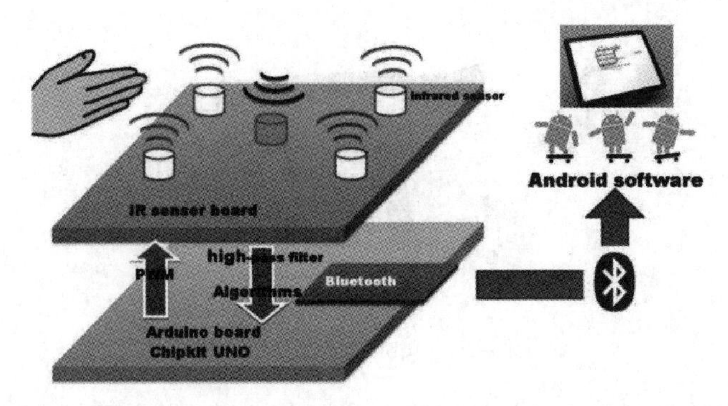

图 7-24　红外光学手势识别交互系统技术原理

2. 动作捕捉技术

用户想要获得完全的沉浸感，真正“进入”虚拟世界，动作捕捉系统是必须的。目前专门针对 VR 的动作捕捉系统，市面上可参考的有 Perception Neuron，如图 7-25 所示。其他的要么是昂贵的商用级设备，要么完全是雾件。但是这样的动作捕捉设备只会在特定的超重度的场景中使用，因为它有固有的适用性门槛，需要用户花费较长的时间穿戴和校准才能够使用。

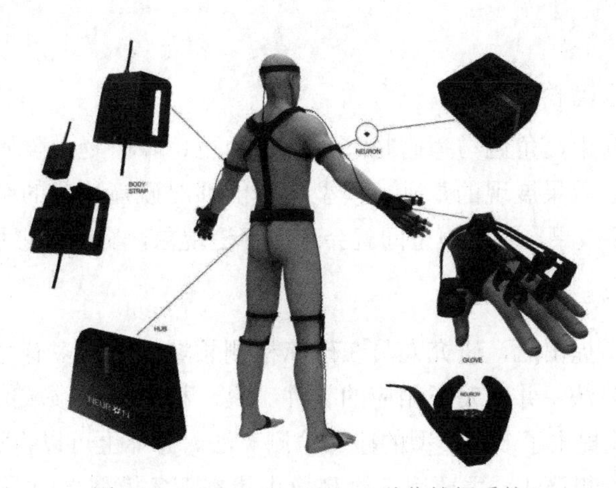

图 7-25　Perception Neuron 动作捕捉系统

3. 眼球追踪技术

眼球追踪就是一个让机器人更懂人类的技术。眼球追踪主要是研究眼球运动信息的获取、建模和模拟。一是根据眼球和眼球周边的特征变化进行跟踪，二是根据虹膜角度变化进行跟踪，三是主动投射红外线等光束到虹膜来提取特征。Tobii 眼球追踪眼镜如图 7-26 所示。

4. 面部表情识别技术

面部表情识别通常包括 4 个步骤，即人脸图像的检测与定位、表情图像预处理、表情特征提取、表情分类。

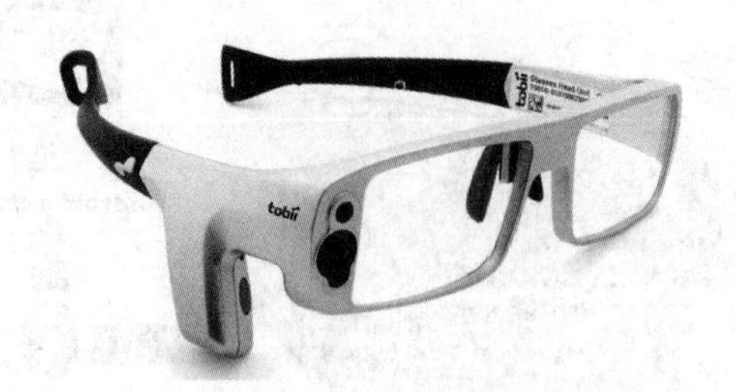

图 7-26　Tobii 眼球追踪眼镜

（1）人脸图像的检测与定位就是在输入图像中找到人脸的确切位置。它是人脸表情识别的第一步。人脸检测的思想是建立人脸模型，比较输入图像中所有可能的待检测区域与人脸模型的匹配程度，从而得到可能存在人脸的区域。

（2）表情图像预处理常常采用信号处理的形式（如去噪、像素位置或者光照变量的标准化），还包括人脸及其组成的分割、定位或跟踪。

（3）表情特征提取是人脸表情识别系统中最重要的部分。有效的表情特征工作将使识别的性能大大提高。

（4）表情识别的最后就是表情分类。提取特征之后，通过分类器就可以确定给定的对象属于哪一类。

7.2.5　实时碰撞检测技术

在虚拟现实研究中，角色与障碍物、角色与角色、障碍物与障碍物之间的碰撞检测是运动规划和碰撞后效果展现的基础，模型必须能够对碰撞检测的结果如实作出合理的响应，即作出碰撞后效果，否则模型间就会产生穿透现象，影响虚拟场景的真实性。

1．碰撞检测的分类

从计算机图形学提出后，研究人员在碰撞检测领域做了很多有意义的工作，提出了一系列成熟的检测算法，并开发了相应的软件工具。根据应用领域的不同，碰撞检测需求也不尽相同，由此提出了多种类型的碰撞检测算法。总体上可以将算法分为两大类：

（1）静态干涉检测算法。主要用于检测静止状态下各模型之间是否发生干涉的算法，如机械零件装配过程中的干涉检查等。这类算法对实时性要求不高，但对精度要求非常高。

（2）动态碰撞检测算法。主要检测虚拟现实场景中模型随着时间变化，在给定空间是否与其他模型发生碰撞的情况，如子弹与地面的碰撞、汽车与树的碰撞等。动态碰撞检测算法又可分为离散碰撞检测算法和连续碰撞检测算法。

2．碰撞检测的实现方法

基于图形的实时碰撞检测算法主要分为层次包围盒法和空间分割法两类。这两类算法都使用了层次结构模型，目标都是减少需要进行相交测试的几何模型数目来提高算法的实时性。由于空间分割法存储量大、灵活性差，通常适用于环境中模型分布比较均匀的碰撞检测；层次包围盒法则应用更为广泛，适用于复杂环境中的碰撞检测。

（1）层次包围盒法是碰撞检测算法中广泛使用的一种方法，它在计算机图形学多个领域中得到深入的研究。其基本思想是利用体积略大而几何特性简单的包围盒来近似地描述复杂的几何对象，进而通过构造树状层次结构。逼近对象的几何模型，直到几乎完全获得对象的几何特性，在对模型进行碰撞检测时，先对包围盒求交，由于求包围盒的交比求模型的交简单，因此可以快速排除许多不相交的模型，若相交则只需对包围盒重叠的部分进行进一步的相交测试，从而加速了算法。

（2）空间分割法是将整个虚拟空间划分成等体积的规则单元格，以此将场景中的模型分割成更小的群组，并只对占据了同一单元格或相邻单元格的几何对象进行相交测试。一般来说，空间分割法在每次碰撞检测时都需要确定每个模型占有的空间单元。如果场景中不可动的模型很多，可以预先划分好空间单元格并确定每个模型占有的空间单元。当有模型运动时，只需要重新计算运动模型所占有的空间就可以了。

与包围盒法相比，空间分割法在计算效率上具有一定优势，但当场景中的模型密集，分布不均时，单元格需要进一步分割，单元格之间的交测和存储都需要较大空间，计算效率急剧下降。由于存储量的敏感，使它的应用领域受到很大限制。

总之，碰撞检测技术仍有许多方面需要进一步探讨和研究，包括复杂模型之间的碰撞、框架与框架之间的空间一致性等问题。因此，需要研究人员不断仔细钻研，拓宽思路，设计出更高效的算法，才能满足虚拟场景中大量复杂模型之间碰撞检测实时性的要求。

7.3　虚拟现实系统的解决方案

7.3.1　常用硬件设备

VR 常用的硬件设备

在虚拟现实系统中，要建立一个虚拟世界，就必须有以计算机为中心的一系列设备。在虚拟世界中，用户要看到立体的图像，听到三维的虚拟声音；设备要对用户的动作进行跟踪。这些行为依靠传统的键盘与鼠标是达不到的，还必须有一些特殊的设备才能得以实现。虚拟现实系统中硬件设备包括三维建模设备、视觉显示设备、声音设备和基于自然方式的人机交互设备。

1. 三维建模设备

（1）三维扫描仪。三维扫描仪用来侦测并分析现实世界中物体或环境的形状（几何构造）与外观数据（如颜色、表面反照率等性质）。搜集到的数据常被用来进行三维重建计算，在虚拟世界中创建实际物体的数字模型。三维扫描仪分类为接触式与非接触式两种，后者又可分为主动扫描与被动扫描，这些分类下又细分出众多不同的技术方法。使用可见光视频达成重建的方法，又称作基于机器视觉（vision-based）的方式，是当下机器视觉研究主流之一。

接触式三维扫描仪透过实际触碰物体表面的方式计算深度，如坐标测量仪就是典型的接触式三维扫描仪，如图 7-27 所示。常被用于工程制造业，然而因其在扫描过程中必须接触物体，待测物有遭到探针破坏损毁的可能，因此不适用于高价值对象（如古文物、遗迹等）的重建作业。此外，相较于其他方法接触式扫描需要较长的时间，现今最快的座标测量仪每秒能完成数百次测量，而光学技术（如激光扫描仪）运作频率则高达每秒一万至五百万次。

非接触主动式扫描是指将额外的能量投射至物体，借由能量的反射来计算三维空间信息，如图 7-28 所示。常见的投射能量有一般的可见光、高能光束、超音波与 X 射线。

图 7-27　坐标测量仪

图 7-28　非接触式三维扫描仪

（2）全景相机。全景相机是可以拍摄 360 度全方位画面的摄影器材，是近几年来比较流行的三维建模设备。最近流行的全景相机大多拥有两个或多个镜头，或是利用连接装置将多台相机连接而成。全景相机主要有两种不同的类型：一种是利用小视场角镜头或其他光学元件在运动中扫描物体，连续改变相机光轴指向，从而实现扩大横向幅度的全景拍摄，这种类型的全景相机的工作原理类似于智能手机中的全景拍照模式；另一种是采用大广角镜头或鱼眼镜头，通过视频拼接技术将多个广角或鱼眼镜头拍摄的画面合成最终的影像，这种全景相机分辨率高，幅宽可以达到 360 度全景，对后期拼接技术依赖较大，最终影像清晰度更高些。一个典型的代表是美国 GoPro 公司的 Odyssey 全景相机，如图 7-29 所示。

图 7-29　Odyssey 全景相机

2. 视觉显示设备

（1）双目全方位显示器。双目全方位显示器（BOOM）是一种偶联头部的立体显示设备，是一种特殊的头部显示设备，如图 7-30 所示。使用 BOOM 比较类似使用一个望远镜，它把两个独立的 CRT 显示器捆绑在一起，由两个相互垂直的机械臂支撑，这不仅让用户可以在半径 2m 的球面空间内用手自由操纵显示器的位置，还能将显示器的重量加以巧妙的平衡而使之始终保持水平，不受平台运动的影响。在支撑臂上的每个节点处都有位置跟踪器，因此 BOOM 和 HMD 一样有实时的观测和交互能力。

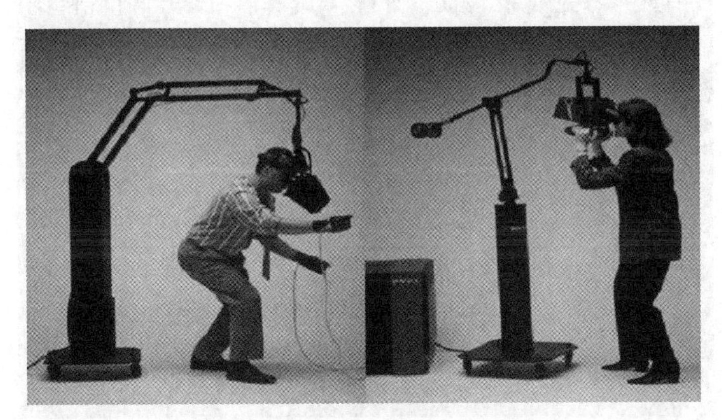

图 7-30 双目全方位显示器（BOOM）

（2）CRT 终端——液晶光闸眼镜。CRT 终端——液晶光闸眼镜立体视觉系统的工作原理是：由计算机分别产生左右眼的两幅图像，经过合成处理之后，采用分时交替的方式显示在 CRT 终端上。用户则佩戴一副与计算机相连的液晶光闸眼镜，眼镜片在驱动信号的作用下，将以与图像显示同步的速率交替开和闭，即当计算机显示左眼图像时，右眼透镜被屏蔽，显示右眼图像时，左眼透镜被屏蔽。根据双目视察与深度距离正比的关系，人的视觉生理系统可以自动地将这两幅视察图像合成一个立体图像，如图 7-31 所示。

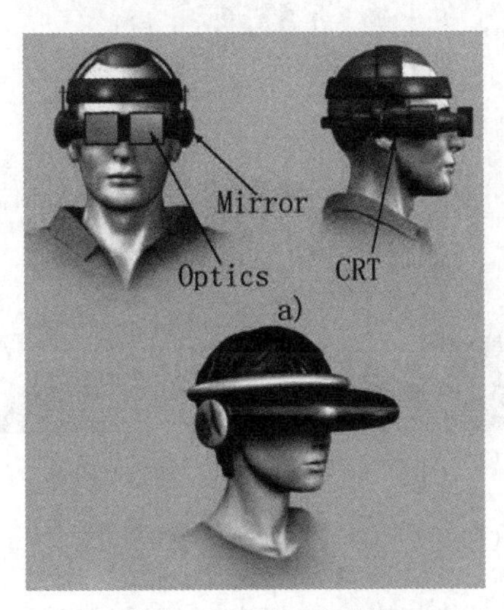

图 7-31 液晶光闸眼镜

（3）CAVE 洞穴式虚拟现实显示系统。CAVE 投影系统是由 3 个面以上（含 3 面）硬质背投影墙组成的高度沉浸的虚拟演示环境，配合三维跟踪器，用户可以在被投影墙包围的系统近距离接触虚拟三维物体，或者随意漫游“真实”的虚拟环境，如图 7-32 所示。CAVE 系统一般应用于高标准的虚拟现实系统。自纽约大学 1994 年建立第一套 CAVE 系统以来，CAVE 已经在全球超过 600 所高校、国家科技中心、各研究机构进行了广泛的应用。

图 7-32　CAVE 洞穴式虚拟现实显示系统

（4）智能眼镜。智能眼镜是一个非常有创意的产品，可以直接解放大家的双手，让大家不需要用手一直拿着设备，也不需要用手连续点击屏幕输入。智能眼镜配合自然交互界面，相当于手持终端的图像接口，不需要点击，只需要使用人的本能行为，例如，摇头晃脑、讲话、转眼等，就可以和智能眼镜进行交互。因此，这种方式提高了用户体验效果，操作起来更加自然随心。Google Glass 智能眼镜如图 7-33 所示。

图 7-33　Google Glass 智能眼镜

3　声音设备

（1）内置耳机。与传统耳机相比，VR 耳机能够通过音频信号处理技术，将扬声器按照空间分布，从而将声源重建在 3D 空间中的任一位置，实现声源方位的重现。从而使得 3D 音频能够不再局限于双声道单层面立体声音场，提供更好的立体感和空间感，而这恰好击中了 VR 的痛点——带来更强的沉浸感。

不过需要注意的是，想要实现这种效果，作为音源的播放文件也必须是 3D 版本才可以，所以和目前的 VR 一样受限于内容端。而 VR 内容先天就需要配有 3D 音源，这也是为什么许多人喜欢把 VR 音频与 3D 音频混为一谈的原因，事实上 VR 音频只是 3D 音频的其中一个细分应用场景。同理 VR 耳机也是 3D 耳机的一个细分应用场景，在此前提下 VR 耳机可以等同为带有空间定位传感器的 3D 耳机。而如果想要满足 VR 游戏这一场景需求，与之对应的算法和 SDK 也是必不可少的。内置耳机的 Song VR headset 如图 7-34 所示。

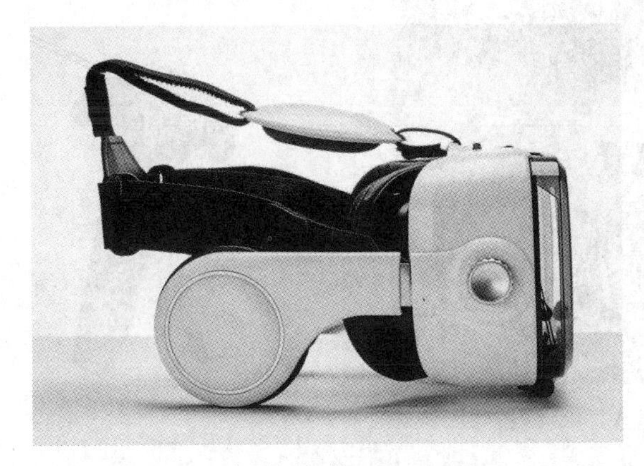

图 7-34 内置耳机的 Song VR headset

（2）内置麦克风。VR 内置的麦克风可以给游戏研发人员提供更多的选择，在游戏中添加更多的沉浸式功能。使用麦克风，游戏可以检测你在隐形游戏中产生的噪音量，或者把它作为在 VR 中进行语音交流的方法。VR 的语音识别系统让计算机具备人类的听觉功能，是人、机以语言这种人类最自然的方式进行信息交换。必须根据人类的发生机理和听觉机制，给计算机配上“发声器官”和“听觉神经”。用户对着麦克风说出自己的需要，就像从键盘输入命令一样。

4. 人机交互设备

（1）数据手套。数据手套是虚拟现实系统重要组成部分，是一种通用的人机接口，其直接目的在于实时获取人手动作姿态，以便在虚拟环境中再现人手动作，达到理想的人机交互目的。

（2）数据衣。数据衣是为了让 VR 系统识别全身运动而设计的输入装置。它是根据“数据手套”的原理研制出来的，这种衣服装备着许多触觉传感器，穿在身上，衣服里面的传感器能够根据身体的动作探测和跟踪人体的所有动作。数据衣对人体大约 50 个不同的关节进行测量，包括膝盖、手臂、躯和脚。通过光电转换，身体的运动信息被计算机识别，反过来，衣服也会反作用在身上，产生压力和摩擦力，使人的感觉更加逼真。

（3）VR 背包。VR 背包就是一台高性能主机。VR 技术所带来的全新视听感受让我们耳目一新，但依然摆脱不了连接在主机上的那根线。让这根线消失成了很多厂商着力解决的首要问题，VR 背包也应运而生。由于目前的 VR 背包实质上就是一台可移动的 PC，所以称之为背包 PC 更为合适。背包 PC 的出现让我们距离完美 VR 体验更近了一步，如图 7-35 所示。

（4）VR 手柄。VR 手柄能够实现多个操作，包括拍摄、抓取、拖放、倾斜、选择、瞄准和射击，能够以更直观的方式为玩家提供虚拟现实环境交互的方式，从而将虚拟现实沉浸感体验提升到更深的层次。相比之前内置在 VR 虚拟现实头盔上的触控面板相比，VR 手柄操控更方便，如图 7-36 所示。

图 7-35　惠普 VR G2 背包式工作站

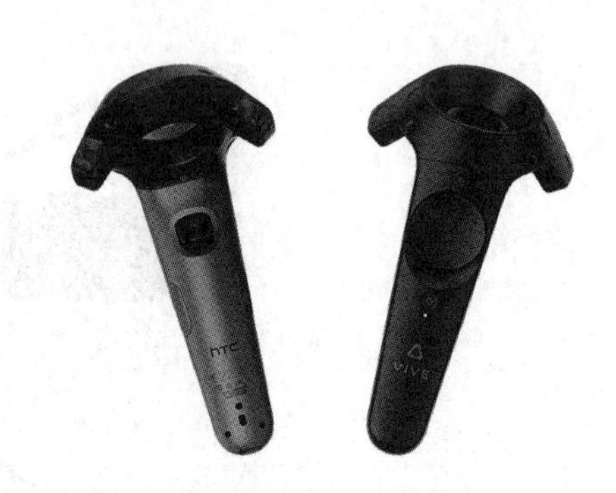

图 7-36　HTC VR 控制器

（5）触觉反馈装置。在 VR 系统中如果没有触觉反馈，当用户接触到虚拟世界的某一物体时易使手穿过物体，从而失去真实感。解决这种问题的有效方法是在用户交互设备中增加触觉反馈。触觉反馈主要是居于视觉、气压感、振动触感、电子触感和神经肌肉模拟等方法来实现的。向皮肤反馈可变点脉冲的电子触感反馈和直接刺激皮层的神经肌肉模拟反馈都不太安全，相对而言，气压式和振动触感是较为安全的触觉反馈方法。

7.3.2　移动 VR

移动 VR 与一体机

移动 VR 是指利用手机作为计算设备，用户通过 VR 眼镜看到手机上的虚拟现实画面。移动 VR 不用连接任何的外部计算设备，这样就有了可移动性。目前几种主流的移动 VR 产品有三星 Gear VR、谷歌 Daydream View、华为 VR Glass 等。

（1）三星 Gear VR。三星 Gear VR 是一个移动的虚拟现实器件，由三星电子与 Oculus VR 公司合作开发，如图 7-37 所示。它兼容 Samsung Galaxy 器件（Galaxy Note 5 或 Galaxy S6/S6 Edge），分开销售，作为头戴式器件的显示器与处理器，而 Gear VR 单元本身包含高视野的透镜和定制的惯性测量单元（IMU），用于以 micro-USB 连接智能手机进行旋转跟踪。相比用于 Google Cardboard 智能手机内部的惯性测量单元（IMU），这种 IMU 更准确，具备更好的校准度和较低延迟。

（2）谷歌 Daydream View。Daydream View 是谷歌在 2016 年 10 月发布的头戴显示设备。也算是之前 Cardboard 的替代品，整体做工提高了不只一个档次。它使用了更软的纤维材质来提升佩戴的舒适度，同时对戴眼镜的用户也有很好的兼容性，如图 7-38 所示。

图 7-37　三星 Gear VR

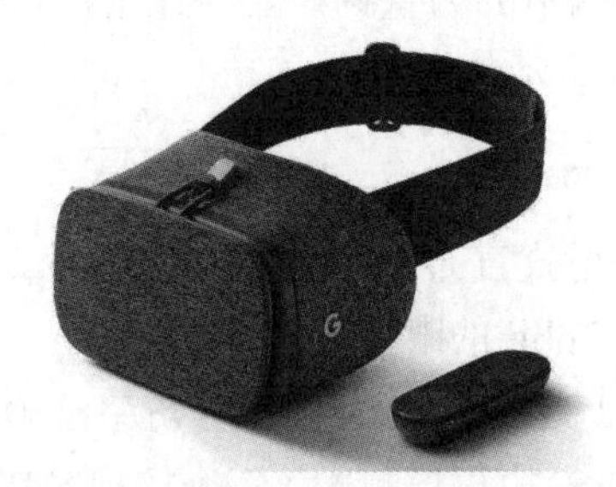

图 7-38　谷歌 Daydream View

另外，它的手柄集成了陀螺仪、加速计、磁力计、触摸板、按钮，以及方向传感功能，能够感知到手腕和手臂的微小运动。但需要指出的是，Daydream View 仅支持 Pixel 手机使用。

（3）华为 VR Glass。HUAWEI VR Glass 6DOF 是华为在 2020 世界 VR 产业大会云峰会发布的 VR 游戏套装，官方称可让消费者们在 VR 游戏中更加自由、流畅地交互。采用 Inside-out 定位方式，空间位移精度达到业界领先的毫米级，带来更加精准的感知能力。游戏手柄采用人体工学设计，搭载 360 度操控杆和侧边手势按键，专业而强大，配合出色的震感反馈，带来更加沉浸和真实的游戏体验，如图 7-39 所示。

图 7-39　华为 VR Glass

7.3.3　VR 一体机

VR 一体机是具备独立处理器的 VR 头显设备。具备了独立运算、输入和输出的功能。虽然功能不如外接式 VR 头显强大，但是没有连线束缚，自由度更高。目前几种比较流行的 VR 一体机产品有 HTC Vive Focus、三星 Exyons VR III、Pico Neo 等。

1. HTC Vive Focus

2017 年年底，HTC 在中国市场推出了 VR 一体机 Vive Focus。这款 VR 设备不需要用线跟计算机相连，所有图形渲染、音频输出和动作追踪等计算任务完全由机身内置的高通骁龙 835 芯片完成。

作为HTC VIVE旗下首款VR一体机，Vive Focus采用了Inside-out追踪技术，并内置了强大的骁龙835芯片，支持六自由度（6DoF），可实现大空间（world-scale）定位。该设备还配有3K分辨率、75Hz刷新率的高清AMOLED屏幕，拥有110度视场角（FOV），支持瞳距调节并内置扬声器，让用户可以随时随地“浸”入低延迟、高清晰的虚拟世界，如图7-40所示。

2. Pico Neo

Pico正式宣布了两款独立的Neo 2系列头显：Pico Neo 2 Standard和Neo 2 Eye，后者采用了Tobii的眼动追踪技术。

Neo 2头显支持4K显示分辨率，101度视野和每秒75帧的刷新率。蓝牙5.0可以连接到两个6DoF电磁控制器，每个控制器都具有底盘触发按钮。配重电池可为头显供电，支持在PC或独立模式下运行，搭载骁龙845处理器，并带有128GB的板载存储和SD卡插槽，如图7-41所示。这样，企业可以直接在头显上部署基于Android的应用程序，并得到Pico的企业管理计划的支持，以实现可选的设备固件和加载屏幕自定义以及开发帮助。

图7-40　HTC Vive Focus

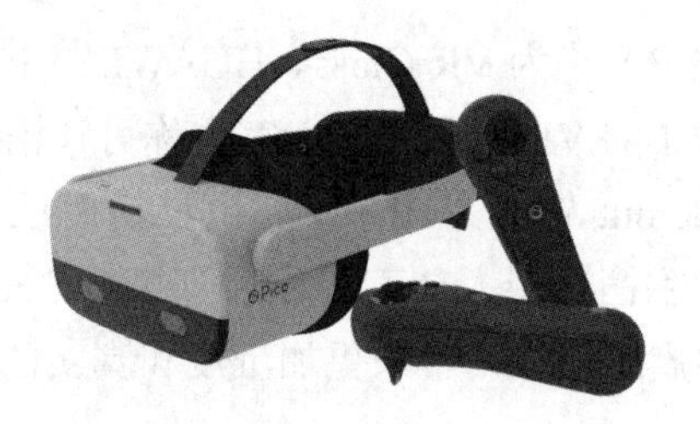

图7-41　Pico Neo 2

3. GOOVIS智能眼镜

GOOVIS智能眼镜是深圳纳德光学有限公司旗下智能眼镜品牌GOOVIS（酷睿视）系列产品，具有影院级3D视效，高清、巨幕、不晕眩，支持360度全景视频（部分型号），超轻便携，并具有多重护眼效果，为用户提供全新高品质视频观看方式，被“OLED之父”邓青云教授誉为OLED技术在头显应用的代表产品。该产品功能强大，内置安卓系统，支持WiFi和蓝牙，可通过在线、移动存储、外接设备等方式观看2D、3D、VR视频。已进入美国、日本、欧洲等50多个国家和地区市场。GOOVIS智能眼镜如图7-42所示。

4. NOLO X1

NOLO X1是2020年6月1日正式发售的一款VR一体机头显，核心技术在于PolarTraq声光电定位技术，通俗点说，是通过融合超声波、激光和无线电，实现头、手双6DOF交互定位，如图7-43所示。该三维空间定位技术能同时实现大范围、高精度、高鲁棒、低功耗、低延迟、小体积、高性价比的特性。该项技术最初是NOLO VR研究无人机的核心专利技术，后沿用到VR空间定位上。新的光学设计是采用的更专业的菲涅尔光学透镜，区别于玻璃透镜，菲涅尔质感轻薄、成像畸变低，进而减少眩晕感。

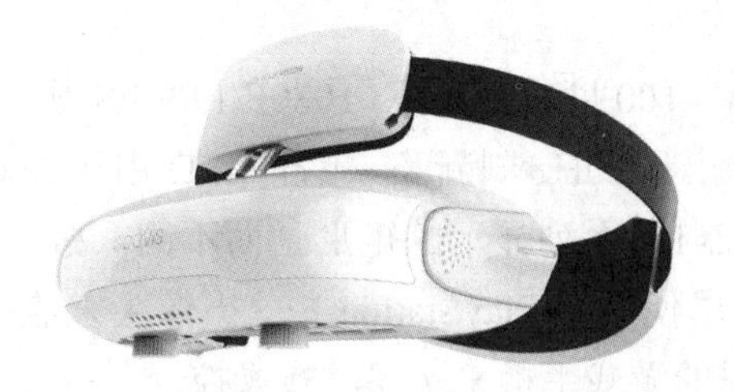

图 7-42　GOOVIS 智能眼镜

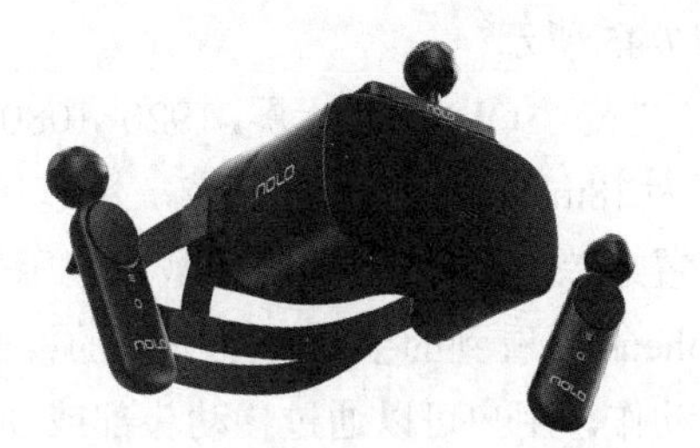

图 7-43　NOLO X1

7.3.4　基于主机的 VR

基于主机的 VR

基于主机的 VR 也称为 PC 端头显，是一种外接头戴式设备。需要将其连接计算机才能进行观看，如 HTC VIVE、Oculus。这一类的 VR 目前是最好的，属于专业级的眼镜，用户体验非常好，但是价格也非常昂贵，而且一般需要搭配 970 以上显卡，使用成本很高。想要使用的话，不光是要买一个 VR，还需要采购配套的主机设备。除此之外，由于外接头戴式设备需连接主机设备进行互动，在体验一些可活动的游戏时必将受到数据线的束缚。

1. HTC Vive

HTC Vive 是由 HTC 与 Valve 联合开发的一款 VR 头显产品，于 2015 年 3 月在 MWC2015 上发布。由于有 Valve 的 Steam VR 提供的技术支持，因此在 Steam 平台上已经可以体验利用 Vive 功能的虚拟现实游戏。2016 年 6 月，HTC 推出了面向企业用户的 Vive 虚拟现实头盔套装——Vive BE（即商业版），其中包括专门的客户支持服务。

在头显上，HTC Vive 开发者版采用了一块 OLED 屏幕，单眼有效分辨率为 1200×1080，双眼合并分辨率为 2160×1200。2K 分辨率大大降低了画面的颗粒感，用户几乎感觉不到纱门效应。并且能在佩戴眼镜的同时戴上头显，即使没有佩戴眼镜，400 度左右近视依然能清楚看到画面的细节。画面刷新率为 90Hz，实际体验几乎零延迟，也不觉得恶心和眩晕。HTC Vive Pro 如图 7-44 所示。

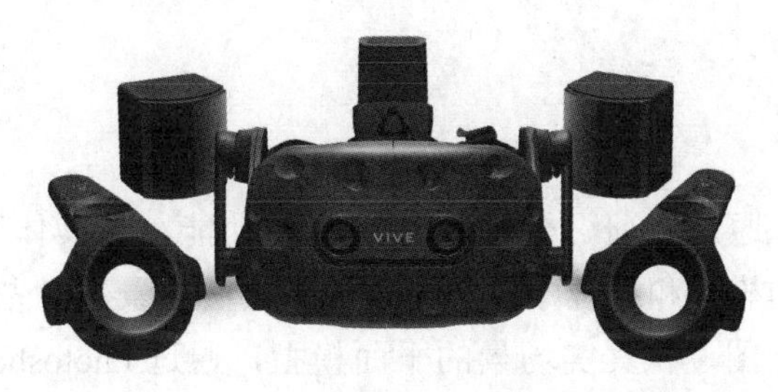

图 7-44　HTC Vive Pro

2. SONY PlayStation VR

PlayStation VR（PSVR）是索尼电脑娱乐公司（SCE）推出的 VR 头显（虚拟现实头戴式显示器）。是基于 PlayStation 游戏机系列的第四代游戏主机（PS4）的虚拟现实装置，如图 7-45 所示。

5.7 英寸 OLED 显示屏，1920×1080 分辨率，100 度可视角度，1080P/120FPS 视频格式，延迟为 18ms 以内，单固定带，快速脱卸按钮，120Hz 刷新率，9 个 LED 用于 360 度头部位置追踪，3D 音效。与头戴式显示器 HMZ-TX 系列显示的矩形画面不同，戴上 Projet Morpheus 后看到的会是一个圆形的视野。索尼使用了 PlayStation Eye 摄像头来监控佩戴者的动作，用户可以通过移动头部或使用索尼的游戏手柄来实现游戏操控。

3. Facebook——Oculus Rift

Oculus Rift 是一款 VR 头戴式显示设备，配备头部运动跟踪传感器。设备包裹在头部，无需手部操作，如图 7-46 所示。这是一款依附在计算机上的外围设备，支持 MAC、Linux 和 Windows 等操作系统，通过一根电缆连接到计算机上。CV1 是最新的 Oculus Rift 消费者版，于 2015 年发布。这款头显非常轻，外部材料采用化学纤维。Rift 设备上带有一个新开发的追踪系统，追踪头显位置，且低延时。该追踪系统还被用到了 Oculus Touch 中，Oculus Touch 是一种新型的输入设备，能够让用户在虚拟世界中用手操控对象。

图 7-45　PlayStation VR

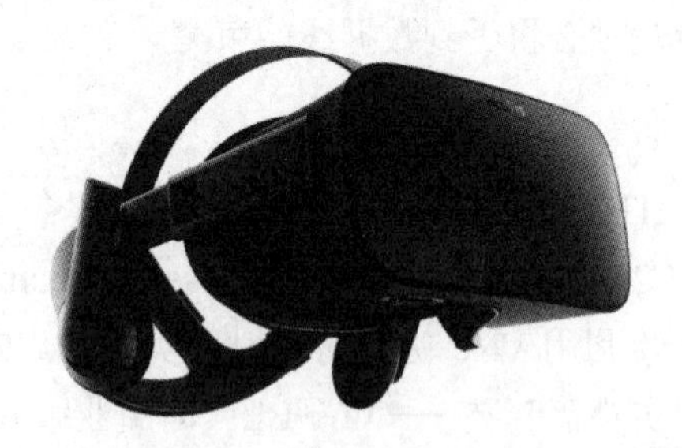

图 7-46　Oculus Rift

7.4　虚拟现实内容的设计与开发

7.4.1　内容设计

虚拟现实内容的设计

1. 虚拟现实开发流程

通过调研、分析各个模块的功能。在具体开发过程中虚拟场景中的模型和纹理贴图都是来源于真实场景，事先通过摄像采集材质纹理贴图，和真实场景的平面模型，通过 Photoshop 和 Maya（或者 3ds Max）来处理纹理和构建真实场景的三维模型，然后导入到 Unity3D 构建虚拟平台，在 U3D 平台通过音效、UI 界面、插件、灯光设置渲染，编写交互代码，最后发布设置。

（1）需求分析。所有的软件开发首先都需要进行需求分析，虚拟现实开发也不例外。需求分析是虚拟现实开发中的一个关键过程。在这个过程中，首先要确定顾客的需要，只有在确定了这些需要后他们才能够分析和寻求解决的方向与方法。虽然功能需求是对虚拟现实的一项基本需求，但却并不是唯一的需求，通常对虚拟现实的内容有下述几方面的综合要求。

①功能需求；②性能需求；③可靠性和可用性需求；④出错处理需求；⑤接口需求；⑥约束；⑦逆向需求；⑧将来可能提出的要求。

（2）开发策划。在这一流程中需要对分析完的结果进行策划。主要是完成以下几个方面的任务。

功能设计：列出产品应实现的功能及其功能背后的业务逻辑。

场景规划：划分出不同的场景并进行罗列，输出场景列表。

VR 场景构建：对每个场景需要实现的功能和业务逻辑进行具体描述，绘制出 2D 场景平面图，图 7-47 中应包含当前场景中的所有对象。

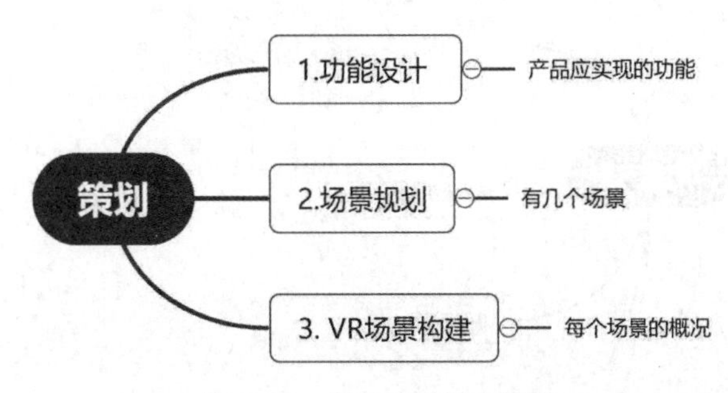

图 7-47　开发策划思维导图

（3）建模开发。虚拟现实系统中的建模是整个虚拟现实系统建立的基础，设计一个 VR 系统，首要的问题是创造一个虚拟环境，这个虚拟环境包括三维模型、三维声音等。在这些要素中，因为在人的感觉中，视觉摄取的信息量最大，反应也最为灵敏，所以创造一个逼真而又合理的模型，并且能够实时动态地显示是最重要的。构建虚拟现实系统的很大一部分工作也是建法逼真合适的三维模型。

（4）交互开发。模型都创建完成后，进入交互开发中。交互技术也是虚拟现实项目的关键。Unity3D 或者 UE4 等交互创建工具负责整个场景中的交互功能开发，是将虚拟场景与用户连接在一起的开发纽带，协调整体虚拟系统的工作和运转。模型在导入 Unity 或 UE4 之前必须先导入材质然后再导入模型，这样就不会丢失模型纹理材质了。

（5）渲染。在整个虚拟现实内容开发中，渲染绝对是关键。因为用户所有能看到的都是通过渲染展示出来的。例如：天空盒、角色模型、场景模型、灯光、特效等。如果没有渲染，那么虚拟现实中的所有内容都将是一片黑暗。

移动端的模型大多是使用两种类型的贴图作为渲染的素材。PC 主机端大多是真实的模拟现实中的效果来进行渲染的，使用了很多种类型的贴图（Unity 的标准着色器中支持 10 种贴图类型）。PBR：基于物理规则的渲染方式。GI：全局光照，用于模拟光的互动和反弹等复杂行为的算法。

（6）测试与发布。内容开发完成后需要先进行测试。对出现问题的部分再进行修改、优化。所有的内容都通过测试后将 VRP 工程编译为 EXE 可执行文件，再把工程发布成

IE 可浏览的网络文件，并上传至网站服务器进行发布。

2. 制作团队

完成一个庞大、复杂的 VR 应用仅仅靠一两个岗位是不行的，需要一个分工明确、执行力强的团队协作，如图 7-48 所示。

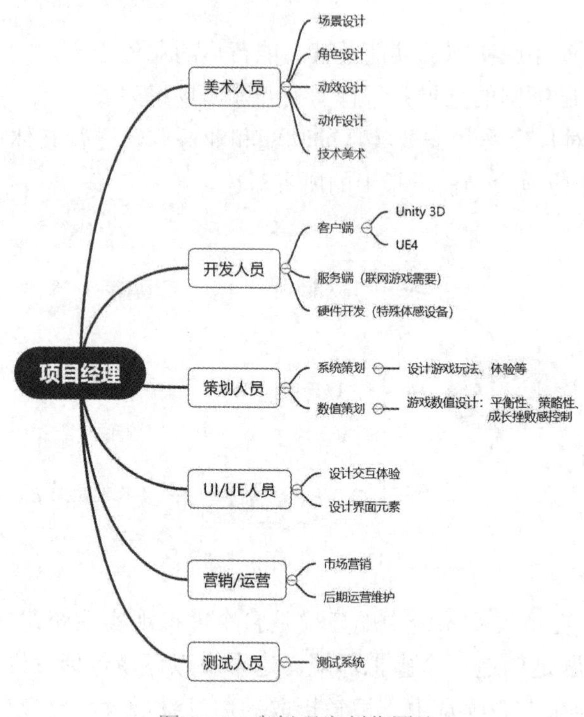

图 7-48 虚拟现实制作团队

（1）项目经理。虚拟现实内容开发离不开一个优秀的项目经理。项目经理在实际工作中要负责组织项目组成员按项目时间要求完成虚拟现实项目的制作；负责与设计单位及甲方负责人针对项目进行有效的沟通；要带领项目组将新技术、新方法应用于流程制作；还要配合技术部门不断改进流程。

（2）美术人员。在 VR 项目中，美术人员的需求占比较大，具体分为角色设计师、场景设计师、特效设计师、动作设计师等。输出的美术资源包括场景、角色、动作、特效设计等，即戴上 VR 眼镜后看到的虚拟现实世界，这个虚拟世界的人、物、炫酷特效都是由美术人员制作出来的。技术美术，既懂美术又懂技术，能在开发工具上直接调整美术效果的人员。

（3）开发人员。开发人员分成客户端、服务端、硬件开发人员。如果是单机版 VR 资源，则只需要客户端开发人员即可；如果是联网游戏则需客户端 + 服务端人员；如需改造硬件，则需硬件工程师的参与。客户端常用的开发工具是 Unity 引擎和 Unreal 引擎，而硬件就是市面上的 VR 眼镜，如 HTC Vive、Oculus 等，可在硬件产品上做简单的改造，形成特色的游戏硬件。

（4）策划人员。分为系统策划和数值策划。系统策划设计游戏玩法、体验等；数值策划设计游戏数值，保证游戏的平衡性、策略性以及控制玩家的成长挫败感。程序员将根据策划需求进行开发，美术人员也将基于策划需求设计美术资源。

（5）UI、UE 人员。UI 人员主要设计用户界面，UE 人员设计交互体验。由于 VR 项目和传统软件的交互方式差别较大，没有电脑的鼠标键盘、没有手机的触摸点击，玩家只能戴上 VR 头盔凝视，或拿手柄操作，如 HTC Vive（头盔 + 手柄），所以要求 UI、UE 人员熟知 VR 类硬件产品的特点，根据硬件特点进行交互设计。

（6）测试人员。开发完成后，测试人员根据策划需求进行测试、体验。测试人员应熟知 VR 硬件的使用，具备 VR 项目经验。

（7）市场营销、运营人员。酒香也怕巷子深，无论多么优秀的产品，如果没有人了解就不会产生效益。营销人员要让人们了解开发的虚拟现实内容，让大家产生兴趣和期待。

虚拟现实内容在后期的维护也是很重要的，优秀的市场运营人员可以为团队赢来更多的忠实用户，也会为后续的虚拟现实内容的设计开发提供动力以及后续产品的销售。同时产品在市场中运行服务也会出现各种问题，这些问题都需要市场运营人员的及时维护，这样才能使一个产品不断地发展下去。

7.4.2　内容制作方式

1. 人工建模

目前市场上三维模型的制作方式有很多种，比如有人工建模、扫描建模、照片建模等。不同的建模方式使用的软件也不同，一般来说，人工建模所需的软件有 3ds Max、Zbrush、Maya、Cinema 4D 等。

（1）3ds Max。3D Studio Max，简称 3ds Max，是 Discreet 公司开发的（后被 Autodesk 公司合并）基于 PC 系统的三维动画渲染和制作软件，操作界面如图 7-49 所示。在 Discreet 3ds Max 7 后，正式更名为 Autodesk 3ds Max，最新版本是 3ds Max 2021。

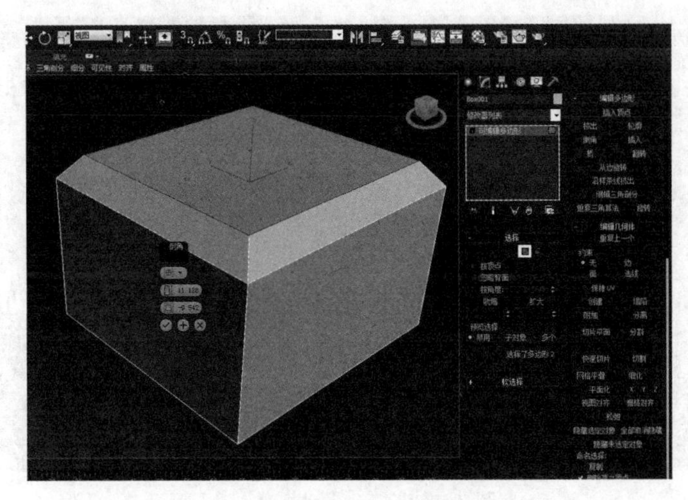

图 7-49　3ds Max 操作界面

（2）Zbrush。Zbrush 是由 Pixologic 在 1999 年开发推出的一款跨时代的软件，也是第一个让艺术家感到无约束、可自由创作的设计工具，操作界面如图 7-50 所示。它的出现完全颠覆了过去传统三维设计工具的工作模式，解放了艺术家们的双手和思维，告别过去那种依靠鼠标和参数来创作的模式，完全尊重设计师的创作灵感和传统工作习惯。

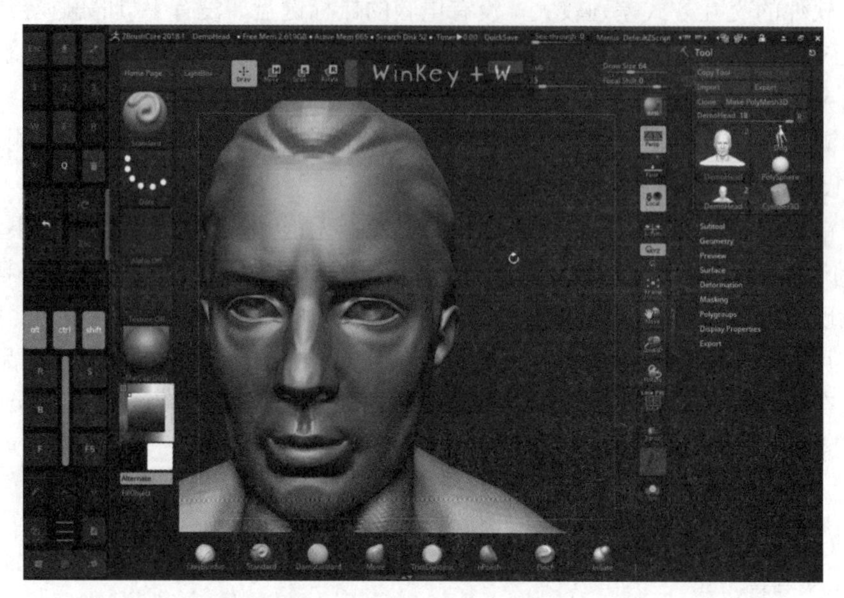

图 7-50　Zbrush 操作界面

（3）Maya。Maya 软件是 Autodesk 旗下的著名三维建模和动画软件。Autodesk Maya 可以大大提高电影、电视、游戏等领域开发、设计、创作的工作流效率，同时改善了多边形建模，通过新的运算法则提高了性能，多线程支持可以充分利用多核心处理器的优势，新的 HLSL 着色工具和硬件着色 API 则可以大大增强新一代主机游戏的外观，另外在角色建立和动画方面也更具弹性，操作界面如图 7-51 所示。

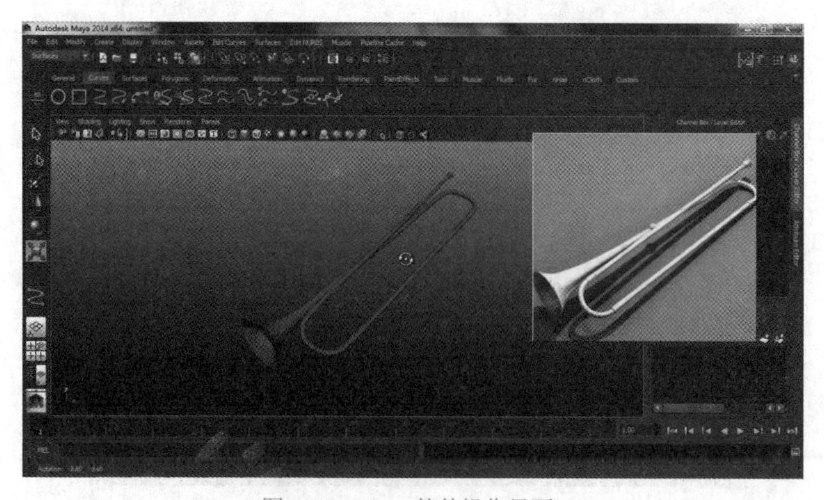

图 7-51　Maya 软件操作界面

（4）CINEMA 4D。CINEMA 4D 字面意思是 4D 电影，不过其本身就是 3D 的表现软件，由德国 Maxon Computer 开发，以极高的运算速度和强大的渲染插件著称，很多模块的功能代表科技进步的成果，并且在用其描绘的各类电影中表现突出，而随着其越来越成熟的技术受到越来越多的电影公司的重视，可以预见，其前途必将更加光明。

CINEMA 4D 建筑师版的强大功能之一是虚拟漫游插件，通过它可以交互式地操作游览用户的建筑模型，如图 7-52 所示。虚拟漫游工具包含一个智能碰撞检测系统，使用户通过鼠标和键盘轻松地穿行于建筑物之中。碰撞检测能够快速地从独立物体中添加或者移除（如一块玻璃），并且可调台阶高度的功能可以使用户攀登楼梯。虚拟漫游的碰撞轨道工具可以让用户在建筑中自动漫游，当然其中的碰撞检测会非常完美。碰撞轨道工具的碰撞检测可以保持摄像机在漫游建筑的时候不与建筑物墙壁发生穿插。这些工具的摄像机路径可以被录制并用于后期的动画渲染，这是创建真实浏览动画的完美工具。

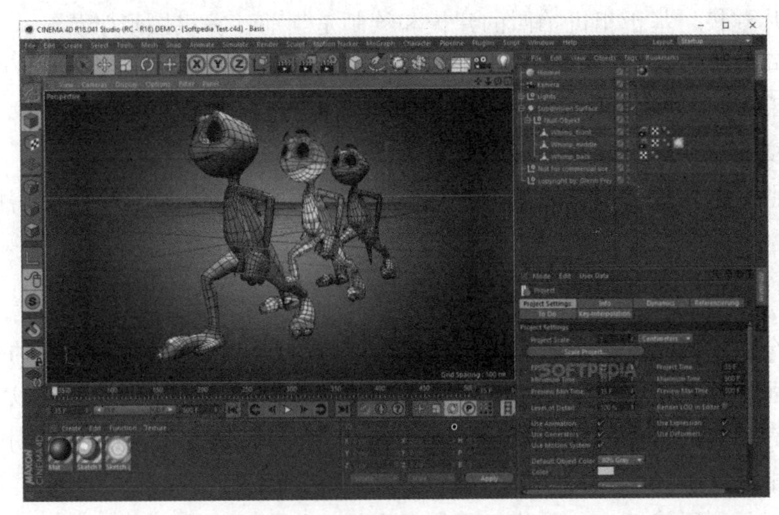

图 7-52　CINEMA 4D 操作界面

2. 静态建模

（1）三维激光扫描。三维激光扫描技术是 20 世纪 90 年代中期开始出现的一项技术，是继 GPS 空间定位系统之后又一项测绘技术新突破。它通过高速激光扫描测量的方法，大面积高分辨率地快速获取被测对象表面的三维坐标数据。可以快速、大量地采集空间点位信息，为快速建立物体的三维影像模型提供了一种全新的技术手段。由于其具有快速性，不接触性，实时、动态、主动性，高密度、高精度，数字化、自动化等特性，其应用推广很有可能会像 GPS 一样引起测量技术的又一次革命。

三维激光扫描技术是利用激光测距的原理，如图 7-53 所示。通过记录被测物体表面大量地密集的点的三维坐标、反射率和纹理等信息，可快速复建出被测目标的三维模型及线、面、体等各种图件数据。由于三维激光扫描系统可以密集地大量获取目标对象的数据点，因此相对于传统的单点测量，三维激光扫描技术也被称为从单点测量进化到面测量的革命性技术突破。

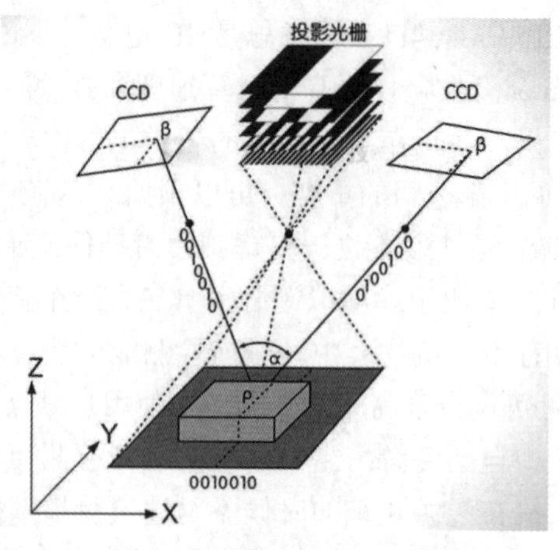

图 7-53　三维激光扫描技术原理图

（2）照片建模。基于相机拍照的建模和绘制是当前计算机图形学界一个极其活跃的研究领域。同传统的基于几何的建模和绘制相比，IBMR 技术具有许多独特的优点。基于图像的建模和绘制技术给我们提供了获得照片真实感的一种最自然的方式，采用 IBMR 技术，建模变得更快、更方便，可以获得很高的绘制速度和高度的真实感。一般模型的精度取决于照片的精度。镜头距离拍摄物体越近，照片的分辨率越高，取得的三维效果越好。

3. 全景拍摄

所谓“全景拍摄”就是将所有拍摄的多张图片拼成一张全景图片。它的基本拍摄原理是搜索两张图片的边缘部分，并将成像效果最为接近的区域加以重合，以完成图片的自动拼接。有索尼的智能扫描全景拍摄功能、富士的 360 度移动全景拍摄功能等，只要稳稳地端着相机“扫”一圈，它就自动将这些图片拼成一张全景图片。

全景摄影是利用相机将 360 度场景拍摄到的一组照片拼合成为一幅包含全部场景的图片，如图 7-54 所示。使用专用的发布软件在互联网上播放，并且使浏览者能够根据自己的意愿拖动鼠标来观看到场景的任何一处角落。使人有身临其境的感觉，就好像自己在现场漫游一样。

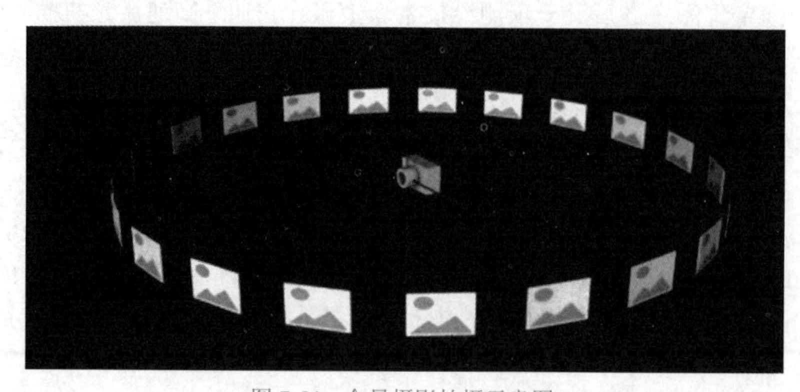

图 7-54　全景摄影拍摄示意图

7.4.3 开发引擎

虚拟现实开发引擎

从VR开始到现在，出现了各种各样虚拟现实技术的解决方案，看似五花八门，各家的方法方向与侧重点不同，但其最终目标是一致的。为了实现制定的解决方案，需要制作出实现这种解决方案的硬件系统或软件系统，而实现的软件系统，就是所说的虚拟现实引擎。下面列举几种常见的VR开发引擎。

1. Unity（常称U3D）

Unity是由Unity Technologies公司开发的专业跨平台游戏开发及虚拟现实引擎，其打造了一个完美的跨平台程序开发生态链，用户可以通过它轻松完成各种游戏创意和三维互动开发，创作出精彩的游戏和虚拟仿真内容，用户也可以通过Unity资源商店（Asset Store）分享和下载各种资源。Unity编辑器操作界面如图7-55所示。

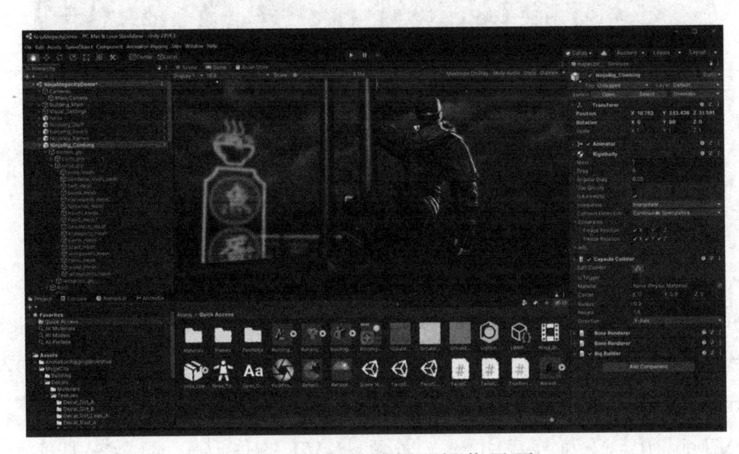
图7-55 Uniy编辑器操作界面

作为一款国际领先的专业游戏引擎，Unity精简、直观的工作流程，功能强大的工具集，使得游戏开发周期大幅度缩短。通过3D模型、图像、视频、声音等相关资源的导入，借助Uniy相关场景构建模块，用户可以轻松实现对复杂虚拟世界的创建。

Unity编辑器可以运行在Windows、Mac OS X以及Linux平台，其最主要的特点：一次开发就可以部署到时下所有主流游戏平台，目前Unity能够支持发布的平台有21个之多；用户不用二次开发和移植，就可以将产品轻松部署到相应的平台，节省了大量的开发时间和精力。在移动互联网大行其道的今天，Unity正吸引着越来越多人的关注。

2. Unreal（简称UDK）

Unreal是游戏开发公司EPIC为游戏开发者提供免费使用的一款游戏开发引擎，此引擎每一代所呈现出的游戏质量是不同的，在不断的完善和更新中，虚幻引擎从第一代开发到了第四代，2021年正式推出第五代。

第一代虚幻引擎（Unreal Engine，UE）于1998年推出，2002年EPIC发布了第二代虚幻引擎UE2，2006年EPIC发布了第三代虚幻引擎UE3，具体的框架和UE2差不多，只不过开发包中增加了游戏应用程序。修改器内含模块修改器、音效修改器、地图编辑器等，而《剑灵》《逆战》等游戏就是基于 UE3 开发的。

2014 年，EPIC 发布了第四代虚幻引擎 UE4，操作界面如图 7-56 所示。到目前也是最新的版本，UE4 引擎完全支持个人 PC、第八代游戏机、安卓手机上的游戏开发，覆盖面变得非常广，在这个时期诞生了非常多的大作，也受到了广大用户的追捧。

图 7-56　UE4 操作界面

3. 其他开发引擎

（1）VRML 技术。VRML 技术是虚拟现实引擎的鼻祖。VRML 其实是一套虚拟现实语言规范，它的特点是文件小，灵活度比较自由，比较适合网络传播，但由于年代较久远，所以画面效果比较差。但对于要放在网络上不是很注重效果的领域（例如工业），就可以用它。

（2）Virtools（简称 VT）。Virtools 是法国重量级引擎，世博会指定引擎，操作界面如图 7-57 所示。VT 起初定义为游戏引擎（平衡球 -VT 的作品），但后来却主要做虚拟现实。VT 扩展性好，可以自定义功能（只要会编程），可以接外设硬件（包括虚拟现实硬件），有自带的物理引擎，制作类似于 WF 或 EON，但它的模块分得很细，所以可以自由度很大，可以制作出前两者所不能达到的功能。支持 Shader（虽然有限制），效果很好，它可以制作任何领域的作品。

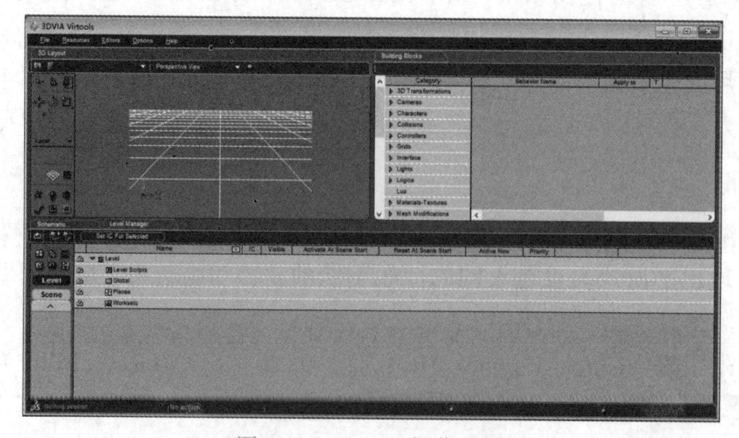

图 7-57　Virtools 操作界面

（3）CryEngine。CryEngine是由Crytek公司推出的，著名的游戏《孤岛危机》就是由CryEngine制作的，是一款游戏引擎，出了地图编辑器（名字叫SandBox），作为业界传奇般的存在，游戏制作水准一直是站在金字塔顶端，所以同样的，也有人拿它来做虚拟作品。但由于文件实在太大了，所以比较适合做些房地产之类的要求超高效果的虚拟作品。《孤岛危机》游戏效果如图7-58所示。

图7-58 《孤岛危机》游戏效果图

7.5 增强现实

7.5.1 增强现实的认知

增强现实的认知

1. 增强现实的概念

增强现实（Augmented Reality，AR）也被称为扩增现实，是促使真实世界信息和虚拟世界信息内容之间综合在一起的较新的技术内容，其将原本在现实世界空间范围中比较难以进行体验的实体信息在电脑等科学技术的基础上，实施模拟仿真处理、叠加将虚拟信息内容在真实世界中加以有效应用，并且在这一过程中能够被人类感官所感知，从而实现超越现实的感官体验。真实环境与虚拟物体之间重叠之后，能够在同一个画面以及空间中同时存在，如图7-59所示。

2. 增强现实的发展现状

（1）国外研究现状。增强现实最早由波音公司研究员Thomas Caudell在1990年提出，有名的研究机构主要集中在美国麻省理工大学、哥伦比亚大学，以及日本、德国和新加坡等发达国家的实验室，研究重心多在人机交互方式、软硬件基础平台的研发等。随着技术的不断发展，研究逐步从实验室理论转入行业应用阶段，相关应用早期可以追溯到波音公司在设计辅助布线系统时，戴着特殊头盔的工程师可以看到叠加在实际视野上的布线路径和文字提示，从而大大降低拆卸的复杂程度，如图 7-60 所示。

图 7-59　AR 增强现实技术的应用

图 7-60　波音公司工程师运用 AR 技术进行布线

随着微软、谷歌、Facebook、SONY 等科技巨头纷纷大举进入 AR 产业，很多公司已经能够提供成熟的基于 PC 或移动设备的增强现实技术解决方案，不仅加快了增强现实技术软硬件及相关应用的开发进程，也拓展了增强现实技术的研究领域。

（2）国内研究现状。我国 AR 仍处于早期阶段，目前在 AR 市场方面也尚处于起步阶段，以应用领域为主，个别技术已处于世界前列。语音交互方面科大迅飞语音识别率达到了 98%，迅飞输入法支持扩展至 23 种方言，用户规模突破 6 亿。在 AR 内容、AR 开发平台等方面主要以国内互联网公司 BATJ 为代表进行深度布局。在 AR 云方面，除了熟知的 Google、Apple、Microsoft、Magic Leap 等公司外，国内百度、华为、阿里巴巴、腾讯、网易等也早已规划，视辰信息科技（上海）有限公司在 2019 年 12 月 30 日发布的 EasyAR Sense 4.0 正式版本，AR 云已经具备多人共享、持久化、碰撞遮挡等能力。

3. 增强现实与虚拟现实的区别和联系

增强现实和虚拟现实的联系非常紧密，增强现实是由虚拟现实发展起来的，两种技术可以说同根同源，均涵盖了计算机视觉、图形学、图像处理、多传感器技术、显示技术、人机交互技术等领域，二者有很多相似点和相关性。第一，都需要计算机生成相应的虚拟信息；第二，都需要使用者使用头盔或类似显示设备，这样才能将计算机产生的虚拟信息呈现在使用者眼前；第三，使用者都需要通过相应设备与计算机产生的虚拟信息进行实时互动交互。

但增强现实与虚拟现实的区别也显而易见，具体而言，增强现实与虚拟现实技术的差异主要体现在以下四个方面。

（1）增强现实与虚拟现实最显著的差别在于两者对于浸没感的要求不同。

（2）增强现实和虚拟现实关于“注册（Registration）”的涵义和精度要求不同。

（3）增强现实可以缓解虚拟现实建立逼真虚拟环境时对系统计算能力的苛刻要求。

（4）增强现实与虚拟现实应用领域的侧重不同。

7.5.2　增强现实系统的关键技术

增强现实技术中包含的技术内容比较多，包含跟踪注册技术、显示技术和虚拟物体生成技术等内容。

1. 跟踪注册技术

目前主流的三维跟踪注册技术主要分为三种，分别为基于计算机视觉的跟踪注册技术、基于硬件传感器的跟踪注册技术以及混合跟踪注册技术，如图 7-61 所示。

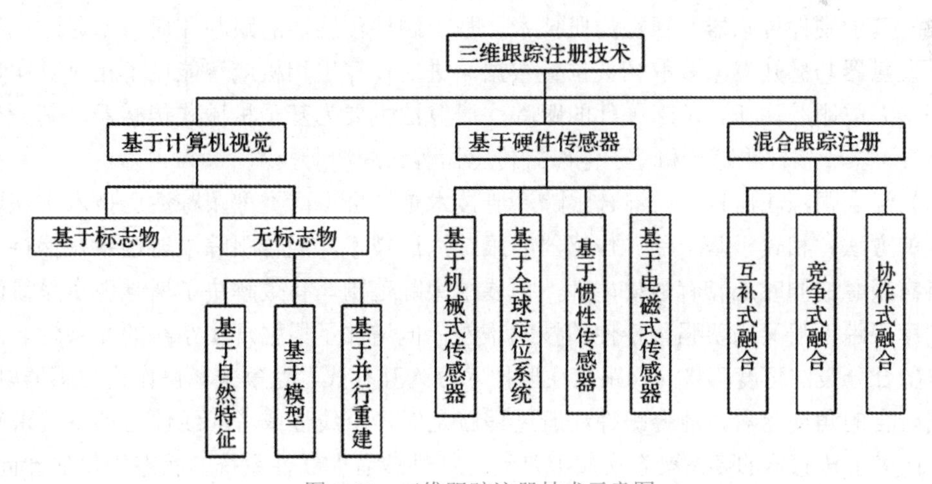

图 7-61　三维跟踪注册技术示意图

（1）基于计算机视觉的跟踪注册技术。基于计算机视觉的跟踪注册技术又可称为基于软件的跟踪注册技术。该技术通过计算机图形学与计算机视觉等相关理论方法对相机采集的视频图像进行处理来获得跟踪注册信息，并根据跟踪注册信息来进行虚拟空间坐标系与真实世界坐标系之间的转化确定虚拟场景在真实环境中的叠加位置，如图 7-62 所示。同时，根据检测方法有无标志物，又可以分为基于标志物的三维跟踪注册方法和无标志物的三维跟踪注册方法，如图 7-63 所示。

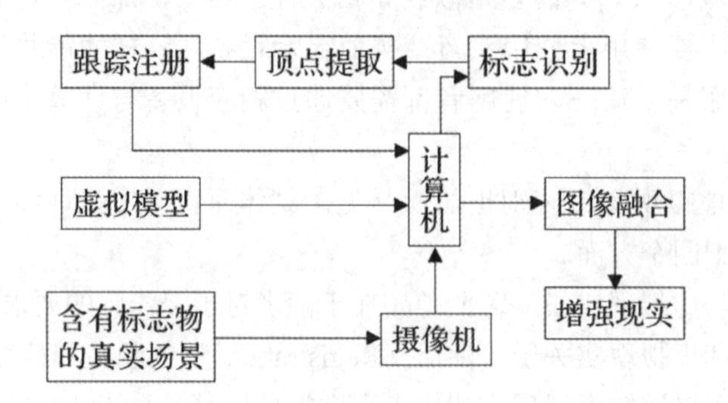

图 7-62　基于标志物的跟踪注册工作流程

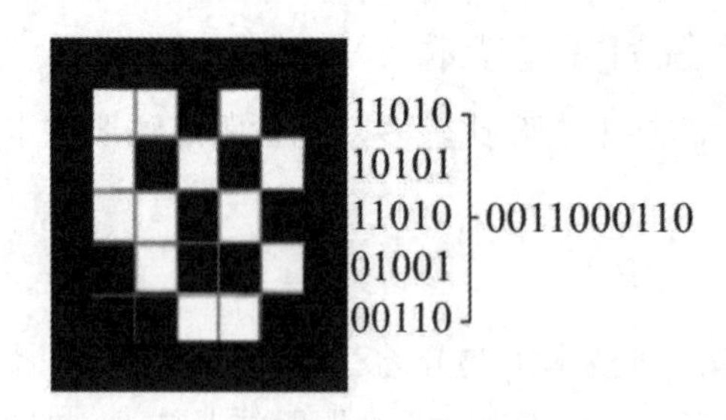

图 7-63　人工标志物

（2）基于硬件传感器的跟踪注册技术。基于硬件传感器的跟踪注册技术通过传感器的信号发射器与感知器来获取相关位置数据，进而计算出相机或智能设备相对真实世界的位姿来完成跟踪注册。基于硬件的跟踪注册算法主要为基于机械式传感器、基于全球定位系统、基于惯性跟踪器和基于电磁式传感器等跟踪注册技术。

（3）混合跟踪注册技术。混合跟踪注册技术是结合不同类型跟踪注册技术来获取物体位姿的方法。相较于基于单一传感器的跟踪注册技术，混合跟踪注册技术在保持了高精度姿态跟踪的同时还具有强鲁棒性，扩展了跟踪范围，有效解决了增强现实系统既要求高精度跟踪注册又需要强鲁棒性的技术难题，但增加了增强现实系统的复杂性。从多传感器融合分类的角度可将混合跟踪注册技术分为互补式、竞争式和协作式传感器融合。从数据融合的角度上看，混合跟踪注册过程就是对一个线性或者非线性运动系统求解的过程，而多个传感器的姿态融合实质上是动态线性或者非线性系统的状态优化估计问题，可利用线性卡尔曼滤波器、扩展卡尔曼滤波器和粒子滤波器等数学工具进行求解。

2. 显示技术

增强现实技术显示系统是比较重要的内容，为了能够得到较为真实的虚拟与现实相结合的系统，使得实际应用便利程度不断提升，使用色彩较为丰富的显示器是其重要基础，在这一基础上，显示器包含头盔显示器和非头盔显示设备等相关内容，透视式头盔能够为用户提供相关的逆序融合在一起的情境，这些系统在具体操作过程中，操作的原理和虚拟现实领域中的沉浸式头盔等内容之间相似程度比较高。其和使用者交互的接口及图像等综合在一起，使用更加真实有效的环境对其实施应用微型摄像机的形式，拍摄外部环境图像，使计算机图像在得到有效处理的时候，可以和虚拟以及真实环境融合在一起，并且两者之间的图像也能够得以叠加。光学透视头盔显示器可以在这一基础上利用安装在用户眼前的半透半反光合成器，充分和真实环境融合在一起，真实的场景可以在半透镜的基础上，为用户提供支持，并且满足用户的相关操作需要。

3. 虚拟物体生成技术

增强现实技术的应用目标是使得虚拟世界的相关内容，在真实世界中得到叠加处理，在算法程序的应用基础上，促使物体动感操作有效实现。当前虚拟物体的生成是在三维建模技术的基础上得以实现的，能够充分体现出虚拟物体的真实感，在对增强现实动感模型研发的过程中，需要能够全方位和集体化将物体对象展示出来。虚拟物体生成的过程中，自然交互是其中比较重要的技术内容，在具体实施的时候，对现实技术实施有效辅助，使信息注册更好地实现，利用图像标记实时监控外部输入信息内容，使得增强现实信息的操作效率能够提升，并且用户在信息处理的时候，可以有效实现信息内容的加工，提取其中有用的信息内容。

7.5.3　增强现实技术的开发工具

增强现实的应用领域广泛，在增强现实开发中常见的插件有Vuforia、Metaio、EasyAR和ARToolKit等。

1. Vuforia

Vuforia是一个用于创建增强现实应用程序的软件平台。开发人员可以轻松地为任何应用程序添加先进的计算机视觉功能，使其能够识别图像和对象，或重建现实世界中的环境。无论是用于构建企业应用程序以便提供详细步骤的说明和培训，还是用于创建交互式的营销活动或产品可视化，以及实现购物体验，Vuforia都具有满足这些需求的所有功能和性能。

Vuforia是领先的AR平台，提供了一流的计算机视觉体验，可以确保在各种环境中的可靠体验。Vuforia被认为是全球最广泛使用的AR平台之一，Vuforia得到了全球生态系统的支持，拥有32.5万多名注册开发人员，市面上已经有基于Vuforia开发的400多款应用程序。使用Vuforia平台，应用程序可以选择各种各样的东西，比如对象、图像、用户定义的图像、圆柱体、文本、盒子，以及VuMark（用于定制和品牌意识设计），其Smart Terrain功能为实时重建地形的智能手机和平板电脑创建环境的3D几何图。

2. Wikitude

Wikitude提供了一体式增强现实SDK，并结合了3D跟踪技术（基于SLAM）、顶级图像识别和跟踪，以及移动、平板电脑和智能眼镜的地理位置AR，支持可扩展的Unity、

Cordova、Titanium 和 Xamarin 框架。可以使用 Wikitude SDK 构建惊人的基于位置、标记或无标记的 AR 体验。企业、机构和独立开发人员受益于 Wikitude 的工具，用于开发适用于 Android、iOS、智能手机、平板电脑、智能眼镜的 AR 应用程序。

3. ARToolKit

ARToolKit 是一个免费的开源 SDK，可以完全访问其计算机视觉算法，以及自主修改源代码以适应特定应用。ARToolKit 免费分发基于 LGPL v3.0 许可证。最新的 ARToolKit 是一款快速而现代的开源跟踪和识别 SDK，可让计算机在周围的环境中查看和了解更多信息。它使用了现代计算机视觉技术，以及 DAQRI 内部开发的分钟编码标准和新技术。ARToolKit 采用了免费和开源许可证发布，允许 AR 社区将其用于商业产品软件开发及研究。

ARToolKit 支持的平台有 Android、iOS、Linux、Windows、Mac OS 等。

4. EasyAR

EasyAR 是 Easy Augmented Reality 的缩写，是视辰信息科技（上海）有限公司的增强现实解决方案系列的子品牌。应用于网络推广、发布会、零售等领域。

EasyAR 支持 Android、iOS、Windows 等平台，拥有 3D 物体跟踪识别、同步定位与地图构建（SLAM）、多图识别、录屏等强大功能，支持当前所有主流手机。据最新测试结果，EasyAR 已完美支持 iPhone X；云识别服务具有云识别本地化、超大容量、识别快速精准、高效 API 接口、后端操作可视化等特点。EasyAR 目前在全球拥有 10 万多名开发者。

7.5.4 增强现实技术的应用

增强现实技术的应用

1. 新闻传播

近几年，增强现实技术在体育赛事转播、大型娱乐节目中已经开始陆续使用。如果说 2016 年增强现实技术开始小试牛刀的话，那么 2017 年则已经是被大胆尝试。中央电视台新闻中心在几次关键主题活动以及重大科技成果的报道中，都不约而同地使用了增强现实技术。

电视新闻节目中增强现实技术的使用，可以分为两类：一类是在新闻节目中某个特定的地方，辅以增强现实技术加以可视化展示，增强现实技术在电视新闻中是零星的出现；另一类则是整条电视新闻节目中，以增强现实技术贯穿始终，有着很深的增强现实技术烙印。

自 2012 年春晚首次大规模应用 AR 以来，到 2021 年 AR 技术已连续 9 年登上春晚舞台，从最初的高清单机位 AR 到现在的 4K 超高清多机位 AR，渲染引擎从最初传统的图形渲染到现在的“次世代”引擎，质量相较于往年提升了许多，在今年十多个节目当中，共创作了 20 多个 AR 场景，将艺术与科技紧密融合，让电视机前的观众能够看到更加丰富多彩、美轮美奂的 AR 增强现实节目效果，为春晚实体舞台增添了无法传达的空间变化。例如，武术节目《天地英雄》通过高耸的瀑布和竹林山影的青绿渲染了武术的意境，沙漠、枫林、长城展现出中华武术精神的强劲力量和中华民族魂的恢弘气势，如图7-64所示。

图7-64 2021年央视春晚《天地英雄》节目效果

2. 教育教学

AR技术在教育方面的应用非常广泛，主要有AR卡片与图书、通过AR游戏进行知识学习、AR培训等。

（1）AR卡片与图书。近些年AR卡片在儿童教育上应用很广泛，如通过手机摄像头扫描卡片上的魔暴龙图案，立体的魔暴龙模型就能在手机上显示出来，配套声音和讲解视频让儿童很容易认识和接受相关的知识。

AR图书可以说是AR卡片的升级版本，就是将多张AR卡片集合在一起做成了图书，但AR图书在内容上一般都有一致性和连续性。AR图书拓展了图书的功能，非常符合新形态教材的建设需求，未来AR图书可能会越来越多。

（2）通过AR游戏进行知识学习。将知识点以AR的形式做成小游戏，学生通过玩一局AR游戏的方式来进行知识学习，寓教于乐的方式更容易被学生接受，使得呆板的课堂教学变得有趣起来。

（3）AR培训。现在的AR头显发展非常迅速，在培训过程中通过AR头显来构造一个AR场景，创造一个没有风险的学习环境。例如，在进行医学护理专业教学时，在学员面前生成一个虚拟的人体，通过对虚拟人体进行各种动作来完成医务工作者的培训。

3. 产品展示

从当前AR技术的发展水平以及在产品展示中的一些实践案例可以看出，目前AR技术在产品展示中主要可以在三个应用场景下发挥作用，分别是浏览商品、测试商品、定制商品效果呈现。

（1）浏览商品。在这一应用场景下，用户能够通过AR技术，了解商品在不同的使用状态下的一些情况，从而引导用户能够更快地进行下单。以购买家具为例，在AR技术的支持下，用户在浏览家具商品信息的时候，可以通过3D效果，直接获得家具在不同属性下的状态，比如从背面看是什么样，从侧面看是什么样，什么颜色的家具摆在什么样的环境中比较合适等，从而更加清楚地了解到家具是否符合自己的要求。而目前像天猫、京东等一些主流的电子购物平台已经实现了这一应用场景。

（2）测试商品。用户在传统模式下通过观看产品展示信息来选择商品的时候，往往会遇到一个困惑，就是不知道商品是否能够和使用场景相容，即不知道某个产品用在一定条件下是不是合适，从而在选择的时候往往会陷入矛盾的境地。而 AR 技术的引入，则能够有效解决这一问题，比如目前京东 AR 试妆，就能够为用户提供产品测试的功能，用户能够通过 AR 试妆技术，直接在线实现对化妆品使用效果的虚拟测试，设备会通过扫描将用户面部作为基准环境，然后直接将某一款化妆品用在用户面部的效果进行呈现，使得客户能够对该款化妆品是否适合自己有清晰的判断。

（3）定制商品效果呈现。AR 技术在产品展示中的另一个重要作用是可以为定制商品提供效果呈现，即用户在个性化定制商品的过程中，可以对根据自己意见定制的商品效果有比较直观的了解。这里以威马汽车的网购通道为例，在威马汽车的网购通道界面内，客户通过 AR 技术，可以在选择加配项的同时，在设备界面上看到加配后的效果，并且借助 VR 视觉技术，更加立体、清晰地对选配后的汽车内饰外饰效果有所了解，从而提高自己作出购买决策的准确性。

4. 游戏娱乐

AR 技术给游戏带来了很大的影响，和传统的游戏相比，AR 游戏能够给用户带来更真实的感受和体验，具有更强的互动性，并且也大大提升了游戏的趣味性和游戏性，能够吸引用户参与到游戏中。AR 游戏不会受到时间和空间的限制，用户可以结合自己的需求和爱好选择更多变的现实环境，在现实环境中进行游戏；不仅如此，用户还能够与其他的用户更好进行游戏比赛、互动竞技。

Niantic 在 2016 年发行了 *Pokemon Go*。在 *Pokemon Go* 中，玩家所在的现实世界就是游戏中的地图，而周围的一切都有可能是小精灵出现的地方，如图 7-65 所示。这种虚拟与现实的结合，带给玩家一种新颖的游戏体验，辅以小精灵这个强大的 IP，*Pokemon Go* 一上线就在全球掀起了一场持久的抓小精灵的热潮。直到今天，*Pokemon Go* 在 Google play 中仍然是稳居创收榜榜首的游戏。

图 7-65 《Pokemon Go》AR 游戏街头体验

5. AR 军事

在许多科幻电影里面，我们经常能够看到那些未来战士们使用着酷炫的 AR 眼镜，而作战指挥室则是全息显示式系统，整个场面充满了未来科技感。虽然现实生活中并没有这样的东西，但是在我们不了解的地方，军事装备专家们正在使用 AR 技术打造着各种各样的设备。

（1）霍尼韦尔打造的 AR 战术头盔。最近在亚利桑那州沙漠测试中，坦克专业驾驶员佩戴由美国霍尼韦尔航空航天集团生产的头盔，利用增强现实技术在头盔内显示 160 度“战场”图像，以 56 千米时速成功通行起伏不平的越野路径。如果增加额外摄像头和感应器，这种头盔可提供 360 度的实时路况。AR 坦克战术头盔如图 7-66 所示。

（2）美军打造的 AR 作战辅助系统。如图 7-67 所示，当士兵戴上 TAR 定制的 AR 眼镜之后，眼前就能浮现出地形图，还标注着队友和敌人的位置，敌我双方的位置和距离等信息一目了然，甚至像是在玩游戏。在移动的过程中，士兵还可以随时查看自己、队友和敌人在建筑物中的具体位置，并通过平板电脑与队友分享信息，从而全面掌握周边情况，大幅度提升军事战争中的团队协作效率。诸如与队伍走散，失去敌人位置，指挥混乱等问题都会变得很简单，还可以帮助士兵选择最优突袭路线，打出致命一击。

图 7-66　AR 坦克战术头盔

图 7-67　美军 TAR 作战辅助系统

7.6 虚拟现实在各行业领域的应用

7.6.1 VR 游戏

虚拟现实在游戏行业的应用

纵观游戏的发展史，从最早的文字 MUD 游戏到 2D 游戏、3D 游戏，再到沉浸式 VR 游戏，随着游戏画面和技术的进一步提升，游戏的逼真度和沉浸感越来越强，如图 7-68 所示。

2010 年 AvatarReality 公司发布了一款名为《多人高尔夫》的 VR 游戏，该游戏需要跟踪用户的头部和手，以提供更好的控制体验。

2016 年 Nvidia 公司推出其第一部原创 VR 游戏《VR Funhouse》，玩家以第一人称视角来进行一些活动，如发射粘液枪击中物体、投掷小球等。该游戏就像是一个专门为VR物理运算引擎所做的大型实验。同年发布的还有体验类探险游戏《珠峰VR》、多人在线射击游戏《勇往直前》等。2016年在E3展会上更是展出了多款VR游戏。

图7-68　VR游戏体验

2016至2018年是VR游戏的第一轮增长期，各家内容开发商都在基于2016年推出的VR硬件开发新内容。

2019年，Oculus发布了Oculus Rift S和Oculus Quest，HTC也推出了Vive Cosmos等几款新品。这些新品必然会带动VR游戏迎来第二轮增长期。考虑到PSVR2在2021年推出，因此第二轮增长期同样会保持3年的节奏，即2019至2021年。

在第二轮增长期内，看到了其与第一轮增长期的共通之处，比如新内容会首先登录Steam平台，然后逐渐移植到Oculus、Viveport及PSVR平台。同时，在由Oculus Quest带动的6自由度移动VR趋势下，原本运行在PC上的VR内容新作将会有一部分移植到6自由度VR一体机上，为移动VR用户带来更多有趣的体验，当然在性能与体验上会大打折扣。

7.6.2　VR影视

1. VR电影

VR电影，即虚拟现实电影。虚拟现实借助计算机系统及传感器技术生成三维环境，创造出一种崭新的人机交互方式，模拟人的视觉、听觉、触觉等感觉器官功能，使人能够沉浸在虚拟境界中，观众走进电影场景可以360度查看周围的环境。

VR电影的拍摄方法和观看方法与过去区别很大，观众在VR眼镜里看到的画面是全景画面，以上帝视角来观看，可以任意切换观看角度，观看视角的主动权不再掌握在导演手里，不再是由导演决定观众该以什么样的角度看到什么样的画面，而是由观众自己决定想站在什么样的角度去观看电影场景，可以说，看VR电影，每个人都会看到不一样的东西。然后，VR电影将以章节的形式展现，而且每个场景的时间都会足够长，在同一个章节中会有不同的故事线，观众可以直接跳跃到下一个章节或任何一个章节的任何一个故事，也可以先看完本章节全部故事后再跳到下一个章节，观看故事顺序的主动权完全掌握在观众手里。

2017 年首部入围奥斯卡的 VR 影片 *Pearl*（中文译名：车载歌行），如图 7-69 所示。这部由 Patrick Osborne 执导的短片，通过一辆老爷车做场景，讲述了感人至深的父女故事。不仅画面好看，情节也十分温馨。

图 7-69　VR 影片 *Pearl* 截图

2. VR 视频直播

VR 直播，是虚拟现实与直播的结合。与观看传统电视相比，VR 直播最大区别是让观众身临其境来到现场，实时全方位体验。根据高盛最新研究报告预测，到 2025 年，VR 的市场规模有望达到 800 亿美元，乐观情况下可以达到 1820 亿美元。

2017 年除夕，央视春晚首次与最新潮的 VR 科技融合，为春晚舞台演绎别样风情，通过全新的播放技术，为全球华人奉上一场 VR 视听盛宴。2021 年央视春晚又将虚拟现实技术用出了新花样：通过 XR 技术与云技术的融合，周杰伦的一首《莫吉托》将舞台搬至滨海城市，乐队和粉色跑车将观众尽享夏日风情；在全息投影技术的支持下，18 个李宇春完美诠释了“中国风”；AI 与 VR 裸眼 3D 演播室技术的结合，使得传统舞台空间突破物理形态，虚拟与现实的边界被重构，新颖炫酷、科技感十足，如图 7-70 所示。

图 7-70　2021 年春晚 AI 与 VR 裸眼 3D 画面

7.6.3 VR 教育

虚拟现实、云计算、人机交互、智能化等技术的发展，为虚拟现实教育奠定了全面发展的基础，而虚拟现实飞行教学、虚拟现实教室等的出现也证明 VR 与教育结合将产生无限可能。

1. VR 在教育教学中的应用优势

（1）打破时空与资源的限制，增强教学的沉浸感。VR 的特点和核心是具有沉浸感，让人沉浸在虚拟的空间之中，还具有交互性和想象性。比如，在课堂中，戴上 VR 眼镜、手套，建筑学院的学生可以看到书本上的三角函数公式变成立体的桥梁；医学院的学生可以看到血液在血管里流动，癌细胞在人体里生长、变异；物理学院的学生可以看到原子弹爆炸、原子反应等瞬间。在传统教学中使用文字、图片、声音这些传统形式无法达到真实的效果，而用 VR 打造真实的语言使用场景和自然科学环境有助于通过沉浸帮助学习，如图 7-71 所示。

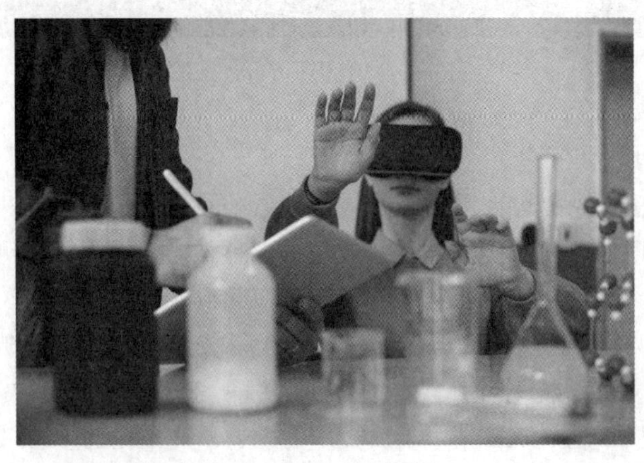

图 7-71　VR 化学课堂

（2）寓教于乐，促进学生主动学习。通过在课堂上使用 VR 设备，让学生身临其境地观测浩瀚宇宙，探测地心深处，穿越到上千年前再现宏大的历史场景。学生跟着英语老师进入虚拟的非洲大草原，边学英语，边和长颈鹿比身高，量大象的长鼻子，看远处奔跑的犀牛、狮子等。一堂课程变成了一场刺激的旅行。

（3）规避了操作实验带来的种种风险。教学中的一些实验训练往往具有风险性，利用 VR 设备可以大大降低这类风险。比如在实际操作中成本较高、或危险性较大的职业教育领域，可以利用 VR 技术培养职业的水上摩托车骑手，通过 VR 手段模拟出海浪冲击车身的感觉，让学习者在实地驾驶之前，就能在虚拟现实教室里对水上摩托车有一种直观感受，以降低实地教学存在的驾驶风险。同样，培养医学院的学生做手术，或是飞机、火车驾驶员等，都可以用上 VR 技术手段，在日本等国也已经有了类似的尝试。

2. VR 教育目前存在的问题及展望

（1）存在的问题。作为新兴事物，VR 教育在实践和推广中也不可避免地遇到了一些现实问题。有的产品硬件设备不成熟，戴上 VR 眼镜后效果模糊，甚至出现晕眩感，严重影响视觉体验；有的产品软件开发不完善，虚拟场景的真实感较差，“虚拟现实”并不那么“现实”；有的教育产品内容编排不合理，甚至会出现常识性错误。

（2）未来展望。随着国内相关的 VR 服务设施逐步完善，技术层次逐渐通关，VR 在教育行业将会有进一步的发展，在教学上打破时空的限制，创造教学条件，让课堂变得更生动、形象、有趣，让学生不由自主地沉浸在知识的海洋中，规避不必要的教学风险，这一切都将更好地促进学校教育的发展，真正做到寓教于乐。

7.6.4 VR 军事

如图 7-72 所示，网上曝光的一段“美国陆军步兵训练系统”（简称 DSTS）的视频，就为我们很好地展现了 VR 技术应用于军事训练的场景。DSTS 是一个在虚拟环境中运行的可穿戴式虚拟现实系统，主要供部队用来进行单兵及班组战术训练。

图 7-72 美第七陆军 412 航空支援营运用 DSTS 训练

据央视军事频道《军事报道》栏目的消息，目前解放军空降兵跳伞训练已用上了佩戴 VR 头显的训练方式。这是一套能够对空降兵在跳伞过程中的视觉、听觉和触觉等进行真实模拟的虚拟现实训练系统。新兵戴上特制的 VR 头显，穿上计算机控制的背带系统，配合软件模拟后，不仅可以同步看到空中的真实场景，还能随着操纵感受空中姿态的改变。

7.6.5 VR 旅游

虚拟现实在旅游行业的应用

VR 技术与旅游的结合将成为未来旅行、观光、文化导览的一种重要发展方向。绝大多数的游客通过互联网和移动新媒体获取旅游信息，在网络和社交媒体分享自己的旅游感受。“VR+ 旅游”体验全新的“旅游攻略”，同时颠覆了旅游产业格局。

1. 旅游景观再现

对于大多数的历史景观而言，由于环境的变迁以及风雨的洗礼，会对景观造成一定程度的破坏，甚至带来不可逆转的损失，这对于旅游产业而言是较大的损失。很多游客在进行这类景观游玩时，即使能够充分了解其历史，但是再也无法了解到当时恢宏壮丽的景观。这时就可以通过 VR 技术来实现历史景观的重现，真实地还原场景。另外，利用 VR 技术还可以为现有的景观增加虚拟的空间，通过特殊景观的构造来为游客提供更为优质的体验，如图 7-73 所示。

图 7-73　红色旅游“飞夺泸定桥”VR 体验

2. 虚拟旅游的推动

虚拟旅游能够打破时间和空间的限制，而且游客的浏览体验也更佳，在现代化的技术基础上，虚拟旅游还能实现交互式浏览，充分满足了游客的个性化需求。因此对于部分缺乏时间或限于经济的游客，虚拟旅游能够极大地满足其游览需求。当然，这也扩宽了旅游消费的渠道，可以打破传统旅游消费模式的限制，为旅游经济的发展提供新的活力。

3. 为游客的旅游规划提供便利

旅游前的规划很重要，特别是对于现代的上班族而言，他们大多没有充裕的时间，只能利用假期外出游玩。因此，为了获得更好的旅游体验，前期的规划就显得尤为重要。然而，外出旅游大多是去陌生的地区，游客也很难在出行之前就做出细致的规划。由此，VR 技术就可以展现出其优势所在。通过 VR 技术，就能提前根据景观模型来规划旅游的路线，制定旅游的方案，这样不仅可以极大地节约规划时间，而且能够让旅游的规划方案更符合游客所需。

4. 保护文化遗产

如图 7-74 所示，在媒体融合的背景下，通过 VR 技术可以实现文化遗产的保护，文化遗产的数字化展示等。例如紫禁城就做成了 VR 模型，能够展示给更多的人。而且，利用 VR 技术展示文化遗产还可以避免展示过程中其他因素对文物的影响，可以起到较好保护文化遗产的作用。

图 7-74　中国 VR 旅游云数据服务平台体验

7.6.6　VR 医学

VR 技术在我国医疗卫生事业中的应用非常广泛，主要体现在以下三个方面。

1. VR 技术可展现不同的医疗应用场景

将 VR 技术应用于医疗手术中，可使手术流程得到复原，病灶将清晰呈现。以宏观视角还原手术场景，将使各项准备工作更加详细。以微观视角还原手术场景，可帮助主治医生开展操作演练。因此，借助 VR 技术，医疗手术的精度将得到提升。同时，VR 技术可还原手术流程，并制造紧张感。例如，在骨科手术实施前，医生可借助 VR 技术还原手术局部区域。在练习中应展现出钻、锯等动作带来的震动感，从而使医生的抗压能力得到增强。同时 VR 技术可增设夸张场景，例如，在手术动作出现失误时，可设计鲜血直喷的镜头。再有，VR 技术可设置不同的手术场景，例如模拟骨科手术治疗，手术实施者可借助 VR 技术开展系统性练习，如图 7-75 所示。

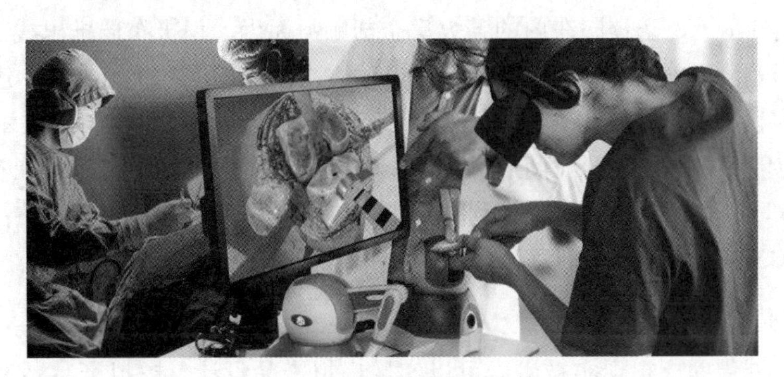

图 7-75　医生进行 VR 手术练习

2. 在康复医疗中，VR 技术可为患者提供虚拟场景

在这一场景中，患者的心态将发生改变，对于困难的认识也将逐步转变。患者在康复过程中，缺乏与外部世界的联系，周边人群的影响会被无限放大。在这一环境下，患

者会将注意力集中到医生的观点，亲友的神态、动作，并会以消极的视角寻求消极信息。例如，在康复中难以实现生活自理的患者，会对亲友的观点格外关注，并将自身视为亲友的负担。若亲友表现出烦躁、急迫等负面情绪，将使患者沉浸在这一情绪中，开展康复治疗的意愿也将下降。而VR技术可转移患者的关注点，并为其营造不同的生活与康复场景。这样的设计，将对医疗康复带来正面影响。

3. 先进的VR技术可还原三维视觉场景、颤感、声音，甚至温度

将这一技术应用于医学教学，可使学生获得更为逼真的教学场景。VR技术不仅可以展现三维图像，也可借助手柄提供震动感，利用扩音器材播放音效，利用空调等装置设置场景温度。借助这部分技术，医学练习场景将更加逼真。同时随着VR技术的发展，现实场景中的视频可被结合适用在VR影片中。借助这一技术，练习者可更为直观地感受真实医疗场景的紧张感。综合分析，传统的教学手段主要借助二维平面图形展现人体结构，或还原医疗场景。而VR技术不仅可以还原三维场景，也可将音效等元素融入其中，教学质量将因此得到提升。

7.6.7 其他领域

除了以上的几大领域之外，虚拟现实还在许多不同的领域有着广泛的应用，具有极大的发展潜力和良好的发展前景。

1. VR房地产

在虚拟现实应用的探索上，房地产行业称得上是一个比较特殊的领域。虚拟现实对于传统房地产营销方式的变革绝不只是对样板间的颠覆，也不仅是精装样板间的虚拟现实体验。它可以应用到城市空间、楼盘全场景、景观、住宅地产、商业地产、养老地产、文旅地产等产业的全场景展现等方面。

2020年春节开始的疫情对各行各业都造成了巨大的影响，房地产行业也本应受到较大冲击，但包括恒大、碧桂园在内的各大房企却顺势而为，积极布局推出线上VR销售平台，将疫情影响降至最小。VR看房可以在短时间内搭建出3D数字沙盘，建设全景样板间模型，在项目初立时就能给消费者呈现未来户型、装修、周边环境，展示宣传效果更好的同时，也能够大幅压缩开发商的资金成本和时间成本。与其说是疫情让VR技术备受房产商的青睐，并将在线看房模式推到大众眼前，不如说VR+房地产是发展的必然趋势，在可见的未来VR也仍是一片浩瀚蓝海。

2. VR+制造

在制造领域借助虚拟现实技术，可以实现虚拟产品设计、虚拟产品制造、虚拟生产过程、创建先进制造工厂、产品展示与维护等。利用虚拟现实技术可以帮助制造领域工作者完善产品设计、优化产品性能、提高产品质量和设计效率、降低开发成本。

3. VR+能源

（1）石油化工。虚拟现实在石油工业中更能体现出其应用特色，特别是在地震勘探、

油藏模拟、海洋石油工程和特种作业培训等方面能得到广泛的应用。虚拟现实技术的引入，使几代石油人幻想的“游地宫”成为可操作的现实。

（2）电力系统。VR电力是电力行业中的一种新技术，就是把传统的电力信息系统与虚拟现实技术相结合。目前已被广泛的应用在电力行业的真实运行环境、安全规程、应急演练等，给工作人员带来不少的便利。

（3）水利工程。传统的二维、静态处理方式在复杂的水利工程地质分析中举步维艰。虚拟现实技术的快速发展，给传统水利工程建设带来福音。虚拟现实技术能根据现实地质形态，对实景进行最大程度的还原拟真，建立高精度的水利工程虚拟现实模型。水工建筑物与地质构造真正实现三维统一的可视化、动态、仿真的施工环境，让环境观察、信息采集和科学研究回归实际。决策者能获得更可靠、更准确的研究数据，方便未来对水利工程进行更合理的规划、方案比对、整体布局设计、环境协调等。

7.7　项目实训

1. 项目策划

（1）项目背景。为展示美丽乡村建设，展现最生动的乡村小康情境，同时给双休日休闲游、周边游、短途游、农业体验游提供“服务指南”，“看见小康•最美乡村•VR全景”正式启幕，邀您一起在虚拟现实中深入各区县、乡镇、村庄，寻找乡村的美山、美水、美田、美林、美食。

（2）策划文档。拿到制作需求后，设计师进行头脑风暴思考场景内容，场景切换路径，界面里的文案交互逻辑，输出策划文档。这个部分的工作是非常重要的，对整个项目的构思有着决定性的作用。

2. 全景拍摄

（1）硬件准备。拍摄地面全景一般需要数码相机、鱼眼镜头、全景云台、三脚架（独脚架）四件套，如图7-76所示。

（2）选取位置。拍摄场景全景的时候一般选择在一个高点或者是场景的中央，为了能获取更多的场景信息，该点需视野开阔；另外，全景观看的时候是要旋转的，所以选择场景的几何中心，是为了避免旋转过程中给观赏者带来失重的感觉。

（3）进行360度旋转拍摄。重要的是确保第一张照片的1/4出现在第二张照片中，每张照片重叠至少20%，如图7-77所示。

3. 图像拼合

拍摄完成的多张图片需用拼合软件进行处理，拼合软件使用比较多的是PTGui。

（1）打开PTGui软件，单击“加载图像”，如图7-78所示。

（2）图片加载完成后单击“对准图像”，如图7-79所示。

图 7-76　硬件四件套

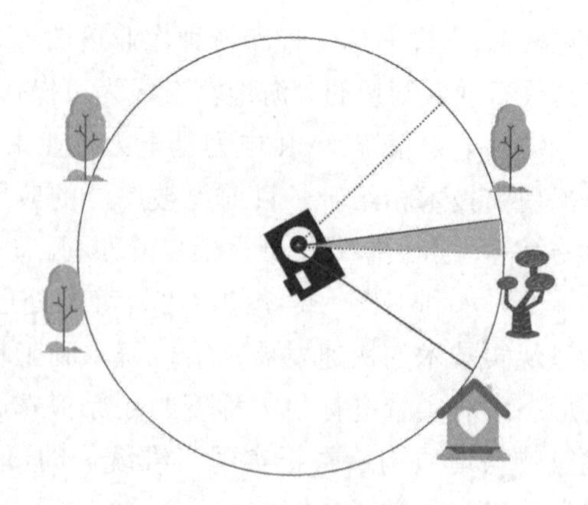

图 7-77　全景拍摄相机旋转示意图

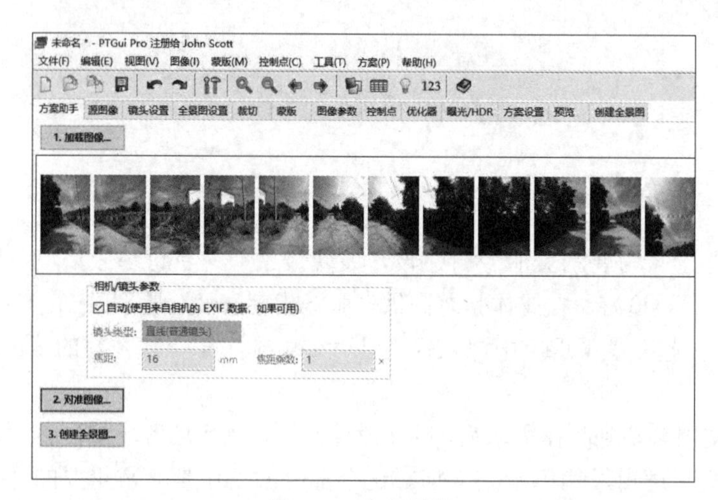

图 7-78　加载图像

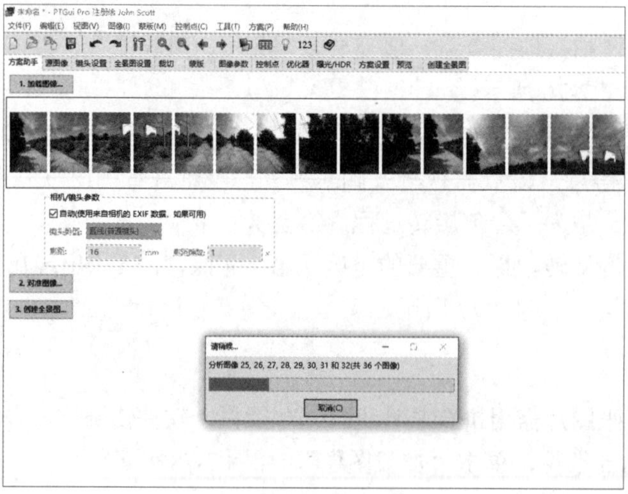

图 7-79　对准图像

（3）图像调整。加载完成后，会自动弹出全景图编辑器。在编辑器里进行调整，如对分析完成的图像进行拉直、调正。单击设置居中点，改变居中点的位置即可，如图7-80所示。

图 7-80 调整图像

（4）图像渲染。全景图调整完成后单击“创建全景图”进行渲染导出，如图7-81所示。

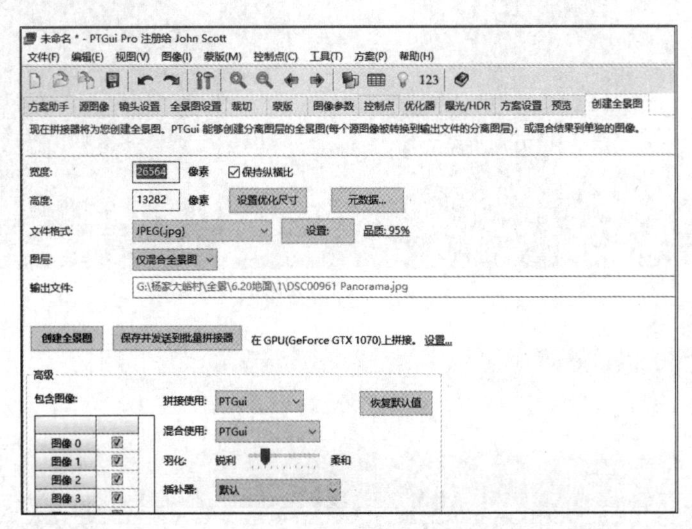

图 7-81 创建全景图

4. 色彩调整

全景图拼合完成后需要导入到Photoshop软件中进行色彩的调整，如图7-82所示。最终效果如图7-83所示。

5. 上传发布

美丽乡村VR全景应用效果如图7-84所示。全景图制作完成后上传指定的VR全景平台。根据客户需要设置交互内容。

图 7-82　色彩调整前后对比图

图 7-83　720 度全景图

图 7-84　美丽乡村 VR 全景应用效果图

课后题

1. 选择题

（1）下列不属于虚拟现实的3个最突出的特征是（　　）。

A．沉浸感　　B．构想性　　C．交互性　　D．开发性

（2）分形技术属于（　　）建模。

A．几何　　B．物理　　C．行为　　D．自动

（3）下列不属于虚拟现实系统分类的是（　　）。

A．桌面式　　B．沉浸式　　C．增强式　　D．手动式

（4）立体显示技术不包括（　　）。

A．分时技术　　B．分色技术　　C．分光技术　　D．光栏技术

（5）人机自然交互技术不包括（　　）。

A．意念控制　　B．手势识别

C．动作捕捉　　D．面部表情识别

（6）（　　）是从语音参数出发，先通过A/D转换将语音数字化，经过数字处理和运算，然后再通过D/A转换而输出语音的。

A．声音播放技术　　B．语音合成技术

C．混音技术　　D．3D音响技术

（7）（　　）主要用于检测静止状态下各模型之间是否发生干涉的算法，如机械零件装配过程中的干涉检查等。

A．动态碰撞检测算法　　B．动静态结合检测算法

C．静态干涉检测算法　　D．以上都可以

（8）（　　）也被称为扩增现实，是促使真实世界信息和虚拟世界信息内容之间综合在一起的较新的技术内容。

A．混合现实　　B．虚拟现实

C．增强现实　　D．以上都可以

（9）增强现实技术中包含着技术内容比较多，但不包含（　　）。

A．跟踪注册技术　　B．显示技术

C．虚拟物体生成技术　　D．投影技术

（10）虚拟现实在教育教学中的应用优势不包括（　　）。

A．打破时空与资源的限制，增强教学的沉浸感

B．寓教于乐，促使学生主动学习

C．规避了操作实验带来的种种风险

D．提高学生的记忆力

2. 简答题

（1）虚拟现实的发展经历了哪些阶段？每个阶段有哪些关键的事件？

（2）虚拟现实目前有哪些不足之处？

（3）在虚拟现实系统中，主要的硬件设备有哪些？各有什么作用？

（4）在实时碰撞检测技术中，对碰撞检测的要求是什么？

（5）增强现实与虚拟现实的关系是什么？

第 8 章 区块链

8.1 区块链概述

区块链作为比特币的底层技术引起各国和各大型组织机构的高度关注，被称为是第四次工业革命的重要新兴技术。2020 年 10 月 24 日，习近平总书记在中央政治局第十八次集体学习时指出，“我们要把区块链作为核心技术自主创新的重要突破口”，并要求“相关部门及其负责领导同志要注意区块链技术发展现状和趋势，提高运用和管理区块链技术能力，使区块链技术在建设网络强国、发展数字经济、助力经济社会发展等方面发挥更大作用”。那么什么是区块链呢？它能解决什么问题，它又是如何工作的呢？

工业和信息化部发布的《中国区块链技术和应用发展白皮书（2016)》对区块链的定义为:“分布式数据存储、点对点传输、共识机制、加密算法等计算机技术的新型应用模式。”将若干数字文档放在一个区块中，给每个区块打上时间戳，然后按照时间顺序将区块以顺序相连的方式组合成一种链式数据结构，并以密码学方式保证的不可篡改和不可伪造的分布式账本，这是狭义上的区块链。从本质上讲，它是一个分布式共享数据库，存储于其中的数据或信息，具有“不可伪造”“全程留痕”“可以追溯”“公开透明”“集体维护”等特征。然而区块链在很长一段时间没有引起人们的重视，直到被比特币的开发者兼创始人——中本聪挖掘，用来创造数字加密货币——比特币。

8.1.1 区块链的最早应用——比特币

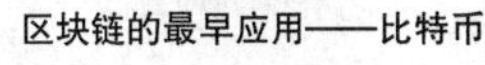
区块链的最早应用——比特币

大多数人都知道区块链和比特币关系密切，甚至有些人会把区块链等同于比特币技术。事实上，区块链技术仅仅是比特币的底层技术，在比特币的实践中，区块链技术在成熟度和安全性上得到了巨大的发展和进步。比特币是最早真正意义上的基于区块链技术的应用。

2008 年 10 月底，一个自称“中本聪”的人阐述了他的数字货币构想：不需要中心记账，所有人都享有记账权，一个彻底实现点对点的电子货币系统，完全不用依赖金融机构，货币可以在网络上从一方直接支付到另一方，而且比特币发行总量固定，所有交易账本通过技术手段实现公开、透明、可追溯。

同年 11 月，中本聪发布了比特币代码的初级版本，初步实现了在没有中心化机构垄断记账权的前提下进行比特币的发行、记账及相关的激励。

2009 年 1 月 3 日，中本聪在位于芬兰赫尔辛基的一个小型服务器上创建、编译、打包了第一份比特币开源代码，并于 2009 年 1 月 3 日当天黄昏，挖出了比特币的第一个区块——创世区块（Genesis Block），获得了第一个矿工的奖励——50 个比特币。2009 年 1 月 3 日成为比特币的创世日，比特币从此诞生。

2009 年 1 月 12 日，中本聪发送了 10 个比特币给开发者、密码学活动成员 Hal Finney，这是比特币历史上的第一次交易。

2010 年 5 月 22 日，美国程序员 Laszlo Hanyecz 同意付给一个英国人 1 万个比特币，购买了两个披萨。这是现实世界中第一笔比特币交易，真实世界的首个比特币交易由此开始。

那么比特币是如何进行交易的呢？在了解交易过程之前，先了解几个术语。在比特币网络中，为了调动人们记账的积极性，获得记账权的人能够获得新生的比特币奖励，很像开采地下矿物的过程，所以大家把为了获得记账权而竞争计算的过程形象地比喻成挖矿，竞争挖矿的人或组织叫矿工。算力是指矿机挖出比特币的能力，算力占全网算力的比例越高，算力产出的比特币就越多。共识机制是为了各节点达成共识而遵守的协议。在比特币网络中，大约每 10 分钟，获得记账权的矿工会将满足条件的交易记录打包存放在一个区块中，从而产生一个新的区块。矿工有两个收入来源：一个是新生区块的比特币奖励，另一个是区块包含的所有交易的交易手续费。

下面通过一个转账实例来了解比特币的交易过程：

转账发起人小李要给小孙支付 1 个比特币。首先小李登录自己的比特币钱包，选择其中一个钱包地址（相当于一张银行卡）作为支付方，再输入小孙的钱包地址作为收款方，同时输入转账数额 1 比特币和少量的手续费数额。然后向比特币网络发送交易请求，该比特币网络上的矿工对交易的有效性进行验证，如果验证通过，这笔交易将和其他验证通过的交易一起打包到一个区块中。矿工们基于工作量证明机制，竞相解答数学难题，最先完成计算的矿工获得记账权，并将计算结果和交易数据进行区块打包并全网广播。其他节点收到广播后利用共识机制对区块进行验证确认，一经确认则接受该区块，将其连接到各自区块链的尾部。同时，这个最先完成计算的矿工，能够获得该新生区块所对应的比特币奖励及交易手续费。转账收款方小孙最终收到转账发起方小李的 1 个比特币。

比特币网络是一个巨大的账本，平均每 10 分钟就会诞生一页的账本，称为区块，每个区块被打上时间戳，按照严格的先后次序连接起来形成一个账本，称为区块链。链中的数据几乎不能被更改，它是如何做到的呢？

每个区块包括交易数据、当前区块的哈希值和上一区块的哈希值。哈希算法是一种单向的映射，将任意长度的二进制值输入（即明文）就能映射为较短的长度固定的二进制值（即哈希值）输出，并且不同的二进制输入很难映射为相同的输出。哈希算法具有不可逆性（隐秘性）和无冲突性，常用的哈希算法有 MD5、SHA-256 等。哈希值是通过哈希算法得到的输出值。

比特币的区块记录了交易细节，如发送人、接受者和钱币数量。当前区块有唯一的哈希值，可以将它比作指纹，也就是创建该区块的矿工当时为获得记账权争相解答难题而计算得出的结果。若想要改变区块中的内容就会同时改变哈希值。换而言之，检验区块中的内容是否有变，根据哈希值是否相同就能得出正确的判断。如果一个区块的指纹发生了改变，它也就不再是原来的自己了。同时，由于每个区块包含上一区块的哈希值，这样有效地建立了区块之间的链接，正是这种技术，使区块链如此安全。

举个例子：如图 8-1 所示，每个区块有个哈希值和前一个区块的哈希值，因此，区块 3 指向区块 2，区块 2 指向区块 1，区块 1 前面并没有区块，被称为创世区块，如果要更改区块 2，那么它的哈希值发生改变，导致其后面的区块无效，因为区块 3 没有存储上一区块更改后的哈希值。改变任何区块的哈希值都将会使后面的所有块无效。

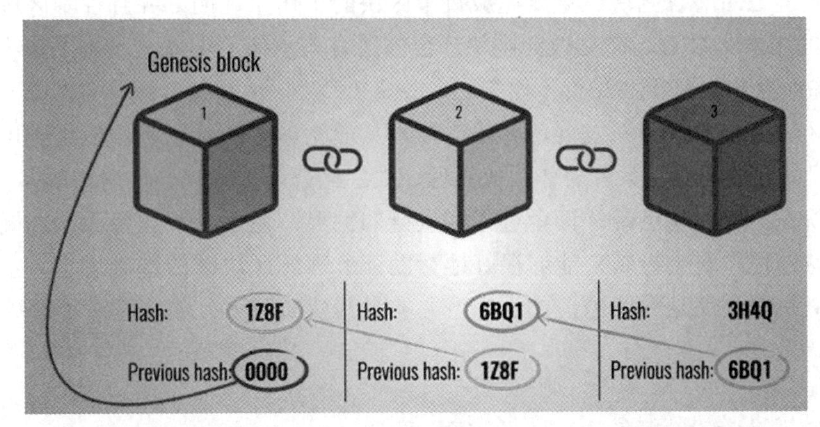

图 8-1　区块链的链式结构

但是，仅仅使用哈希值并不足以防范篡改数据，如今高速计算机每秒钟能计算出成千上万个哈希值，攻击者在几分钟之内就能篡改一个区块，然后重新计算所有区块的哈希值使得整个区块链失效。为了应对这种情况，区块链引入了工作量证明技术，一种降低区块创建速度的机制，它能够使前后两个区块产生的时间间隔变长。工作量证明是一个计算问题，矿工需要花费一定资源来解决，而验证这个问题答案的正确性比求解这个问题花费的时间要少得多。

在比特币网络中，添加一个新的区块到区块链上需要大概 10 分钟的工作量。在上例中，如果攻击者更改了区块 2 中的数据，就需要花 10 分钟计算出区块 2 的工作量证明，然后还需要更改区块 3 以及后续区块中的数据。而攻击者在更改后续区块哈希值时，其他矿工已经在原来的链上继续创建新区块了。在比特币网络中，大家认为最长的链才是正确的链，叫作最长链机制，攻击者需要强大的算力在短时间赶上未被篡改的链的长度才能篡改成功，如图 8-2 所示。

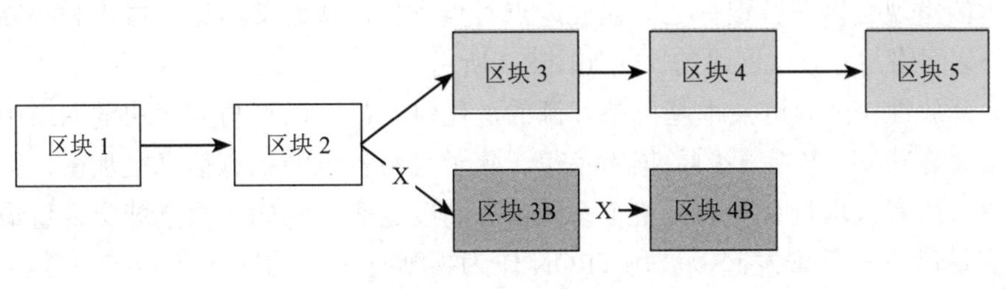

图 8-2　最长链机制

还有一种保证区块链安全的机制，就是对等网络（Peer to Peer，P2P）技术，相对于用一个中心化的实体来管理区块链网络，区块链采用的是一种对等网络，并且所有人都可以参加，当有人加入这个网络时，他就会得到整个区块链的复制。当某人创建了一个新的区块时，每个人再验证这个区块，以确保这个区块没有被篡改过，验证通过后会把这个区块链接到自己的区块链上。网络上所有的人都达成了共识，遵守共识机制，他们对区块是否有效达成一致，那些被篡改过的区块将会被用户拒绝。要成功篡改区块，必须篡改区块链上的所有区块、重新完成每个区块的工作量证明、并且控制区块链网络中超过 50% 的用户。只有这样篡改的区块才会被所有人承认，然而这基本上是不能做到的或者即使做到代价也过于高昂得不偿失。

随着区块链技术的不断发展，区块链技术从最初单一的数字货币应用到现在融入到各个领域，如存放病史档案、著作版权管理、数字化公证、收税、租房租车等。

本节以比特币为起点带领读者进入区块链的世界，通过了解比特币的发展历史、比特币的交易过程和安全机制，能够很好地帮助读者理解区块链的基础思想。本章提及的数字货币交易平台仅是介绍当前的生态，并非为其资质背书，希望读者能正确地认识到其中的风险。

8.1.2 区块链的特征

区块链的特征

广义来讲，区块链技术是利用块链式数据结构来验证与存储数据，利用分布式节点共识算法来生成和更新数据，利用密码学的方式保证数据传输和访问的安全，利用由自动化脚本代码组成的智能合约来编程和操作数据的一种全新的分布式基础架构与计算方式。

区块链主要有以下几个特征：

（1）去中心化。去中心化是区块链最基本的技术特征。区块链技术采取分布式记录、存储和更新，不依赖第三方管理机构，不存在中心机构管制，在区块链中任何参与者都是一个节点，每个节点权限对等，既是服务的提供者又是服务的获取者。在中心化网络中，中心节点负责提供服务，其他节点只能请求服务和获取服务，如果中心节点发生故障，则整个系统就会遭到破坏。区块链的分布式架构具有点对点、多冗余等特性，即使有个别节点失效，也不会影响区块链网络的运行。例如，在现有的支付结算体系中，商业银行间的资金清算主要依靠中心化的跨行清算处理系统来完成，需要经过支付发起、中心信息处理、信息回馈、银行记账、往来对账等多个程序，结算效率低且资金占用多。区块链技术的出现可以在各银行之间建立起点对点支付，从而节约运营成本和提高结算效率。中心化网络与分布式网络的比较如图 8-3 所示。

（2）开放性。区块链技术基础是开源的，任何人都可以参与到区块链网络中，每一个节点都允许获得一份完整的数据库备份。除了交易各方的私有信息被加密，区块链的交易信息对所有人均是公开的，整个系统信息高度透明。例如，由全球交易量最大的加密货币交易所——币安发起、波场 TRON 作为捐赠方之一的区块链慈善基金会（BCF）就是区块链在慈善领域应用很好的范例。BCF 实现了在其捐赠平台从捐赠者到最终受益人的全透明、可追溯性。

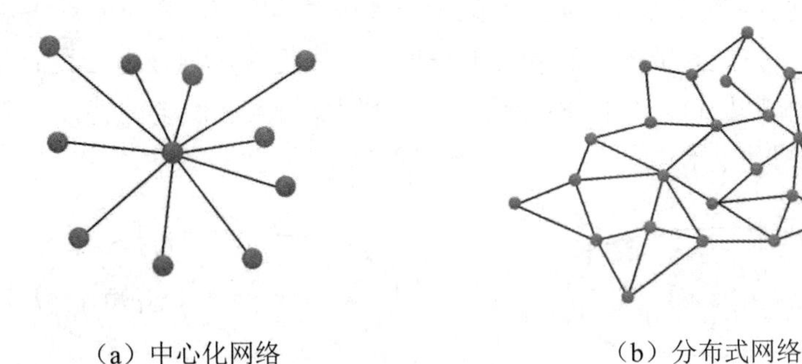

（a）中心化网络　　（b）分布式网络

图 8-3　中心化网络与分布式网络的比较

（3）自动化。区块链基于协商一致的规范和协议，整个系统可在不依赖第三方的情况下，自动安全地验证、交换和更新数据，人为干预将不起作用。智能合约技术可以让满足条件的相关操作自动执行，不需要第三方参与。例如，与房屋租金协议相关的智能合约，业主根据合约条件支付租金，支付被区块链确认之后，智能合约才会触发自动执行，将公寓的安全密钥发送给业主。这个合约可以确保租金的定期支付，并且每个月重启。整个过程智能合约都是在满足条件之后自动执行的，不存在第三方的涉入。

（4）匿名性。由于所有节点能够在“去信任”的环境下自动运行，因此各区块节点的身份信息不需要公开或验证，信息可以匿名传递。区块链上的每一笔交易数据都是公开透明的，每一笔转账的详细信息都是被记录得一清二楚的。但是，其他人无法知道某一笔交易是谁来进行的。比特币的匿名性是指地址没有和现实中的身份信息对应起来。交易是通过双方地址而不是身份进行的，不需要存在相互信任这个前提，因而交易双方也不必通过公开身份的方式产生信任感。因此即使知道这个地址的所有信息，包括转账记录，但不知道这个地址背后具体是谁在操作。

图 8-4 是某个比特币钱包地址的交易信息，仅从交易信息我们无法知道该账户的真实身份，当然这个地址的所有人已经被公开，这是属于比特币创始人中本聪的比特币创世地址。

Address	1A1zP1eP5QGefi2DMPTfTL5SLmv7DivfNa
Format	UNKNOWN (UNKNOWN)
Transactions	2,795
Total Received	68.37008250 BTC
Total Sent	0.00000000 BTC
Final Balance	68.37008250 BTC

图 8-4　中本聪的比特币钱包

8.1.3 区块链的分类

区块链的分类

区块链究其本质实际上就是一种在对等网络环境下实现大规模协作的工具，按照其准入机制和开放程度，可以把区块链分为三类：公有链、私有链和联盟链，如图 8-5 所示。在介绍这三类区块链的特性之前，首先简要介绍几个术语。

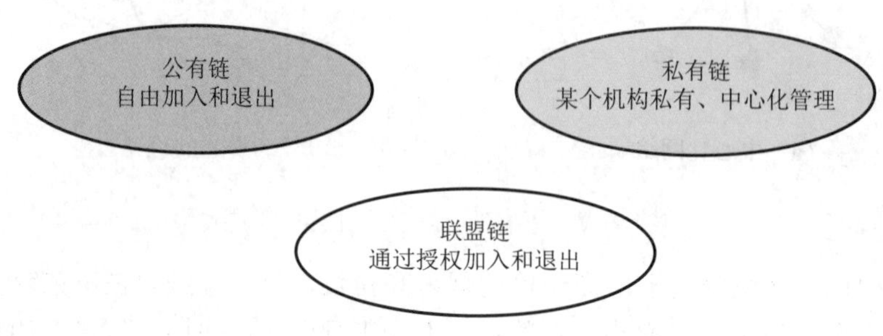

图 8-5　区块链的分类

共识机制：在分布式系统中，使各个参与节点就区块信息达成全网一致的机制。

去中心化：是相对于中心化而言的一种成员组织方式，每个参与者都高度自治，参与者之间自由相连，不依赖任何中心系统。

激励机制：鼓励参与者参与系统维护的机制，比如比特币系统为获取记账权的矿工提供比特币奖励，以此激励更多的人参与其中。

公有链是一种完全开放的区块链，其参与者均可以随时进入系统中进行数据读取、交易发送与确认、竞争记账以及系统维护等工作。公有链允许任何节点自由接入区块链网络，完全实现去中心化管理，不需要第三方的参与，各节点之间基于共识机制维持链的运行。公有链最为开放，任何人都可以参与区块链数据的维护和读取，完全去中心化不受任何机构控制。为了鼓励更多的参与者维护区块链，需要提供激励机制。典型应用如比特币、以太坊等。

私有链建立在某个机构内部，只有设定的少数节点具有数据读取权限，数据的访问和使用有严格的权限管理，私有链由控制中心控制，没有实现去中心化管理。私有链不需要激励机制。跟现实类比，私有链就像私人住宅一样，一般都是某个机构使用。擅闯民宅是犯法的。侵入私有链，就像黑客入侵数据库一样，也是违法的。

联盟链是指由若干个机构共同参与管理的区块链，属于一类介于私有链和公有链之间的混合式区块链，其数据只允许联盟内各机构进行读写，各机构间可发送交易，并共同记录交易数据。也可以定义为由若干企业或团体共同组建和管理的区块链，仅限于联盟成员参与，主要目的是为了降低交易成本，提高运营效率。联盟规模可以大到国与国之间，也可以是不同的机构企业之间。联盟链实现了部分去中心化，数据权限分级管理。用现实来类比，联盟链就像各种商会联盟，只有组织内的成员才可以共享利益和资源。联盟链中的参与方为了共同的业务收益而共同配合，一般不需要额外的代币进行激励。

联盟链的典型应用如超级账本、企业以太坊、Ripple 交易平台等。瑞波（Ripple）是世界上基于联盟链技术的开放支付网络，通过这个支付网络可以转账任意一种货币，包括美元、欧元、人民币、日元或者比特币，交易确认在几秒以内完成，交易费用几乎是零，没有所谓的跨行异地以及跨国支付费用。R3CEV 作为一家总部位于纽约的区块链创业公司，其发起了 R3 区块链联盟，至今已吸引 50 家巨头银行的参与，其中包括富国银行、美国银行、纽约梅隆银行、花旗银行等。

三类区块链的特征对比见表 8-1。

表 8-1 三类区块链的特征对比

	公有链	私有链	联盟链
开放程度	完全开放，任何人都可参与	完全封闭，中心机构决定参与成员	半开放，只有满足条件的成员
中心化程度	完全去中心化	中心化	部分去中心化
代表	比特币、以太坊	上链的企业中心化系统	Ripple 交易平台、R3

8.1.4 区块链开发平台

区块链开发平台

1. 区块链平台的发展历程

区块链平台的发展先后经历加密数字货币、企业应用、价值互联网三个阶段。区块链专家梅兰妮·斯沃恩（Melanie Swan）将这个三个阶段称为区块链 1.0、区块链 2.0、区块链 3.0，如图 8-6 所示。

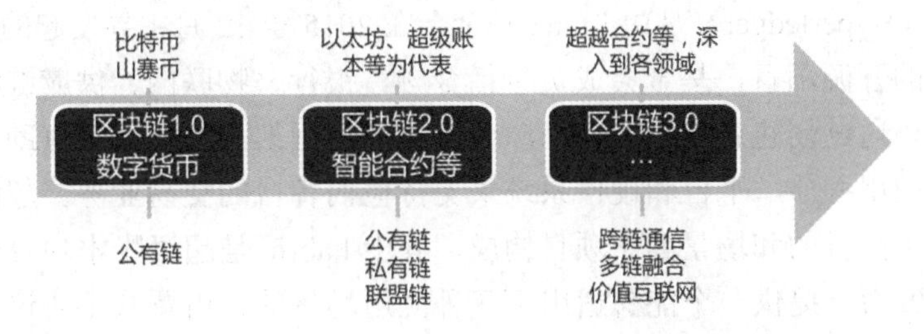

图 8-6 区块链技术的发展

2009 年 1 月，比特币系统正式运行并开放了源码，构建了一个公开透明、去中心化、防篡改的账本系统，标志着比特币网络的正式诞生。在区块链 1.0 阶段，区块链技术的应用主要在加密数字货币领域，典型代表有比特币系统及从中衍生出的多种加密数字货币。

区块链 1.0 仅是支持加密数字货币领域的应用，为了支持众筹、溯源等更广泛的应用，区块链 2.0 引入了智能合约，用来支持用户自定义的业务逻辑，从而极大地拓展了区块链的应用范围。典型的应用代表有 2013 年发布的以太坊系统。智能合约是一种旨在以信息化方式传播、验证或执行合同的计算机协议。智能合约的引入使得区块链技术不再局限于金融领域，还延伸到了公证、仲裁、物流、医疗、邮件、投票等各个行业，这些应用称为分布式应用（Decentralized Application，DAPP）。

在区块链 3.0 时代，区块链与云计算、大数据和人工智能等新兴技术交叉演进，将重构数字经济发展生态，促进价值互联网和实体经济的深度融合，将会实现各个行业协同互联、人和万物互联。在即将到来的价值互联时代，区块链技术将与 5G 网络、机器智能、物联网等技术渗透到人们生产生活的方方面面。

2. 代表性区块链开发平台

作为比特币系统的开发平台 Bitcoin Core 是一个开源项目，它是由中本聪本人和早期的几位开发人员一起开发的应用最早的区块链框架。比特币区块链并非是图灵完备的区块链。图灵完备是指一切可计算的问题都能计算，这样的虚拟机或编程语言就是图灵完备的。因此，比特币不能支持所有种类的计算，无法提供更丰富的功能，不能广泛地应用在比特币以外的场景，也无法支持复杂的智能合约。

目前主流的区块链平台有以太坊、超级账本、Corda 和梧桐链。

以太坊（Ethereum）是在 2013 至 2014 年间由程序员 Vitalik Buterin 受比特币启发后提出，大意为“下一代加密货币与去中心化应用平台”，是一个开源的有智能合约功能的公共区块链平台，智能合约是基于可信的不可篡改的数据，可以自动化地执行一些预先定义好的规则和条款。与 Bitcoin Core 类似，以太坊是去中心化的区块链平台，与比特币系统平均 10 分钟产生一个新块的出块速度，以太坊平均每 12 秒产生一个新块，因此以太坊有更大的系统吞吐量和更短的交易确认时间。并且以太坊是图灵完备的，它支持智能合约，用户可以自定义数字资产和流通的交易逻辑与基本规则。因此，许多区块链创新应用和创新产品基于以太坊平台开发。例如，360 存证云就是 360 区块链实验室基于以太坊开发的电子证据存证系统。

超级账本（Hyperledger）是由 Linux 基金会在 2015 年 12 月主导发起的旨在推动区块链跨行业应用的开源项目，基金会成员包括金融、银行、物联网、供应链、制造和科技行业的领头羊。通过创建企业层级、开源分布式分类框架和代码库，协助组织扩展、建立行业专属的应用程序、平台和硬件系统来支持他们各自的交易业务。超级账本作为联合项目由面向不同目的和场景的子项目构成，其中 Fabric 是超级账本项目中的基础核心平台项目，它致力于提供一个能够适用于各种应用场景的、内置共识协议可插拔的、可部分中心化的分布式账本平台，是首个面向联盟链场景的开源项目。Fabric 系统主要提供成员管理、区块链服务、智能合约服务、监听服务等功能。例如，legalXchain 是中国真相科技基于 legalFabric 框架和要求开发的司法联盟链，主要链接司法机关、法律科技应用、数据主权企业等，如图 8-7 所示。

图 8-7 legalXchain

Corda 是由 R3CEV 推出的一款分布式账本平台，其借鉴了区块链的部分特性，例如 UTXO 模型以及智能合约，但它在本质上又不同于区块链，并非所有人都可以使用这种平台，其面向的是银行间或银行与其商业用户之间的互操作场景。它是一个基于许可准入的信息共享区块链网络，Corda 的智能合约可以帮助商业机构之间直接进行价值交换，它允许在法律上可识别的交易对手之间进行私人交易，以易于使用的方式保持传统区块链的优势。Fabric 和企业以太坊都是适用于任何行业的通用协议，而 Corda 是面向金融行业设计的。

梧桐链是由我国同济大学联合海航科技、宝武钢铁集团、上海银行等企业研发的具有自主知识产权的联盟链平台。梧桐链平台是主要针对企业、机构的区块链应用场景开发的联盟链平台，聚焦行业、结合联盟、服务社区，旨在解决供应链金融、共享出行、司法存证、追踪溯源、文化版权等领域的问题。梧桐链支持基于私有云和公有云部署与扩展；支持节点可控授权接入，支持多种加密算法、多种共识算法；支持高性能自主智能合约引擎，提供对区块链系统的治理和运维支持，可对整个网络的运行状态进行实时监控。目前已上线了梧桐链的存证平台和证书平台等多个应用。

8.2 区块链技术体系

区块链技术是利用区块链式数据结构来验证与存储数据，利用分布式节点共识算法来生成和更新数据，利用密码学的方式保证数据传输和访问的安全，利用由自动化脚本代码组成的智能合约来编程和操作数据的一种全新的分布式基础架构与计算方式。区块链不是全新的单一技术，而是结合了多种现有技术的创新应用。本节通过分析区块链的技术架构和关键技术让读者了解区块链技术的基本原理。

8.2.1 区块链技术架构

区块链技术架构

目前，区块链 2.0 技术的应用领域最为广泛，因此本小节将区块链 2.0 技术架构的讲解作为切入点，引领读者进一步理解区块链技术。表 8-2 为区块链 2.0 的技术架构，共分为数据层、网络层、共识层、激励层、智能合约层和应用层 6 层。

表 8-2 区块链 2.0 技术架构

架构层次	关键技术
应用层	交易、账本、数据存储
智能合约层	智能合约、代码语言、算法
激励层	发行机制、奖励机制
共识层	PoW、PoS、DPoS
网络层	P2P 网络、验证机制、传播机制
数据层	区块数据、链式结构、数字签名
	哈希函数、默克尔树、非对称加密

数据层：封装了底层数据区块的链式结构以及相关的数据加密和时间戳等技术。数据层主要描述区块链技术的物理形式。区块链系统设计的技术人员们首先建立的一个起始节点是“创世区块”，之后在同样规则下创建的规格相同的区块通过一个链式的结构依次相连组成一条主链条。随着运行时间越来越长，新的区块通过验证后不断被添加到主链上，主链也会不断地延长。

网络层：包括分布式组网机制、数据传播机制和数据验证机制等。网络层的主要目的是实现区块链网络中节点之间的信息交流。区块链网络本质上是一个 P2P 网络。每一个节点既接收信息，也产生信息。节点之间通过维护一个共同的区块链来保持通信。

区块链的网络中，每一个节点都可以创造新的区块，获得记账权的用户在新区块被创造后以广播的形式通知其他节点，其他节点会对这个区块进行验证，当全区块链网络中超过 51% 的用户验证通过后，这个新区块就可以被添加到主链上了。

共识层：主要封装网络节点的各类共识算法。共识层能让高度分散的节点在去中心化的系统中高效地针对区块数据的有效性达成共识。区块链中比较常用的共识机制主要有工作量证明、权益证明和股份授权证明三种。

激励层：将经济因素集成到区块链技术体系中来，主要包括经济激励的发行机制和分配机制等。激励层的主要功能是提供一定的激励措施，鼓励节点参与区块链的安全验证工作。以比特币为例，它的奖励机制有两种。在比特币总量达到 2100 万枚之前，奖励机制有两种，新区块产生后系统奖励的比特币和每笔交易扣除的比特币（手续费）。而当比特币总量达到 2100 万枚时，新产生的区块将不再生成比特币，这时奖励机制主要是每笔交易扣除的手续费。

智能合约层：主要封装各类脚本、算法和智能合约，是区块链可编程特性的基础。智能合约层主要是指各种脚本代码、算法机制以及智能合约等。以比特币为例，比特币是一种可编程的货币，智能合约层封装的脚本中规定了比特币的交易方式和过程中涉及的种种细节。

应用层：封装了区块链的各种应用场景和案例。比如基于区块链技术的校园征信管理系统、绿色出行共享汽车租赁系统、游戏资产交易系统等实际应用案例。

8.2.2 区块链关键技术

区块链关键技术

下一节将会详细解析区块链的关键技术，本小节主要对区块链技术的原理及在区块链系统中的作用进行探讨。

1. 分布式账本技术

分布式账本是一种在多个站点组成的网络里成员之间共享、复制和同步的数据库。区块链仅仅是分布式账本的一种表现形式，分布式账本技术（Distributed Ledger Technology，DLT）可以穿透应用层和底层技术，本质上是一种可以在多个网络节点、多个物理地址或者多个组织构成的网络中进行数据分享、同步和复制的去中心化数据存储技术。区块链采用分布式账本技术进行数据的记录、存储和更新，不依赖第三方管理机构，不存在中心化管制，即使有个别节点失效，也不会影响区块链网络的运行。在中心化网络中，如果中心节点发生故障，则整个系统就会遭到破坏，如图 8-8 所示。

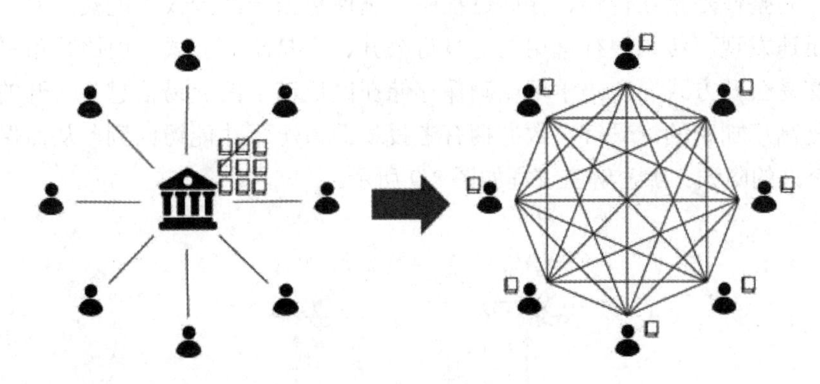

图 8-8 分布式账本技术

分布式账本技术是一种去中心化的数据存储技术，主要起到了数据存储的功能。在区块链交易记账操作过程中，分布在不同地方的节点共同记录完整的账本，每一个节点都参与并监督交易的合法性，共同为用户作证。这种记账方式具有去中心化、数据透明、信息可回溯的特征，降低了篡改账本的可能性。

通过一个实例了解区块链记账过程，假设有一个账页序号为 0 的账页交易记录（见表 8-3），记账时间为：2020-11-20 10:35:06。

表 8-3 账页交易记录信息

账号	收入	支出	余额	备注说明
王晓明	100		190	收到 ××× 货款
张之中		100	30	
孙乐宜	120	90	170	

记账是把账页信息（包含序号、记账时间、交易记录）作为原始信息进行哈希运算，得到一个哈希值，如：787635ACD，用函数表示为：Hash（序号 0、记账时间、交易记录）= 787635ACD

账页信息和 Hash 值组合在一起就构成了第一个区块。比特币系统里约 10 分钟记一次账，即每个区块生成时间大概间隔 10 分钟。在记第 2 个账页的时候，会把上一个块的 Hash 值和当前的账页信息一起作为原始信息进行 Hash，即 Hash（上一个 Hash 值、序号 1、记账时间、交易记录）= 456635BCD 。这样第 2 个区块不仅包含了本账页信息，还间接包含了第一个区块的信息。依次按照此方法继续记账，则最新的区块总是间接包含了所有之前的账页信息。所有这些区块组合起来就形成了区块链，这样的区块链就构成了一个便于验证（只要验证最后一个区块的哈希值就相当于验证了整个账本），不可更改（任何一个交易信息的更改，会让该区块的哈希值发生变化，这样在验证时就无法通过）的总账本。

2. 密码学

密码学技术保证了数据的保密性和完整性。所谓保密性是指数据不泄露给非授权访问的用户。完整性是指在传输、存储过程中，确保数据未经授权不能被改变，或在篡改后能够被迅速发现。传统银行采用的是身份公开、交易隐匿方式，而比特币采用的是身份隐匿、交易公开方式。密码学可以确保存储在区块链上的交易信息是公开的，但账户身份信息是高度加密的，只有在数据拥有者授权的情况下才能访问到，从而保证了数据的安全和个人的隐私。加密解密过程如图 8-9 所示。

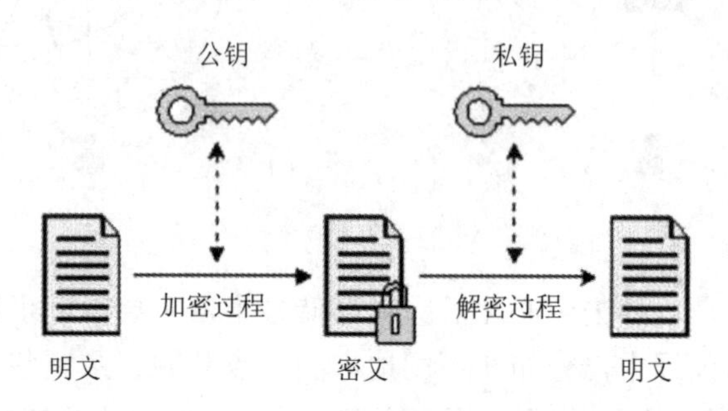

图 8-9　加密解密过程

3. P2P 网络

P2P 网络即对等网络，网络中各个计算机之间不依赖于中心计算机，可以直接进行通信。它是一种在网络中各个计算机（对等者）之间分配任务和工作负载的分布式应用架构。组成 P2P 网络的计算机通常称为节点，各节点既是资源（包括硬件资源）、服务和内容的提供者又是获取者，共享资源通过网络提供服务和内容，不需中间实体直接被其他节点访问。

如图 8-10 所示，和 P2P 架构相对应的网络架构是 C/S 架构，C/S 架构即客户端 / 服务器架构，服务器系统的中心位置负责提供服务，而客户端主要是向服务器发送服务请求并接受服务器的服务，是一个有中心的网络。服务器出现故障，整个系统也会发生瘫痪。相比而言，P2P 架构不需要统一的服务器管理，因此若干个节点出现故障，也不会影响整个网络的运行，增加了网络系统防止故障的健壮性。

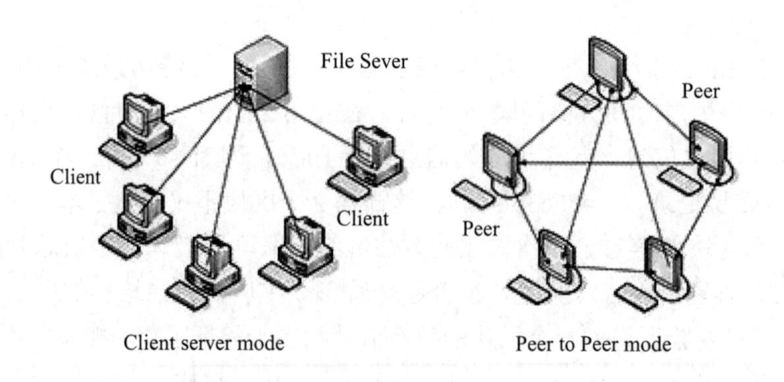

图 8-10　C/S 架构和 P2P 架构的对比

4. 共识机制

分布式系统集群设计中面临着一个不可回避的问题：一致性问题。引起一致性问题的根源：节点之间通信不可靠，延迟和阻塞；节点的处理可能是错误的，甚至节点自身随时可能宕机；节点作恶。在区块链系统中，如何让每个节点通过一个规则将各自的数据保持一致是一个很核心的问题。这个问题的解决方案就是制定一套共识算法。

如图 8-11 所示，共识机制是一种每个节点都必须遵守的协议，用以保证网络中不同节点之间进行有效交互以及保证每个节点数据的一致性。没有共识机制就无法确定哪些信息是真实的，无法对信息真伪进行辨别并达成一致。在区块链中，为了能够对各个节点生成的区块进行验证并把验证结果共享给整个区块链，都必须有相应的共识算法。因此，共识机制是在分布式网络中所有记账节点之间为了达成共识所必需的算法，用于验证一个记录的有效性，既是验证手段，也是防止篡改的手段。

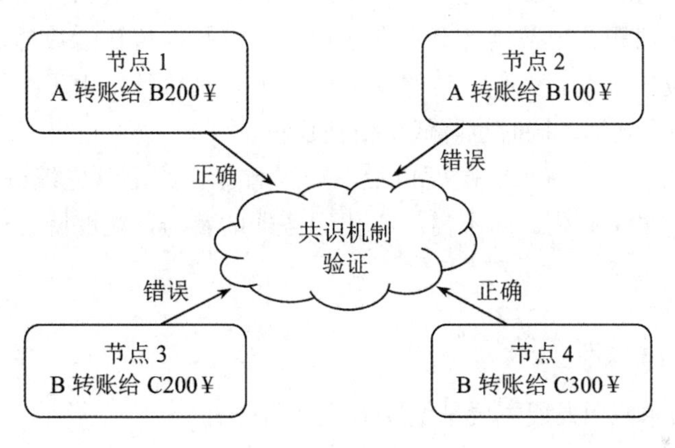

图 8-11 共识机制

5. 智能合约

合约是指两方或多方组织或个人在办理某事时，为了确定各自的权利和义务而订立的共同遵守的条文。智能合约是基于可信的不可篡改的数据，可以自动化地执行一些预先定义好的规则和条款，如图 8-12 所示。

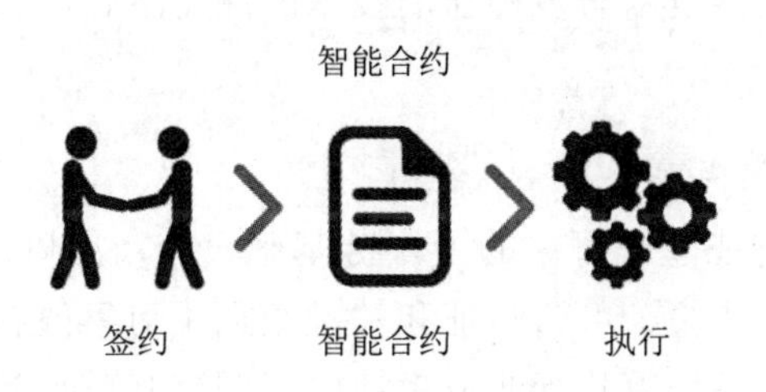

图 8-12 智能合约

以保险为例，如果说每个人的信息（包括医疗信息和风险发生的信息）都是真实可信的，那就很容易在一些标准化的保险产品中进行自动化理赔。在保险公司的日常业务中，虽然交易不像银行和证券行业那样频繁，但对可信数据的依赖有增无减。因此，利用区块链技术，从数据管理的角度切入，能够有效地帮助保险公司提高风险管理能力。

智能合约是由事件驱动、具有状态的、获得多方承认的、运行在一个可信、共享的区块链账本之上的，且能够根据预设条件自动处理账本上资产的程序。智能合约的优势是利用程序算法替代人进行仲裁和执行合同。智能合约是一种旨在以信息化方式传播、验证或执行合同的计算机协议。它允许在没有第三方的情况下进行可信交易，并且这些交易可追踪且不可逆转。智能合约由程序代码和规范合约条件及结果的软件组成。应用智能合约可以免去中心化服务器的参与，这意味着能够节省社会资源，同时减少交易步骤、交易的时间，而且还能解决信用问题。

R3 区块链联盟率先尝试将智能合约应用于资产清算领域，利用智能合约在区块链平台 Corda 进行点对点清算，以解决传统清算方式需要涉及大量机构完成复杂审批和对账所导致的效率低下问题。当数据持有者在区块链上将数据传输给数据需求方时，只要符合智能合约上预设的条款和条件，这笔交易就会被强制执行，由于少了中介的参与，不仅省下了其中的中介费用，同时也降低了信任危机。

智能合约有两个主要特点：高度自治，即当智能合约上预先编好的条件被触发时，会自动执行合约；去中心化，即不需中心化服务器的参与，能够降低交易成本，同时也能解决信任问题。

8.2.3 区块链技术趋势

目前区块链技术应用发展主要呈现以下三个趋势：

1. 区块链技术融合正在持续推进

区块链技术在落地过程中通过与应用的不断碰撞，其核心技术共识算法、智能合约设计及分析、可监管匿名隐私保护等也在不断地发展和完善，以便在进一步赋能应用的同时，降低应用研发成本，加快区块链与应用融合速度。与此同时，人工智能与区块链技术的结合可实现区块链智能合约业务的自动验证，大数据与区块链技术的结合可实现区块链数据的有效利用和可视化呈现，物联网技术与区块链技术的结合可实现区块链虚实世界的有效结合，区块链技术与多种前沿技术的深度融合，共同推进着集成创新和应用融合。

2. 区块链信任基础设施建设正在规划起步

区块链技术的发展重在建立可信的区块链基础设施，用以承载不同的区块链应用，对上层业务系统提供重要决策、可信验证和关键数据不可篡改存储服务。目前，各行业联盟和地方政府正在积极规划筹建行业或者地区联盟链基础设施，通过各个核心机构搭建区块链节点，共同组建区块链信任网络，继而各节点通过运行智能合约实现对上层业务的可信决策，通过管理和维护链式账本实现数据的不可篡改存证。

3. 区块链应用试点正在蓬勃发展

区块链技术在促进数据共享、优化业务流程、降低运营成本、提升协同效率、建设可信体系等方面具有重要作用。目前，区块链技术在金融管理、工业制造、食品溯源、医疗健康、社会公益等方面已经落地相关应用案例，基于区块链技术的新型数字经济模式正在持续推进构建，并将区块链底层技术服务和新型智慧城市建设结合，探索区块链技术在信息基础设施、智慧交通、能源电力等领域的应用示范，提升城市管理的智能化、精准化水平。

8.3 密码学和安全技术

密码学和安全技术

区块链的关键技术中密码学和共识机制同样重要，在去中心化的思想上解决了节点间相互信任的问题，让每个节点都能验证交易的真伪。

8.3.1 对称加密和非对称加密

解密是加密的逆向过程，也就是说解密和加密用的秘钥是相同的，这种加密方式被称为对称加密，如图 8-13 所示。对称加密有个明显的缺点，一旦密钥被获得，所有的加密和解密过程都会被破译。

非对称加密中存在两个密钥，使用其中一个密钥来加密，该密钥被公开，称为公钥；另一个密钥用来解密，自己保留，称为私钥，如图 8-14 所示。在非对称加密中，例如，A 要向 B 发送消息，A 和 B 都会产生一对用于加密和解密的公钥和私钥，双方都将各自的公钥告知对方，A 用 B 的公钥将消息进行加密后发送给 B，B 收到消息后用自己的私钥进行解密。而其他所有收到该消息的人由于没用相应的私钥都无法对消息进行解密。

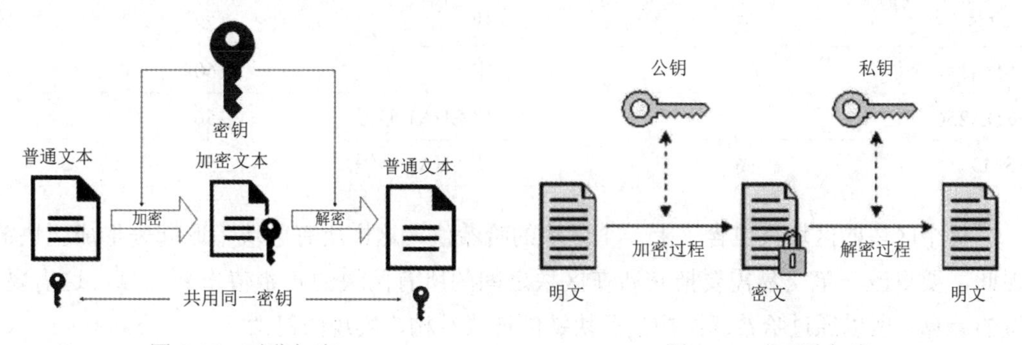

图 8-13 对称加密　　图 8-14 非对称加密

例如，有两个用户 Lucy 和 Jack，Lucy 想把一段明文通过双钥加密的技术发送给 Jack，Jack 有一对公钥和私钥，那么加密解密的过程如下：

（1）Jack 将他的公钥传送给 Lucy。

（2）Lucy 用 Jack 的公钥加密她要发送的消息，然后传送给 Jack。

（3）Jack 用自己的私钥解密 Lucy 的消息。

8.3.2 哈希算法

哈希算法也是一种安全技术，哈希算法是一种单向的映射，将任意长度的二进制值输入（明文）映射为较短的固定长度的二进值（哈希值）输出，并且不同的二进制输入很难映射为相同的输出。常用的哈希算法有 MD5、SHA-256 等。哈希算法具有正向快速、不可逆性（隐秘性）、无冲突性和输入敏感等特征。

哈希算法的正向快速是指给定明文和哈希算法，在有限时间和有限资源内能求出哈希值。不可逆性指即使知道某个 x 的哈希值也无法通过有效的方法求出 x。无冲突性（又称哈希阻力）指很难找到两段内容不同的明文，经过哈希运算后得到的哈希值一致。即如果无法找到两个值，x 和 y，$x \neq y$，而 H(x)=H(y)，则称哈希函数 H 具有碰撞阻力。输入敏感指明文内容稍微有点改动，产生的哈希值就有很大的不同。

目前流行的哈希算法有 MD5、SHA-1、SHA-2。MD5 算法是 MIT 的 Ronald L.Rivest 于 1991 年 MD4 的改进版本，MD5 算法对任意长度的消息输入，产生一个 128 位（16 字节）的哈希结构输出。在处理过程中，以 512 位输入数据块为单位。MD5 算法已被我国的王小云院士破解了，她能快速构造一个 M2 使得 MD5（M1）=MD5（M2）。SHA 家族的五个算法，分别是 SHA-1、SHA-224、SHA-256、SHA-384 和 SHA-512，由美国国家安全局（NSA）所设计，并由美国国家标准与技术研究院（NIST）发布，是美国的政府标准。后四者有时并称为 SHA-2。2007 年，Google 构造出了拥有相同 SHA-1 哈希值的两个不同的 PDF 文件。MD5 和 SHA-1 已经不够安全了，目前 SHA-256 算法还是安全的，比特币区块链中挖矿时用的就是这种算法。几种哈希算法的比较见表 8-4。

表 8-4　几种哈希算法的比较

加密算法	安全性	运算速度	输出大小（位）
MD5	低	快	128
SHA1	中	中	160
SHA256	高	比 SHA1 略慢	256
SM3	高	比 SHA1 略慢	256

每个区块的区块头包含了上一个区块的哈希值，这样所有区块串联起来形成区块链。因此，要更改一笔交易需要把它所在区块之间的所有区块的哈希值重新计算，这需要大量的计算。所以通过哈希算法构建区块链的链式结构，实现防篡改。

通过哈希算法构建默克尔树，实现内容改变的快速检测。默克尔树本质上是一种哈希二叉树，如图 8-15 所示。首先对每笔交易进行哈希运算得到哈希值；然后进行两两分组，对这两个哈希值进行计算得到一个新的哈希值，两个原来的哈希值作为新哈希值的叶子节点，若在两两分组时，剩下一个哈希值，就对它再进行一次哈希运算得到哈希值；重复上述计算，直到最后得到一个哈希值，让其作为默克尔树的树根，最终形成一个二叉树的结构。

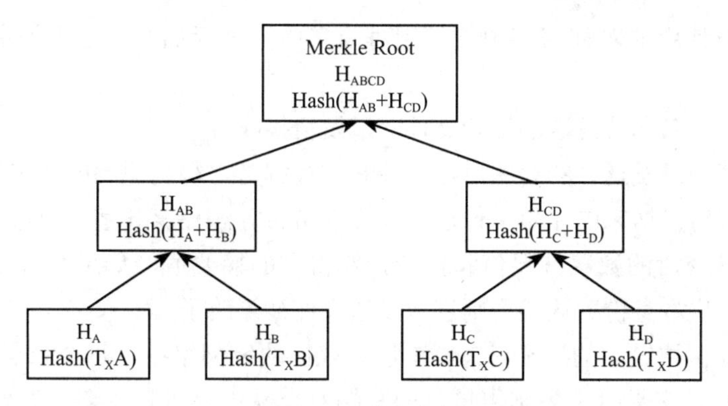

图 8-15　默克尔树

比特币的每一个区块都包括一个区块头和一个区块体，区块头主要有：上一个区块的哈希值、区块中所有交易的默克尔树的根节点、随机数 Nonce。根节点连接着区块体，区块体中包含该块的所有交易信息。若验证交易内容，只需验证默克尔树即可。若根哈希值验证不通过，则验证它的两个子节点，依次验证最终可以识别被篡改的交易。

数字摘要是哈希算法最重要的用途之一，数字摘要是对数字内容进行哈希运算，获取唯一的摘要值来指代原始数字内容。数字摘要用于验证内容是否被篡改过，用户在网络上获取原始文件的同时会得到一个数字摘要值，用户对原始文件自行计算，并同提供的摘要值进行对比，如果一致说明文件没有被篡改过，如果不一致说明文件被篡改。

8.3.3　数字签名

数字签名是一种公钥加密技术的应用，用于鉴别电子数据有没有遭到篡改的一种方法。数字签名流程如图 8-16 所示。

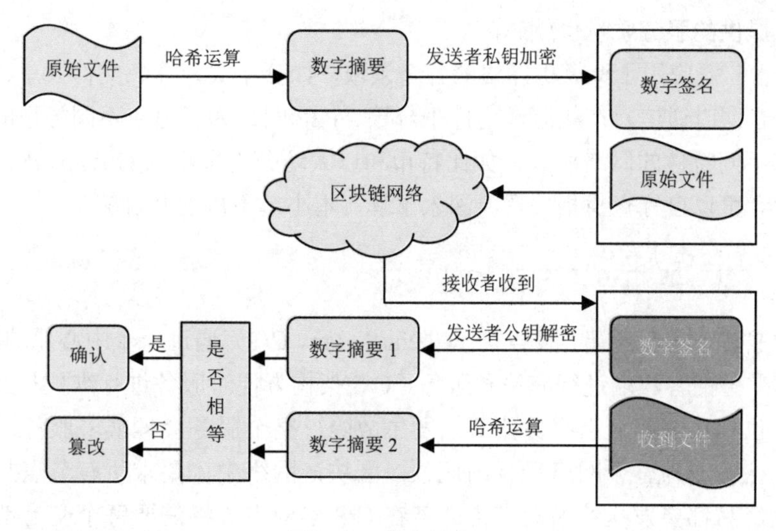

图 8-16　数字签名

（1）发送方通过哈希算法求出发送文件的数字摘要。

（2）发送方使用非对称密钥中的私钥对数字摘要进行加密，这个加密后的数据就是数字签名。

（3）把数字签名和待发送的原始文件一起发给接收者。

（4）接收者通过发送方的公钥对数字签名进行解密，得到原始的数字摘要值。

（5）接收者对发送来的原始文件通过同样的哈希算法计算数字摘要值。

（6）比较解密后的数字摘要值和重新计算得到的摘要值，如果两者相等则证明发送文件无篡改，发送者身份确认，否则表示发送文件被篡改了。

数字签名在区块链中的用法是怎样的呢？在区块链网络中，每个节点都拥有一份公、私钥对。节点发送交易时，先利用自己的私钥对交易内容进行签名，并将签名附加在交易中。其他节点收到广播消息后，首先对交易中附加的数字签名进行验证，完成消息完整性校验及消息发送者身份合法性校验后，该交易才会触发后续处理流程。

8.4 P2P 网络

8.4.1 P2P 网络原理

P2P 网络

P2P 网络即对等网络，网络中的各节点地位平等，又被称为“点对点”或“端对端”网络。P2P 网络是一种消除了中心化的服务节点，在各节点之间进行任务和工作负载的分配，是依靠各节点共同维护的网络结构。由于节点间的数据传输不依赖于中心节点，P2P 网络具有极强的可靠性和容错性，部分节点故障不会影响网络的正常运行。P2P 网络容量没有上限，每个节点都向其他节点提供服务，每个节点也都可以从其他节点得到服务。因此，节点越多，网络资源也在增加，提供的服务质量也就越高。

P2P 技术广泛应用于计算机网络的各个领域，如分布式计算、文件共享、流媒体直播与点播、语音即时通信、在线游戏支撑平台等。P2P 网络为了适应不同类型的应用，推出了大量具有不同特性的网络协议，如比特币和以太坊分别采用的 Gossip、Kademlia 协议。有兴趣的读者可以自行查找相关资料深入了解，本小节不再展开讲解了。

8.4.2 P2P 架构与 C/S 架构的比较

传统的服务架构客户端 / 服务器（Client/Server，C/S）通过一个中心化的服务器节点，向多个申请服务的客户端进行应答和服务。C/S 架构方便对服务进行维护和升级，便于管理。然而，也存在缺陷：当服务器节点发生故障，整个服务会瘫痪；服务器节点的处理能力有限，往往成为整个网络运行的瓶颈。区块链网络中，要求所有节点共同维护账本数据，每笔交易都要发送给所有节点。若在 C/S 架构中，将需要每个交易都发送给服务器，再由服务器发送给所有节点，这个过程不仅费时，而且对服务器的性能更是一种考验。在 P2P 网络中，节点只需要按照一定的规则将消息发送给一定数量的相邻节点即可，其他节点收到后也会按照规则转发，最后将信息发送给所有节点。

以银行的转账交易为例，传统银行采用C/S网络架构，以银行服务器为中心节点，各个网点、ATM为客户端。用户首先登录客户端提供银行卡、密码信息，验证通过后进行转账操作，银行服务器收到转账服务请求并进行处理，将处理结果分别发送给转账发起人的客户端和目的转账人的客户端。而在区块链网络中，当一个节点发起转账，除了和传统付账一样也要指明转账目的地址、转账金额等信息外，还需要对交易信息进行签名，该交易按照规则发送到若干个邻近节点，各节点通过签名对交易信息进行验证，验证通过后再按同样的规则向其他节点转发，直到整个网络所有节点收到交易信息并验证通过。获得记账权的矿工将该交易打包到区块，再广播到整个区块链网络。收到新区块的其他节点按照共识机制确认后，将该区块链接到本地区块链中，永久保存。

8.5 共识机制

区块链网络中，每个节点都参与记录数据，最终以谁的记录为准？怎么保证每个节点最终记录的都是相同的正确数据？即在缺少可信任中央节点和可信任通道情况下，分布在网络中的各节点应如何达成共识？网络中的计算机节点可能发送错误的信息，在信息传输过程中也可能发生信息损坏事件，使得网络中不同的成员信息不一致，从而使得各节点的结论出现差异，丢失了数据的一致性。在区块链系统中，如何让每个节点通过一个规则将各自的数据保持一致是一个核心的问题。这个问题的解决方案就是制定一套共识机制。不同的计算机通过相互通信达成共识，并按照共识策略展开行动，如图8-17所示。

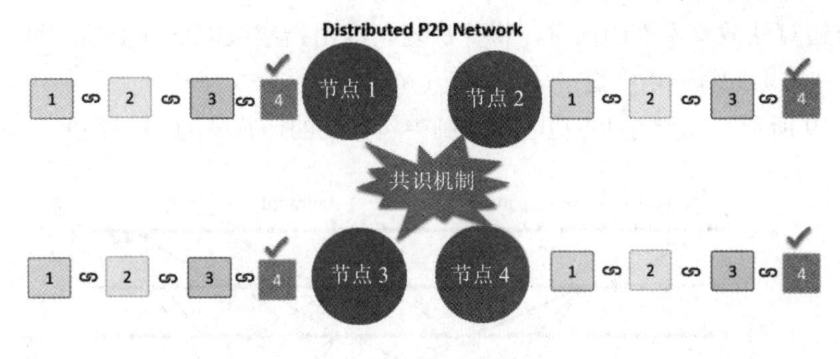

图8-17 共识机制

拜占庭将军问题是数据一致性问题的形象表达。本节将分析拜占庭将军问题和几种主流的共识机制。

8.5.1 拜占庭将军问题

拜占庭将军问题

拜占庭将军问题是由计算机科学家莱斯利·兰波特1982年在其论

文 *The Byzantine Generals Problem* 中提出，主要描述分布式网络节点通信的容错问题。在分布式 P2P 网络系统中，多个节点能够点对点进行通信，但有的节点会遭到恶意攻击，在这种情况下如何辨认这些被篡改的信息并达成共识，这一难题被称为拜占庭将军问题，如图 8-18 所示。

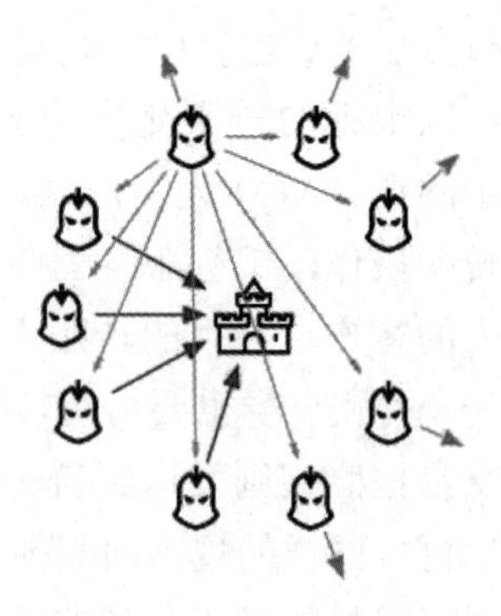

图 8-18　拜占庭问题

拜占庭帝国的 9 个将军率领各自的军队去同时包围一座城池，攻克这座城池需要 9 支军队同时发动进攻才能成功。因此，9 位将军达成共识，要么同时进攻，要么同时撤退，这个共识遵守“少数服从多数”的原则。每支军队都要向另外 8 支军队发送进攻或撤退的信号，通过少数服从多数去做最终的决定。如果有一个将军背叛国家，并且此时刚好收到 4 个进攻信号和 4 个撤退信号，他会向 4 个倾向进攻的军队发出进攻信号，向 4 个倾向撤退的军队发出撤退信号，那么收到进攻信号的 4 支军队，将会误认为进攻信号多于撤退信号，从而发起进攻，最终以兵力不足而导致攻城失败。拜占庭将军问题中，最重要的事情就是所有的将军如何达成共识，要攻一起攻，要退一起退。

可以将拜占庭将军问题描述为：采用何种策略确保军队之间行动的一致性。拜占庭将军问题的最终目的是为了行动的一致性，而不是为了胜利。这是对现实网络世界的一种模型化，分布式系统中，数据一致性的问题是一个不可避免的问题。节点之间通信不可靠、延迟和阻塞、节点的错误处理、节点作恶，这些都是数据不一致的根源。

如果系统能解决拜占庭将军问题而正常运行的话，则称系统具备拜占庭容错（Byzantine Fault Tolerance，BFT）。实用拜占庭容错（Practical Byzantine Fault Tolerance，PBFT）算法由麻省理工学院的 Miguel Castro 和 Barbara Liskov 于 1999 年提出，解决了之前拜占庭容错算法效率不高的问题，将算法复杂度由指数级降低到多项式级，使得拜占庭容错算法在实际系统应用中变得可行。

如图 8-19 所示，在实用拜占庭容错机制中，机制的运行分为 4 个阶段：

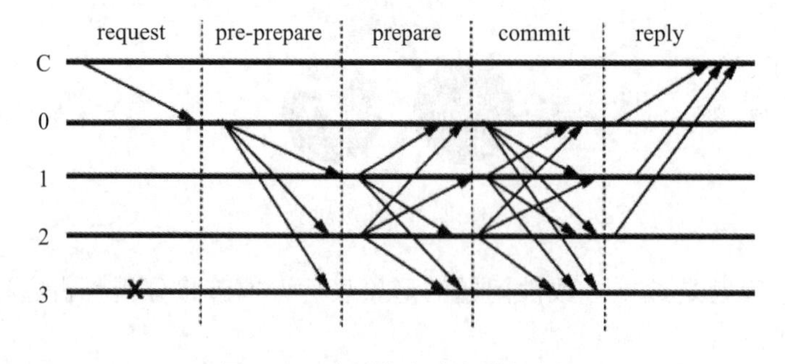

图 8-19　实用拜占庭容错机制

（1）客户端将请求发送给主节点。

（2）主节点将请求广播给所有次节点。

（3）主、次节点共同完成客户端请求，并对客户端进行答复。

（4）若客户端接收到 $F+1$ 个节点相同的答复（F 代表网络允许的恶意节点数量最大值），并且该请求对应的时间戳和执行结果都相同时，则该答复即为运算的结果，否则重复发送请求到服务器。

PBFT 算法能够解决少数节点失效的问题，但是它有自身的局限性：计算效率依赖于参与协议的节点数量，不适用于节点数量过大的区块链系统，扩展性差；系统节点是固定的，无法应对公有链的开放环境，只适用于联盟链或私有链环境；PBFT 算法要求总节点数 $n \geq 3f+1$（其中，f 代表作恶节点数），即系统的失效节点数量不得超过全网节点的 1/3，容错率相对较低。

PoW 和 PoS 两种共识算法

8.5.2 工作量证明（PoW）

工作量证明（Proof of Work，PoW）PoW 是目前区块链平台采用最多的共识算法，其可靠性得到了大量验证。中本聪在 2009 年提出的比特币中，采用工作量证明作为共识算法，比特币的网络给每一个矿工一道超难的数学题，哪个矿工能最先解出这道题，就能获得记账权，从而获得新发行的奖励。其核心思想是节点间通过算力的竞争来分配记账权和奖励。算力一般是指比特币矿机的计算能力。不同节点根据特定信息计算一个数学问题的解，这个数学问题很难求解，但是却容易对结果进行验证。最先解决这个数学问题的节点可以获得记账权创建新区块并获得一定数量的新生币奖励和交易手续费。

PoW 机制的基本步骤：①节点监听全网数据记录，通过基本合法性验证的数据记录将进行暂存；②节点消耗自身算力尝试不同的随机数，进行指定哈希计算，并不断重复该过程直至找到合理的随机数 Nonce；③找到 Nonce 并获得记账权后，生成新的区块并广播给其他节点；④其他节点验证通过后，将区块添加至区块链中，主链高度加 1，然后所有节点继续进行新区块的工作量证明和创建。

PoW 方法简单易行，容易达成共识，系统可靠性强，篡改的成本巨大，但是消耗大量的算力，由于矿场的出现使得算力趋于集中，违背了去中心的初衷。

8.5.3 权益证明（PoS）

为了解决 PoW 带来的巨大能源消耗问题，同时算力趋于集中引起的中心化问题也一直存在争议，在这样的背景下，权益证明（Proof of Stake，PoS）机制共识算法应运而生。2012 年 Sunny King 提出了 PoS 概念并开发了 PeerCoin，成为第一个通过 PoS 机制来实现区块链共识算法的加密数字货币，改变了 2012 年以比特币为代表的 PoW 机制局面。

与工作量证明机制要求节点不断进行哈希计算来验证交易有效性的机制不同，权益证明机制的核心思想是：让在系统中拥有资产多的节点来保障区块链的运行。根据每个节点在系统中所占有的资产多少来分配记账权，从而加速新区块的生成，提高系统运行的效率。也就是说记账权是由系统中占有最高资产的节点获得，而不是拥有最高算力的节点获得。节点拥有的资产即权益，权益证明极大地降低了工作量证明机制造成的资源耗费，减少了达成共识的时间。权益证明机制在安全性与资源利用方面取得了相对的平衡，在尽可能降低资源消耗的条件下实现了一定程度上的安全。

PoS 机制与 PoW 机制的最大不同在于，只有持有数字货币的人才能进行挖矿，而且不需要大量的算力就可以挖到货币，避免了比特币网络中出现的“算力集中”趋势，回归到区块链“去中心化”的本质要求，但还是不能摆脱对代币的依赖，变相地相当于权益多的用户占有控制权。

8.6 智能合约

金融、政务服务、供应链、游戏等各类应用几乎都是以智能合约的形式运行在不同的区块链平台上。区块链从单一的数字货币应用到今天融入各行各业，智能合约起到了至关重要的作用。

8.6.1 智能合约的定义

智能合约

1995 年，跨领域法律学者尼克•萨博（Nick Szabo）提出了“智能合约”（Smart Contract）的概念，即“一个智能合约是一套以数字形式定义的承诺（Commitment），包括合约参与方可以执行这些承诺的协议。”在区块链网络中，当一个预先编好的条件被触发时，智能合约会自动执行相应的合同条款。智能合约就是一个预先设定且不可篡改的计算机协议，而区块链相当于是能够运行这个协议的计算机程序。

智能合约包含三个要素：自治、自足和去中心化。自治表示合约一旦启动就会自动运行，而不需要它的发起者进行任何的干预。其次，智能合约能够自足以获取资源，也就是说，通过提供服务或者发行资产来获取资金，当需要时也会使用这些资金。去中心化是指合约不依赖单个中心化的服务器，而是分布式的，通过网络节点来自动运行。

智能合约和传统合约有相似之处，也存在显著的差别，两者比较见表 8-5。

表 8-5　智能合约和传统合约的比较

比较内容	智能合约	传统合约
自动化方面	自动判断	人工判断
适应场景	适合客观场景	适合主观场景
成本	低成本	高成本
违约惩戒	依赖于抵押品或保证金	法律手段
适用范围	全球范围	受限于具体辖区

8.6.2 智能合约的原理

一个基于区块链的智能合约包括由合约参与者、合约资源集合、自动状态机、合约事务集合四个部分组成，用于接收和处理各种条件。事务的触发、处理及数据保存都必须在链上进行。自动状态机针对接收到的触发条件对当前资源进行判断，选择满足条件的合约事务，该事务对外界作出回应。智能合约模型如图 8-20 所示。

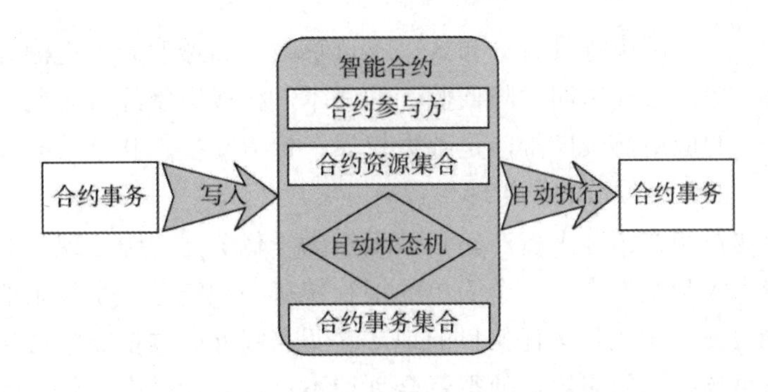

图 8-20 智能合约模型

（1）合约参与者：执行智能合约的相关参与者，即交易方们。

（2）合约资源集合：智能合约执行涉及的参与者资源，即参与方的资产、账户、拥有的数字资产。

（3）自动状态机：由状态寄存器和组合逻辑电路构成，能够根据控制信号按照预先设定的状态进行状态转移，是协调相关信号动作、完成特定操作的控制中心。它包括当前资源状态判断、下一步合约事务执行选择等。

（4）合约事务集合：参与方共同商定的合同内容，包括责任义务和奖惩机制，是智能合约的下一步动作或行为集合，控制着合约资源并对外界信息作出相应回应。

智能合约只是一个事务处理模块和状态机构成的系统，它不产生智能合约，也不会修改智能合约；它的存在只是为了让一组复杂的、带有触发条件的数字化承诺能够按照参与者的意志正确执行。

智能合约一旦在区块链上部署，所有参与节点都会严格按照既定逻辑执行。基于区块链上大部分节点是诚实的基本原则，如果某个节点修改了智能合约逻辑，那么执行结果就无法通过其他节点的校验而不会被承认，即修改无效。现有的部分支持智能合约的区块链平台提供了如 Go 语言、Java 语言等高级语言编写智能合约的功能，而这类高级语言存在一些具有不确定性的指令，可能会造成执行智能合约节点的某些状态发生分歧，从而影响整体的一致性。一些区块链平台引入改进机制，对不确定性进行消除，例如，以太坊限制用户只能使用平台自身提供的确定性语言 Ethereum Solidity 进行智能合约的编写，确保合约在执行动作上的确定性。

8.7 区块链技术典型应用

区块链的分布式存储有效降低了数据集中管理的风险，正是区块链的技术特点和独特优势，区块链被认为在金融、征信、教学、医疗、物联网、经济贸易、智能设备等众多领域都拥有广泛的应用前景。

8.7.1 区块链在金融领域的应用

区块链技术典型应用

区块链具有分布式、不可篡改、高透明和可追溯等特点，能够使信息公开透明、降低监管的成本，构成数字经济时代的信任基石。它的应用前景广阔，是数据权属、价值交换、共享数据和防伪溯源在内的多个领域痛点的理想解决方案。

消费者和企业每年在国际上资产转移数大约为千亿美元，银行现有的支付结算体系中，结算过程较为复杂又昂贵。一个简单的银行转账必须绕过一个复杂的中介系统，从代理银行到保管服务，才能到达任何目的地。这两家银行必须依靠中心化的跨行结算处理系统完成。区块链技术的应用可使得资金划拨不再需要通过中心化的清算系统而是直接进行点对点的支付，这种扁平化的支付清算体系，能够提高支付结算效率，降低交易成本，增加交易行为的透明度，从而节约运营成本。

传统银行的跨境支付过程：当银行向海外转账时，用户的钱款需要经过许多中介银行，直到转入收款银行为止。每经过一家中介银行都需要支付一笔手续费，耗时费钱。如用户 A 向用户 B 跨境转账的传统过程如图 8-21 所示。

图 8-21　传统跨境转账过程

如图 8-22 所示，Veem 是一家基于比特币区块链技术的提供跨境支付服务的公司。该公司致力于提供新一代简单、流畅、廉价的跨境支付服务，2015 年产品上线，主要面向跨境电子商务及跨境贸易领域的中小型企业。

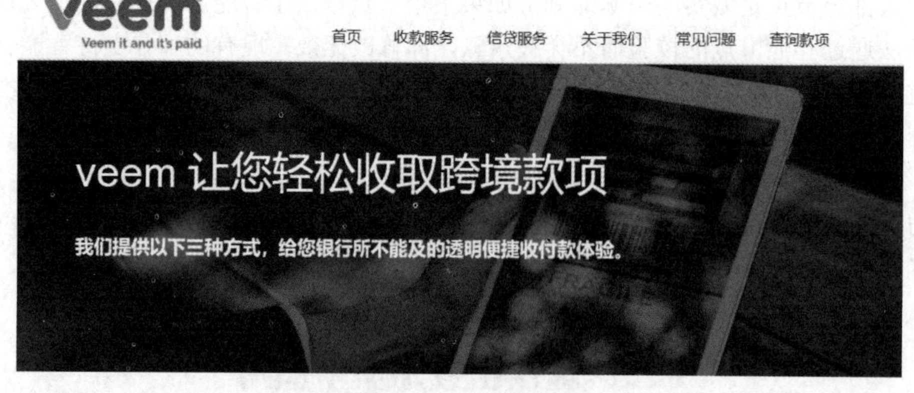

图 8-22　Veem 主页

与传统银行的跨境支付过程不同，Veem 的转账过程如图 8-23 所示。

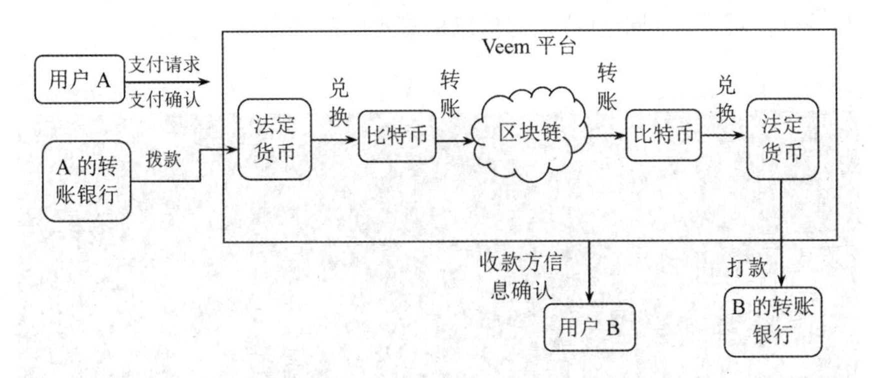

图 8-23　Veem 的转账过程

（1）用户在 Veem 官网注册账号。

（2）汇款时登录账号，填写汇款金额和收款方的信息。

（3）Veem 公司与收款方取得联系，获取其银行账号。

（4）Veem 公司从付款方的银行账号中划款，并兑换成比特币。

（5）Veem 公司将比特币兑换为收款方的法定货币，并向其转账。

8.7.2　区块链在公证管理领域的应用

根据我国《公证法》规定，公证是公证机构根据自然人、法人或者其他组织的申请，依照法定程序对民事法律行为、有法律意义的事实和文书的真实性、合法性予以证明的活动。公证业务流程主要包括公证受理、审查、取证、核实、出证，后面还有公证文书使用。公证业务办理过程包括对材料取证审查及审批制作、公证证据保全、公证文书流转等。

传统电子证据被存储在自有服务器或云服务器中，文件在备份、传输等过程中容易受损，导致证据不完整或遭到破坏。此外，除了加盖电子签名的电子合同具有不可篡改性，其他形式的数据和证据在被传输到云服务器的过程中均有遭受攻击和篡改的风险，降低了电子证据可信度。在存证环节，利用区块链技术存储电子证据可有效解决传统存证面临的安全问题。在电子证据生成时被赋予时间戳，电子证据存储固定时通过比对哈希值来验证数据完整性，并在参与节点之间基于对等网络分布式存储，在传输过程中采用不对称加密技术对电子证据进行加密保障传输安全，充分保障了证据真实性和安全性。在取证环节，由于区块链存证方式为分布式存储，允许司法机构、仲裁机构、审计机构等多个节点在联盟链上共享电子证据，理论上可以实现秒级数据传输，降低取证的时间成本，优化仲裁流程，提高多方协作效率。因此，区块链技术在电子证据领域主要有两个应用优势：安全存证和提高取证效率。

2020 年 1 月 9 日，杭州下笔有神科技有限公司为上海市浦东公证处打造的浦东公证链及数据存证平台正式上线运行，如图 8-24 所示。该系统通过互联网为企业及有需要的自然人提供数据存证、远程取证和摇号抽奖服务，旨在帮助用户在商务、知识产权等诸多领域的证据存储、固定及取证工作。通过本平台提供的各项在线功能，满足证据真实性、合法性、相关性的要求，同步解决证据信息保管难的问题。

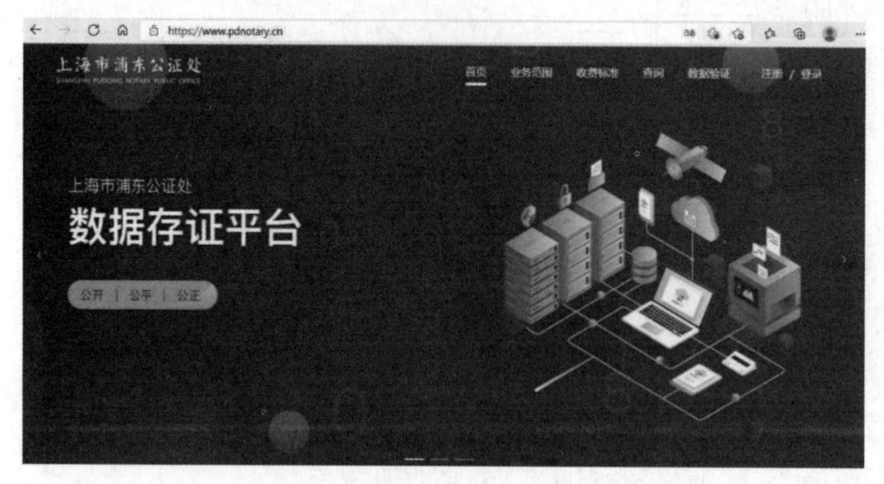

图 8-24　上海浦东公证处数据存证平台

该业务系统构建在以公证处相关业务合作单位共建的联盟链基础上，利用区块链的分布式账本、溯源并不可篡改等特性，在公证处这个组织信任的基础上叠加区块链的机器信任属性，提高公证业务效率，扩展公证业务渠道。

2018 年 5 月，同济大学联合海航科技、欧冶金融、上海银行、中国银联等企业共同发起梧桐链，并由苏州同济区块链研究院研发底层技术，如图 8-25 所示。根据梧桐链白皮书，梧桐链是主要针对企业、机构区块链应用场景开发的联盟链。梧桐链存证平台主要通过存储电子凭证哈希值、时间戳等信息，数据实时同步至各节点，经节点共识后写入联盟链，业务不会受某单一节点服务的风险影响，从而保证数据的公开、透明、安全、可信。

图 8-25　梧桐链存证平台

梧桐链存证平台主要提供了云存储和云验证两大功能，云存储为企业提供安全、可靠的电子凭证托管服务，为持卡人提供便捷可信的电子凭证查询途径。云验证为企业、持卡人提供校验电子凭证的服务和方式。使用第三方托管服务的企业在获取电子凭证后，可与从区块链获取的电子凭证摘要进行比对，以验证电子凭证真伪，不必担心托管模式下的凭证被恶意篡改。基于梧桐链开发的“梧桐链存证平台”已落地应用，并接入江苏省苏州市相城公证处。梧桐链的另外一项应用便是梧桐链证书平台。它是依托于梧桐链构建的可信电子证书系统，可以对颁发的证书及相关机构等课程信息实时固化，保证数据完整、不可篡改、可追溯。在梧桐链证书平台上，用户机构可以通过网页登录，上传证书等数据，该数据将会被登记上链并进行云存储；学生可以登录网页查看并下载证书信息。由于信息全部存储上链，所以不可更改。

目前，越来越多的区块链技术开始落地应用，区块链在降低互信成本方面的作用凸显。

8.7.3 区块链在医疗卫生领域的应用

随着“互联网＋医疗”的发展，医疗机构逐步实现病历文书电子化，但电子病历系统书写不统一、可追溯性差。由于电子病历由各家医院分别管理和保存，患者获得本人医疗记录和看病诊断历史数据不便捷、无法界定责任等问题饱受诟病。共享医疗健康数据是提高医疗机构质量，并使医疗系统更智能的主要和必不可少的步骤。

国家卫健委发布《关于加强全民健康信息标准化体系建设的意见》，指出要探索研究区块链在医疗健康领域的应用场景，加快研究制定医疗健康领域区块链信息服务标准，加强规范引导区块链技术与医疗健康行业的融合应用。

2021 年 1 月 26 日，浙江大学医学院附属邵逸夫医院正式上线区块链医疗应用，实现区块链技术在医疗电子病历领域的应用场景，如图 8-26 所示。其通过电子病历的“上链”推动更高效率治理的医疗行为，同时技术赋能保护患者隐私，进一步增强患者使用医疗数据的自主性。邵逸夫医院此次利用区块链技术，将有效解决电子病历管理数据安全、流程管理和司法认可的难题，也让患者本人成为个人医疗数据的真正掌控者。

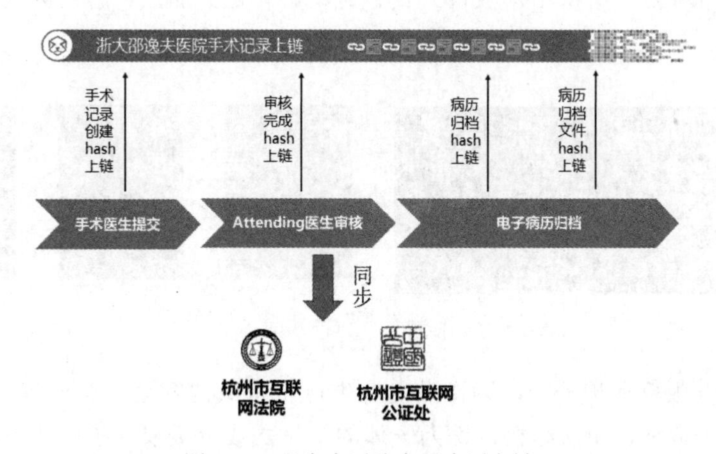

图 8-26　邵逸夫医院电子病历上链

邵逸夫医院已经在该院各科室实现从手术医生书写手术记录、主诊医师负责审核，到电子病历归档等全流程上链，并同步到杭州市互联网公证处和互联网法院等司法机构，实现电子病历电子证据固化。邵逸夫医院在电子病历与科研数据领域的区块链应用实践，不仅推动医疗机构病历数据安全有效的共享和流转，也将促进政府、医疗机构、药企、保险等多方联动，建立医疗行业联盟链，解决“医院重复检查”“医疗保险欺诈”“药品假冒”等痛点，促进整个医疗健康体系更高效运转。

8.7.4 区块链在版权管理领域的应用

传统的版权管理缺乏行业规范化服务，版权交易过程中信息不连通，版权收益难以公平有效地在原创作者和相关机构间分配。传统的版权保护费时费力成本高，海量内容难以全量保护，内容分发难以掌控问题。传统模式权属自证烦琐，需奔波于多个部门 / 组织之间，侵权发现难，维权耗时久、成本高，多数作品难以被有效保护。党的十九大报告指出，要“倡导创新文化，强化知识产权创造、保护、运用”，确立了新时代包括版权在内的知识产权工作的总基调，为新时代版权工作指明了方向。《“十三五”国家知识产权保护和运用规划》中首次将知识产权规划列入国家重点专项规划。

区块链的分布式账本和时间戳技术使全网对知识产权所属权迅速达成共识成为可能，理论上可实现及时确权。不对称加密技术保证了版权的唯一性，时间戳技术保证了版权归属方，版权主可以方便快捷地完成确权这一流程，解决了传统确权机制低效的问题。

（1）新华文轩旗下四川数字出版传媒有限公司作为西南地区领先的数字出版企业，推出的“知信链”产品聚焦数字出版版权领域，提供全链条版权服务，构建数字版权新生态。“知信链”是一款以区块链底层技术为支撑的区块链版权服务平台，广泛服务于数字文创产业版权、知识产权，为文学、音视频、动漫游戏、文档等内容原创者、企业、各大分发平台渠道提供全链条版权服务，如图 8-27 所示。在提供数字版权确权、认证、资产化等服务的同时，为用户搭建从内容上链到交易、消费、投资的商业闭环，解决版权行业标准化的痛点，解决用户版权分发、交易、转化的痛点，解决区块链实际商业应用的痛点。

图 8-27 “知信链”知识产权数字服务平台

（2）蚂蚁链版权保护平台，为作品内容生产机构或内容运营企业提供集权益存证、传播监测、电子取证、司法维权诉讼为一体的一站式线上版权保护解决方案。蚂蚁链版权保护平台基于蚂蚁链 BaaS 架构，支持一站式 API 接入，并提供可视化界面，提供原创登记、版权监测、电子证据采集与公证、司法诉讼全流程服务。平台基于阿里云云端部署，依托于蚂蚁链的区块链和 AI 技术，加持金融级加密算法和云计算能力，为每一层服务提供更安全可信的基石。

（3）版权管理运用区块链技术将分散的业务环节整合成线上一站式服务，集权益存证、传播监测、电子取证、维权服务为一体，让原创作者 / 机构“一次都不跑”就实现版权保护，有效提高因权属问题产生版权纠纷的解决效率，因版权联盟链证据公信力强，诉讼周期可降至 20 天，相关费用节省 95% 以上，普惠每一位创作者，打造可信任的版权联盟链，关联信息上链后共享，在智能合约与业务应用层内实现整合与数据交换，通过智能合约实现公平实时的收益分配，如图 8-28 所示。

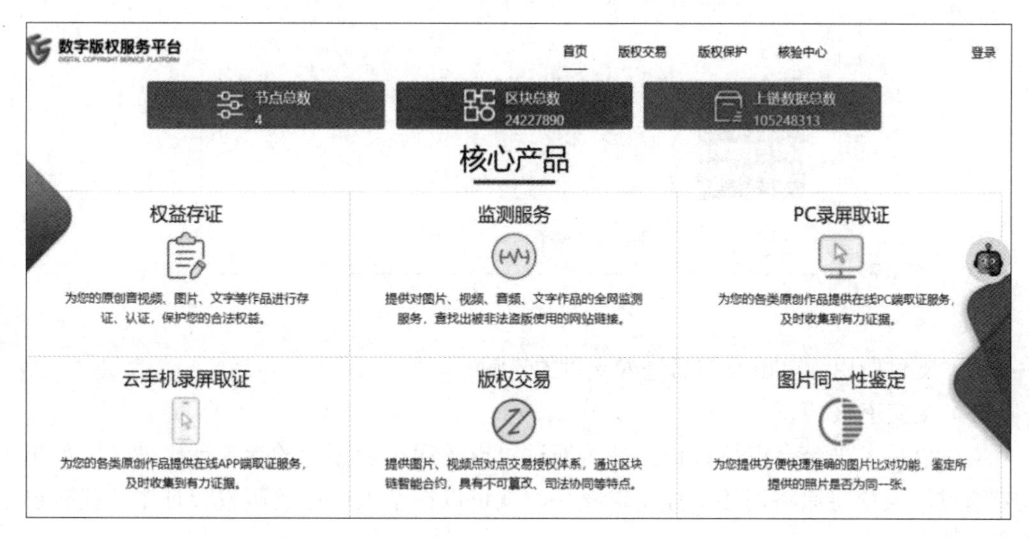

图 8-28　数字版权服务平台

8.8　项目实训

在日常生活中，通常会遇到一些商用的作品需要注册版权，比如摄影作品、插画插图、设计手稿、logo 设计图等。但在过去，我们会面临流程烦琐、价格昂贵、下证速度慢等问题。

原创馆和腾讯区块链联合打造的版权存证功能可以解决这些难题，通过区块链技术可以实现一键存证、价格便宜、下证快速。腾讯区块链团队与中国网安、公证处等公信力机构合作，直通法院。多方共同见证版权归属，更具有公信力权威性，提升维权的效率与成功率。应用区块链与摘要算法，能有效固化原创作品归属信息，保证信息完整，可校验。引入国家授时中心可信时间，准确记录作品诞生时刻。采用 100% 自主研发腾讯区块链技术，性能卓越，安全稳定。

（1）登录原创馆（ycg.qq.com），找到“版权存证”的入口。如果是新发作品，单击“上传原创”按钮，开始对作品进行发布设置。单击“下一步”时，在页面的右下方，作品中的图片均已系统提取了出来。勾选需要作版权存证的图片，然后单击页面右上方的“发布”，如图 8-29 所示。

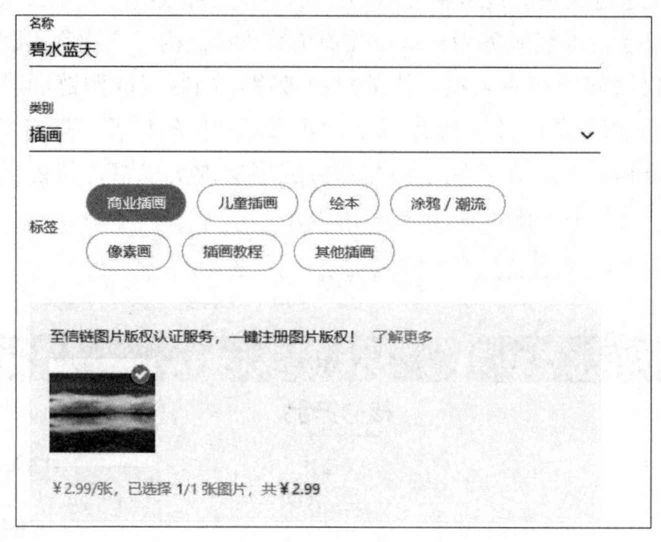

图 8-29　图片版权存证

（2）支付费用，单击发布后进入支付的流程。

（3）提交审核。

支付以后，平台会审核该作品是否通过，审核通过后图片的存证就生效了。如果审核未通过，款项将原路退还。提交审核后，就可以在个人中心的版权存证中，找到已申请存证的作品。

通过实训体验，读者可以感受到利用区块链技术进行版权存证的便捷性、可靠性和安全性。

课后题

1. 选择题

（1）区块链技术的最早应用是（　　）。

A．比特币　B．以太币　C．版权管理　D．食品监管

（2）区块链的特征是（　　）。

A．去中心化　B．中心化　C．半自动化　D．实名制

（3）下面不属于区块链分类的是（　　）。

A．公有链　B．私有链　C．联盟链　D．梧桐链存证平台

（4）下面不属于分布式账本技术特性的是（　　）。

A．数据透明　B．信息可回溯性　C．中心化　D．自动化

（5）下面不属于常见共识机制的是（　　）。

A．PoS　　B．PoW　　C．PBFT　　D．SHA1

（6）下列不属于常见密码学技术的是（　　）。

A．对称加密　　B．非对称加密　　C．PoS　　D．数字签名

（7）智能合约的特点有哪些（　　）。

A．高度自治　　B．去中心化　　C．中心控制　　D．不能自主

（8）常见的哈希算法有（　　）。

A．PoS　　B．PoW　　C．PBFT　　D．数字签名

（9）区块链的应用领域不包含（　　）行业。

A．金融　　B．信用公证　　C．版权管理　　D．物联网

（10）下列属于公有链特征的是（　　）。

A．完全开放　　B．中心化　　C．不开放　　D．部分去中心化

（11）比特币采用的共识机制是（　　）。

A．PoS　　B．PoW　　C．PBFT　　D．DBFT

（12）以太坊的 block latency 是（　　）。

A．10 分钟　　B．12 秒　　C．1 小时　　D．24 小时

2. 问答题

（1）简述区块链的技术架构。

（2）区块链是如何防止数据被篡改的？

（3）什么是共识机制？

（4）我国区块链技术有哪些应用？

参考文献

[1] 熊辉，赖家材．党员干部新一代信息技术简明读本 [M]．北京：人民出版社，2020.

[2] 秦安碧，李成勇．新一代信息技术 [M]．西南交通大学出版社，2016.

[3] 刘其鑫．基于 STM32 的智能无影灯控制系统研究 [D]．重庆：重庆大学，2015.

[4] 刘瑶．基于 STM32 和 ZigBee 的无线群控节点试验研究 [D]．成都：华东理工大学，2018.

[5] 刘岩．基于无线传感器网络的矿井安全监测系统研究 [D]．成都：成都理工大学，2009.

[6] 范伟．基于 NFC 技术的移动支付 TEMPEST 安全风险分析 [J]．保密科学技术，2012.

[7] 姜仲，刘丹．ZigBee 技术与实训教程 [M]．北京：清华大学出版社，2013.

[8] 韩毅刚，冯飞，杨仁宇．物联网概论 [M]．2 版．北京：机械工业出版社，2017.

[9] 丁春涛，曹建农，杨磊，等．边缘计算综述：应用、现状及挑战 [J]．中兴通讯技术．2019.

[10] 许子明，田杨锋．云计算的发展历史及其应用 [J]．信息记录材料，2018.

[11] 郭志坚．云计算技术在广电网络运维支撑系统（OSS）的应用 [J]．中国新通信，2014.

[12] 易海博，池瑞楠，张夏衍．云计算基础技术与应用 [M]．北京：人民邮电出版社，2020.

[13] 武志学．大数据导论：思维、技术与应用 [M]．北京：人民邮电出版社，2019.

[14] 孟宪伟，许桂秋．大数据导论 [M]．北京：人民邮电出版社，2019.

[15] 杨和稳．大数据分析及应用实践 [M]．2 版．北京：高等教育出版社，2020.

[16] 林子雨．大数据技术原理与应用 [M]．2 版．北京：人民邮电出版社，2017.

[17] 黑马程序员．Hadoop 大数据技术原理与应用．北京：清华大学出版社，2019.

[18] 史蒂芬・卢奇，丹尼・科佩克．人工智能 [M]．2 版．杨赐，译．北京：人民邮电出版社，2018.

[19] 伊恩•古德费洛，约书亚•本吉奥，亚伦•库维尔．深度学习 [M]．赵申剑，等译．北京：人民邮电出版社，2017.

[20] 塞巴斯蒂安・拉施卡．Python 机器学习 [M]．陈斌，译．北京：机械工业出版社，2017.

[21] 皮埃罗・斯加鲁菲．人工智能通识课 [M]．张瀚文，译．北京：人民邮电出版社，2020.

[22] 王东，利节，许莎．人工智能 [M]．北京：清华大学出版社，2019.
[23] 韩纪庆，张磊，郑铁然．语音信号处理 [M]．3 版．北京：清华大学出版社，2019.
[24] 陈小军．基于熵测度理论的高效频谱利用关键技术研究 [D]．西安：西安电子科技大学，2011.
[25] 姜来为．基于小区关联策略的异构蜂窝网络干扰管理研究 [D]．哈尔滨：哈尔滨工业大学，2016.
[26] 刘家欣．基于带权极小模理想点法的 5G 网络基站选址优化 [D]．西安：西安电子科技大学，2019.
[27] 伏玉笋，杨根科．无线超可靠低时延通信：关键设计分析与挑战 [J]．通信学报，2020.
[28] 陈超俊．浅谈 5G 新时代下的“新基站”建设 [J]．通讯世界，2020.
[29] 宋志伟，马天祥，沈宏亮，等．基于 5G 通信的智能分布式配电保护技术研究与应用 [J]．供用电．2021.
[30] 华为共同学习社区．http://www.hiclc.com.
[31] 张善立，施芬．虚拟现实概论 [M]．北京：北京理工大学出版社，2017.
[32] 王备战，余海箭．虚拟现实实用教程 [M]．北京：电子工业出版社，2019.
[33] 吕云，王海泉，孙伟．虚拟现实理论、技术、开发与应用 [M]．北京:清华大学出版社，2019.
[34] 刘崇进，吴应良，贺佐成，等．沉浸式虚拟现实的发展概况及发展趋势 [J]．计算机系统应用．2019.
[35] 白坤．基于 VRML 的大雁塔建筑群虚拟漫游系统的研究与实现 [D]．西安：西北大学，2008.
[36] 吴骞华．增强现实（AR）技术应用与发展趋势 [J]．通讯世界，2019.
[37] 房菁．VR 教育在我国的发展现状研究 [J]．时代教育，2016.
[38] 华为区块链技术开发团队．区块链技术及应用 [M]．北京：清华大学出版社，2019.
[39] 张小猛，叶书建．破冰区块链：原理、搭建与案例 [M]．北京：机械工业出版社，2018.
[40] 徐明星，田颖，李霁月．图说区块链 [M]．北京：中信出版社，2017.
[41] 吴为．区块链实战 [M]．北京：清华大学出版社，2017.
[42] 刘宇熹．区块链技术及实用案例分析 [M]．北京：清华大学出版社，2020.

随手笔记